生物医学工程学

许海燕 等 编著

科学出版社
北京

内 容 简 介

生物医学工程是将其他学科的研究成果应用于疾病的预防与诊治的知识高度密集的技术领域，是基础医学研究与临床医学应用的重要桥梁。

本书在生物医学工程学科的知识体系框架下，扼要讲解生物医学工程学科若干分支学科的基本概念，结合研究和应用实例介绍其医学应用原理，主要包括生物材料、植入物与假体、人工器官、组织工程与再生医学、药物递送系统、临床医学图像及分子影像、生物医学传感和纳米生物医学检测、电子医学、生物力学和力学生物学、生物信息学、生命系统建模与仿真等内容。

本书主要面向医学和生命科学专业背景的本科生和研究生，也可作为科普类书籍供科研爱好者了解生物医学工程学科的知识体系、总体框架和医学应用。

图书在版编目(CIP)数据

生物医学工程学 / 许海燕等编著. —北京：科学出版社，2021.6

ISBN 978-7-03-069041-8

Ⅰ. ①生… Ⅱ. ①许… Ⅲ. ①生物医学工程-高等学校-教材
Ⅳ. ①R318

中国版本图书馆CIP数据核字(2021)第108295号

责任编辑：刘　冉 / 责任校对：杜子昂
责任印制：赵　博 / 封面设计：北京图阅盛世

科学出版社 出版
北京东黄城根北街16号
邮政编码：100717
http://www.sciencep.com
北京中石油彩色印刷有限责任公司印刷
科学出版社发行　各地新华书店经销
*
2021年6月第　一　版　开本：720×1000 1/16
2024年1月第三次印刷　印张：21 1/4
字数：430 000
定价：138.00 元
（如有印装质量问题，我社负责调换）

前　言

生物医学工程的兴起和发展是不断将其他学科的科研成果引入到卫生健康领域的过程，对现代医学的进步具有重要的推动作用。生物医学工程也是基础医学研究与临床应用之间的桥梁，是医学研究的重要组成部分和综合实力的体现。未来，生物医学工程将会越来越多地融入现代医学当中，在提升疾病诊疗水平方面发挥重要作用和产生深远影响。

医学与其他学科的高度融合需要复合型临床专业人才。北京协和医学院自20世纪80年代以来为八年制临床医学专业的学生开设生物医学工程课，希望学生们通过课程的学习而获得更加开放的头脑和更加宽阔的视野，并拥有与理工学科研究人员交流的共同语言。在医学与工程学高度交叉和深度融合的时代背景下，学习和掌握生物医学工程学的基本知识，对于临床医学专业学生的重要性和必要性毋庸赘言。

目前国内外已有的概论类或专论类生物医学工程专著大多面向工科专业；适合生命科学和医学专业背景人员阅读的综合性和框架性教材相对匮乏。编写本书的初衷是为医学和生命科学专业的本科生或研究生提供一本可以快速了解生物医学工程这门学科的简明讲义，同时兼顾生物技术及药学等专业背景的研究生的需求，在生物医学工程学科的知识体系框架下，扼要讲解若干分支学科的原理和基础知识，并介绍其在生物医学领域的应用和发展前景，并尽可能避免高深的数学和物理公式及化学和材料学内容。

北京协和医学院基础学院生物医学工程系的教师共同编写了这本讲义，其中许海燕负责撰写第1～5章，彭屹负责撰写第9、11、12和15章，刘健负责撰写第6章，张唯唯负责撰写第7章，孟洁负责撰写第8章，温涛负责撰写第10章，张卫奇负责撰写第13章，杨啸林和王志刚负责撰写第14章。博士后王涛为书中第1～5章、第11、12和15章绘制了插图，并为第1～5章整理了相关参考文献。许海燕对全书各章做了通读和必要的编辑与修改。

本书出版得到北京协和医学院年度校级教育教学改革立项项目(2015zlgc0130)的宝贵资助，也得到基础学院教育处给予的多方支持和帮助。在此表示衷心感谢！此外，特别感谢基础学院教学督导组方福德教授对本书初稿提出的宝贵意见。

本书的撰写历经几轮修改，这也是我们学系教师集体学习的过程。在编著过程中，深感学识和能力有限，虽尽力翻阅参考大量书籍和文献，但仍不可避免有各种瑕疵和粗陋之处。谨以此书抛砖引玉，恳请同行专家不吝赐教，使我们能够不断提高专业知识水平和教学水平。

许海燕

2021 年 2 月 1 日

于北京协和医学院基础学院

目　录

第1章　绪　　论

1.1　什么是生物医学工程

生物医学工程学是将工程技术应用于人类健康的科学。人类健康是全方位多面性的，因此，生物医学工程是集成了物理、化学、数学和计算科学以及工程原理来研究生物、医学、行为以及健康的学科，是生命科学与信息、材料、精密机械等学科交叉与高度综合的产物。换言之，生物医学工程是综合应用生命科学与工程科学的原理和方法，从工程学角度在分子、细胞、组织、器官乃至整个人体系统多层次认识人体的结构、功能和其他生命现象，研究用于防病、治病、人体功能辅助及卫生保健的人工材料、制品、装置和系统技术的总称。生物医学工程学不仅是基础医学研究与临床医学应用中间的桥梁，也是医学研究的重要组成和综合实力的体现。

生物医学工程的兴起和发展历程是不断将其他学科的科研成果融合并引入到医学领域的过程。例如，随着临床上对治疗和监测技术需求的增加，电气工程和物理学的原理与技术被引入医学领域，基于先进的光、电、磁技术发展出一系列仪器设备(例如心电图、脑电图、血氧检测、磁共振成像、CT 成像、电刺激技术等)；材料学和力学的发展为人工器官和植入材料提供了重要的物质和理论基础；新药的研发对化学、材料学、应用数学提出了更高的要求，而这些学科的发展又反过来加速了新药的研发；细胞和分子生物学的发展与生物材料和力学相结合，为实现体外构建活组织和器官，或原位引导缺损组织的再生和修复提供了强有力的技术支撑。

CRC 出版社 2015 年出版的《生物医学工程：基础篇》第 4 版的目录中列出了以下内容：

生物材料、分子细胞和组织工程、药物设计和递送系统、再生医学和细胞治疗、个体化医疗、基因组学和蛋白质组学、仿生学、微米和纳米技术及生物微流控技术、植入假体和人工器官、远程医疗、临床工程、医学和生物信息学、生物技术、医学和生物分析、医疗机器人、医学和红外成像、神经工程、医学仪器和器件、生物信号与生物传感、生物电子和生理系统仿真、生物力学、康复工程和行为学。

这些分支学科构成了生机勃勃的生物医学工程“世界”，为现代医学的发展提供着源源不断的新技术和新方法。

1.2　生物医学工程学是现代医学发展的重要推动力

现代医学实际上开始于20世纪。20世纪中期基础科学(化学、物理、药学等)的进步对现代医学的发展产生了深远的影响，使健康医疗体系得到了飞跃式的发展。毋庸置疑，在过去的70多年里，生物医学工程学科的兴起与快速发展在延长人类寿命和改善人类健康状况方面发挥了不可替代的重要作用。

工欲善其事，必先利其器。当人类通过新工具对自身的结构和功能获得更深入的了解后，就能够应用所获得的知识去创造和改进工具，修复和改善自身的功能。从这个角度来看，生物医学工程的发展历程就是连续和循环往复的发现与创造的过程。直至今日，生物医学工程仍然是保持这两个方面，一方面是分析和研究机体系统的运行规律，另一方面是发展新技术和新方法来研究和修复机体。下面所列举的几个简要示例可大致勾勒出生物医学工程在以上两个方面的作用。

1903年William Einthoven设计出第一台心电图仪，能够检测心脏跳动中的电位变化，开启了心血管医学和电测量科技的新时代。X射线的发现和临床应用使医学开始面向检测和诊断。到了20世纪30年代，通过使用钡盐或各种各样的不透射材料，X射线几乎能使所有器官可视化。与此同时，制冷技术的出现使血库能够建立和完全发展起来。德林氏人工呼吸器在1927年制成，在1939年第一次出色地完成了心肺搭桥。20世纪40年代，心导管插入术和血管造影术发展起来，用一个螺纹套管穿过手臂血管静脉插到心脏并注射不透X射线的染料，通过X射线造影实现了肺和心脏的血管瓣膜可视化，使精确诊断先天性和获得性心脏疾病成为可能，从此开启了一个新的心血管手术领域。

在21世纪的第一个十年，机器人手术的发展使得现代手术有了更大的可能性。神经外科手术，包括周围神经和中心神经以及血管手术，以及骨科手术中高难度区域的操作在新技术的帮助下有了显著的提高。20世纪50年代进入医学领域的电子显微镜为观察细胞的精细结构提供了强有力的手段；而利用正电子发射断层造影术(PET)来检测和监测肿瘤的发展，把医学带入了原子时代。第二次世界大战之后，为军事目的而发展的先进科技使现代医学受益匪浅。例如，为追踪敌军舰艇和飞机的电子科技以及给飞行员提供关于高度、飞行速度以及其他一些类似信息的技术已广泛应用于医学，用于跟踪中枢神经系统的电生理行为或监控患者的心跳。第二次世界大战造成的伤残对康复工程和假肢领域产生了大量的需求。20世纪70年代以来，计算机断层扫描(CT)成像、磁共振成像(MRI)等新的医学成像科技的发展使医生能够对脑部的血流和氧消耗进行测量，从而研究神经元活跃区域。随着1954年人工肾的成功研发，“人工器官”的概念被接受并且逐渐进入主流医学，植入性假体如人工心脏瓣膜和人工血管也随之快速发展起来，人工心脏的研发也随之开始。近年来，纳米科技、人工智能等新兴学科的快速发展为医学领域带来了更加多样和前沿的新技术，极大地推动了现代医学的发展。

1.3 国际生物医学工程教育概貌

生物医学工程学科在很大程度上反映了一个大学的综合科研实力。国际上很多大学设立了生物医学工程专业，并有自己的特色研究。例如，美国约翰·霍普金斯大学的生物医学工程研究包括了细胞和组织工程、医学影像、生物信息学和计算生物学、计算建模、心血管系统、分子与细胞系统等，杜克大学主要包括生物分子和组织工程、医学影像、生物力学、生物电子工程等，耶鲁大学主要涉及生物分子工程、药物递送、生物医学影像，犹他大学主要涉及组合医疗器械和药物递送系统、再生医学、材料表面工程，康奈尔大学主要研究微纳生物技术和系统生物学，西北大学主要涉及神经工程，弗吉尼亚大学主要包括纳米医学和纳米生物学。英国牛津大学的研究覆盖再生医学、无创治疗与药物递送、生物医学影像分析、生物医学测量和建模、生物医学信号处理与仪器分析等方向。日本东京大学主要包括生物流体力学、分子影像学、人工器官、再生医学、药物递送系统和检测系统、健康/环境医学工程等，京都大学集中于生物材料的再生医学和药物递送系统。

1.4 北京协和医学院生物医学工程系

北京协和医学院(PUMC)生物医学工程系的前身是1978年由时任中国医学科学院院长的黄家驷教授发起并建立的生物医学工程研究室，是中国大陆地区建立的第一个生物医学工程专业，1996年生物医学工程学系获得教育部博士学位授权点资格。黄家驷院长于1981年发起并成立了中国生物医学工程学会，担任首届理事长。此后，多位中国医学科学院院长担任过中国生物医学工程学会理事长。

学系成立以来，围绕临床需求开展应用基础研究，发展面向重大疾病检测、诊断和治疗的新技术与新方法；将科研与教学相结合，建立并不断完善面向八年制本科和博/硕士研究生的生物医学工程学科教学体系，培养具有生物医学和工程学综合素养的高层次科研人才和工程技术人才。在中国医学科学院/北京协和医学院系统内，基础医学研究所/基础学院、生物医学工程所、放射医学研究所、病原生物学研究所、北京协和医院、阜外医院等单位均有生物医学工程学科，研究方向主要包括生物材料/医疗器械(件)、组织工程与再生医学、纳米生物医学、药物递送系统、电子医学技术、康复工程、医学图像与成像技术、计算生物学与生物信息学、医学大数据、医学仪器与装备、移动数字医疗等。

1.5 拉斯克医学奖中的生物医学工程技术

生物医学工程与医学的融合已经为疾病的诊断和治疗带来了全新的方法和手段，为现代医学带来了革命性的变化。美国拉斯克医学奖中生物医学工程相关的重要成就从一个侧面反映了生物医学工程对医学进步的巨大推动作用。以下举例说明。

1.5.1 电子显微镜(1960 年)

现代电子显微镜使人看到了光学显微镜无法看到的物体，把人类的视觉范围扩大了几百倍，揭示了以前人们看不到和认为根本不存在的结构，极大地激发了人们解析生物材料精细结构的兴趣，证明了在以往不可见的尺度下存在着有序结构。柏林工业大学的 Ernst Ruska 博士和 David Sarnoff 研究中心(RCA 实验室)的 James Hillier 博士因其对电子显微镜的设计、制造、发展和完善所做出的重大贡献获 1960 年美国拉斯克基础医学研究奖。

1.5.2 聚酯人工动脉血管(1963 年)

贝尔大学医学院的 Michael E. DeBakey 博士获得了 1963 年的拉斯克临床医学研究奖。DeBakey 博士被公认为现代心血管外科之父。他早期的成就之一是设计了一种对血液成分产生最小损伤的滚筒式泵，这项发明十年后被应用于人工心肺设备。DeBakey 博士还开发了通过植入物来修复血管的方法——使用由聚酯或其他合成材料制成的人造血管，通过外科手术完成了身体许多部位的血管置换。作为一名医生，他的开创性贡献还包括第一次成功地实现了用手术方法治疗主动脉不同部位的动脉瘤。DeBakey 博士在科学研究的基础上，运用近乎大胆的外科手术为治疗甚至预防包括中风在内的血管疾病开辟了新的途径。人工血管技术挽救了大量的生命，并使患者的器官重新获得了正常功能。他的贡献激励了全世界的外科医生追求更高的标准和更大的成就。

1.5.3 细胞器电子显微术(1966 年)

洛克菲勒大学的 George E. Palade 博士因其在细胞器电子显微术方面的突出成就获得了 1966 年拉斯克基础医学研究奖。Palade 博士和他的同事自 20 世纪 50 年代初开始探索各种类型细胞的详细结构，并开发一系列方法在分子水平上将细胞结构与其生物化学活性联系起来，在超微结构水平上整合了结构与功能的关系。Palade 博士应用电子显微技术在分子水平上研究细胞过程的本质，其主要贡献包括开发了固定细胞的技术，首先描述并命名了线粒体的精细结构，展示了微粒体的组织和结构，并从中区分出核糖体及核糖体构成的胞浆颗粒，他还分析了毛细血管的复杂结构，包括肾小球及其他超微解剖结构。

1.5.4　体外循环手术用心肺机(1968 年)

杰弗逊医学院的 John H. Gibbon Jr.博士毕生致力于心脏和血管外科的改进和进步，因其在体外循环手术用心肺机方面的贡献获 1968 年拉斯克临床医学研究奖。Gibbon 博士在 1935 年通过动物实验首次证明了生命可以由体外的机器维持，该机器执行心脏和肺的所有功能，且不会对实验动物造成损害。经过 18 年漫长的工程试验和动物实验，Gibbon 博士对初始设备做了进一步完善，1953 年 5 月使用心肺机进行了世界上第一次成功的体外循环手术，纠正了心室间隔膜的闭合缺陷。此后，心肺机在全世界获得了广泛应用，无数原本会因为以前无法治愈的心脏病而丧失能力或死亡的患者获得了更长的寿命。如果没有 Gibbon 博士的专注研究，就不可能进行心脏移植手术。Gibbon 博士的故事表明，从一个研究项目中获得的新知识和新技术可以引发连锁反应，引发更多的知识，最终使疾病得以预防或有效治疗。

1.5.5　心脏除颤器和起搏器(1973 年)

约翰·霍普金斯大学的 William B. Kouwenhoven 博士和哈佛大学医学院贝斯以色列医院的 Paul M. Zoll 因在心脏除颤器和起搏器方面的成就共同获得了 1973 年拉斯克临床医学研究奖。

Kouwenhoven 博士在心脏病救护方面做出了三个里程碑式的贡献：证实了电击可以逆转心脏的心室颤动，开发了开胸和闭胸除颤器，发明了胸外心脏按压技术。Kouwenhoven 博士对心血管生理学的兴趣始于 1928 年，当时他专注于电流对心脏影响的实验研究。1933 年，他和他的同事证实了电击可以使颤动的心脏恢复正常跳动的原理。1958 年，在从电气工程领域退休 4 年之后，他对自己独立开发的胸腔闭式除颤器进行了完善，并设计了一种简单的胸外心脏按压技术。Zoll 博士在 1952 年首次证明，当人类心脏停止跳动时，可以通过外部施加的电刺激来诱导其恢复跳动。Zoll 博士后来的研究表明，外部施加的交变电流反冲击在停止心室颤动方面也同样有效，而且还能纠正许多其他严重的、潜在致命的节律异常。此外，Zoll 博士发展了心律连续监测的理论和技术，并首次将这种方法应用于临床。现在设备完善的医院都有的冠心病监护病房(CCU)就是在这一救生理念基础上发展起来的。Zoll 博士发明的心脏起搏器拯救了成千上万的人，使他们免于意外死亡。

1.5.6 全关节置换(1974 年)

Wrightington 医院的 John Charnley 博士因其在全关节置换方面的成就获得 1974 年拉斯克临床医学研究奖。Charnley 博士将其作为骨科医生的才华和作为工程师的才能结合起来，对关节润滑和关节位置的生物医学特征进行了原创性的实验和临床研究。20 世纪 50 年代，这项研究开启了革命性的全髋关节置换，并将甲基丙烯酸甲酯作为骨水泥，将假体部件牢固地固定在骨骼上。这项技术和概念为患者带来了无痛关节，使世界各地成千上万的患者恢复了正常生活。Charnley 博士将工程技术和临床结合在一起，在世界范围内为疼痛和致残性关节疾病的研究、治疗和康复打开了新的视野。

1.5.7 计算机断层成像(1975 年)

EMI 公司中心实验室的 Godfrey N. Hounsfield 博士和 Brentwood VA 医院的 William Oldendorf 博士因所发明的计算机断层扫描技术与医学应用获得 1975 年拉斯克临床医学研究奖。计算机断层成像仪也称为 CT 扫描机，于 1972 年 4 月开始临床应用，在放射诊断领域产生了革命性变化，被认为是自 X 射线发现以来该领域中最重要的贡献之一。

Hounsfield 先生是工程师和数据分析专家，他研制了用光束扫描大脑的仪器系统，使用晶体检测器从不同方向测量穿过大脑的光束，记录光束随频率的变化。这些数据可以反映肿瘤或者非其他病变在组织密度上的微小区别，据此可为挽救患者的生命做出精准的诊断，避免了既往的探查性手术，使患者免于接受痛苦、昂贵且高风险的手术。此外，CT 扫描可以多次重复，以确定肿瘤的进展，评估治疗效果，或为手术提供更为精准的信息，目前已可进行全身扫描。计算机断层成像技术的发明为神经疾病诊断领域带来了革命性的改变。

1.5.8 超声诊断技术(1977 年)

1977 年的拉斯克临床医学研究奖授予了瑞典隆德大学医院的 Inge G. Edler 博士和隆德理工学院的 C. Hellmuth Hertz 博士，以表彰他们在超声诊断方面的成就。Hertz 博士是生物物理学家，他将超声回声方法的技术应用于心脏、神经以及妇产科。Edler 博士与 Hertz 博士合作，根据超声的概念和回声原理，发展了超声心动仪，这个技术使医生不必采用侵入方式而获得心脏的重要信息。例如，今天的超声心动可以区分血流的差异和心肌增大，诊断二尖瓣疾病和心脏肿瘤，以及诊断出非对称性间隔肥厚，这种疾病很容易与主动脉瓣狭窄混淆。此外还可以诊断儿童先天性心脏畸形。超声心动还可以确定心肌运动、输出和肌肉厚度等信息。这种非侵入性超声技术不仅适用于心血管系统，而且在其他系统也有应用，包括盆底、腹腔、脑、眼、血管以及母体内的胚胎。Hertz 博士将物理领域的技术知识和想象力应用于诊断医学，为超声医学奠定了基础。

1.5.9 冠状动脉血管造影(1983 年)

克利夫兰临床基金会的 F. Mason Sones Jr.博士因其在冠状动脉造影方面的成就获得了 1983 年的拉斯克临床医学研究奖。1959 年，Sones 博士发现通过使用导管，造影剂可以安全地注射到冠状动脉中。他和他的同事很快将这种描绘血管特定部分的方法与造影技术结合起来，使内科医生和外科医生第一次看到了向心脏供血的血管中障碍物的确切位置。Sones 博士的研究工作价值是不可估量的，他发明的 Sones 方法和 Sones 介入导管为合理规划手术以纠正冠状动脉阻塞和评估治疗结果开辟了道路。冠状动脉造影术也使评估血管舒缩痉挛、研发治疗心脏病的药物以及拓宽对心脏动力学和生理学的理解成为可能，从而开创了冠状动脉疾病诊断和治疗的新时代。

1.5.10 磁共振成像(1984 年)

拉斯克临床医学研究奖 1984 年的获奖者为纽约大学石溪分校的 Paul C. Lauterbur 博士。在 20 世纪 60 年代初，Lauterbur 博士使用标准核磁共振设备开发了 ^{13}C 核磁共振谱。当将这种分析技术应用于生物样本时，他意识到如果能将核磁共振谱的大量精确信息转化为图片，将是医学上的巨大进步。

核磁共振的原理是，在强磁场中的某些原子受到特定波长的脉冲时，它们的原子核会发生共振而发出自己的特征信号。然后，计算机分析可以揭示每个原子处于液态还是固态，相邻原子的磁学性质以及样品中每种元素有多少个原子。1972 年，Lauterbur 博士引入了投影重建方法，建立起了将谱学信息转换成有意义的图像的理论基础。如今的磁共振成像可以显示软组织之间的差异，区分运动和静止的液体，测量心脏病和中风的损伤程度，身体几乎每个部位的正常和病变组织都实现了可视化。Lauterbur 博士使非侵入性医学成像技术发生了革命性改变，他利用磁共振成像技术揭示了之前所未见的生物结构与功能。

1.5.11 血液透析治疗末期肾脏疾病(2002 年)

2002 年拉斯克临床医学研究奖授予了两位将肾衰竭从致命疾病转变为可治疗疾病的科学家，犹他大学医学院的 Willem J. Kolff 博士和华盛顿大学的 Belding H. Scribner 博士，他们发明了人工肾和重复血液透析的系统，延长了数百万人的寿命。肾脏从血液中过滤代谢副产物，当肾脏衰竭时，患者会出现各种症状，包括体重减轻、恶心和呕吐、胃肠出血、瘙痒、嗜睡、抽搐和昏迷。如果没有治疗方法，死亡会随之而来。在过去的半个世纪里，肾病患者的命运经历了一场革命性改变，在很大程度上是由于 Kolff 博士和 Scribner 博士的开创性贡献。在 20 世纪 30 年代末，Kolff 博士开发了第一个临床上有用的血液透析器，使急性肾衰竭的死亡率急剧下降。15 年后，Scribner 博士设计了一种仪器，并发明了一种插入一条动脉和一条静脉的 U 形装置以解决以往存在的血管损伤问题，将 Kolff 博士发明的技术扩展应用到了慢性肾病患者身上。

1.5.12 人工主动脉瓣膜和二尖瓣瓣膜(2007 年)

2007 年拉斯克临床医学研究奖授予了两位外科医生兼科学家，他们彻底改变了心脏病的治疗。Georges-Pompidou 欧洲医院的 Albert Starr 和他的工程师搭档，已故的 Providence 健康与服务部的 Lowell Edwards，共同发明了世界上第一个成功的人工心脏瓣膜，提供了一种以往从未有的治疗方法，改变了严重瓣膜病患者的生活。Starr 和 Carpentier 开创了瓣膜置换领域，他们的工作使数百万心脏病患者恢复了健康。Starr 还在美国食品药品监督管理局(FDA)对此类医疗设备开始监管之前就建立了对瓣膜进行临床试验的基本准则，包括知情同意程序和长期患者跟踪。这种实践使他能够评估瓣膜置换的结果，并寻求临床问题的解决方案。此外，瓣膜植入患者需要全新的术后护理。为了满足这一需求，他组建了一个多学科医疗团队，创建了与今天的心脏重症监护室相对应的机构。

1.5.13 现代人工耳蜗(2013 年)

2013 年拉斯克临床医学研究奖表彰了三位科学家，他们是墨尔本大学的 Graeme M. Clark 博士、MED-EL 的 Ingeborg Hochmair 博士以及杜克大学的 Blake S. Wilson 博士，他们发明了现代人工耳蜗，这是一种为重度耳聋患者恢复听力的设备。由于他们的远见卓识、坚持不懈和创新，他们创造了一种改变了成千上万患者生活的设备。他们的工作第一次通过医学干预，实质性地恢复了人类的感觉，使患者能与外界沟通和交流。

1.5.14 深部脑刺激治疗帕金森疾病(2014 年)

2014 年的拉斯克临床医学研究奖授予了 Joseph Fourier 大学的 Alim Louis Benabid 博士和 Emory 大学医学院的 E. Mahlon R. DeLong 博士，以表彰他们开发了丘脑底核深度脑刺激技术，这种外科技术可减少晚期帕金森病患者的震颤并恢复其运动功能。DeLong 博士构建了新的大脑回路模型，并找到了这种疾病的一个新靶标。Benabid 博士设计了一种有效且可逆的介入方法来纠正神经元的非正常放电。他们的工作最终为全世界十万多患有严重帕金森疾病的患者提供了有效的治疗方法，这些患者因左旋多巴治疗而导致严重并发症。

1.6 本书的框架结构和主要内容

生物医学工程必定会对现代医学产生重要而深远的影响。本书的目的是为医学、生命科学、药学等专业的本科生/研究生提供一本简明讲义，帮助大家了解生物医学工程学科的概貌并掌握若干分支学科的原理与应用。

我们选择了生物医学工程学科中的若干分支学科，力图给予简明扼要的讲解。整本书的框架结构如图 1-1 所示。其中，生物材料是制造植入物与假体、人工器官及组织工程支架的物质基础，还是构建药物递送系统的核心元素。药物递送系统不仅为引导组织再生和靶向病灶部位提供药物/基因载体，也为分子影像学和纳米生物医学检测提供了有力工具；医学图像是临床诊断的关键技术和基础，分子影像学则是医学图像向分子水平的延伸。电子医学技术为疾病治疗提供了药物之外的调控手段。生物力学和力学生物学是从力学角度理解人体生理和病理生理的基础，系统仿真与建模是对人体生理/病理过程的高度抽象。生物医学信息学与各分支有着千丝万缕的联系。

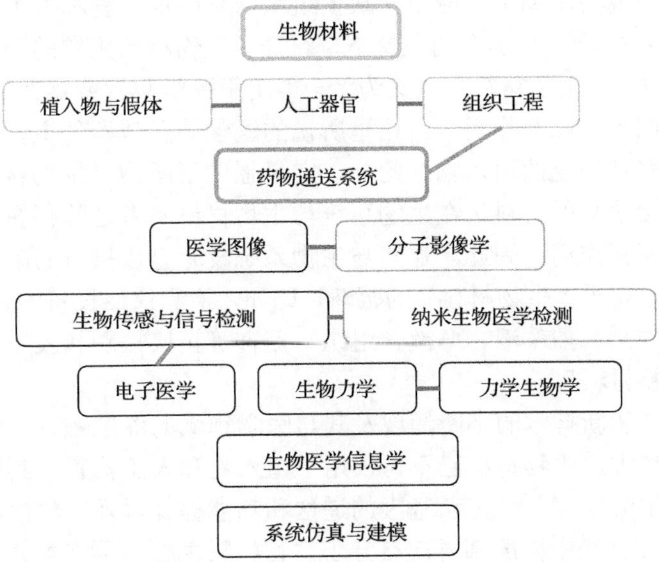

图 1-1 本书的框架结构

从横向来看，植入物与假体、人工器官、组织工程三者之间不仅是功能上由简单而复杂，同时也相互交叉融合；分子影像学是从传统医学影像的器官和组织结构性检测向分子与细胞成像发展；力学生物学是生物力学向细胞和分子生物学的延伸。

期望这本讲义能为读者提供了解生物医学工程领域的入门知识。

第2章 生物材料

材料是人类赖以生存和发展的物质基础，是用于制造物品、器件、构件、机器或其他产品的物质，通常分为结构材料与功能材料。除了具有重要性和普遍性，材料还具有多样性。如果从用途来分类，材料可分为电子材料、航空航天材料、核材料、建筑材料、能源材料、生物材料等。生物材料在医学领域发挥着不可或缺的重要作用。

2.1 生物材料的定义与演进

生物材料(biomaterials)也称为生物医学材料(biomedical materials)。生物材料的定义来自领域专家共识，并随着时代的发展而演进。

生物材料出现的早期主要应用于缺损组织修复的植入物和人工器官的制造。1986年，在欧洲生物材料学会的主持下，召开了生物材料主题的国际专家共识会议。在此次会议上，生物材料被定义为“一类用于医学装置或器件的非活性材料，与生物系统之间具有相互作用”。这里所说的医学装置或器件主要涉及人工器官及用于组织和器官修复的植入物。此外，定义强调了所谓“生物材料”指的是与生物系统有直接接触的材料，在生物系统与生物材料两者之间存在着界面，两者之间必然存在相互作用。因此，那些与生物系统没有直接接触的医疗设备或仪器所使用的材料不属于“生物材料”的范畴，比如，检测仪器设备的外壳、导线等，它们不会与生物系统如体液、血液、组织、器官等直接接触和发生相互作用，因此不属于“生物材料”。

随着新材料和新技术的不断涌现及其与医学领域的深度融合，生物材料的应用范围也不断扩大，生物材料已不再仅用于植入物和人工器官，其应用已渗透到组织工程与再生医学、药物/疫苗/基因的递送和功能提升以及医学检测与诊断等诸多方面。2018年，在中国成都再次召开了生物材料主题国际专家共识会议。此次会议对“生物材料”定义形成了如下专家共识：“生物材料是一种经过设计的、通过与生命系统的相互作用可引导治疗或诊断过程的材料。”新的定义强调了经过人工设计的生物材料可以通过与生命系统的相互作用而发挥引导作用，例如促进组织的再生、实现药物定向递送等，而不再仅局限于作为植入的“异物”，被动地与生命系统发生作用。

生物材料科学的研究内容主要包括以下方面：

(1) 生物材料的合成、改性、加工成型；

(2) 材料的功能与结构关系；

(3) 材料与生命系统的相互作用；

(4) 减少毒副作用和促进其功能；

(5) 材料灭菌、消毒、医用安全性评价方法及标准。

上述五个方面是相互关联和相辅相成的。对于基础医学和临床医学专业的学生来说，尤其需要对(3)、(4)和(5)三个方面的知识有深入的理解。

2.2 生物材料应用概述

生物材料的应用范围十分广泛。生物材料是制造人工器官、植入医学装置/器件和引导组织再生支架的重要物质基础；同时，也是药物递送与控制释放的载体，此外，还可以作为检测和诊断试剂或者作为其载体，也可作为免疫佐剂在免疫治疗和疾病预防中发挥重要作用。

生物材料的主要应用之一是组织或器官修复与替代。当组织或器官由于损伤或者病变失去功能后，在某些情况下置换这些器官比设法治愈它们更加有效。除了同种异体器官移植(例如接受捐献的肾脏移植、心脏移植、肝脏移植)和自体移植外(例如取自体血管做冠状动脉搭桥、取自体皮肤移植、取自体骨修复骨缺损)，病变组织或器官的置换替代途径(方法)可以归纳为以下三个方面：

(1) 植入永久性的人造装置，例如全人工关节置换、心脏瓣膜置换、心脏起搏器植入；

(2) 在体外构建活的组织或器官，例如在体外培养出皮肤、血管、神经组织，再植入体内；

(3) 在体内缺损组织的原位植入生物材料支架，引导组织再生和重建，例如引导皮肤、血管、神经、骨、软骨的再生。生物材料支架上可以在植入前先种植细胞，也可以不种植细胞。

同种异体器官移植是一个理想的途径，但供体来源非常有限，患者难以得到及时的治疗，很多人会在排队等待中去世；同时，也存在产生免疫排斥和传播疾病的风险。自体移植的方法虽然避免了免疫排斥和疾病传播问题，但是属于“拆东墙补西墙”的策略，会给患者自身带来痛苦；此外，有些患者由于自身的其他疾病而无法为自己提供可移植用的组织。例如，患有血管疾病的患者就可能无法为自己提供用于动脉搭桥的血管组织。

永久植入物是指植入假体或人工器官；在体外构建活体组织或器官则是将种子细胞种植在生物材料支架上，在生物反应器中培育，以形成活的组织或器官；在体内缺损原位构建新组织或引导组织再生则是将生物材料制作成具有合适的形状和微观结构的细胞生长支架，植入缺损部位，利用人体内环境(包括各种生长因子、激素、生理条件等)来招募再生相关的各类细胞进入支架，利用支架的化学组成和物理特征来引导细胞增殖、定向分化、重建细胞外基质，最终形成新的组织。在上述三个途径中，生物材料是不可或缺的组成部分，是保证这三个途径实现其目标的重要物质基础(图 2-1)。

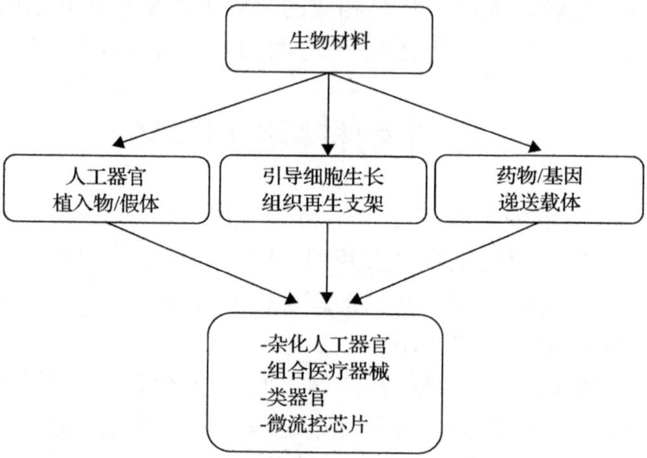

图 2-1　生物材料是制造植入物和假体、人工器官及组织工程支架的物质基础

生物材料的应用范围还涉及临床的其他各个方面，已经广泛应用的包括普通医用耗材(导管、包、袋)、缝线和创伤敷料、介入治疗用的气囊和导丝、药物缓释载体。近年来，生物材料作为药物靶向递送和控制释放载体、多功能或多模态的医学成像用造影剂和探针以及高通量或高灵敏的生物医学检测器件等方面的研究都在快速发展之中，其应用种类难以穷举。

表 2-1 列举了生物材料出现早期的里程碑事件。表 2-2 至表 2-4 按照不同分类方式列举了生物材料的若干临床应用。

表 2-1　与植入物有关的重要里程碑

时间	里程碑事件	研究者
18 世纪至 19 世纪末	固定骨折的不同金属装置，铁、金、银和铂制成的电线和针	
1860～1870 年	无菌外科技术	J. Lister
1886 年	镀镍钢骨板	H. Hansmann
1893～1912 年	钢螺钉和钢板(莱恩骨折板)	W. A. Lane
1912 年	钒钢板第一次应用于医学；较小应力和优良的耐腐蚀性(谢尔曼板)	W. D. Sherman
1924 年	钴铬钼合金开始应用	A. A. Zierold
1926 年	18-8sMo 不锈钢开始应用，优于 18-8 不锈钢	M. Z. Lange

续表

时间	里程碑事件	研究者
1926 年	采用木工螺钉治疗股骨颈骨折	E. W. Hey-Groves
1931 年	第一种不锈钢股骨颈骨折固定装置	M. N. Smith-Petersen
1936 年	钴铬钼合金(19-9 不锈钢)开始应用，后来将材料改为钴铬合金	C. S. Venable, W. G. Stuck
1938 年	首次全髋关节置换术	P. Wiles
1939 年	使用钽(Ta)	J. C. Burch, H. M. Carney
1946 年	第一个生物力学设计的股骨头置换假体；第一种用于关节置换的塑料聚甲基丙烯酸甲酯(PMMA)	J. and R. Judet
20 世纪 40 年代	首次使用聚甲基丙烯酸甲酯(PMMA)替代角膜	M. J. Dorzee, A. Franceschetti
1947 年	使用 Ti 及其合金	J. Cotton
1952 年	首次成功的血管置换，人工血管由布料制成，用于组织长入	A. B. Voorhees, A. Jaretzta, A. B. Blackmore
1958 年	首次直接成功刺激心脏	S. Furman, G. Robinson
1958 年	根据 Dr. D. Smith 的建议，首次在全髋关节置换术中使用丙烯酸骨水泥	J. Charnley
1960 年	第一个商用心脏瓣膜	A. Starr, M. L. Edwards
20 世纪 70 年代	全人工心脏置换	W. J. Kolff

表 2-2　生物材料的用途举例

临床需求	举例
替换疾病或受损部分	人工髋关节、人工血管、肾透析装置
辅助愈合	缝线、骨片、骨钉、可吸收敷料
改善或纠正器官功能	心脏起搏器、脑起搏器、人工晶体
整形美容	缺失组织重建(如隆乳术、隆颏术)
辅助诊断	探测装置(如内窥镜)和介入导管
辅助治疗	介入导管和引流器

表 2-3　器官中应用的生物材料举例

器官	举例
心脏	心脏起搏器、人工心脏瓣膜、全人工心脏
肺	氧合机
眼	接触式镜片、人工晶体
耳	人工镫骨、人工耳蜗
骨	骨板、骨髓内棒
肾	血液透析装置
膀胱	介入导管和支架

表 2-4 身体系统中的生物材料举例

系统	举例
骨骼	接骨板、全关节置换
肌肉	手术缝合线、肌肉刺激器
循环	人工心脏瓣膜、人工血管、血管内支架
呼吸	氧合机
皮肤	手术缝合线、烧伤敷料、人工皮肤
泌尿	介入导管、支架、血液透析装置
神经	脑积水排水管、神经刺激器、心脏起搏器
内分泌	微囊化胰岛细胞
生殖	隆乳术、其他整容与替代

2.3 生物材料的分类

随着材料科学的快速发展，生物材料的种类和来源在不断增加，不仅有合成材料，也有天然来源的材料，如蛋白质、多肽、核酸、特殊的细菌、病毒外壳等，以及各种材料的复合物等。由于种类、来源和应用非常广泛，因此难以对生物材料进行十分精确的分类。最简单的方式是根据材料的属性来划分，可以大致分为：金属材料、陶瓷材料、高分子材料、复合材料。表 2-5 总结了各属性材料的基本特点。

表 2-5 按照材料属性分类的植入材料的特点和应用举例

材料	优点	缺点	举例
高分子材料(尼龙、硅橡胶、聚酯、聚四氟乙烯等)	有弹性、易于制造	不结实、随时间变形、会降解	手术缝合线、血管、介入导管、气囊、髋臼、耳、鼻，其他软组织药物缓释或定向递送载体
金属材料(钛及其合金、钴铬合金、不锈钢、金、银、铂等)	结实、牢固、柔韧	可被腐蚀、致密、不易制造	关节置换、接骨板和螺丝、牙根植入物、起搏器和缝合线
陶瓷材料(氧化铝、羟基磷灰石、磷酸钙)和碳材料	生物相容性好、化学惰性、抗压	脆、无弹性、不易制造	齿科、股骨头置换、齿科及骨科植入物的涂层
复合材料(碳-碳、金属丝或纤维增强骨水泥)	结实、可定制	不易制造	关节植入物、心脏瓣膜

以上四大类中每一类还可以进一步细分：

(1)金属(metal)材料：包括一般金属、贵金属、记忆合金。

(2)陶瓷(ceramic)材料：作为生物材料的陶瓷、玻璃或玻璃-陶瓷复合物。主要包括生物活性陶瓷、生物可吸收陶瓷、惰性陶瓷、生物活性玻璃。

(3)碳(carbon)材料：主要包括低温热解碳、石墨、金刚石、类金刚石、富勒烯、碳纳米管、石墨烯。

(4)合成高分子(synthetic polymer)材料：包括生物可降解高分子材料、不可降解高分子材料。

(5)生物高分子(biopolymer)材料：由生命体合成的高分子，主要包括纤维素和多糖、天然蛋白质、核酸等。

(6)复合材料：指两种或两种以上材料通过物理作用结合在一起形成的材料，在性能上有利于实现优势互补。其中，由生物活性材料与非活性材料形成的复合材料被称为杂化生物材料。杂化类型包括与活性物质杂化(如肝素、胰岛素、酶等)，与细胞杂化(如血管内皮细胞、肝细胞、肾细胞)等。

此外，也可以按照材料的力学特性分为软组织用生物材料、硬组织用生物材料和齿科材料。其中，软组织用材料进一步分为血液接触材料和非血液接触材料，硬组织用材料则可进一步分为骨修复材料和关节用材料等。

按照生物材料在体内的应用部位来划分也是一种分类方法，例如血液系统用生物材料、骨骼肌系统用生物材料等。对于医学专业的学生来说，以材料属性的划分为基础，结合其临床应用的分类可能有助于理解和记忆。

2.4 生物材料引起的宿主反应

当生物材料与生命系统接触时，如通过注射、介入或手术等方式植入到特定的组织或器官中，会对相应的组织或器官造成不同程度的损伤，由此启动组织、器官或机体对损伤的应激反应，而与应激反应相应的稳态维持机制也随之启动。这一系列应激和稳态维持的过程即为宿主反应(host response)。由此可知，宿主反应来自两个方面，一是由于外科手术过程中不可避免的医源性组织损伤而导致的固有免疫系统的活化，另一方面则来自宿主对植入材料所产生的一系列反应。一般情况下，医源性组织损伤引起的宿主反应会随着创伤的愈合而很快消失，但是，由材料引起的宿主反应则可能持续存在。对于与血液直接接触的材料，宿主反应主要表现为凝血(blood coagulation)，对于组织植入材料，宿主反应主要表现为异物反应(foreign body reaction，FBR)。

2.4.1 血液接触材料引发的凝血

与血液接触的医疗器械被广泛用于心血管系统疾病的治疗，例如人工血管、血管内支架、介入导管和气囊、血液透析装置的管路以及人工心脏瓣膜等。此外，治疗实体肿瘤和血液恶性肿瘤用的静脉内留置导管也与血液直接接触。血栓形成是导致这些器械治疗失败的共同原因。由于在血液与医疗器械界面上形成的血栓其主要成分是聚集的血小板和纤维蛋白，因此抗血栓或抗血小板药物经常用于防止或治疗植入材料引起的凝血。了解血液接触器械时如何触发或启动凝血的过程十分重要，这将有助于医生了解怎样处置和管理这方面的临床问题。

人造材料的表面通过一个复杂的相互关联的过程引起凝血的发生，主要包括血浆蛋白吸附、血小板及白细胞和红细胞黏附、凝血酶和补体的活化。生物材料对蛋白质分子的吸附是宿主反应的启动步骤。吸附在医疗器械表面的蛋白质分子引起血小板的黏附、活化和聚集。

在细胞对材料发生反应之前，蛋白质分子的吸附就已经发生了。当生物材料与宿主组织接触时，两者之间形成了一个界面，发生在这个界面上的第一个反应就是蛋白质分子的非特异性吸附。吸附反应的过程非常迅速，在 30 秒内就基本完成了。因此，细胞并不是与“裸露”的材料直接作用，换句话说，与生物系统直接接触的材料表面都被蛋白质分子所覆盖。

在与血液直接接触的环境中，生物材料首先会非特异性地吸附大量血浆蛋白。血液是由血浆和细胞组成的十分复杂的混合物，蛋白质分子是血浆的主要成分，血浆中包含有 300 种以上的蛋白质分子，各种蛋白质分子的浓度变化巨大，其范围可以从 35～50 mg/mL（如白蛋白）到低于 5 pg/mL（如白介素-6）。蛋白质吸附的动力学与材料表面的理化性质及蛋白质分子本身的性质有关。吸附到材料表面的蛋白质会形成厚度为 2～10 nm 的吸附层，其蛋白质浓度可达到血浆中的 1000 倍。蛋白质的表面吸附是一个不可逆过程，吸附层中蛋白质的成分会随时间而动态改变，这个现象称为“Vroman 效应”，此效应在电负性的亲水性表面尤其明显，而且与血流无关。亲水性是影响蛋白质吸附的一个关键因素，一般情况下，疏水性表面吸附的蛋白质会比亲水性表面多。蛋白质分子和表面电荷也是关键的因素，在没有疏水作用和静电作用的情况下，构象变化是蛋白质吸附的重要驱动力。此外，表面吸附引起的构象变化会改变蛋白质的生物功能。纤维蛋白原是容易沉积到材料表面的蛋白质分子之一，其他蛋白质如纤连蛋白和 von Willebrand 因子（vWF）也会被吸附到材料表面上，与纤维蛋白原共同介导了血小板的黏附。吸附的纤维蛋白原会很快被接触系统中的成分所替代，如Ⅻ因子、更高分子量的 kininogen（HK）、prekallikrein 和Ⅺ因子；特别是吸附到表面的Ⅻ因子会发生主动活化，所生成的Ⅻa 将激肽释放酶前体转化为激肽释放酶，通过内源性途径触发凝血酶的产生，并引起凝血和血栓形成。凝血酶不仅可以引起纤维蛋白在材料表面的沉积，还促进血小板的活化。纤维蛋白沉积可以稳定表面黏附的血小板聚集体，最终导致血小板-纤维蛋白血栓的形成。与此同时，活化的Ⅻ因子还会引起补体系统活化。补体系统通过与凝血通路之间的交互作用又进一步促进了凝血酶的产生。因此，人造材料表面的蛋白质吸附层可动态调节血栓的形成。

此处要强调两点：

(1)生物系统中蛋白质分子几乎无处不在，有些分子的结构和功能已经被清楚地了解，但是还有很多蛋白质分子，它们的三维结构和生物功能尚不清晰。如果被吸附到材料表面，由于材料理化特性的复杂性，蛋白质分子生物学功能的变化难以预测，使得蛋白质吸附过程更加复杂。

(2)蛋白质分子在固相材料表面的吸附与小分子的吸附完全不同，并不是简单的物理吸附。这是因为蛋白质分子是各向异性的，其三维结构中存在不同的微区(domain)，这些特定的空间结构决定了蛋白质分子的活性和功能。研究已证明，血浆中的蛋白质分子吸附到材料的表面后会根据表面的物理化学性质而发生构象重排(rearrangement)，而重排会影响蛋白质分子与材料表面结合的紧密程度，也会改变蛋白质分子构象，因而改变其生物活性。

图 2-2 是蛋白质分子吸附的动态过程示意图。当一个蛋白质分子接触到材料表面时，它的停留时间取决于其表面微区和材料的表面性质。如果它与材料的亲和力比较低，触碰后瞬间内迅速回到液相中，那么它不会发生构象改变；但是，如果这个分子与材料的亲和力强，被吸附在材料表面上的时间长一些，就可能发生构象的变化，它重新回到液相的概率就会降低。实际上，随着停留时间的延长，蛋白质分子的变性程度越来越大，从材料表面回到液相的概率也越来越低，最终在材料的表面上形成了蛋白质吸附层。

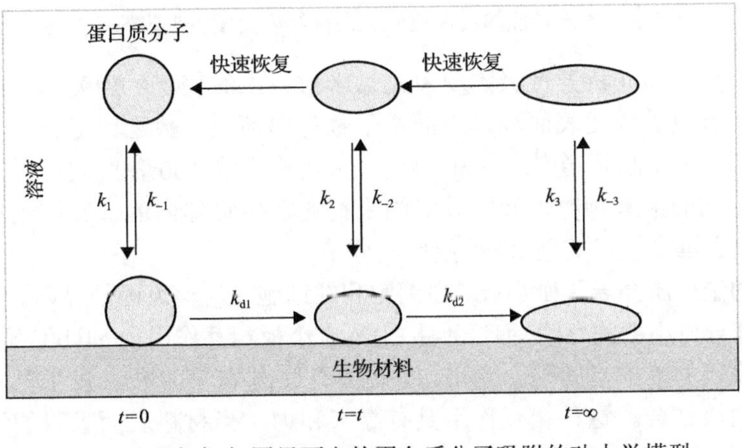

图 2-2 发生在液-固界面上的蛋白质分子吸附的动力学模型

总体上说，材料的化学性质(元素组成、功能基团)、物理性质(硬度、弹性、电性能、磁性)、拓扑结构(微观形貌)都会影响材料对蛋白质分子的吸附。例如，由于蛋白质分子是各向异性的，因此，它优先以哪个“表面”或者“微区”去接触材料的表面取决于材料的电荷状态、化学组成、硬度与弹性、微观形貌、亲水-疏水等因素。图 2-3 给出了三种蛋白质分子模型，左侧的各向异性蛋白质是一个二维模型，高度抽象地代表了不同蛋白质分子的微区结构。当蛋白质分子以“最适”的表面或微区与吸附到植入材料表面上时，其构象可能会发生变化，原先处于构象内部的微区或活性片段有可能暴露出来，更易被细胞识别，而之前暴露在构象表面的微区或活性片段则有可能被隐藏起来。这就可以理解，为什么生物材料的类型和表面形貌不同时，所吸附的蛋白质分子种类和数量会有所不同，而蛋白质吸附层中分子的种类和比例在很大程度上决定了生物系统所产生的宿主反应的程度，可以说，蛋白质吸附层介导了宿主组织与生物材料的相互作用。

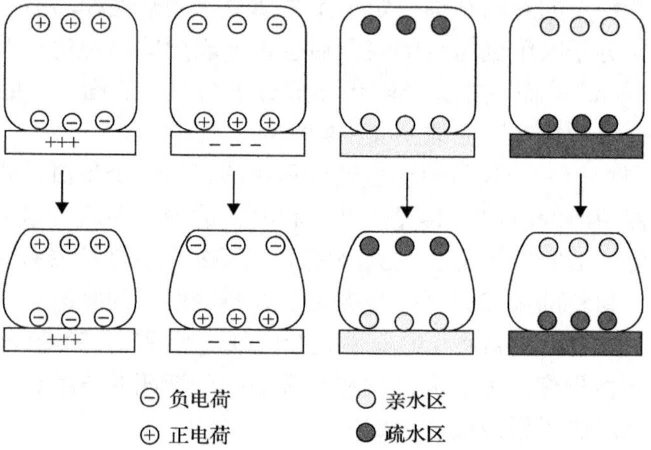

图 2-3　各向异性的蛋白质分子在材料表面发生吸附的示意图

蛋白质分子的非特异性吸附现象在纳米材料上的表现更加突出，或者是因为纳米材料具有巨大的比表面积，表面原子数与内部原子数之比很高，材料的表面性质更活跃。据文献报道[1]，在 30 秒内，大约有至少 160 种血浆蛋白质分子会吸附到三种不同的纳米颗粒表面，并对纳米材料在生物体内的效应产生深远影响。表 2-6 列出了丰度最高的前 20 种蛋白质分子。

吸附的蛋白质介导了血小板、白细胞和红细胞在材料表面的黏附。纤维蛋白原主要负责介导血小板的黏附，而纤维蛋白原-血小板相互作用由 aⅡbβ3 介导，aⅡbβ3 是血小板膜表面最丰富的整合素蛋白，必须通过内-外信号传导发生构象活化才能与纤维蛋白原结合。这种相互作用具有高亲和力，当材料表面吸附的纤维蛋白原达到 7 ng/cm^2 时，血小板的黏附就发生了。虽然吸附在材料表面的纤连蛋白和 vWF 因子也能够与血小板结合，但是比纤维蛋白原的作用弱。纤维蛋白原更容易吸附在疏水表面，这也就解释了为什么血小板更容易黏附在疏水表面。

静息血小板的形态是直径 2～3 μm 的圆盘状，当被黏附到蛋白质吸附层上以后，通过与蛋白质分子相互作用而发生活化，原本在细胞膜上低表达的某些蛋白质会上调其表达水平，如 P-selectin（P 选择素）、GPⅡb-Ⅲa、GPⅣ等，而 GPⅠb/Ⅸ/Ⅴ则会发生下调（图 2-4）。与此同时，血小板的形貌会发生变化，随着活化程度的增加而伸出更多的伪足，直至达到最终完全伸展状态。活化状态的血小板会

表 2-6 三种纳米颗粒表面吸附的蛋白质分子(丰度前 20 的蛋白质分子)

序号	无定形二氧化硅纳米颗粒	带负电荷的聚苯乙烯纳米颗粒	带正电荷的聚苯乙烯纳米颗粒
1	血清白蛋白	血清白蛋白	血清白蛋白
2	载脂蛋白 A-Ⅰ	补体 C3	载脂蛋白 A-Ⅰ
3	补体 C3	补体因子 H	Ig γ-1 链 C 区
4	Ig γ-1 链 C 区	β2-糖蛋白 1	间-α-胰蛋白酶抑制剂重链 H4
5	补体因子 H	激肽原-1	Ig μ 链 C 区
6	激肽原-1	间-α-胰蛋白酶抑制剂重链 H4	Ig γ-3 链 C 区
7	补体 C4-A	Ig γ-1 链 C 区	Ig κ 链 C 区
8	Ig κ 链 C 区	玻连蛋白	玻连蛋白
9	血清转铁蛋白	补体 C1r 亚基	补体 C3
10	凝溶胶蛋白	Ig γ-3 链 C 区	补体 C1r 亚基
11	铜蓝蛋白	脂多糖结合蛋白	补体 C4-A
12	Ig γ-3 链 C 区	凝溶胶蛋白	补体 C1s 亚基
13	α-2-巨球蛋白	补体 C5	α-2-巨球蛋白
14	血红素结合蛋白	补体 C1s 亚基	血清转铁蛋白
15	Ig γ-4 链 C 区	载脂蛋白 A-Ⅰ	载脂蛋白 A-Ⅳ
16	β2-糖蛋白 1	Ig μ 链 C 区	α-1-抗胰蛋白酶
17	补体 C1r 亚基	补体 C4-B	角蛋白Ⅱ型表皮细胞骨架 1
18	Ig α-1 链 C 区	Ig κ 链 C 区	激肽原-1
19	间-α-胰蛋白酶抑制剂重链 H4	C4b 结合蛋白 α 链	凝聚素
20	结合珠蛋白	富组氨酸糖蛋白	Ig α-1 链 C 区

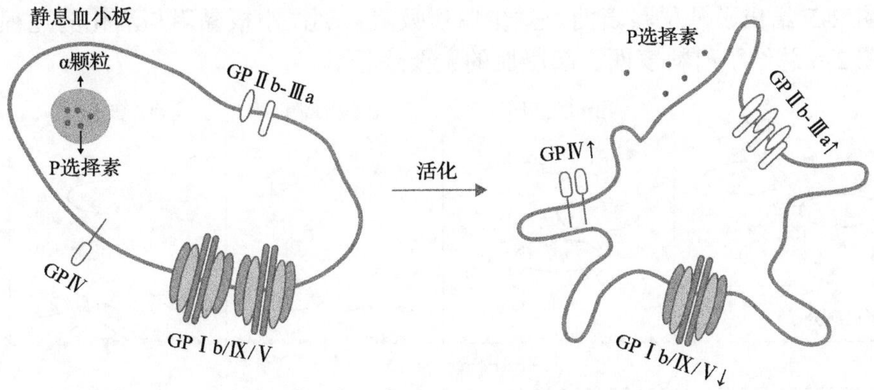

图 2-4 血小板的活化过程示意图

释放血栓素 A2、二磷酸腺苷(ADP)和其他激动剂，进一步促进血小板在材料表面的黏附、活化和聚集，导致血小板血栓的形成，从而导致随着材料暴露时间的延长，循环血小板数量减少。

白细胞，特别是中性粒细胞会通过 CD11b/CD18 的介导与纤维蛋白原结合。黏附的血小板表面的P选择素会与白细胞表面的P选择素糖蛋白配体-1相互作用，从而促进白细胞的黏附，活化的补体成分也有这样的作用。黏附在材料表面的白细胞会产生过氧化物和其他自由基，还可能脱颗粒并释放血小板活化因子、白介素、肿瘤坏死因子等物质，促进其周围血小板的活化，通过单核细胞引起组织因子的表达。与血小板和白细胞通过受体介导黏附不同，红细胞的黏附是被动的。黏附到材料表面的红细胞会释放 ADP，使血小板活化，同时，在高剪切条件下，红细胞会破裂(发生溶血)。因此，材料表面的蛋白质吸附会促进血小板和白细胞的黏附，随后红细胞也发生黏附。

补体吸附到材料表面后会激活内源性凝血途径。吸附到表面的Ⅻ因子会发生主动活化，所生成的Ⅻa 将激肽释放酶前体转化为激肽释放酶，通过内源性途径触发凝血酶的产生，并引起凝血和血栓形成。凝血酶不仅可以引起纤维蛋白在材料表面的沉积，还可促进血小板的活化。纤维蛋白沉积可以稳定表面黏附的血小板聚集体，最终导致血小板-纤维蛋白血栓的形成。与此同时，活化的Ⅻ因子还会引起补体系统活化。补体系统通过与凝血通路之间的交互作用又进一步促进了凝血酶的产生。活化的Ⅺ因子启动一系列的蛋白质水解反应，促进凝血酶的产生；而凝血酶不仅将纤维蛋白原转化为纤维蛋白，而且具有血小板激动剂的作用，促进了血小板的聚集。纤维蛋白单体发生聚合，所形成的纤维蛋白束可以稳定血小板聚集体，由此导致了血小板-纤维蛋白血栓的形成，血栓黏附在医疗器械上，使其无法正常工作。部分血栓会从器械表面脱落，进入血液循环，影响重要器官的血液供应。

图 2-5 给出了从材料表面发生蛋白质吸附，到血小板黏附与活化的过程示意图，图 2-6 总结了材料表面引起凝血的主要途径。

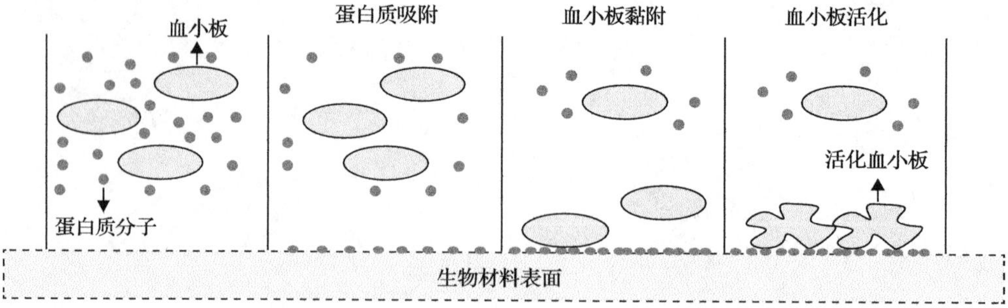

图 2-5　材料表面血小板黏附与活化示意图

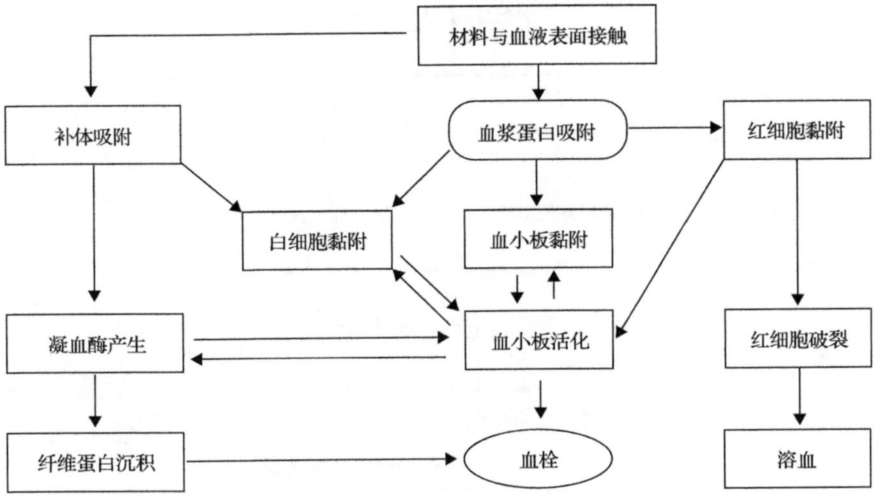

图 2-6 材料表面引起凝血的主要途径

2.4.2 组织植入材料引发的宿主反应

通常情况下，炎症、伤口愈合和异物反应是生物材料植入后最早发生的宿主反应。它们有时依序发生，有时交叠或同时发生。例如永久性移植物(不可降解材料)表面发生的异物反应可能早于急性或慢性炎症反应，但最终结果是在植入物外形成纤维包囊。宿主对生物材料的反应最终决定了生物材料植入的成败。图 2-7 总结了生物材料植入所引起宿主反应的基本过程和可能的结果。

在大多数情况下，植入手术引发的宿主反应(医源性)在正常的伤口愈合过程中会迅速消失；而宿主对植入材料的反应则会持续相当长的时间，甚至会一直存在，其反应程度与生物材料的多种因素有关，包括材料的组成、表面化学基团分布、表面物理特征、材料的降解性以及其他各种参数，如纤维的直径、器械的形状等。此外，材料的自然属性和力学性质也非常重要。生物材料的抗感染能力甚至植入和放置的手法等因素也会影响宿主反应。宿主反应程度轻微就意味着材料具有良好的生物相容性。

在生物材料植入的最初几分钟内，在宿主和材料之间界面上发生的最主要的反应来自中性粒细胞；材料植入部位中性粒细胞的出现是急性固有免疫发生的标志，在材料植入后的 48～72 小时内达到峰值。出现在植入部位的中性粒细胞除了可以清除手术部位的病原体，还发挥着其他重要作用，包括激活固有免疫系统中的级联反应，启动肉芽组织的形成，以及分泌各类分子以促进材料的降解(如果植入的是生物可降解的材料)和再生组织的重塑，主要包括丝氨酸蛋白酶和胶原酶等。中性粒细胞所建立的级联信号会招募循环血液中的单核细胞进入植入部位周围组织并分化为巨噬细胞。组织中的静息巨噬细胞及血液来源的单核-巨噬细胞会逐渐取代在宿主与材料相互作用界面上的中性粒细胞，启动异物反应。

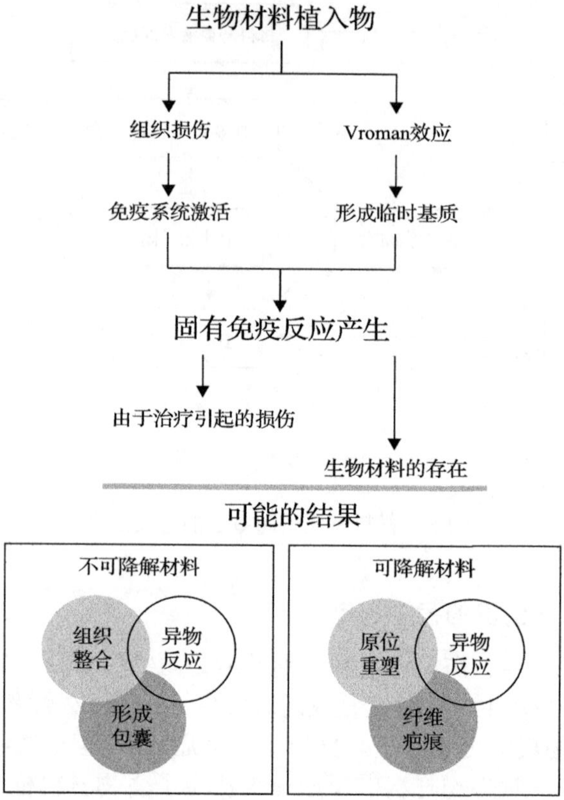

图 2-7 植入材料的宿主反应。针对植入材料的宿主反应与许多因素有关。所有材料发生宿主反应的起始步骤是一样的，均包括移植过程中发生的组织损伤和材料表面发生的蛋白质吸附，但宿主反应随后会根据植入材料类型的不同及其他因素而转入多种复杂的阶段。这些过程包括固有免疫系统的细胞和分子的参与、伤口愈合反应，并且最终决定了临床的结果(即形成包囊或疤痕或是结构重塑)

巨噬细胞诱导炎症反应的程度、延续时间以及纤维囊的厚度与植入材料的性质密切相关。例如，对于无法降解的永久性植入材料，如金属板或螺钉，巨噬细胞会试图去吞噬和清除或包裹这些植入物。由于单个巨噬细胞无法吞噬消化掉植入材料，就会有多个巨噬细胞同时参与行动，形成所谓的多核异物巨大细胞(foreign body giant cells，FBGCs)来包围植入材料(图 2-8)。与此同时，巨噬细胞还分泌多种促炎性因子，促进植入部位的炎症反应和血清肿形成，并招募成纤维细胞来到植入物部位，这些成纤维细胞通过分泌大量的胶原蛋白等基质分子而导致大量纤维结缔组织的形成。上述过程的最终结果是在植入物外周形成纤维囊，把植入物包裹起来。如果植入材料引起强烈而持续的异物反应，就有可能形成较厚和硬的纤维囊，导致局部血液供应不足，引发疼痛，甚至有可能导致植入的失败。

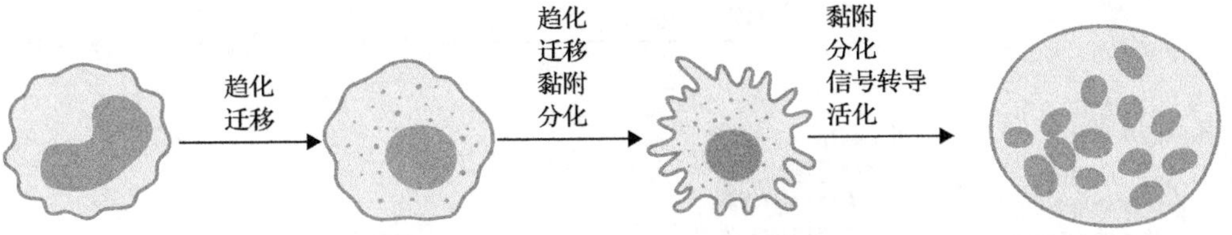

图 2-8 血管中的单核细胞到黏附于生物材料的单核-巨噬细胞再到组织-生物材料接触面上的FBGCs的过程

对于生物可降解的材料来说，巨噬细胞则随时间而表现出不同的功能。当材料植入组织中之后，如果引起的炎症反应较为轻微，材料会在几周内被彻底降解，在此过程中，巨噬细胞由促炎性的表型逐渐过渡转变为促进组织修复的表型，从而实现组织重塑，形成较小的疤痕。如果植入材料引起巨噬细胞较强的炎症反应，或使其不能适时转变为促进组织修复的表型，初期的炎症反应就会转为慢性炎症反应，可能导致修复的失败。

2.4.3 组织植入物宿主反应的各个阶段

生物材料植入组织后引起的宿主反应主要包括以下阶段：血液与植入材料相互作用、临时基质形成、急性炎症反应、慢性炎症反应、肉芽组织形成以及纤维囊形成。在宿主反应的过程中，异物反应主要指发生在生物材料与活体组织的界面上的反应，其参与主体是巨噬细胞(macrophages)和异物巨大细胞。

1. 血液与材料相互作用和临时基质形成

损伤发生之后，组织中血管的走向、口径和通透性迅速发生变化，液体、蛋白质和血液细胞由循环血液进入损伤部位，这一过程称为渗出。同时发生的还有与急性炎症相关的血液学变化。随之发生的是细胞免疫反应。

血液与生物材料的相互作用与炎症反应有潜在的关联。损伤发生早期产生应激反应的主要是血液和血管。不论生物材料植入何处，损伤导致的初始炎症反应都会发生在血管外周组织。从异物反应的角度来看，机体发生炎症反应的最终目的是包裹、中和、减轻或清除损伤的细胞和组织。免疫应答会启动一系列反应，通过将损伤组织替换为机体自身的薄壁组织细胞、纤维化疤痕组织或者二者兼有，实现植入生物材料周围组织的愈合或重建。血液会参与初始的炎症反应，发生凝血和形成血栓。血液与材料相互作用和组织与材料相互作用的复杂性及相关性如图 2-9 所示，图中描述了血管植入物和动脉接合处的反应。从伤口愈合的角度看，材料和血液的相互作用往往被归到血液相容性范畴。

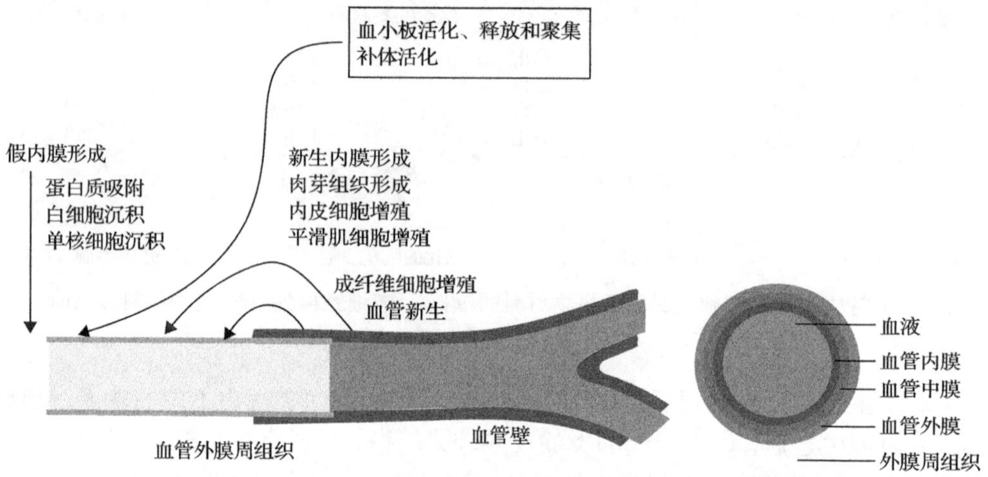

图 2-9　血管植入物引起的血液和组织反应

血浆蛋白在生物材料表面形成的沉积被称为临时基质。在生物材料植入的初始阶段(通常是几分钟或几小时内)，受到损伤的植入部位会有临时基质迅速形成，可以看作是一种自然形成的、可生物降解的、持续性的缓释系统，其中的多种生物活性分子可参与调节伤口愈合过程。临时基质的成分主要包括来自血液凝块和血栓的纤维蛋白和补体蛋白、活化的血小板、炎症细胞和内皮细胞以及免疫分子。临时基质的形成启动了宿主应激反应以及组织的重组和修复过程，也为伤口愈合提供了结构支撑和必要的生物活性物质，例如，纤维蛋白网络与黏附蛋白共同形成的复杂三维结构为细胞的黏附和迁移提供了基质，临时基质中的细胞因子、趋化因子和生长因子则为细胞提供了生物信号。尽管对临时基质及其功能的认识在逐渐深入，但迄今为止，对于调控临时基质形成和伤口愈合过程的关键分子尚知之甚少。造成这种认识不足的原因之一是大部分实验研究是在体外进行的，缺乏体内实验的多方面视角。

2. *炎症发生*

临时基质形成之后，炎症反应随之发生。图 2-10 所示是在不同炎症反应阶段出现的主要细胞，描述了生物材料植入体内后发生的时序性事件。所植入生物材料的形状、尺寸和理化性质的不同导致了炎症的强度或伤口愈合过程时长的不同，这就是宿主对生物材料的反应。

一般来讲，在生物材料植入或损伤发生后的几天内，首先是短时间内中性粒细胞占主导地位，随后是单核细胞的浸润，此过程会持续较长时间。发生这种细胞种类变化的原因有以下三个方面：①中性粒细胞由血管中迁移到组织仅需很短的时间，中性粒细胞迁移所需的趋化因子在炎症反应早期就被活化。但是中性粒

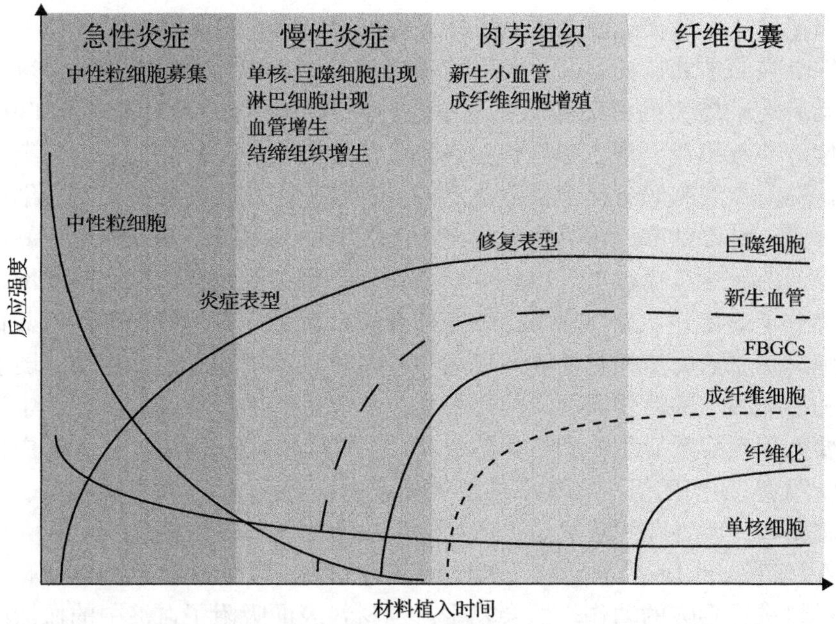

图 2-10　急性炎症、慢性炎症、肉芽组织形成和异物反应过程中的时序性变化。强度和时间变量与植入过程中造成的损伤程度和生物材料的大小、形状、形貌、理化性质有关

细胞的生命周期很短，在 24～48 小时内会死亡和消失。②单核细胞穿过血管壁进入组织之后会分化为巨噬细胞，这些细胞的生命周期可长达到数月。③单核细胞向组织的迁移会持续几天甚至几周，取决于损伤的程度和植入的生物材料的种类。除此之外，作用于单核细胞的趋化因子会在很长一段时间内持续产生，也是导致单核细胞长时间内持续迁移的原因之一。

1) 急性炎症

植入手术造成的损伤引发了炎症反应的发生，而血浆、细胞和损伤组织中释放的化学物质介导了炎症反应过程。急性炎症一般持续几分钟或几小时或几天，发生时长取决于损伤发生的程度和植入生物材料的种类，视植入部位的损伤程度，通常一周以内即可恢复。在组织/移植物接触界面上超过一周的急性炎症意味着感染。

为了理解炎症反应及其与生物材料之间的关系，以下几点值得注意：

(1) 尽管以结构或功能对化学介质进行分类，但是它们之间具有复杂的相互作用，形成了彼此呼应和平衡的系统；

(2) 化学介质会很快失活或被破坏，因此它们应主要在局部原位发挥作用(如在植入部位)；

(3) 溶酶体中的蛋白酶和活性氧(reactive oxygen species，ROS) 通常造成最显著的损伤或破坏，这类化学介质对于植入材料的降解也至关重要。

急性炎症的主要特征是液体和血浆蛋白的渗出、中性粒细胞(多形核白细胞)和其他具有运动能力的白细胞从血液中迁移到临近血管的组织或损伤部位(材料植入部位)。单核细胞和淋巴细胞向损伤部位的趋化主要受到来自中性粒细胞的招募。趋化性是指细胞顺着化学梯度运动的一种现象，这一现象是控制白细胞迁移的一个因素。淋巴细胞迁移需要与内皮细胞表面的黏附分子相互作用。黏附分子在细胞表面的表达可以被炎症或化学介质诱导、增强或改变。细胞膜或淋巴细胞表面趋化分子的特异性受体对淋巴细胞的迁移十分重要。这些受体以及其他受体在白细胞跨越血管内皮细胞层和淋巴细胞的活化过程中起到重要作用。随着中性粒细胞和巨噬细胞的活化，吞噬作用和蛋白质水解酶的释放开始发生。中性粒细胞的主要作用是吞噬微生物和植入的材料。吞噬是一个三步的过程：①中性粒细胞识别刺激物(损伤的组织、感染性的载体或生物材料)；②黏附、吞噬；③杀死或降解刺激物，而吞噬和降解是否成功则取决于生物材料的性质。

植入材料的尺寸通常远远大于单个吞噬性细胞，因而不能被细胞吞噬。但是，细胞对材料进行吞噬的动作仍然会发生。当材料表面吸附了血液中的血清因子调理素时，更易被细胞识别和黏附。血液中两种主要的调理素是免疫球蛋白 G(IgG)和补体活化片段 C3b。如前所述，这两种血浆来源的蛋白质会吸附于生物材料表面，而中性粒细胞和巨噬细胞膜上均有这两种调理素的结合受体；因此，这些受体也参与中性粒细胞和巨噬细胞的活化。其他血液蛋白如纤维蛋白原、纤连蛋白、玻连蛋白等也会帮助细胞黏附于植入材料的表面。研究已经证实，当植入材料表面吸附了补体和免疫球蛋白后，黏附到材料表面的中性粒细胞会通过直接挤压或胞吐作用释放酶类。这一过程中释放的酶的数量与植入材料的尺寸相关；材料越大，细胞释放的酶越多。这种差异说明细胞的活化模式在一定程度上取决于移植物的大小以及材料是否可以被吞噬。例如，粉末、颗粒和纳米尺度的材料与相同成分的片状材料所引发的炎症反应不同。一般来说，大于 5 μm 的材料不能被吞噬，小于 5 μm 的材料可以被免疫细胞吞噬。

2) 慢性炎症

与急性炎症相比，慢性炎症是一种异质化程度更高的病理学现象。一般来说，慢性炎症的特征是巨噬细胞、单核细胞和淋巴细胞出现，以及血管和结缔组织的增生。许多因素可以调控慢性炎症的进行及其病理表现。

应该注意，慢性炎症一词并不适合来描述异物反应。慢性炎症主要包括单核细胞、巨噬细胞和淋巴细胞，通常与毒性和感染相关，而异物反应通常由巨噬细胞和巨大细胞组成。

生物材料本身的理化性质可能导致炎症反应，移植和感染也有可能导致炎症；而持续的炎性刺激则导致慢性炎症。生物材料引发的慢性炎症反应不应长时间持续，而且应仅发生在移植部位。单核细胞的出现，包括随异物反应而形成的肉芽组织是最常见的针对植入物的伤口愈合反应。长时间的、淋巴细胞和单核细胞持续出现的慢性炎症往往预示着发生了长期的感染。慢性炎症的持续出现也有可能由生物材料的毒性溶出物导致。

单核细胞和巨噬细胞属于单核-巨噬细胞系统(MPS)，也被称为网状内皮系统(RES)。这一系统中的细胞来自骨髓、外周血和某些组织。表 2-7 列出了包含 MPS 或 RES 系统细胞的组织。材料植入后与机体组织的各种相互作用可能会产生腐蚀性产物、磨损的碎屑、材料降解的产物，这些都会引起上述细胞的反应；同时，这些细胞也会识别植入物，在材料或器械的界面上发生一系列反应。因此，RES 系统与植入材料所引起的组织或器官的全身性反应密切相关。

表 2-7 单核-巨噬细胞系统和网状内皮系统的细胞和组织

组织	细胞
植入部位	炎症巨噬细胞(inflammatory macrophages)
肝	库普弗细胞(Kupffer cells)
肺	肺泡巨噬细胞(alveolar macrophages)
结缔组织	组织细胞(histiocytes)
骨髓	巨噬细胞(macrophages)
脾和淋巴结	固定的和自由的巨噬细胞(fixed and free macrophages)
浆膜腔	胸腔和腹腔巨噬细胞(pleural and peritoneal macrophages)
神经系统	小胶质细胞(microglial cells)
骨	破骨细胞(osteoclasts)
皮肤	朗格汉斯细胞(Langerhans' cells)
淋巴组织	DC 细胞

巨噬细胞可根据其所处环境而表现出不同的表型，目前已经有多种分类方法，其中一种是参考 T 细胞分类的方法，将巨噬细胞分为 M1 型和 M2 型，前者 M1 型是经典活化的巨噬细胞，发挥促炎作用，后者 M2 型则是修复表型，发挥抗炎或促进伤口愈合的作用。也有观点认为可以将巨噬细胞分为三种不同的类型：经典活化的巨噬细胞、修复性的巨噬细胞以及调节性的巨噬细胞。在这种分类下，调节性巨噬细胞具有抗炎作用，而修复性巨噬细胞负责组织的修复。但是，这些分类都是人为的，实际上巨噬细胞的表型很难以某一种活化类型来概括，在多数情况下，巨噬细胞具有混合表型，在某种特定环境中，可能某一表型较强。

巨噬细胞可以合成和分泌大量的生物活性物质，如中性蛋白酶、趋化因子、花生四烯酸代谢物、活性氧代谢物、补体成分、凝血因子、促成长因子、细胞因子和酸类物质等，是慢性炎症过程中最重要的细胞。巨噬细胞溶酶体可以形成极酸的环境；用微电极直接检测溶酶体时，测得的 pH 低至 3.5。有研究表明，巨噬细胞黏附到植入物表面后仅几个小时，其溶酶体内就可以达到如此低的 pH。

3. 肉芽组织形成

在生物材料植入一天后，单核细胞和巨噬细胞就会启动创伤愈合过程。成纤维细胞和血管内皮细胞在植入部位增殖，开始形成肉芽组织。肉芽组织是创伤愈合的特征性组织，得名于其增生于正在愈合的伤口表面，外形具有粉红、柔软的肉芽状特征，其组织学特征包括新生小血管和成纤维细胞的增殖。视损伤程度，肉芽组织可能在生物材料植入后 3～5 天出现。

新生小血管是由组织中原本存在的血管萌生的，英文为“neovascularization”或“angiogenesis”。这个过程包括血管内皮细胞的增殖、成熟和形成毛细血管。成纤维细胞也会在肉芽组织中增殖，并且大量合成胶原和蛋白多糖。在肉芽组织形成的早期，主要成分是蛋白多糖，之后是胶原蛋白，尤其是Ⅲ型胶原蛋白。胶原蛋白是最终形成的纤维囊的主要成分。正在形成中的肉芽组织中有一些成纤维细胞具有平滑肌细胞的特征，被称为肌成纤维母细胞(myofibroblast)，它们具有收缩功能，可以在肉芽组织形成过程中使伤口收缩。除了收缩伤口，肌成纤维母细胞还可以侵入受伤组织，通过释放细胞外基质来修复损伤。研究表明，肌成纤维母细胞可以来自不同的祖细胞，最主要的来源是植入部位毗邻组织中募集的成纤维细胞；同时，植入部位的间充质干细胞、骨髓来源的间充质干细胞以及发生上皮间充质转化的上皮细胞都可能是肌成纤维母细胞的来源。在大块组织缺损处植入生物材料后周围组织的创伤愈合过程中，机体会形成大量的肉芽组织，由此造成植入伤口周围的纤维化和疤痕。在这种情况下，不同区域的组织可能逐渐表现出不同的伤口愈合过程。需要强调的是，肉芽组织与肉芽肿截然不同，肉芽肿是由巨噬细胞而来的上皮样细胞形成的小团簇。在肉芽肿中，单个巨噬细胞无法吞噬的颗粒材料被朗格汉斯细胞或异物巨大细胞包围。

4. 异物反应和纤维囊形成

在植入物存在的全部时间内，异物反应都会在组织与植入物的界面上发生。生物材料的异物反应(FBR)成分主要有异物巨大细胞和肉芽组织(其中包括巨噬细胞、成纤维细胞和毛细血管等)。植入部位的异物反应由生物材料的表面性质、材料组成、植入物的比表面积等决定。例如，相较于表面光滑的植入材料，具有高比表面积的植入物如纺织物、多孔材料、颗粒或微球等，会募集更多的巨噬细胞和 FBGCs 细胞，而在光滑材料的植入部位，异物反应的最主要结果是形成纤维化组织。通过对材料的表面化学进行设计有可能调控巨噬细胞的凋亡(例如程序性细胞死亡)，使可能有害的巨噬细胞失能，由此使植入物周围的环境免受影响。材料表面黏附的巨噬细胞的凋亡水平与其表面促进巨噬细胞融合为 FBGCs 细胞的能力呈负相关，提示形成 FBGCs 是巨噬细胞逃避凋亡命运的一种选择。

植入材料引起的异物反应的最后阶段是纤维化或形成纤维囊包裹。材料性能稳定的器械不会被机体降解和代谢，胶原纤维会形成纤维囊把器械与周围组织隔离开。如果纤维囊变厚，就会影响局部血供，甚至可能引起肿瘤。如果纤维囊钙化变硬，则导致机械性能不匹配，发生疼痛。纤维囊也可能使组织缺乏正常血液供应，导致持续感染，或由于引起血液循环不畅而使组织发生肿胀。

需要指出的是，尽管异物反应的最终结果是形成的纤维囊把植入物包裹起来，将植入物的异物反应与周围组织隔离开来，达到了相对稳定的状态，但是，纤维囊中的巨噬细胞是否真正进入静息状态并不明确。在生物材料的表面黏附的 FBGCs 细胞在植入物存在的全部时段里都会存在，目前尚不清楚它们是保持着活化状态继续缓慢释放溶酶体的组分，还是变为静息细胞。而这关系到植入物的长期使用问题，值得关注和进一步研究。

图 2-11 描述了医疗器械(如生物材料)植入后，炎症和创伤愈合相关过程发生

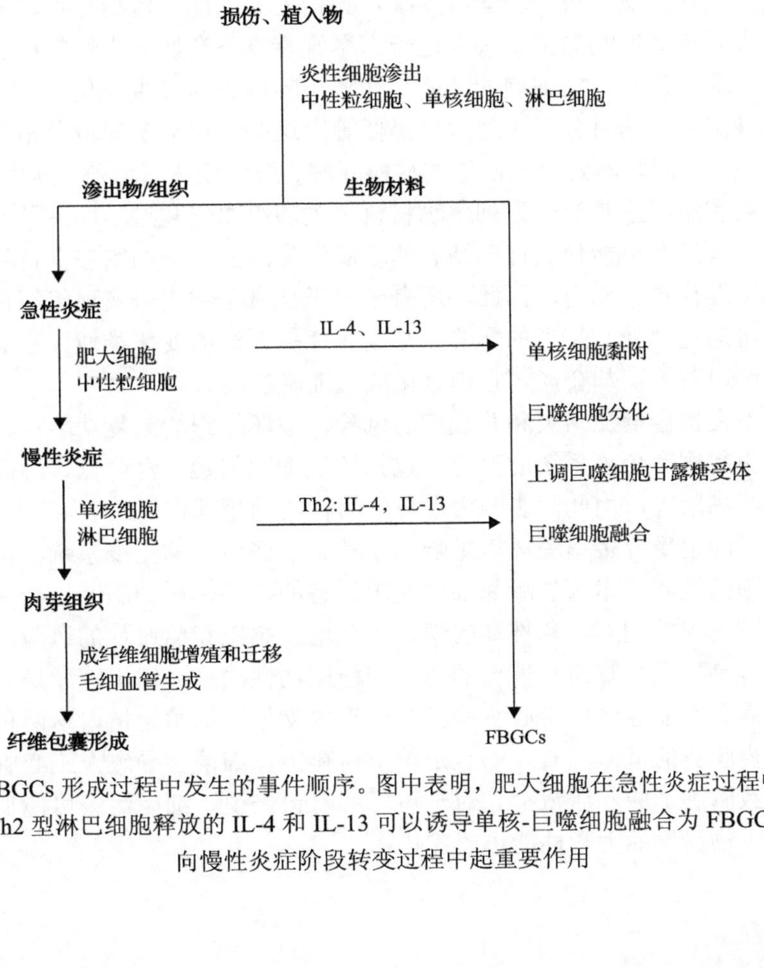

图 2-11　FBGCs 形成过程中发生的事件顺序。图中表明，肥大细胞在急性炎症过程中发挥重要作用。而 Th2 型淋巴细胞释放的 IL-4 和 IL-13 可以诱导单核-巨噬细胞融合为 FBGCs 细胞，在向慢性炎症阶段转变过程中起重要作用

的顺序。一般来说，根据植入物类型和位置的不同，多形核白细胞(PMN)主导急性炎症反应，淋巴细胞/单核细胞主导快速缓解的慢性炎症反应(例如两周内)。使用IL-4和IL-13进行的研究揭示了Th2辅助型淋巴细胞和肥大细胞在组织/材料界面的异物反应进展过程中的作用。FBGCs细胞受到IL-4作用时，其整合素受体首先表达αVβ1，随后表达α5β1和αXβ2，后者表示细胞可能与材料表面吸附的补体成分C3、纤维蛋白(纤维蛋白原)、纤连蛋白、X因子、玻连蛋白等相互作用。

2.4.4　影响宿主反应的其他因素

针对植入材料的宿主反应不仅需要考虑生物材料的理化性质，还应考虑与宿主本身相关的因素，主要包括衰老、营养不良、肥胖、糖尿病、肿瘤以及植入部位的解剖结构和微环境、患者的医疗条件等等。这些因素在以往的生物材料研究中并没有得到应有的认识和重视。但是在某些情况下，这些因素在宿主反应中具有决定性的作用。

衰老的过程影响着每一个器官系统及其相关的功能，包括免疫功能。免疫衰老是老年人感染概率高的主要因素之一。尽管衰老不会影响中性粒细胞和巨噬细胞的绝对数量，但是免疫细胞的功能往往随年龄增长而发生变化，如吞噬能力降低、趋化性降低、信号分子表达水平降低等，这些变化会负向调节植入生物材料的宿主反应，从而影响到植入部位的材料降解、细胞迁移与增殖、新生血管形成、新基质形成和组织重塑等一系列生物材料相关的组织修复过程。除了影响免疫系统，衰老过程还有可能使成体干细胞的功能发生改变。干细胞在保持稳态和创伤愈合过程中发挥重要作用，因此，所有依赖于自身干细胞来实现组织再生的治疗手段都不可避免地受到衰老的影响。与固有免疫系统的变化类似，衰老并不减少干细胞的绝对数量，却会影响它们分化成祖细胞的能力。

营养不良也会增加感染和并发症的风险，破坏组织的修复功能，改变代谢状态，以及引起固有免疫系统的改变，包括免疫细胞的趋化性降低、吞噬能力降低及发生相互黏附等，由此而影响宿主与生物材料的相互作用。

宿主反应也受许多病理环境影响，尤其是那些会影响免疫系统、伤口愈合能力、干细胞活性和手术部位毗邻部位组织状态的疾病，例如肥胖、糖尿病。糖尿病是容易被忽视的因素，急性期的糖尿病会增加感染和菌血症的风险，慢性期的糖尿病则容易导致血管组织情况的恶化和糖尿病性溃疡。由于糖尿病而增加的感染和菌血症有可能导致人工心脏瓣膜和血管内支架上细菌定植，这两种情况都是感染性心内膜炎的危险因素。一旦定植于材料上，细菌会导致人工心脏瓣膜失去功能，导致脓肿形成和脓毒症。对于可降解材料来说，细菌污染可能加速材料的降解，使生物材料的力学性能迅速劣化。

肿瘤切除导致的大块组织缺损需要生物材料的引导来进行组织修复。此类修复依赖于内源性或外源性的细胞增殖。但是，化疗和放疗会影响快速分裂的细胞群，局部放疗还会使毗邻组织也受到一定程度的损伤。此外，接受化疗的患者经常表现厌食症和免疫系统功能障碍。这些因素会影响组织再生微环境，导致组织坏死和疤痕组织形成。

由于各种各样的治疗需求，生物材料在各种解剖学位置都有应用。每一个解剖学位置(如血管、肌腱、中枢神经系统、皮肤、胃肠道、呼吸系统、盆底、股和软骨、关节)都有其独特的微环境，如空气接触、血液接触和机械负荷等。除此之外，根据特殊的应用目的，也会有一些组织特异的物理学需求，如导电性、生物传感(葡萄糖感受器、可植入的心脏除颤器)和承重等。这些环境和物理因素(环形延展、承重、层流，接触面等)都会直接影响细胞的生命过程，如基因转录、迁移和分化，进而影响宿主反应。这些条件可为设计医疗器械的参数提供参考。例如，关节植入物必须有足够的力学强度来承载重量而不发生变形或损坏；血管支架的管腔表面必须能抑制血栓形成、增加血液流速；用于疝修复的材料必须具有适度的延展强度来承受腹壁施加的或施加于腹壁的生物力；透析和体外循环膜氧合器上的半透膜必须能够选择性地允许某些分子通过。解剖学位置还需要考虑毗邻组织的状态，应该是健康和血管化的，而不是污染和坏死的组织。肉芽组织形成和新生血管形成是宿主反应的重要阶段，两个过程都依赖于周围组织和微环境的状态。此外，受到污染的生物材料常常导致并发症如脓肿、脓毒症，最终导致应用失败。

综上所述，宿主反应是决定植入物临床应用成败的首要决定因素。因此，了解宿主反应以及生物材料与宿主相关因素的动态相互作用过程，能够理解和指导生物材料的设计与应用，使其具有更好的安全性和有效性。

2.5 生物相容性

2.5.1 生物相容性定义

在医疗器械领域，生物相容性(biocompatibility)是描述生物材料宿主反应最常用的名词。“生物相容性”一词大约在 20 世纪 70 年代出现，由 C. A. Homsy 在一篇研讨会论文中提出[2]。该论文对毒性的概念及其与生物相容性的关系作了澄清。Homsy 的研究表明，当生物材料浸泡在溶液中时，其溶出的有机分子可以被红外光谱检测到，而这些溶出物对细胞会产生影响。在 1970 年发表的一篇论文中，Homsy 的观点被整合到一系列的检测方法中，用以评价生物材料对美国国家卫生研究院(NIH)所资助的人工心脏的适用性[3]。

1986 年在英国 Chester 举办的生物材料主题共识会议上对生物相容性的定义

达成了以下共识并沿用至今："生物相容性指材料在特定应用中引起适度的宿主反应的能力。"此处所说的"适度"指临床上可接受。

生物相容性可分为组织相容性(tissue compatibility)、血液相容性(blood compatibility, hemocompatibility)以及力学相容性(mechanical compatibility)或力学顺应性(mechanical compliance)。

组织相容性主要指植入材料引起的炎症、愈合和异物反应。这个过程的时长、轻重程度及最终形成纤维囊的状态反映了材料的组织相容性。

血液相容性指材料与血液接触时不引起凝血的能力，可以大体上从两个方面来判断：①是否引起血管内血液形成血栓；②是否损伤血液成分的功能，例如溶血(红细胞破坏)、血小板活化、白细胞暂时性减少和功能下降、补体系统活化等。血液相容性是限制和影响生物材料在与血液直接接触的环境下临床应用的一个关键因素，现有的合成材料都不同程度地引起凝血和溶血，所有接受治疗的患者仍必须接受抗凝治疗。

在生物相容性概念中，需要强调以下几点：

(1)尽管生物相容性的定义在生物材料的设计制造和应用上十分准确而重要，但是目前的定义并没有指出生物相容性的机理、检测方法以及如何改善或增强一种材料的生物相容性。

(2)虽然在概念上很容易将生物相容性分为血液相容性(血液-材料相互作用)和组织相容性(组织-材料相互作用)，但需要注意这些相互作用共同存在于血液和组织中，它们之间有着千丝万缕的联系，是病理进程的一部分。

(3)力学相容性指的是生物材料与植入部位组织的力学性能的相似性，随着对力生物学了解，力学相容性在植入物宿主反应方面发挥的作用越来越受到重视。人体的组织和器官都处于力的作用之下，因而其自身也具有相应的力学性质。植入物和假体与所植入部位的力学性质越接近，其力学相容性越好；如果力学性质相差甚远，则会引发强烈的宿主反应，例如，力学性质差异越大，越容易在植入部位产生应力集中区域，造成植入物与组织连接处的断裂，导致植入失败；由于血流动力学改变而引起血管再狭窄；对于可降解植入材料，力学性质与周围组织不匹配，会影响参与组织修复的多种细胞的生理功能，导致组织再生过程延迟或失败；对于不可降解的植入物，由于力学性质不同而有可能引起持续组织炎症和坏死等。表 2-8 和表 2-9 分别给出了生物组织和合成材料的力学性质，从中可以看出不同材料与生物组织力学性质之间的差别。

2.5.2 生物相容性评价

生物相容性可以采用体内和体外方法进行检测和评价。

表 2-8　生物组织的力学性质

生物组织	弹性模量/MPa	密度/(g/cm^3)
长骨	15000～30000	
人致密骨(纵向)	17000	1.8
松质骨	90～500	
椎骨	100～300	
牙本质	13000～18000	
牙釉质	50000～84000	
关节软骨	1～10	
人膝半月板	70～150	
脑灰质	0.005	
脑白质	0.014	
脊髓	0.020～0.6	
肌腱	1000～2000	
跟腱	375	
人小动脉	0.1～4	
弹性蛋白	0.6	
分离胶原纤维	1000	
福尔马林固定心肌	101	
皮肤	0.1～2	
胶原海绵	0.017～0.028	

表 2-9　合成材料的力学性质

材料	弹性模量/MPa	密度/(g/cm^3)
聚合物		
聚乙烯(高密度)	500～1000	0.95
聚甲基丙烯酸甲酯	2000～3000	1.18
聚酰亚胺	3000～5000	
聚酯纤维	1000～5000	
聚苯乙烯	2300～3300	1.05
聚四氟乙烯	400～600	
聚乳酸	1000～3000	
橡胶(平均)	2.8	多样
钢(结构)	200000	7.86
铝	70000	2.71
钛	107000	4.51
其他		
混凝土	25000	2.32
木材(松树)	11000	0.61

1. 生物材料渗出物

检测生物材料渗出物对细胞或组织的影响是检测的重要步骤。高分子材料通常含有可渗出的组分，如未反应的单体、寡聚物、引发剂、稳定剂以及其他中间产物。金属、玻璃和陶瓷则可能释放离子和其他中间产物。如果这些物质在体外会对细胞或组织产生不良影响，就需要考虑材料的毒性。学术界、国际标准化组织以及各国政府监管部门等已经建立了可靠的鉴别和检测渗出物及其与细胞和组织的相互作用的方法。ISO 10993 提供了许多与渗出物毒性相关的标准化方法。

2. 内毒素

对于生物材料和植入性医疗器件来说，内毒素的检测是必不可少的。细菌及其细胞壁组分是强有力的炎症激活物。真菌如念珠菌等也是炎症激活物。如果植入物被细菌、真菌或细菌细胞壁内毒素污染，通常会引起高强度的、长时间的宿主反应，表现为大量的淋巴细胞(大多数是中性粒细胞和巨噬细胞，通称为脓)聚集在植入物周围。疼痛、红肿和发热均与这些反应相关，且常常会导致形成更厚的纤维囊包裹。高浓度的血管外白细胞和厚而坚硬的纤维囊包裹表明材料的生物相容性较差。

内毒素的污染可能使生物相容性的材料变成不相容材料。生物污染导致的极端反应在乳房和其他植入物上已经有报道。尽管被活细菌感染与生物相容性差有相同的特征，但是这不属于生物材料本身生物相容性的问题，而是消毒问题。此外，应特别注意，当所研发的生物材料或器件用于免疫相关的治疗或检测时，内毒素污染也会引起强烈的免疫反应，由此而误导对实验结果的解读。内毒素污染可以用鲎试剂检测。生物材料产品都不可避免地有低剂量的内毒素。如果内毒素浓度非常低，则不会对植入材料产生影响。水供应也可能给材料带来内毒素污染和水污染，即使是高品质的水净化系统也要注意进行内毒素检测。

3. 机械效应

如果植入物在组织内发生剐蹭、摩擦或移动，或边缘锋利，就会使材料出现“非生物相容”的问题。细胞对机械力的应激通常很严重，硬质材料与柔软组织之间的机械性能不匹配可能会损害或刺激到组织。

1976 年的一个典型案例：研究人员在大鼠肌肉中植入了医用生物相容性的材料，分别以圆形、三角形和五边形的形状植入。所引起的异物反应程度圆形最低，五边形次之，三角形最强。三角形锋利的角使植入材料微位移造成的刺激最为强烈。有趣的是，当植入物的维度小于几个微米时，异物反应消失。一般来说，应保证植入物不发生剐蹭或刺激组织，例如，要采用平滑的边缘，而避免锋利的边缘，这是设计者的职责；外科医生则应负责将植入物放到合适的位置并进行锚定，以减少剐蹭和刺激。

需要指出的是，由于生物材料与血液之间相互作用过程十分复杂且尚未充分阐明，血液相容性评价目前并没有统一的标准，取决于特定的环境、特定的测试方法以及特定的应用方式。国际标准化组织(ISO)鼓励研发机构和监管部门尽可能应用新技术从多角度来评价材料的血液相容性。特别需要记住：生物材料的血液相容性依具体情况而变，需要考虑的因素主要包括以下方面：

(1)种属(犬、小鼠、人类)；

(2)静脉血流还是动脉血流；

(3)高剪切血流还是低剪切血流；

(4)血液环境中的暴露时间(几分钟还是几个月)；

(5)测试方法(静态凝血、血小板黏附、循环血流、凝血因子)；

(6)使用的血液样品(富血小板血浆、贫血小板血浆、完全血浆、血清)。

2.5.3 对生物材料和生物相容性的回顾和展望

今天我们所了解的生物材料是在 20 世纪四五十年代被引入到医学应用当中的。从那时起，生物材料的精细程度和功能都得到了高度发展。第一代的生物材料是化学惰性的，例如硅、钛、聚四氟乙烯、聚乙烯等。但随着纳米科技的发展，现在已经认识到，当尺寸减小到纳米尺度之后，材料的物理、化学以及生物效应都会发生巨大的变化，因此同样化学组成的生物材料，当其处于不同尺度时，并不一定是化学惰性的。第二代的生物材料(20 世纪七八十年代)能够在生物环境中可控地发生相互作用和改变。例如，可以根据需要对聚乳酸材料进行设计，使其在特定的时间内发生降解，形成骨整合，引导骨形成。第三代生物材料能够整合生物学过程，可以直接引导组织再生和功能重建，以先发制人的方式与环境作用，从而影响组织反应。典型案例包括人工细胞外基质、脱细胞的细胞外基质以及“智能”生物材料。因此，随着生物材料的进步，生物相容性的概念也需要不断更新。

对于生物可降解材料来说，其主要功能是引导组织的再生与缺损修复，在此过程中材料本身被机体吸收和代谢。在这种情况下，“生物相容性”这一术语的内涵也应有所变化。已经有学者提出了如下生物相容性概念：材料在局部诱发和引导伤口愈合、重塑和组织整合的能力。此外，根据当前监管机构批准的商业化移植物表现出的生物相容性，也有专家学者提出“生物相容性”应更改为“生物耐受性”可能更为恰当。生物耐受性指材料在体内长期保留，仅导致低水平炎症反应的能力。

一些学者已经提出对生物相容性的评价可以增加更多的指标。对于极好或极差的生物相容性，可由植入部位的组织病理学表现来判断；对于中间水平的生物相容性则可根据 M1/M2 型巨噬细胞的比例、细胞因子和新生血管形成等判断。特别要注意的是，“毒性”和“生物相容性”并不相同；毒性可以用常规的方法定量检测，但是，生物相容性与毒性不同，比毒性更加复杂。

2.6　小　结

本章介绍了生物材料的定义、分类、应用的多样性和普遍性；讲解了生物材料与生命系统的相互作用，特别生物材料的宿主反应和异物反应；在此基础上引出了生物相容性的概念，以及生物相容性评价中需要予以考虑的重要因素。

参考文献

[1] Tenzer S, Docter D, Kuharev J, et al. Rapid formation of plasma protein corona critically affects nanoparticle pathophysiology. Nature Nanotechnology, 2013, 8 (10) : 772-781.

[2] Homsy C A. Bio-compatibility in selection of materials for implantation. Journal of Biomedical Materials Research, 1970, 4 (3) : 341-356.

[3] Homsy C A, Ansevin K D, O'Bannon W, et al. Rapid *in vitro* screening of polymers for biocompatibility. Journal of Macromolecular Science Part A: Chemistry, 1970, 4 (3) : 615-634.

第3章　植入物与假体

植入物(implant)和假体(prosthesis)统称为植入性医疗器械(implantable medical devices)，其对疾病的治疗作用是药物难以取代的。因此，掌握植入物和假体的概念，理解其医学应用的原理，对于医学生来说十分重要。

植入物和假体的种类繁多，在临床上有广泛的应用。每年都有大量的植入物和假体被用于各种疾病的治疗，涉及心血管、骨骼、神经等系统的疾病。这些植入性医疗器械发挥其电子、力学或流体的功能，从解剖结构或生理状态方面帮助患者获得了更为健康的状态，也由此获得了更好的生活质量。在过去的几十年里，为了提高器械的功效和降低发病率，一些化合物或药物也被整合到植入性医疗器械中，这类带药器械被美国FDA定义为组合器械(combination products)，例如，药物洗脱支架、药物释放透膜片、带有抗生素的可吸收海绵或网片以及含有蛋白质成分的骨组织支架。

以心血管系统应用为例，植入物和假体的种类至少包括了用于治疗缺血性坏死和大段缺损等疾病所需的人工血管、用于心瓣膜置换的人工心瓣膜、用于冠状动脉疾病和心肌梗死治疗的血管内支架(经皮腔内冠状动脉成形术，PTCA)、血液透析用管路、替代或改善心肌功能的主动脉内气囊反搏装置、起搏器等，所涉及的材料种类几乎囊括了生物材料的主要类别。由上述列举的例子可以看出，植入物和假体在心血管系统疾病的治疗中发挥着挽救生命的作用。

植入物的定义为：由一种或多种生物材料制造的、全部或部分植入人体的医学器件。假体的定义则仍有待取得更进一步的专家共识，综合各方观点，目前可以给出如下定义：假体是一种替代或支持(改善)机体的某一部分的器件。从以上定义中可以看出，生物材料是植入物和假体的物质基础。本章按照材料的属性分类，结合不同种类生物材料的特性，讲解植入物和假体的原理及其临床应用与发展潜力。

3.1　金属与合金类植入物与假体

金属是传统的生物材料之一，具有其他材料不可比拟的高机械强度、优良的耐疲劳性能，是临床上应用最广泛的承力植入材料，主要用于骨、关节、牙齿等硬组织的修复和替换。

金属作为生物材料的应用历史很长，近代可追溯到20世纪30年代。1936年，钴基合金首先被用于齿科，随后应用于骨科；在同时代，不锈钢被应用于临床的各种手术器械以及硬组织的修复。50 年代末，钛和钛合金开始进入临床应用。70 年代末镍钛形状记忆合金的出现为临床治疗技术带来了突破性的发展。

不锈钢是铁基合金，具有耐腐蚀的特性；钴基合金(包括 Co、Cr、Mo 等合金)不仅具有优异的耐腐蚀和耐磨性，还有优秀的综合力学性能，可以进行精密铸造，制作形状复杂的修复体，如髋、肩、膝关节等。钛基合金具有相对质量轻和比强度高的特点；与其他金属相比，其力学性质最接近人骨，因此具备相对更好的力学相容性，同时还具有耐腐蚀性(表 3-1)[1]。

表 3-1　各种植入材料的物理和机械性能

材料	密度/(g/cm^3)	弹性模量/GPa	压缩屈服强度/MPa	断裂韧度/(MPa · m$^{1/2}$)
天然骨	1.8～2.1	3～20	130～180	3～6
镁	1.74～2.0	41～45	65～100	15～40
钛合金	4.4～4.5	110～117	758～1117	55～115
钴铬合金	8.3～9.2	230	450～1000	N/A
不锈钢	7.9～8.1	189～205	170～310	50～200
合成羟基磷灰石	3.1	73～117	600	0.7

金属材料也存在着一些自身性质所带来的固有问题：①对于金属来说，生理环境是非常具有挑战性的，长时间的潮湿、酸性或碱性、各种生物酶的作用等都会导致金属发生不同程度的腐蚀；②由于腐蚀不可避免，因此总会有金属离子扩散到周围组织中，导致一定的毒副作用；③金属表面不具有生物活性，很难与机体组织形成牢固结合；④力学相容性较差，这是因为金属与人体硬组织的力学性能差异很大，例如，不锈钢的纵向弹性模量为 200 GPa，人骨的纵向弹性模量为 13.8 GPa，两者相差甚远，即使是形状记忆合金，其纵向弹性模量为 110 GPa，也仍然与人骨有较大差距。当力学性能相差较大时，其连接区域会积聚残余应力，容易发生断裂。

3.1.1　形状记忆合金与血管内支架

在金属生物材料的发展中，镍-钛(Ni-Ti)形状记忆合金是值得专门强调的一类合金材料。1932 年，瑞典人奥兰德在金-镉合金中首次观察到材料色“记忆”效应，即合金的形状被改变之后，一旦加热到一定的跃变温度时，它又可以变回到原来的形状，具有这种特殊功能的合金被称为形状记忆合金。1963 年美国海军武器实验室 Buehler 发现 Ni-Ti 合金具有记忆效应，简单来说，该合金能够记忆其高温相的形状。因此，可以在需要记忆的高温下预制成特定的形状。当处于低温时，合金会变得十分柔软，可以拉伸或处理成任意易于导入管腔的形状；当回到其所记忆的高温时，合金立即恢复到所记忆的形状，而且，在形状恢复的过程中会产生很大的回复力(图 3-1)，可以将塌陷的管腔撑开。这种特性使记忆合金在临床上得到了广泛应用，特别是在介入治疗中发挥了重要的作用，涉及血管内支架、心房心室补片、封堵器、气管扩张支架、人工关节、脊椎矫正器械、止血夹等。合金材料的形状记忆功能赋予了这些医疗器械输送方法简单、安全、微创等优点。

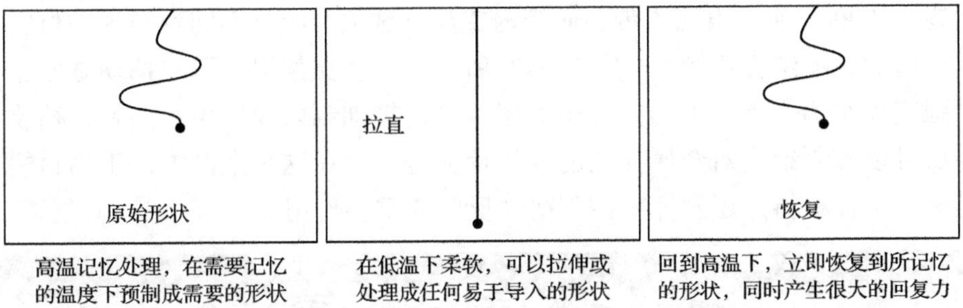

图 3-1　记忆合金的性能示意图

管腔支架(stent)就是利用形状记忆合金的性质而发展起来的一类植入性医疗器械。支架可以被放置在血管、食管、气管或胆管内，用于治疗、防止、减轻管腔堵塞或狭窄。这项技术为很多疾病的治疗方法带来了革命性的改变。最经典的实例是血管内支架(intravascular stent)。冠脉血管通畅性降低会引起心肌供血不足，如果供血不足变得十分严重，就会导致心肌梗死的发生。冠脉血管疾病是世界上死亡率最高的疾病之一。血管内支架的作用就是可以为血管提供力学支撑。金属支架可以借助介入导管被放置到冠状动脉血管内。血管支架可以与血管成形术联合应用，在放置支架的同时，通过介入导管上气囊的膨胀，扩大狭窄或堵塞区域的管径，使血管保持通畅(图 3-2)。

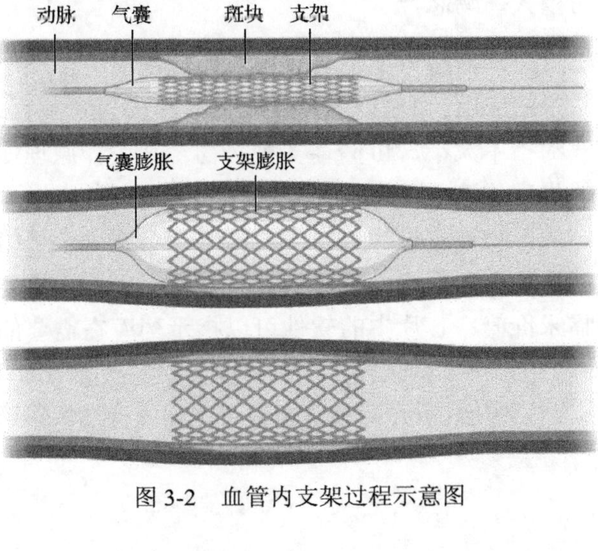

图 3-2　血管内支架过程示意图

由于金属血管内支架与血管组织的力学性质有明显的差异，且支架缺少生物活性，因此，作为一个异物放置在血管中，裸支架的金属成分及力学相容性的缺陷会引起宿主反应；同时，在植入过程中血管内皮细胞不可避免地会受到一定程度的损伤，也会引起一系列的宿主反应。这些反应的最终结果是引起血管内膜增生和支架周围疤痕组织形成，由此导致血管再狭窄的发生。为了解决血管再狭窄的问题，2000 年前后出现了带药血管内支架，这项发明是不同种类生物材料协同发挥作用的完美结合案例[2]。如图 3-3 所示，金属支架提供了支撑动脉血管壁的力学强度和结构，支架上的高分子涂层可以携带抑制内膜增生的药物，药物的缓慢释放可以抑制细胞对金属支架的异物反应程度。在这个案例中，生物材料不仅仅是一种工程材料，还发挥着控制宿主反应的重要作用。

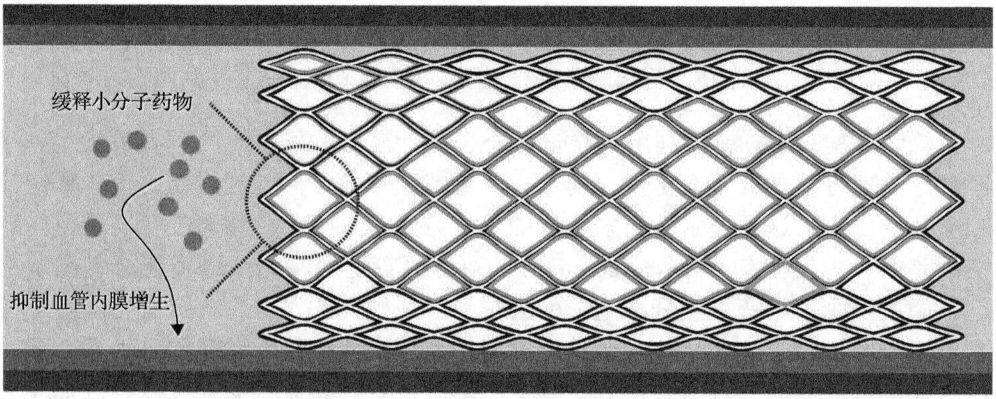

图 3-3　带药记忆合金支架的功能[2]

3.1.2　贵金属与可植入药物芯片

金属材料在植入医疗器械方面也具有很大的应用潜力，一个实例是金属在可植入微型药物芯片中的应用。可植入微型药物芯片里面包含几百或上千个小药库，每个小药库的尺寸约指甲大小，可储存多种药物。其设计原理如下：每个小药库用钛包封。在人的生理体液环境中，如果芯片的电池释放出微电流，金属就会发生消融，小药库中的药物被定量释放出来。临床上希望未来可植入芯片能够取代针剂注射和复杂的药物摄入程序，这对于多种慢性疾病和需要复杂给药程序的治疗来说具有重要临床价值。芯片中的软件可以指示药库在需要的时间内释放出精确的药量。这种装置最适用于药效强、剂量小而需要多次服用的药物，可用来医治糖尿病、癌症、多发性硬化和骨质疏松症，并可在体内持续多年释放药物。2012 年文献报道了首个装载了治疗骨质疏松症药物甲状旁腺素片段(hPTH(1-34))的可植入芯片(图 3-4)的临床研究结果[3]，表明这种植入性带药器械达到了所预期的目的。

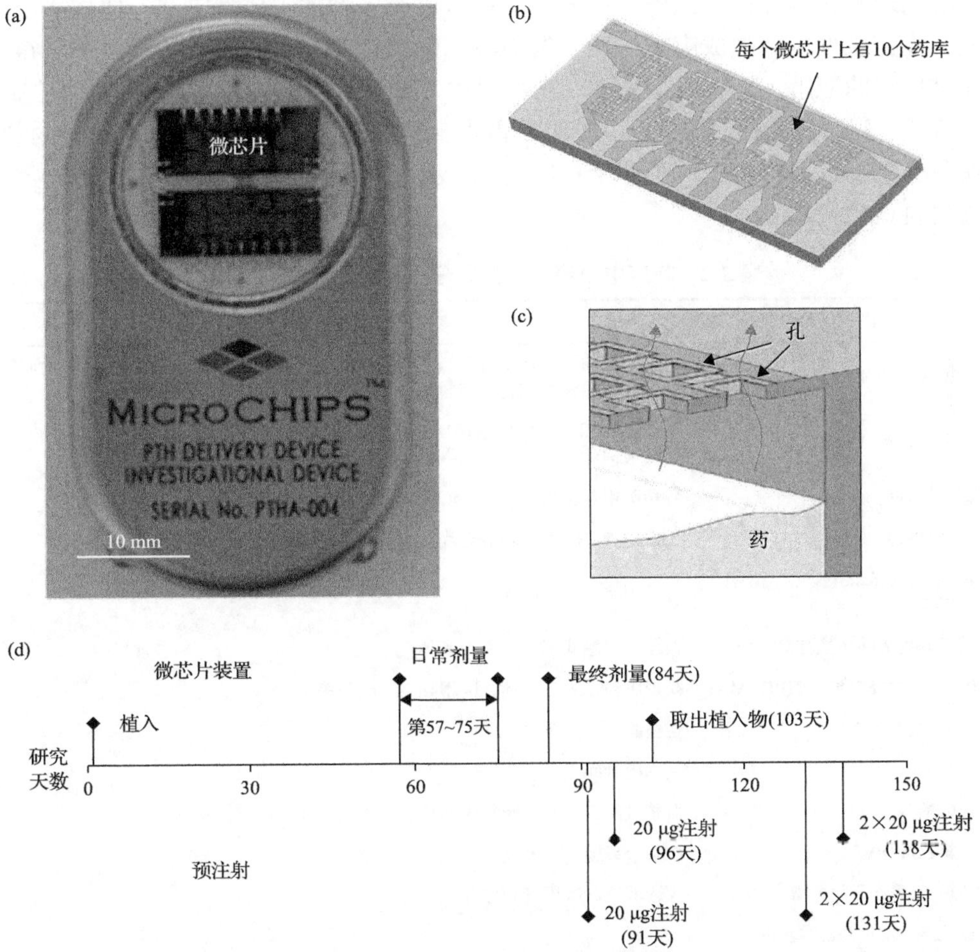

图 3-4 基于微芯片的药物递送系统及临床研究总体设计[3]

(a) 装载了 hPTH(1-34) 的微芯片药物递送系统(54 mm×31 mm×11 mm，$l\times w\times h$)；(b) 芯片和药库，每个药库的尺寸是 13.0 mm×5.4 mm×0.5 mm，$l\times w\times h$；(c) 微芯片组合的横截面示意图，展示了药物从一个药库中释放出来；(d) 临床研究的时间线

3.2 高分子材料

3.2.1 高分子材料概述

高分子是由成千上万相同或不同的小分子(也称单体分子)通过聚合反应而形

成的大分子，分子量可从几万到几百万。高分子材料通常指利用聚合方法制备的合成高分子材料。通过选择单体分子的化学结构，以及改变单体间聚合方式，可以获得多种多样的具有不同分子结构和化学组成的高分子，使高分子材料获得丰富的物理和化学性质。此外，高分子材料可以有多种加工成型方法，比如挤出成型、浇铸成型、牵拉成膜、纺丝、发泡等。因此，高分子材料在医学领域获得了非常广泛的应用，是制造各种植入物和假体、人工器官、创伤敷料、医用黏合剂、缝合线、药物控制释放载体、引导组织再生支架等医用制品的重要生物医学材料。在各类生物医用材料中，高分子材料是临床上应用种类最多、用量最大的一类生物材料(表 3-2)。

表 3-2　临床中用到的主要高分子材料及其应用举例

高分子聚合物	医学应用
聚氨酯(PEU)	人工心脏和心室辅助装置、起搏器、人工心脏心室隔膜、人工瓣膜、人工血管、各种介入导管和气囊、密封剂
聚四氟乙烯(PTFE)	人造血管、面部假体、脑积水分流器、膜氧合器、各种医用导管和手术缝合线、髋关节假体
聚乙烯(PE)	各种医用包、袋、导管，心脏瓣膜、阴茎假体
聚砜(PSu)	人造血管、植入物和缝合线
聚(乙烯对苯二甲酸乙二醇酯)(PET)	骨折固定、人工晶体
聚甲基丙烯酸甲酯(PMMA)	假牙、接触式镜片、人工晶体
聚甲基丙烯酸羟乙酯(PHEMA)	隐形眼镜、人工晶体、医用导管、透析膜
聚丙烯腈(PAN)	透析膜
聚酰胺	手术缝合线
聚丙烯(PP)	血浆分离膜、盆底修复用网片、手术缝合线
聚氯乙烯(PVC)	血浆分离膜、血液袋
乙烯-醋酸乙烯共聚物(EVAc)	大输液袋、医用管和包
聚乳酸、聚羟基乙酸和聚(丙交酯-乙交酯共聚物)(PLA、PGA 和 PLGA)	可吸收手术缝合线、各种可吸收植入物、引导组织再生支架
聚苯乙烯(PS)	组织培养瓶
聚乙烯吡咯烷酮(PVP)	血液代用品
聚二甲硅氧烷，硅橡胶(PDMS)	导尿管、心脏瓣膜、脑积水分流器、膜氧合器，乳房、阴茎和睾丸假体

3.2.2　人工血管

高分子材料的代表性应用之一是人工血管(vascular graft)。人工血管是用于替代一段动脉或者静脉的管子；血管重建(vascular reconstruction)指重新构建那些由于创伤、手术或疾病原因而导致堵塞的动脉或静脉血管。理想的人工血管应具备以下性质：生物相容性、抗凝血、长期开口率、耐用且具有力学顺应性、抗感染、技术上可实现等(表 3-3)。

表 3-3　对人工血管的要求

理想人工血管的性质	
● 生物相容性良好	● 植入后具有抗感染能力
● 不会形成血栓	● 不引起炎症反应
● 没有免疫原性	● 无增生
● 机械性能与原部位相匹配	● 与周围组织进行整合
● 具有重塑或再生的性能	● 具有血管收缩和舒张的生理反应
● 与人体相似的愈合过程	

人工血管在临床中有重要的应用。在动脉疾病的治疗中，人工血管以替代或者架桥(血管旁路手术)的方式来恢复血液的通路，从而治疗胸主动脉、腹主动脉、髂动脉等血管段动脉疾病，如动脉栓塞或者动脉瘤等疾病。在静脉疾病治疗方面，也可以治疗静脉疾病，如布-加氏综合征。此外，人工血管还用在慢性肾病的血液透析装置中，用于连接患者自身动脉和静脉，形成一条可反复穿刺的血液透析通路(动-静脉瘘)。

迄今制造人工血管的材料主要是两种：

(1) 聚对苯二甲酸乙二醇酯(polyethylene terephthalate)，简称聚酯。20 世纪 50～60 年代进入临床，商品名为 Dacron，约占市场份额的 80%。聚酯人工血管可以用纺织或编织的方法来制造，分别用于不同的治疗目的。纺织制造的聚酯人工血管比较致密，不会渗血；而编织的聚酯人工血管则具有较大的孔隙，比较柔软，但是会渗血，因此需要用纤维蛋白进行预凝处理。编织的聚酯人工血管主要用于腹主动脉、髂动脉、股动脉的重建。但是，聚酯材料的小口径人工血管的开口率较低，在小血管的重建修复方面不适合使用。

(2) 膨化聚四氟乙烯(polytetrafluoroethylene，PTFE)。20 世纪 70 年代进入临床，约占市场份额的 20%。这两类材料的综合性能突出，特别是力学强度稳定，植入体内多年后力学性质保持不变。尽管多种其他材料被研发用于人工血管，但由于综合性能与现有的两种人工血管材料相比优势不突出，所以在临床上还很少应用。

需要强调的是人工血管有口径大小之分。管腔直径大于 10 mm 的称为大口径血管，主要用于主动脉和髂动脉等大动脉血管的重建，这些大动脉血管血液流速快，阻力低，重建的血管可以具有较高的长期开口率。小口径血管指直径小于 10 mm，特别是小于 6 mm 的人工血管，用于肢端血管搭桥、冠状动脉搭桥、血液透析回路以及体外血液循环回路等。由于材料血液相容性和力学相容性的问题尚未有完美的解决方案，目前的人工血管产品主要用于大动脉血管的重建，而对于小动脉血管或者静脉血管，直径小于 6 mm 的小口径人工动脉血管一旦植入会很快引起凝血和血栓形成；此外，由于静脉血液流速缓慢，目前极少有可用于临床的人工静脉血管产品。因此，尽管人工血管经历了长时期的研发，但是迄今还没有理想的人工血管产品。这一现状有可能通过组织工程技术的发展而得到改观(见第 5 章)。

人工血管长期通畅率低是一个没有得到完美解决的问题。各种材料导致的通畅率低的程度依其植入位置和材料成分等各种原因而不同(表 3-4)。分析认为此问题与多种因素有关，早期(术后 30 天以内)的再狭窄主要来自植入时人工血管导致血流变化、手术中凝血系统被活化而发生的急性凝血和血栓形成；中期(3 个月至 2 年)再狭窄的原因主要由内膜增生所致；长期(2 年以上)发生的再狭窄主要归因于动脉粥样硬化等血管病变。但是，其中的确切因素尚不清晰，一般归结为材料的力学相容性和血液相容性与天然血管的性质相差较远。因此，目前人工血管在临床上主要用于大血管的重建，对于小血管来说，仍然没有适用的人工血管产品，多采用人体大隐静脉。

表 3-4　各种材料制备的人工血管的植入位置和长期通畅率

材料	植入位置	通畅率/%	维持时间/年
涤纶	主动脉叉	93	5
涤纶	股深静脉	43	5
具有肝素和氯化偏苯三酸酐(TMAC)涂层的涤纶	股深静脉	70	1
具有肝素和氯化偏苯三酸酐(TMAC)涂层的涤纶	股深静脉	63	2
具有肝素和氯化偏苯三酸酐(TMAC)涂层的涤纶	股深静脉	55	3
膨体四氟乙烯	主动脉	91～95	5
聚四氟乙烯	股深静脉	61 45	3-5
自体静脉移植	股深静脉	77	5
自体静脉移植	股深静脉	50	10
聚氨酯人工血管	下肢深静脉	闭塞	1

人工血管是代表性的血液接触医疗器械，广泛应用于心血管系统疾病的治疗。此外，用于癌症和血液肿瘤患者药物输送的中央静脉留置导管也与血液直接接触。材料与血液成分之间的复杂相互作用，使得各种人工材料表面都会引起不同程度的凝血。如第 2 章中所介绍的，一般情况下，当血液与人工血管内壁接触时，会迅速发生血浆蛋白吸附，所形成的吸附蛋白层进而与血液细胞相互作用，引起血小板活化和红细胞破裂等一系列反应。此外，由于合成材料与天然血管之间的力

学性质差异较大，还会存在力学顺应性不良的问题，由此导致血液的流动行为发生改变。上述因素的综合效果是引起凝血的发生。与血液接触的器械上形成的血栓的主要成分是血小板聚集体和纤维蛋白。凝血和血栓形成是导致这些血液接触性植入医疗器械失败的共同原因，接受植入医疗器械治疗的患者通常要使用抗血小板和抗凝剂来防止凝血的发生。

阻止材料表面引起凝血发生是生物材料研究和开发的重要内容之一。主要策略是对材料表面进行修饰，其设计理念可以归纳为以下方面：

通常认为，蛋白质分子倾向于吸附到带有静电和疏水的表面上，因此，大量的研究工作集中在设法调控这个吸附的过程，主要的修饰材料包括聚乙二醇（poly (ethylene oxide)，PEO）、热解炭（pyrolytic carbon）、血清白蛋白（albumin）、磷酸胆碱（phosphorylcholine）以及弹性蛋白类高分子（elastin-inspired protein polymers），这种弹性蛋白存在于结缔组织和动脉血管的弹性组织中。

聚乙二醇是亲水性高分子，可以在材料表面类似液体的表面，其分子链在材料表面可无规则摆动，可以想象成在海底的海草。通过在高分子链上修饰、在材料表面共价接枝或者物理吸附，都可以在材料表面引入PEO成分。尽管体外实验中PEO的修饰减少了材料表面对蛋白质和细胞的吸附和结合，但是动物体内实验的结果却并不如此，此外，也缺少人体实验的结果。

磷酸胆碱是非活化细胞外膜的主要脂质成分，由于分子两段的双亲性基团在生理 pH 下为中性，所以磷酸胆碱可以抵抗蛋白质和细胞的黏附。磷酸胆碱可以插入到聚丙烯酸甲酯或聚氨酯分子的骨架中，也可以接枝到金属或高分子材料的表面，或者接枝到人工血管内壁涂覆的高分子薄膜上。与PEO修饰的结果类似，尽管这些磷酸胆碱修饰都在体外试验中和一些动物试验中表现出减少血小板黏附的效果，但是在临床试验中效果不佳。

也曾有大量研究使用具有抗凝血活性的肝素直接修饰材料。肝素或者肝素与抗凝血酶的复合物可以通过静电相互作用、共价接枝、免疫固定、复合到水凝胶网络，或者负载到高分子材料中控制释放等多种方法连接到生物材料上。但是临床试验结果没有显示出肝素具有长时间的作用。尽管肝素的应用改善了某些炎症反应，但是在减少凝血酶原产生和血小板黏附等方面并未能表现出与未修饰材料的显著差异。

与纤维蛋白原及其他血浆蛋白相比，白蛋白较少引起血小板黏附。因此白蛋白经常被用来作为惰性的抗凝血涂层。白蛋白可以被共价连接到材料的表面，也可以用脂肪长链来修饰白蛋白，促进白蛋白与生物材料表面的结合，抑或用抗凝药物华法林修饰白蛋白，因为它与白蛋白之间具有高亲和力。这些修饰方法在体外实验中可以减少血小板与白生物材料的黏附，但是用于聚酯人工血管上进行动物体内试验和临床研究时，材料的抗凝血性质却没有表现出与未修饰的人工血管的差异。

从分子结构出发来仿生设计合成新的抗凝血材料也是正在努力的方向之一。例如有研究观察到，在弹性蛋白上很少有血小板黏附和聚集，而弹性蛋白是血管壁的一个重要成分。但是，弹性蛋白的非溶解性使其很难被分离和纯化。研究人员合成了其中的一个可溶性片段(Val-Pro-Gly-Val-Gly)，使其聚合之后再通过赖氨酸残基的光化学反应结合到硅橡胶表面，纤维蛋白原和免疫球蛋白在该表面的吸附显著降低，而且单核细胞释放的促炎性细胞因子也减少了。当人工血管内壁涂覆了这种弹性蛋白仿生高分子薄膜后，在狒狒动静脉搭桥模型上引起的凝血明显减少了。这些研究结果提示了受弹性蛋白启发而设计合成的高分子材料有可能是一类新的抗凝血材料。

人工血管的另一个问题是感染现象不能完全避免，这个问题一直是面临的挑战，感染会危及生命或导致截肢。尽管外科手术技术、人工血管的生产以及免疫反应都被严格控制，但是感染率一直维持在 2%左右。将抗生素药物以各种形式固定到人工血管上，但是目前仍然没有获得临床可用的方法。

3.2.3 神经引导导管

高分子材料的另一个应用实例是神经引导导管。神经系统及神经损伤修复的重要性不言而喻。对于成年人，外周神经(peripheral nervous system，PNS)在损伤后具备一定的再生能力。在神经再生修复过程中，引导神经再生的导管发挥十分重要的作用，主要包括：

(1)在神经残端之间搭起一个直接的通道；

(2)防止疤痕组织长入到再生区域；

(3)给轴突和迁移的细胞一个伸展的导向；

(4)即使神经大范围缺损，也可使近端和远端的神经残端之间在没有张力的情况下，保持通信；

(5)尽可能减少神经外膜在缝合处，神经外膜会刺激结缔组织的增殖保留营养物质或者受伤的神经端释放的生长因子。

所有这些过程都在引导通道中进行，因此，通道所提供的物理、化学性能会影响神经细胞的生长和代谢环境，从而影响其再生修复。神经引导通道可以使神经残端之间的距离可以被精确控制，进入到通道内的液体和组织可以被检测评价，通道的性质可以被控制和改变，通道内可以充入各种药物、凝胶等。图 3-5 展示了神经引导通道进行神经损伤修复的原理示意图。神经引导通道中神经组织的修复过程一般需要 2 周左右：第 1 天，由血液分泌产生的液体和蛋白质分子进入到引导通道中；第 2～6 天，通道中有纤维蛋白分子的形成，纤维蛋白之间相互连接；第 7～14 天，支持性细胞长入，包括 Schwann 细胞、成纤维细胞和内皮细胞等。

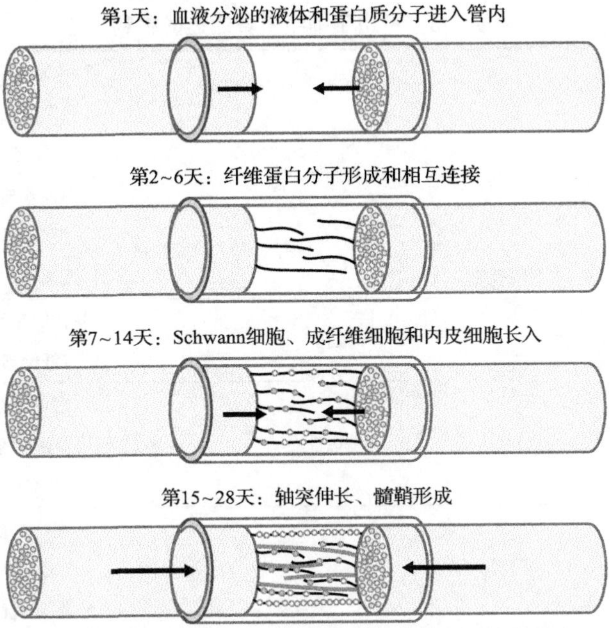

图 3-5　神经引导通道建立及引导修复过程示意图

构建通道的材料十分重要。过去一个世纪的世界战争造成了大量的神经损伤患者，激发了外科医生寻找更加简单有效的方法来修复损坏的神经。各种生物来源的以及人工合成的材料被制造成神经导管来进行研究。第一次世界大战期间使用镁、橡胶、琼脂；第二次世界大战期间主要使用桶状羊皮纸、钽等材料，但是这些材料基本上没有促进神经细胞再生的作用，与直接缝合没有差别。主要原因是材料的生物相容性较差，引起了强烈的组织反应，限制了生长的神经元到达远端的神经残部。随着合成高分子材料的出现，神经引导通道的材料有了更多的选择，一些常用的材料总结在表 3-5 中。

通过优化和改造神经引导通道的物理化学性质，可以促进神经的再生。人工合成神经引导通道的以下方面需要深入研究：是否具有选择性透过的功能，管道内腔表面的微观形貌，表面电荷，可溶性生物因子的释放，表面是否修饰有不溶性生物因子，在管道内腔种植神经支持性细胞。

关于选择性透过的性能一般有以下方面的考虑：被切断的神经与血液之间屏障的整体性被破坏，这个屏障控制着氧气和二氧化碳的浓度、内部环境的酸碱度以及营养成分和必需的蛋白质的浓度。因此，通道的物质透过性能调节着再生组织与周围液体之间的物质交换。有研究表明，相比于在非透过性通道（例如硅橡胶、聚乙烯材料）或者非选择性透过通道（膨化聚四氟乙烯）中生长的神经，在具有选择性透过性能的管道中再生的神经具有更接近正常神经组织的形态特征。透过性的范围非常重要，最优的再生条件是透过分子量 50 000～100 000 的物质。

表 3-5　可用于神经引导通道的材料

合成材料	不可吸收	无孔	乙烯-醋酸乙烯共聚物
			聚四氟乙烯
			聚苯乙烯
			弹性聚硅酮
			聚氯乙烯
			聚偏氟乙烯
		微孔	膨体四氟乙烯
			微孔(纤维素滤器)
		半透性	聚丙烯氰
			聚丙烯氰/聚氯乙烯
			聚砜
	可吸收		聚乙醇酸
			聚乳酸
			聚乙醇酸/聚乳酸共混物
生物材料			动脉
			胶原
			透明质酸衍生物
			间皮管
			静脉
金属			不锈钢
			钛

在管道内腔的电荷特性方面，电正性和电负性的聚偏氯乙烯(PVDF)和聚四氟乙烯都被研究过，研究结果表明，神经在带电荷的管腔中生长时，无论管腔表面是电正性还是电负性，都比在无电荷的管腔中的神经有更多的鞘轴索。总体上看，带正电荷比带负电荷更好。但是，迄今仍不清楚这种静电荷或瞬时电荷是如何影响神经的再生过程的。推测认为这种促进作用来自于电荷对蛋白质合成、膜受体运动、生长核心运动、细胞迁移以及其他因素的影响。

对引导通道的物理化学性质进行优化，在表面引入生物功能性分子，也可以促进神经的再生。神经引导通道中可以负载可溶性的生长因子和其他生物活性物质来促进神经的生长。局部和可控的递送系统可以提供持续几个星期的控制释放速率和释放量。这些生长因子或其他生物活性物质的分子量、在管腔中的负载量以及释放方式都会影响药物释放动力学。如果在管腔上再加上单纯的高分子涂层，也可以限制所负载药物的释放速率。在管腔内表面也可以固定连接某些不溶性生物活性物质，比如，细胞膜和细胞外基质中的一些生物分子是促进细胞黏附和生长的有效调节剂。层连蛋白和纤连蛋白也被报道有促进神经体外伸展的作用。在通道中充入层连蛋白的凝胶或者胶原蛋白可以加速神经修复。要注意的是，细胞外基质的浓度非常重要，太厚的凝胶会妨碍神经在半透膜通道中再生。在引导通道内种植神经支持性细胞也是促进神经再生的一个策略，有可能实现大尺寸神经损伤的再生。种植的支持性细胞一般包括施万(Schwann)细胞、成纤维细胞，它们会分泌生长因子。例如，在具有半透性的管道内腔种植施万细胞可促进成年大鼠的神经修复。

神经再生是否成功不仅要从形态学方面来评价，更应该注重进行长时间的电生理功能评价，比如几个星期或者更长时间。迄今在不同哺乳动物物种上已经进行了各种尺寸的神经修复研究，包括小鼠、大鼠、兔、豚鼠等，但是在临床上尚少有成功案例。

3.2.4　用于眼科的聚丙烯酸酯类医用高分子材料

聚丙烯酸酯类高分子材料指以丙烯酸酯为单体合成的均聚物或共聚物，具有良好的生物相容性，但是合成用的单体分子有毒副作用。这类高分子材料的共性是透明性好和强度高，因此主要用于眼科、口腔科。此外，也可用于软、硬组织修复、组织黏合剂、血液透析、角膜接触镜、人工角膜、颅骨缺损的替代骨片等。

疏水性丙烯酸酯(Acrylic)是由甲基丙烯酸甲酯(MMA)、羟乙基丙烯酸甲酯(HEMA)及其他交联体聚合而成的一类多聚物，也简称为丙烯酸酯，可被高度纯化，性质稳定，透明性极佳。在 37℃时的屈光指数为 1.544，比 PMMA 的屈光指数高，因此，在同等屈光度条件下，用丙烯酸酯材料制作的人工晶状体可做得更薄，更适合于小切口植入。但丙烯酸酯晶状体弹性较小，由折叠状态到完全展开约需 3～5 秒。

亲水性丙烯酸酯指的是聚羟乙基丙烯酸甲酯(PHEMA)，具有网状空间结构，因分子上有羟基而具有吸水性。脱水状态时质硬、半透明，可进行抛光处理；吸水后膨胀，体积增加，充分复水后变得质韧、透明。当吸水率达到 40%时，屈光指数为 1.43。优点为化学稳定性好，耐高温，韧性好，不易断；主要缺点是由于亲水性丙烯酸酯具有网状结构，可使水分子、离子以及小分子物质自由通过，同时也易使代谢及污染物存留，使其透明度降低。

某些高分子材料也可以像镍钛合金一样制备成具有形状记忆性的材料，例如，由甲基丙烯酸甲酯、羟乙基丙烯酸甲酯、甲基丙烯酸酯羟基苯酚及乙烯乙二醇二丙烯酸酯交联聚合而成的三维共价网状结构都具有形状记忆特性。可通过加热使人工晶状体变软，将其卷曲并冷却，使其成硬质卷筒形状。通过小切口植入眼内，经体温加热，凭“记忆”缓慢恢复到原来的形态。这种记忆材料为亲水性材料，可吸水 20%，屈光指数为 1.47，可耐高温、高压，有优良的生物相容性。

3.3 陶瓷和碳材料

根据在生理环境中的化学活性，陶瓷材料可以分为近似于惰性的生物陶瓷、生物活性陶瓷和生物可吸收陶瓷。

刚玉的主要成分为 Al_2O_3 和 ZrO，属于近似于惰性的生物陶瓷，长期暴露在生理环境下能够保持稳定；强度高、硬度大、摩擦系数小、磨损率低。摩擦系数和磨损率随水蒸气压的升高而降低。适合做人工骨、人工关节，对摩擦性要求有较高要求的修复体。

生物活性陶瓷的主要成分是羟基磷灰石 $Ca_{10}(PO_4)_6(OH)_2$，简称 HAP。它的特点是在 1250℃下稳定，难溶于水，易溶于酸。HAP 是构成骨和牙齿的主要无机质，在天然骨中的比例约 60%，在齿骨中可达到 97%。因此，这类材料与骨组织相容性良好，可以与新骨形成骨键合，也称为骨传导材料，在骨组织工程、骨缺损的移植修复以及药物控制释放载体方面都有广泛的应用价值。

生物活性玻璃的成分包括 SiO_2(一般含量小于 60%)、Na_2O、CaO、P_2O_5。在生理环境下，生物活性玻璃的界面上会发生一系列的反应，最终在表面上形成羟基磷灰石层，这也是“生物活性玻璃”名称的由来。生物活性玻璃的主要特点是多元组成，化学性能稳定。其中的成分可以调整，以获得所需的性能。由于含有玻璃相，所以易于加工成型，还可以经过微晶处理，提高母体玻璃的强度。在应用方面，由于可以切削加工，因此可作为牙冠修复材料、人工脊椎、多孔球形义眼座、表面活性涂层种植牙、药物缓释载体等。

在医学上应用的碳材料主要包括低温热解碳和类金刚石碳(diamond like carbon)。碳材料的基本特点是在生理环境中化学性质稳定，不发生疲劳破坏，生物相容性好，特别是具有优良的血液相容性。由于上述特点，碳材料几乎是目前唯一可以选用的机械瓣膜材料。心脏瓣膜对材料的要求是在血液环境中不断运动，有高度的抗血栓性、耐磨性、低比重以及长期使用性能不劣化。

人工心瓣膜表面的热解碳是通过化学气相沉积方法制备的。既往有研究指出，碳材料表面对血浆蛋白分子具有的强烈吸附作用。碳材料对血浆蛋白的吸附几乎是完全不可逆的，而且，如此强的吸附力使被吸附在碳材料表面的血浆蛋白分子失去了进一步引起血小板识别和活化的能力，在表面形成了一层惰性的蛋白质吸附层。尽管动物实验的研究结果表明，与其他合成材料相比，热解碳表面的血小板黏附和活化程度降低，但接受人工心瓣膜移植的患者仍然需要终身服用抗凝药和维生素 K 拮抗剂，以防止血栓导致的并发症。

3.4　复 合 材 料

复合材料指不同属性的材料之间相互结合，在保留原有材料特色的基础上，获得其他性能，核心思想就是取长补短。在复合材料中，将活体材料与非活体材料相互结合称为杂化(hybrid)，国际上也有将杂化材料制作的植入性器械称为组合(combination)型植入器械。复合材料的组分及组合方式种类繁多，本节主要介绍基本的组合方式和概念，仅列举少数例子。

(1)不同材料的复合，包括高分子材料与无机材料的复合、合成材料与天然生物材料之间的复合、不同合成高分子之间形成的多层复合材料、两种高分子形成的互穿网络等。例如，将多壁碳纳米管与聚氨酯材料复合，形成聚氨酯-碳纳米管(PU/MWNT)复合材料[4]。这个复合材料的设计概念是将碳材料的优良血液相容性与聚氨酯材料的高弹性和高强度相结合，用于制备介入性气囊、导管及其他血液接触性器械。由于多壁碳纳米管的纳米尺寸特征，聚氨酯基体的弹性和强度没有受到碳纳米管填充的影响，仍然可以制备出具有高弹性的薄膜和气囊，但是复合材料的血液相容性得到了显著提高，表现在血小板的活化程度和红细胞的溶血率都显著降低。

再如，多层复合材料可用于大输液袋和导管。在 20 世纪 70～90 年代，聚氯乙烯材料被广泛用于制作血袋和大输液袋。但是聚氯乙烯材料在加工中需要加入大量的增塑剂才能变得柔软而透明，但是小分子会随着时间逐渐由薄膜内部向表面迁移，导致表面污染和小分子进入液体中。此外，这种一次性输液袋在焚烧处理时会产生有毒气体，对环境有不利影响。如果换用聚烯烃类材料，虽然不再需要使用增塑剂，但是，除了聚丙烯，大多数聚烯烃难以耐受高压灭菌的温度(1 atm，110℃)，而聚丙烯又不具备柔软性。多层复合方式是通过多个挤出机同时挤出不同的物料，在挤出口融合，再牵拉制备成膜材或管材。一般中间内层可以使用一层很薄的聚丙烯材料来耐受高温，外层再使用其他聚烯烃材料。如果有的药物需要隔绝氧气，则可以设计一个尼龙层。各层的厚度和组成可以根据需求灵活调节。这样就可以在不使用小分子增塑剂的情况下，获得透明、阻隔氧气、强度高、耐高温消毒的多层复合膜。

(2)梯度复合材料，主要用于物理性质差异很大的材料之间的复合。例如，金属与生物陶瓷的热膨胀系数差异很大，用传统的方法难以相互混合形成复合材料。通过特定工艺，可以制备成两端为性质不同的材料，在材料内部两种材料成分比例逐渐变化，物理化学性质也逐渐过渡。当用于齿科种植体时，与齿骨结合的部分最好具有生物活性，比如羟基磷灰石，可以与齿骨形成键合，而暴露在齿骨外的牙体应具有较高的强度。

(3) 生物活性材料与人工合成材料的杂化，主要包括蛋白质与陶瓷材料复合(比如胶原蛋白与羟基磷灰石复合用于制备骨修复材料)、生理大分子与合成材料的杂化(例如将胰岛素包覆在 pH 响应性聚电解质中制备成人工胰腺)、细胞与合成材料的杂化(例如将血管内皮细胞种植在人工血管内壁)等。

例如，人工胰脏的设计概念是将胰岛素包覆在聚电解质构成的微囊中，利用聚电解质分子在酸、碱环境中分子的伸展程度不同来控制胰岛素的释放。在血液中，当葡萄糖浓度升高时，葡萄糖酸的浓度也会相应增加，此时血液的 pH 降低；聚电解质分子随 pH 的降低而发生蜷缩，分子间空隙增加，微囊中的胰岛素被释放出来。当葡萄糖浓度降低回到正常值时，聚电解质分子链伸展，分子间空隙减小，胰岛素释放量降低。

随着材料科学的快速发展，复合材料的种类更加多样，不胜枚举，只要掌握好复合材料的概念，根据医疗器械所需要的性质来进行材料组合设计，就可以获得新型医疗器械。

参 考 文 献

[1] Staiger M P, Pietak A M, Huadmai J, et al. Magnesium and its alloys as orthopedic biomaterials: a review. Biomaterials, 2006, 27(9): 1728-1734.

[2] Burns J. Biology takes centre stage. Nature Materials, 2009, 8: 441-443.

[3] Farra R, Sheppard Jr N F, McCabe L, et al. First-in-human testing of a wirelessly controlled drug delivery microchip. Science Translational Medicine, 2012, 4(122): 122ra21.

[4] Meng J, Kong H, Xu H Y, et al. Improving the blood compatibility of polyurethane using carbon nanotubes as fillers and its implications to cardiovascular surgery. Journal of Biomedical Materials Research Part A, 2005, 74(2): 208-214.

第4章 人 工 器 官

4.1 人工器官概述

人工器官(artificial organ)是指人造的装置或器件，用来置换、替代、模拟或者改善那些发生病变缺失或无法正常工作的组织或器官的功能，抑或改善其外观。这些装置或器件可以是永久植入体内的，也可以是临时性的。它们与活体组织直接接触，两者之间存在界面。在上述定义中，需要强调的一点是人工器官与生物系统直接接触且两者之间存在界面，也就是说，人工器官或其中的某个部分与生物系统有直接接触，比如，与血液、生理体液、组织直接接触。与生物系统之间不存在“界面”的医学仪器和装置不属于人工器官范畴。与“人工器官”有关的术语还包括“辅助装置(assist device)”，指用于支持或部分替代失能器官的装置。

研发人工器官的驱动力来自于临床上器官移植的极大需求和供体器官的极度缺乏。虽然同种异体的器官移植是最理想的选择，但是由于供体短缺，患者通常面临着长时间的等待，很多人在等待中去世。此外，还有一些患者由于年龄或疾病的原因而无法接受器官移植。因此，人工器官疾病治疗中具有其独特的优势与价值。以往几十年的临床实践表明，应用人工器官可以获得机体的部分功能。以 2000 年出版的美国《生物医学工程手册》中给出的数据为例[1]，在 1990～2000 年的十年间，美国每年有 200 万～300 万患者接受医学器件和植入假体的治疗，大约有超过 2000 万人因接受人工器官和假体的植入而获得了更长的寿命和更好的生活质量。与此相比，由于供体的短缺，每年仅有 2 万人能够得到接受同种异体组织或器官移植的机会，由此获得生存的总人数在 20 万左右。以上数据说明，人工器官提供了一个治疗疾病的替代途径，一种疾病不仅可以通过化学药物或物理方法来得到治疗，也可以用人造的器件来替代病变器官所失去的功能。而且在某些情况下，置换比药物治疗更为有效。近数十年来，人工器官的技术在不断完善和成熟，特别是在某些疾病的治疗方面发挥着不可替代的作用。

迄今，国际上已经开展了多种人工器官的基础和临床研究与应用，至少包括人工心脏、人工肺、人工肾、人工肝等。在临床上已经得到广泛应用的人工器官主要包括：心肺机(也称为体外辅助循环系统，heart-lung machine)、心脏起搏器(cardiac pacemakers)、植入式除颤器(implantable defibrillators)、主动脉内气囊反搏泵(intra-aortic balloon pump)、神经刺激器(neurostimulator)、人工晶体(intraocular lenses)、中耳听小骨链(middle ear ossicle chain)、脑积水分流装置

(hydrocephalus shunts)、齿科植入物(dental implants)、皮肤和组织扩张器(skin and tissue expanders)、血液透析装置(maintenance hemodialysis)、腹膜透析装置(chronic ambulatory peritoneal dialysis)、体外膜肺氧合(extracorporeal membrane oxygenation)、心室辅助装置(ventricular assist devices)、全人工心脏(total artificial heart)等。处于研发阶段的人工器官包括人工胰脏(artificial pancreas)、人工血液(artificial blood)、静脉内氧合器(intravenous oxygenation)。处于概念设计阶段的人工器官包括人工眼(artificial eye)、血压调节器(blood pressure regulator)、植入式人工肺(implantable lung)、人工气管(artificial trachea)、人工肠(artificial gut)、人工输卵管(artificial fallopian tube)等。

从以上举例可以看出，人工器官的设计难度与器官的“重要性”并不完全相关，比如，通常认为心脏是最重要的人体器官，它的功能是维持全身的血液循环，但是人工心脏的功能相对于某些其他器官在技术上更容易实现，因为它简单来说就是一个性质可控的血泵。而有一些器官则格外具有挑战性，比如肝脏具有生物化学和生理功能，相比于人工心脏，其功能的模仿难度更大一些。人工肠则不仅具有蠕动等物理功能，还具有代谢、吸收等各种生理功能，特别是近年来还发现肠道中有大量菌群在发挥重要作用，因此可以想象，其功能的实现非常具有挑战性，迄今还在概念设计阶段。此外，需要强调的是，人工器官的植入也面临重大挑战，因为一旦植入，患者的生命将完全依赖于人工器官本身。

人工器官和假体获得真正的发展始于 20 世纪 50 年代，在此之前，由于合成材料的种类十分有限，器官的置换技术相当粗陋，甚至难以想象。在随后的十年间，由于材料科学不断获得突破性进展，特别是人工合成高分子材料的出现，极大地推动了人工器官的研发，包括人工肾、心肺机、人工心脏、心脏起搏器、人工动脉血管、人工心瓣、人工髋关节等人工器官陆续研发成功并进入临床应用。尽管人工器官作为一种治疗方法并没有达到传统医学的根本性目标，即理解疾病的进程、干预或治愈疾病，但是在某些疾病的治疗方面显示出显著的作用，远远优于药物治疗和手术矫正的效果，典型的疾病包括：心瓣膜疾病、心肌梗死、恶性风湿、动脉粥样硬化、白内障、耳聋等。在这些疾病的治疗方面，人工器官提供了第一批医学与工程学融合的典型案例。例如，人工耳蜗(cochlear implant)是医学与工程科学多学科融合而产生的人工器官的典型事例之一。人工耳蜗是一种电子装置，由体外语言处理器将声音转换为一定编码形式的电信号，通过植入体内的电极系统直接兴奋听神经来恢复或重建聋人的听觉功能。通过电子技术、计算机技术、语音学、电生理学、材料学、耳显微外科学的相互融合，人工耳蜗已经从实验研究进入临床应用，作为治疗重度耳聋至全聋的常规方法[2]。2013 年的拉斯克临床医学研究奖授予了澳大利亚墨尔本大学名誉退休教授 Graeme M. Clark、奥地利茵斯布鲁克 MED-EL 人工耳蜗公司的 Ingeborg Hochmair 和美国杜克大学的 Blake S. Wilson。获奖理由是“现代人工耳蜗的研发——该装置为严重耳聋的人获得了听力”。

尽管如此，我们也必须认识到，人工器官还存在诸多局限性。首先，它们仍然是比较初级的仪器装置，从开始出现到目前为止，最长的测试时间也仅仅 70 多年。其次，在设计和研发中，工程师、生理学家和外科医生们更多的是考虑仪器的功能，而难以兼顾考虑它们的解剖学结构。此外，人工器官还不能适应人类活动的需求，无法随着人的成长而做出相应改变，因此，人工器官的儿童受益程度低于成年人。人工器官的使用时间也是有限的，因为它们要在体内温暖、潮湿和充满各种酸、碱及生物酶的环境中经受断裂、疲劳或腐蚀。

4.2 人 工 肾

人工肾是现代医学发展过程中的第一个真正意义上的人工器官，其研发和应用是医学与工程学完美结合的案例。

4.2.1 肾脏的功能

肾脏的功能可以概括为四大类：①排泄代谢的终末产物；②调控水、电解质平衡及体液酸碱平衡；③内分泌功能：产生促红细胞生成素、肾素和前列腺素；④维生素 D 的代谢。在上述四项功能中，内分泌和代谢功能可以被药物治疗来实现；内分泌功能可以通过重组促红细胞生成素(r-epo)与铁补充剂的联合应用来替代，用于治疗贫血。在维生素代谢方面，维生素 D 进入体内后需要在肝脏和肾脏酶的作用下完成活化过程，形成骨化三醇，才能发挥其生理作用。虽然肾脏受损时不能使维生素 D 形成骨化三醇，但骨化三醇也可以被药物治疗所替代。只有肾脏的排泄和调控功能尚无药物治疗方法可以替代，因此人工肾脏要替代的是肾脏排泄代谢产物和调控电解质与酸碱平衡的功能，这也是肾脏最重要的功能，称为分离功能。具体来说，肾脏的分离功能包括：消除蛋白质代谢产生的水溶性含氮化合物；除去多余的电解质，保持体液的电解质平衡；排出体内多余的水分，保持水平衡；维持体液的酸碱平衡。

肾脏的功能单位叫做肾单位，也可称之为物质转运单元；每个肾脏有大约 100 万个肾单位，每个肾单位由过滤单元(肾小球)和相关肾小管组成，调节肾小球的滤过。肾脏从肾动脉接受血液供应，每分钟大约接受 25%的心输出量或者 1300 mL 血液；把“加工处理”后的血液从肾静脉送回循环系统。把肾盏收集的废物和溶质送入膀胱。一个健康的成人，每昼夜生成的原尿量可达 180 L，每天形成的尿量为 2 L。在肾小球内部，10 mmHg 的静水压力梯度提供了超滤的驱动力，使一些低分子量蛋白质和不含脂肪的滤液能够透过肾小球毛细血管壁进入肾小管。在单位时间内，两肾生成的总超滤量用肾小球滤过率(GFR)表示。肾小管对水、重要电解质、葡萄糖、氨基酸具有选择性滤过和重吸收的作用，所有的 K^+、HCO_3^-、氨基酸、葡萄糖伴随着 60%～80%的水在近端小管被重吸收。在醛固酮和抗利尿激素的作用下，水和氯化钠在调控水-盐平衡的远端小管和集合管被重吸收。肾衰竭患者肾小球滤过率下降，因此需要人工肾来代替肾小球的功能。

4.2.2 人工肾的基本构成和工作原理

人工肾是替代肾脏功能的装置，它将血液引出体外，利用透析、过滤、吸附、膜分离等原理排除体内过剩的含氮化合物、新陈代谢产物或过量的药物，调节电解质平衡，然后再将净化的血液引回体内(图 4-1)。这个过程也称为血液透析，主要用于治疗肾功能衰竭和尿毒症。对于慢性肾衰竭患者而言，肾移植是首选的治疗手段；但由于缺乏供体，血液透析已成为肾衰竭患者的普遍治疗方法。例如，肾衰竭是糖尿病最常见的慢性并发症，很多患者依赖人工肾生存，如果没有血液透析，则会因肾衰竭而死亡。此外，血液透析也可作为急性肾衰患者肾移植前的过渡疗法。

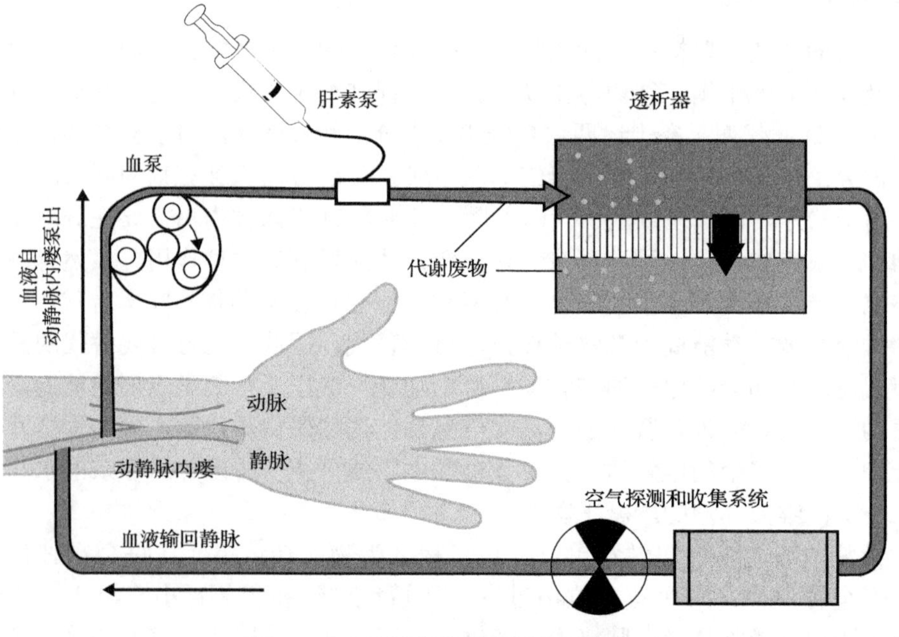

图 4-1　血液透析装置和过程示意图

人工肾脏由透析器、透析液供给装置和自动监视系统三个部分组成。其中透析器是人工肾脏的主要部分，从结构上可分为平板型、蟠管型和中空纤维型三种。中空纤维型透析器的透析效率比标准平板型和蟠管型高，而且体积、血液预充量、残血量都较小，能避免交叉感染，预消毒方便，从20世纪70年代开始已广泛应用于临床。中空纤维型人工肾脏透析器通常由8000～10000根外径为200～300 μm、壁厚为20～40 μm的中空纤维封装组成，透析面积为1～1.2 m^2。血液导入中空纤维后再流回人体，透析液经温控系统调节温度后进入透析器，患者血液中的尿素和肌肝等代谢废物透过中空纤维膜被透析液带出体外，血液流量一般为200 mL/min左右，透析时间为5～7 h。

人工肾通过以下步骤从血液中排出多余的水分和代谢的废物：①浓度梯度导致的溶质扩散；②静水压导致的超滤作用和渗透压导致的溶质对流。溶质透过半透膜有两种方式：扩散和对流。扩散就是半透膜两侧液体各自所含溶质浓度梯度及它所形成的不同渗透浓度使溶质从浓度高的一侧通过半透膜向浓度低的一侧移动，最终使半透膜两侧溶液浓度相等。对流也称超滤，是指溶质和溶剂因透析膜两侧的静水压和渗透压梯度不同而跨膜转运的过程，简单地说，对流作用是将溶液和溶质拖拉穿过半透膜。血液流过人工肾的速度是285 mL/min左右，因此全身的血液完成一次循环需要20～30 min，血液透析一般是重复该循环6次以上。

4.2.3 透析膜及人工肾的历史

透析膜是人工肾的核心载体，其化学组成、物质转运特性、生物相容性均对人工肾的功能具有举足轻重的作用。人工肾的研发历史实际上也是透析膜材料发展的历史，从最初的实验研究到广泛的临床应用，人工肾与半透膜的发展以及可再生半透膜的工业化生产密切相关。

具有渗透和扩散作用的半透膜出现于19世纪中期。1854年格拉斯哥大学化学系的托马斯·格雷姆(Thomas Graham)教授第一次创造了“透析”这个词，描述不同的溶质在渗透压的作用下透过半透膜的过程。在人工肾的发展历程中，半透膜材料在不断进步，早期从最初用牛膀胱到用包覆白蛋白的植物羊皮纸，再到胶体素(colloidin)。胶体素是糖浆样的液体，由纤维素、硝酸、乙醇和乙醚制成，干燥后形成多孔膜样结构。1913年美国约翰·霍普金斯大学药理学家John Abel制造了第一台透析机，并将胶体素制成的半透膜应用于动物的血液透析。在1924～1925年间，德国内科医生George Haas用胶体素半透膜给6名患者进行透析，但是患者均未能存活；1928年他发明了第一台应用于人体的人工肾，并将肝素抗凝剂与透析结合起来应用于两名肾病患者，结果仍然令人失望，他认为失败的原因是因为技术问题以及同事的反对。1923年，Heinrich Necheles曾使用羊或牛的腹膜给患尿毒症的狗进行透析，也未获成功。

1885年人类第一次从木头中提取出纯化的纤维素，1895年合成醋酸纤维素出现。1927年英属哥伦比亚大学的Freda Wilson用一种叫做赛璐玢的再生纤维素薄膜(也称为玻璃纸)作为透析材料。赛璐玢强度高，在适度的压力下不会破裂，而且膜内部具有微孔结构，此外能够耐受消毒的过程。这种材料在透析研究中展现出了优异的扩散特性。1937 年纽约的血液学家 William Thalhimer 将一个 2 cm 宽、30 cm 长的管状玻璃纸应用在人工肾脏上，给患有肾衰竭的狗进行透析，后来出现了商业化的用于体内透析的玻璃纸。

1943 年，来自荷兰的内科医生 Willem Kolff 创造了旋转圆桶式透析机（图 4-2），这是第一个成功地应用到人体的人工肾。这台设备与鼓桶类似，由板条组成，板条之间有空隙。在桶身上包裹有大约 30～40 m 长的醋酸纤维素管，然后整个装置被置于 100 L 的透析液中；心脏和血压将血液压入醋酸纤维素管中，使得分子可以在血液和透析液之间扩散；泵出来的血液被收集在一个底端装有一个乳头的玻璃圆筒中，经过乳头连着的橡胶管流回患者的静脉。通过交替地升降玻璃圆筒，血液最终全部流回到了患者的静脉中。这个过程需要一个大容积的体外循环系统，需要至少两个单位的体外输血量。Kolff 医生制作了四台旋转圆桶式透析机，为 17 位患者做了血液透析，前 16 位患者的治疗均失败了，最终第 17 位患者的治疗获得了成功。此后，透析机挽救了数百万的尿毒症患者。2002 年拉斯克临床医学研究奖颁给了人工肾的研究和应用，Willem Kolff 医生是获奖人之一。

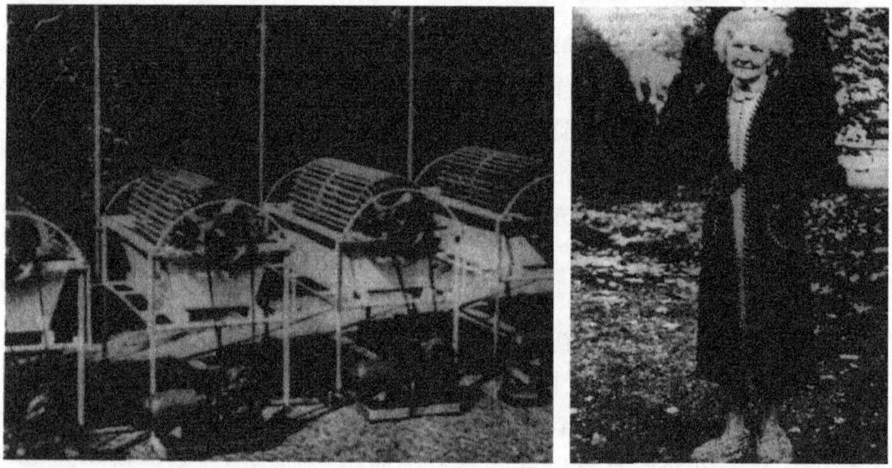

图 4-2　Willem Kolff 医生发明的旋转圆桶式透析机

在人工肾的发展历程中，来自加拿大的 Gordon Murray 博士（1894～1976 年）也是值得记住的一位外科医生。他在北美率先成功地将血液透析应用到临床。由于战争阻碍了通讯交流，在 20 世纪 40 年代中期，他和 Willem Kolff 医生不知道彼此的工作。Murray 医生通过大量的实验验证将肝素应用于血管外科学，为人工肾的抗凝剂的选择奠定了基础。1945 年他首次设计了一个管型透析器，但是没有产生多大的影响。1952 年他重燃热情，在 Walter Roschlau 的帮助下发明了金属型透析机，将其应用于 11 位急性肾衰竭的患者，其中有 5 位获救。

迄今，制作透析膜的材料主要有三大类：再生纤维素、修饰改性的纤维素和合成高分子材料。在这三类材料中，再生纤维素占到了70%以上，其中最常用的是一种商品名为铜珞玢(cuprophan)的再生纤维素。用铜珞玢加工而成的薄膜可以非常光滑，而且，由于亲水性极强，薄膜的表面会吸附并牢牢结合水分子，在表面形成一层水凝胶。这种薄膜材料的优势是价格低廉，高强度和高结晶度，可以做得非常薄，缺点是对中等分子量物质(分子量在1000～30000的物质)的清除能力不足；此外，由于材料上带有亲核性基团(氨基)，会激活补体系统，引起短时性白细胞减少。这种透析膜于1966年开始了标准化的工业生产。大约在同一时段，随着高分子加工技术的进步，1964年，人工肾的另一重大进展空心纤维透析器出现了。这种超薄的透析膜的纤维的直径大约是200 μm，管壁厚5 μm。人工肾由这样的11 000根纤维组成。到了1967年，临床应用的人工肾与如今的人工肾已十分相似。这种毛细管尺寸的纤维可以提供更大的表面积，需要的体外血量大为减少，因此可以更为有效地将血液中的废物带走，使得透析效率大为提高，也在微观层面上更加清楚地理解了透析的生理学效应。再生纤维素透析膜被做成中空纤维后，人工肾的支撑结构也显著减小，相应的膜的尺寸和类型也发生了改变。此后有更多的高分子材料被研发出来用于中空纤维的制造。

血液滤过(hemofiltration)是为了解决中等分子量物质透析的一种新方法，通过透析膜两侧的对流过程来移除水和溶质，这个过程可以被血液与透析液之间一个较高的水压差来控制。滤过膜是一种大孔的具有高水通量的薄膜，这种薄膜模拟了肾小球的分离功能，能够清除中等分子量物质。需要强调的是，很多促炎性分子属于中等分子量的蛋白质分子，清除了这些物质，对于改善长期接受血液透析治疗的患者的身体状态会具有重要的作用。

将水分从患者血液中移除也是透析中十分重要的步骤，1946年Nils Alwall发明的一台透析机解决了这个问题，所采用的技术就是超滤，用压力将水分通过透析膜从血浆中挤压出来。对于之前的透析机来说，单靠心脏方面的压力是不能够引起超滤的，而且透析膜的强度也不足以抵挡超滤产生的压力。Alwall发明的透析机与之前出现的旋转圆桶式透析机类似。在一个金属滚筒的静置垂直面安置有大约11 m的醋酸纤维素管。由于醋酸纤维素管被放置在金属板之间，所以可以承受很高的压力。透析膜被附着在一个密封的圆筒上，对透析液以及来自于心脏的压力都起到了调整的作用，最终能很好地控制超滤。

4.2.4 新材料和新技术对人工肾研发与应用的推动

人肾小球基底膜比纤维素膜的渗透和超滤系数更高。如前所述，再生纤维素透析膜的缺点是对中等分子量的物质的清除能力有限，此外，在血液透析的第一个小时内，再生纤维素(铜珞玢)分子中的亲核基团会导致补体系统激活和引起一过性的白细胞减少。为了克服这些问题，多种高分子材料陆续被研发和用于透析膜的制造，包括醋酸纤维素、聚碳酸酯、聚醋酸乙烯酯、磺酸化聚丙烯腈、聚甲基丙烯酸甲酯、聚乙烯醇等；此外热塑性弹性体材料如聚砜、聚乙烯亚胺(polyamides)、丙烯腈-氯乙烯共聚物等也有研究和应用。这类热塑性弹性体材料可以制备成不对称和各向异性的疏水性薄膜，这种薄膜厚度大约 1 μm，一侧具有致密的孔隙并构成了屏障，与血液接触的对侧则具有海绵样多孔结构，孔的尺寸更大，以降低材料对补体系统的活化作用。

醋酸纤维、双乙酸纤维素、血仿膜®、Helixone®以及上面所提及的聚砜都是已经应用于人工肾半透膜的材料，它们的作用方式大致相同，效率各异。半透膜的表面积在 0.7～1.8 m^2 范围内，可根据是否能透过 β2 微球蛋白而分为低通量半透膜和高通量半透膜。以聚砜制作的半透膜材料不仅具有良好的生物相容性，而且对于菊粉和 β2 微球蛋白具有很大的筛分系数。

近十几年来，纳米技术被融合到了人工肾的研发中，例如，以高分子聚砜为基础的高通量半透膜可以通过精细调控纺丝过程而制成，纤维内层的微孔尺寸减小到纳米尺度范围内，可以提高中等尺寸分子的透过率，但是不会允许大分子白蛋白透过。纳米尺度的加工技术对膜表层结构产生了重要的影响，半透膜表面的孔数增多，孔的直径分布很窄且集中在期望值附近。材料的微纳加工技术也使人工肾的血液透析系统的体积显著减小，与此同时，微流控技术与细胞生物学相结合，也为实现可植入的杂化人工肾脏提供了可能。

综上所述，理想的人工肾可以归纳为以下标准：连续透析、移除一定分子量范围的溶质、满足不同个体的需要、便携/耐用/可植入、生物相容性、轻量型、低成本、安全、可靠。尽管人工肾已经取得了很大的进展，但是对血液透析做进一步改善的需求还在不断增加。透析技术在患病率、死亡率以及透析患者的生存质量方面还应该有所进步。人工肾还需要解决的问题主要包括以下方面：

(1) 目前的透析过程是由透析膜的孔隙结构决定的，只能选择分子量而不能选择特定分子，因此是非特异性的，在毒性物质被清除的同时，一些有用的物质也被舍弃了。用传感器对合适的生物标志物进行在线监测可能有助于控制清除过程。

(2) 透析对于代谢通路的干扰还需要更深入的认识，以便于制定更为精准的治疗方案和设计适应性的设备。

(3) 进一步提高材料的生物相容性可以减少透析管路与患者之间的复杂相互作用。

4.3 体外循环支持系统

体外心肺旁路(extracorporeal cardiopulmonary bypass，CPB)，也称为心肺转

流，是最常见的人工循环支持系统，属于短时支持性人工器官，主要通过血液驱动和气体置换来提供心、肺功能。

体外心肺旁路的原理是用管路将人体大血管与人工心肺机连接，从静脉系统引出静脉血，并在体外氧合，再经血泵将氧合血输回动脉系统，由此使患者的心、肺与其自身的循环系统隔离，同时维持其功能。体外心肺旁路主要应用于需要开胸的心脏和大血管手术，例如，心脏瓣膜置换、血管搭桥、房室缺损修补、全心脏或肺脏移植等。近代心脏外科手术的发展与心肺转流术的成功应用密切相关。

图 4-3 给出了体外心肺旁路的基本组成示意图。由图可见，静脉血在引力作用下通过一个直径 0.5 英寸①的聚氯乙烯管从右心房排到静脉贮血器中。静脉贮血器有血液过滤和充当容器两个作用。血液过滤在中心柱上进行，中心柱由多孔泡沫塑料和聚丙烯编织薄膜组成。多孔泡沫为血液提供了曲折复杂的流路，血液中形成的微小的栓子可以在流动过程中被清除；聚丙烯编织薄膜的作用是清除气体微栓；二者的结合使其过滤能力达到了 40 μm。第二个作用是发挥容器的功能，调节 CPB 期间由于手术操作、分流、低温以及药物所引起的血容量的急剧变化。

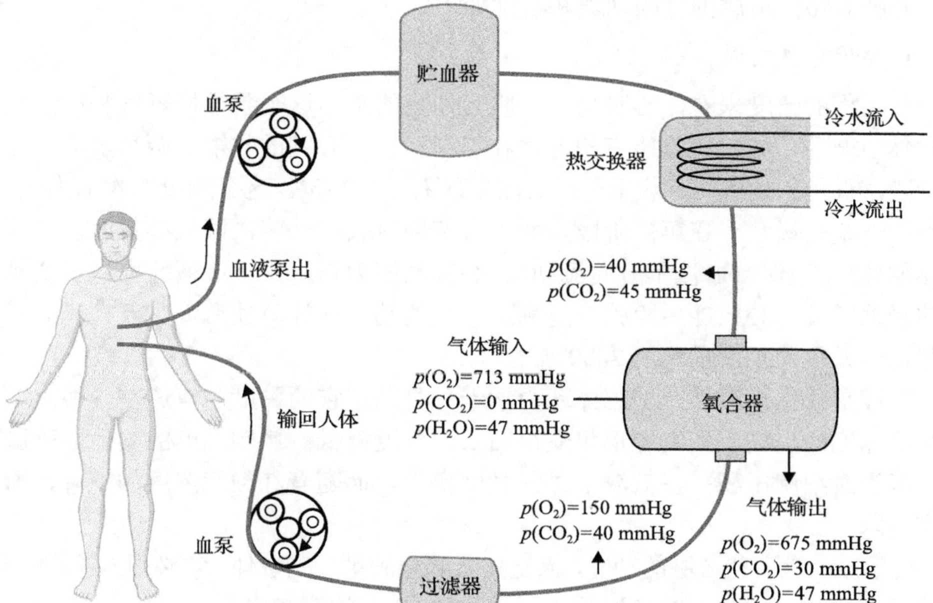

图 4-3　心肺旁路示意图及各仪器中的氧和二氧化碳分压

1 mmHg=133.322 Pa

过滤后的静脉血从贮血器中吸出，泵入到热交换器和氧合器中。通常使用的

① 1 英寸=2.54 cm

动脉泵有两种，部分闭塞的蠕动滚子泵或者没有闭塞限制的离心漩涡泵。动脉泵的作用是模仿心室的功能，所提供的心输出量是用患者的表面积乘以心指数得到，心指数的范围是1.8～2.4 L/(min · m^2)，与患者的体温有关。传递给热交换器的血液要穿过被高分子材料涂覆的铝合金或聚丙烯膜。这层膜使得血液与另一边温控的液体(被单独的加热器冷却单元控制)隔开。因此能够很好地控制血液温度，进而控制患者体温。之后，血液被传递给氧合器或者气体交换设备。气体交换设备由中空纤维构成，中空纤维由聚丙烯多孔膜制成。膜上的微孔构成了一个虚拟的血-气界面，但是液体无法通过。这种构造以及其中巨大的比表面积与肺的结构相似，确保了氧气的高效吸收以及二氧化碳的排放。标准CPB回路的最后一个部件位于动脉前，是一个40 μm的动脉网式过滤器，能够进一步地移除血液中的微栓子，并发挥空气泡沫陷阱的作用，有效降低CPB引起的并发症和死亡率。与CPB回路中的很多组件一样，最后的过滤器流路也是自上而下穿过，这是捕获空气的一个关键特征。图4-3同时给出了血液流经CBP中各部件时具体的氧分压和二氧化碳分压的数据。

心肺旁路中组成部件的功能和特性如下：

1) 替代心脏的泵

从工程的角度来看，心脏是一个肌肉构成的泵，这个泵维持氧气和血液在肺和肌体中循环，维持肌体所有的器官和组织运行。心脏的收缩有两个阶段，在第一阶段，右和左心房同时收缩，把血液泵入右、左心室。这个阶段的收缩力较弱，相当于一个初级泵。在第二阶段，两个心室同时收缩，将血液从心室射入肺循环和体循环(瓣膜保持血液单方向流动)。心室收缩力强，推动血液的力量主要是心室的舒缩活动。心肌随后松弛，直到下一次搏动，这样就使血液重新充满心脏。心脏在一天里的泵血量可达2000加仑[①]。

血液是非牛顿流体，其流体动力学十分复杂：它的黏度与流速差异很大。随着血流速度的提高，红细胞形状变得细长，黏度降低。影响黏度的其他显著因素是温度和血细胞压积；在低温下血的黏度变大，而随着红细胞浓度的下降，血液黏度下降。

为了成功地取代心脏的功能，人造血泵必须满足一些条件。它必须能够在1 min内传送7 L的血容量；初始容量较低(即拥有较低的最初容量)；对血液不产生机械性的破坏；同时必须是无菌的，而且安全可靠。湍流产生的剪切力会破坏细胞，而湍流产生的负压会将气体从溶液中拖曳出来，借此携带气体进入血液。所以一定要去除整个回路中导致湍流产生的极限压力区域。

在CPB手术期间，会使用蠕动泵或者离心泵来实现流体的传递。在手术支持

---

① 1加仑=3.7854 L

以外，同样需要能够提供足够长时间的支持而且形式多样的泵。蠕动泵通过滚道里滚轴的一次次旋转来定量传递流体，因而控制系统的灵活性相对较小；蠕动泵的管子通常由聚氯乙烯或者硅胶制成，滚轴长时间的旋转会导致管道发生破裂，临床使用寿命缩短。但蠕动泵廉价和高度可靠的特点使其作为离体支持的血泵仍然获得广泛应用。离心泵不像蠕动泵那样容易泵出大量空气，这是一个重要的安全特征。离心泵需要的流体填充量很少，放置位置不受限制，可缩短循环流路。离心泵需要相对复杂的泵头，因此它的弱点是成本较高。新一代的离心泵采用了磁场，不仅为了耦合叶轮和驱动装置，而且可以使叶轮在泵头里面悬浮起来。另外使用寿命相对较长的优势有利于长期应用。

2)模拟肺的功能

CBP中的氧合器用于模拟肺的功能，将离体血液与氧气混合，形成氧合血。与驱动血液流动一样，气体交换过程同样也充满了挑战，因为使用气体直接接触氧合器来进行氧合和移除二氧化碳的过程会对血液系统造成进一步损伤，使血液中形成较多的微气栓。

膜式氧合器的出现解决了气体直接接触氧合器所带来的一系列问题。膜式氧合器出现于20世纪80年代早期，由直径在100～200 μm左右的聚丙烯中空纤维纵向排列构成，中空纤维的壁上有大量微孔，能够诱导小气泡破裂。中空纤维与氧合器的入口和出口相连，气体从纤维内部通过，而血液从纤维外部流过。层流产生的边界效应限制了暴露于微孔膜的红细胞的比例。膜氧合器像肺一样给血液提供了巨大的表面积(通常在1.8～2.4 m^2之间)，从而提高了气体交换的效率。表面积的增加显著提高了膜氧合器的热交换效率。热交换器的材料一般是不锈钢、铝或聚丙烯,金属可以有塑料涂层。在热交换器膜的一侧,一定温度的水以10L/min的速度泵出，用以调节血液的温度，从而调控患者的体温。许多患者在CPB最初需要降温(在主动脉手术中有时候需要降至 12℃)，然后再升温到正常体温(37～37.5℃)。动脉血的温度永远不会超过37.5℃，水与血液之间的温度梯度不能超过10℃，这样能够降低对大脑的损伤，以及酶和蛋白质的分解。

动脉微栓过滤器是血液流回人体之前CPB回路中的最后一个过滤器，它的作用是移除40 μm以上的微栓。过滤尺寸不能小于40 μm的原因是考虑到不能阻挡血液的成分。虽然静脉贮血器已经对40 μm的微栓进行了过滤，但是动脉微栓过滤器会过滤掉这之后产生的微栓(气态或固态)。这一步过滤是极其重要的，因为心脏远端动脉网血管的直径是逐渐变窄的。当大的气泡途径该血管网时，就会破裂成小气泡，具有很大的表面张力，比血液对它的压力还要大，每个小气泡就是一个微栓，会被机体识别为异物，引起机体的炎症反应，最终微栓下游的组织会因为缺血而发生细胞坏死。如果这些过程发生在大脑神经系统，就会引起脑损伤。

4.4　人工心脏和心室辅助循环装置

与 CBP 系统不同，人工心脏和循环辅助装置属于术后机械循环支持系统，主要包括：主动脉内气囊反搏装置(IABP)、左心辅助装置(left ventricular assist device，LVAD)、右心辅助装置(right ventricular assist device，RVAD)、双心室辅助(BVAD)、全人工心脏。

人工心脏和循环辅助装置的目标就是研发可植入人体的装置/器件，比传统的药物治疗和同种异体器官移植更有优势，使患者获得更长的寿命和更好的生活质量。当心脏因为重症和病伤而部分或者完全丧失功能而无法用常规方法进行救治时，或者为帮助心脏或大血管手术后的患者恢复心肌功能，从而脱离 CBP 系统时，或在等待同种异体心脏移植期间，均可应用人工心脏或心室辅助循环装置来部分或完全替代病损心脏的功能，特别是对于心脏衰竭的终末期患者有十分重要的作用。人工心脏和循环辅助装置在其他方面的应用还在不断探索与扩展。

4.4.1　主动脉内气囊反搏

主动脉内气囊反搏(IABP)的技术原理是将一个装有 34 mL 或者 40 mL 气囊的导管通过股动脉插入降主动脉一端；气囊安置在头颈血管下、肾动脉上；用心电图作为触发器，气囊在心脏舒张(心动周期主动脉瓣关闭，重波开始转向下一个循环)的时候膨胀，心脏收缩的时候收缩。这样不仅提高了心脏舒张压以及心脏舒张时期对心肌的血供，而且减少了心脏收缩期受到的压力。IABP 只能提供最多 1.5 L/min 的心输出量。图 4-4(a)展示了主动脉内气囊(IAB)的放置位置，图 4-4(b)展示了三个心动周期以及 IABP 对第二和第三心动周期的影响，以第一

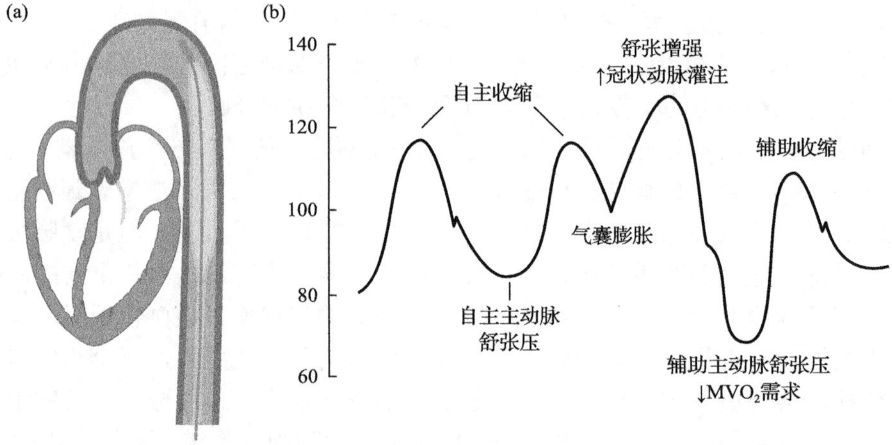

图 4-4　(a)安装在降主动脉的 IAB；(b)IAB 对心动周期的影响

个周期作为对照。IAB 作为最简单的循环辅助装置在临床上发挥了重要的作用，及时应用 IABP，或与介入性治疗手段联合应用，可提高冠心病手术和重症心脏手术的成功率。

4.4.2　心室辅助循环装置

心室辅助循环(VAD)是应用机械手段，部分或全部替代心脏的泵机能，维持全身良好的血液循环状况的治疗方法，可以实现人工心脏的部分功能，目标是维持全身组织的正常循环、减轻心脏负荷以及降低心肌的耗氧量、提高舒张期血压，增加冠状动脉循环的血流量，促进侧支循环的同时，进一步改善心脏的收缩能力，促进心脏泵机能的强化及加速心肌的恢复，以及在外科治疗时(包括心脏移植)替代全身循环。心室辅助装置的作用是期望解决以下问题：①短期心室支持：主要用于辅助心脏渡过其急性期病变的可逆性心脏疾病和部分短期内可以等到供心的心脏移植患者，主要包括慢性心力衰竭、急性心肌炎、急性心肌梗死、联合瓣膜病、心脏术后的心源性休克、低心排出量综合征；②长期应用：主要用于等待同种心脏移植或永久携带全人工心脏患者，见于终末期心脏病患者。

VAD 技术可以应用于左心、右心或者整个心脏。与 IABP 不同的是，VAD 属于有创外科技术，能够提供多达 6 L/min 的心输出量支持，可持续工作大约一个月的时间，也就是说一个月内心脏都不用工作。因此 VAD 具有“桥梁”的作用，可以为心脏机能的恢复提供支持，或在患者等待移植期间提供支持。一些长期使用的 VAD 装置采用液压或者气动隔室，目的是提供更加符合生理学特性的人工支持。

4.4.3　全人工心脏

全人工心脏的目的是取代自然心脏，完全替代心脏的机能，维持全身良好的血液循环状况。人工心脏在设计中需要考虑很多因素，例如，根据解剖学特点及周围环境，至少要考虑患者的身体特点、装置的体积和重量、关键的尺寸以及通道、管路和连接器的摆放位置，此外，还应考虑如何使装置在工作中不产热以及避免装置移动和震动。

除了工程方面的因素，还需要有细致和体贴的考虑，必须格外注意以下方面：①从防止组织和器官损伤方面，应考虑装置的软硬、表面粗糙度和光滑度、是否存在尖角或锋利的边缘；②在设计中应特别考虑到装置的最大长、宽、高应与患者的解剖结构相适应；③在某些情况下，不应特别拘泥于现有解剖结构，可以考虑通过手术创造合适的植入位置，甚至考虑一些非传统的位置。此外，要认真考虑患者在接受人工心脏植入后的生活质量，比如，什么是满意的生活质量，外置供能装置的重量，老年患者是否能够携带，一次充电的使用期限和需要充电的频次，以及装置在工作时产生的声音是否可接受，等等。在装置的可靠性方面，更是需要精细的思考与设计。自然心脏一年大概搏动 4000 万次，这意味着如果一个人工心脏工作 5 年的话，就要搏动 2 亿次，而人体内的环境又对植入装置极为不利。

全人工心脏通常由气体或液体驱动的搏动性双心室构成，由患者的心脏原位植入，取代其心脏和四个瓣膜。人工心室中与血液接触的隔膜一般由血液相容性良好的聚氨酯材料制成。在气体或液体驱动下，通过心室腔内隔膜的往返运动，使每次搏动产生 70 mL 的搏出量。

全植入式人工心脏的研发前后历经 42 年。1982 年西雅图的一位心脏病终末期的牙科医生 Barney Clark 自愿成为第一位接受人工心脏移植的患者。William C. DeVries 医生将犹他大学研发的 Jarvic 7 型永久性全人工心脏植入到患者体内。患者最终生存了 112 天。这位志愿者本以为这个人工心脏最多可以帮助他再生存数天，但他最终生存了 112 天，在此期间痛苦地经历了几乎所有的并发症。对于患者个人来说，经受了非常多的痛苦，但是人工心脏研发团队在此期间也获得了大量宝贵的临床资料，为人工心脏最终获得成功积累了极为重要的经验。

此后陆续有其他类型的全人工心脏被设计和研发出来。2001 年 7 月 4 日美国医生为一位患者(Robert Tools)植入了世界第一个不需要通过管线与外部电源连接的全人工心脏 AbioCor。这起世界首例的手术在美国肯塔基州路易斯市的犹太医院进行，手术历时 7 小时。这个人工心脏是由钛金属和高分子材料制造，称为 AbioCor，2001 年 1 月才获得 FDA 批准临床试验，在“末期”的心脏病患者身上使用，这些患者的状态需要进行评估，一般只剩下不超过 30 天的寿命。这次成功的手术使患者生存了 151 天。2006 年 9 月美国 FDA 批准 AbioCor 作为首个可植入性永久性全人工心脏应用于临床[4]。

尽管如此，由于人工心脏价格昂贵，同时患者植入后的护理费用巨大，因此还难以获得广泛应用。此外，还有不少技术难题摆在人工心脏的设计面前。现有的设计均需要有外接电源供能，患者不得不与外接电源连接或者频繁为沉重的电池充电。虽然 AbioCor 是全植入式的人工心脏，避免线路和管子暴露于体外而造成感染，但是构成人工心脏腔室的合成材料会持续与大量血液接触，如果引起凝血的发生则会导致患者中风。

有关人工心脏研发的历史进程可参阅本章参考文献[3, 4]。从人工心脏发展历程中的一些重要事件(照片)和信件记录中可以体会到临床医生在人工心脏设计和发展中的作用，以及材料学、电子学、磁学、能源等多领域技术的突破如何被融入现代医学之中，推动医学新技术的发展。

参 考 文 献

[1] Goupell M J. Pushing the envelope of auditory research with cochlear implants. Acoustics Today, 2015, 11(2): 26-33.

[2] Nosé Y. Kolff W J. The godfather of artificial organ technologies. Artificial Organs, 2009, 33(5): 389-402.

[3] Nosé Y. FDA approval of totally implantable permanent total artificial heart for humanitarian use. Artificial Organs, 2007, 31(1): 1-3.

[4] Cook J A, Shah K B, Quader M A, et al. The total artificial heart. Journal of Thoracic Disease, 2015, 7(12): 2172-2180.

第 5 章　组织工程与再生医学

5.1　基 本 概 念

组织工程(tissue engineering)是应用生命科学和工程学的原理与技术，研究和开发用于修复、维护、促进人体各种组织或器官损伤后的功能和形态生物替代物的多学科交叉的新兴学科。

“组织工程”概念的提出可以回溯到 1985 年，著名生物力学家冯元桢向美国自然科学基金会提交了一份申请书，其中提出要建立“Center for the Engineering of Living Tissues”。尽管这个申请当时未获批准，但在 1987 年美国自然科学基金会的春季会议上被再次提出，在讨论中，这个概念的术语被确定为“tissue engineering”，中文翻译为“组织工程”。组织工程的核心理念就是在体外培育活的组织或器官。在组织工程学科的兴起和快速发展中，三位美国科学家起到了不可忽视的引领作用，他们是美国麻省理工学院的 Robert Langer 教授、麻省总医院的 Joseph Vacanti 博士和 Wake Forest 大学医学院的 Robert Paul Lanza 博士。

组织工程的出现和快速发展源于临床的巨大需求。首先，人类的大多数组织在损伤或因疾病失去功能后，难以再生；即使某些组织具有一定的自发性再生愈合的能力，但是，当损伤超过其临界尺寸后，仍然不能完全自我修复。比如，骨折可以自愈，但是超过临界尺寸的大块骨缺损，则不能通过自我再生而得到修复。因此，缺失的组织或失能的器官的治疗只能依赖于移植或置换。器官移植面临的供体短缺问题越来越严重，很多患者在等待器官移植的过程中去世；外科手术重建有可能导致一些长期的问题；而人工器官(如人工肾)难以实现单一器官的全部功能，因而无法阻止疾病的恶化。在上述背景下出现的组织工程学提出将细胞和分子生物学与材料、化学和力学工程的原理融合起来，在体外用工程化的方法来培育活体组织或器官，不仅有望扩展移植治疗的组织和器官来源，而且可以在细胞和基因治疗中发挥重要作用。因此，其研发规模以及对医学的重要性都在不断增加，迄今已有多种组织被研究，包括骨、软骨、皮肤、血管、心瓣膜、心肌、肌腱、神经等。

组织工程的核心思想是在体外建立细胞与生物材料的三维复合物，即具有生命力的活体组织，用以对病损组织进行形态、结构和功能的重建并达到永久性替代，其基本原理和方法如下：

将体外培养扩增的正常细胞种植(吸附)于生物相容性良好并可被机体吸收的

生物材料上，在生物反应器中培养，形成细胞-生物材料复合物；将复合物植入体内，生物材料逐渐被机体降解吸收，在此过程中细胞经过增殖、分化、重建细胞外基质而形成新的组织，并与宿主组织实现整合，在形态和功能方面与相应器官、组织相一致，达到修复创伤和重建功能的目的。

随着研究中对组织再生过程的认识不断深化，上述基本原理和方法被不断改进和拓展；目前组织工程主要采取两种策略：

(1) 构建细胞和生物材料杂化体系，比如，将来自患者的细胞进行体外扩增，种植在生物相容性良好并可降解的聚合物支架内，在生物反应器中培养一段时间后，得到细胞-生物材料复合物，或称为组织样构造(tissue-like construct)，植入患者体内后，完成组织重建，在此过程中生物材料被降解、吸收(图 5-1)。

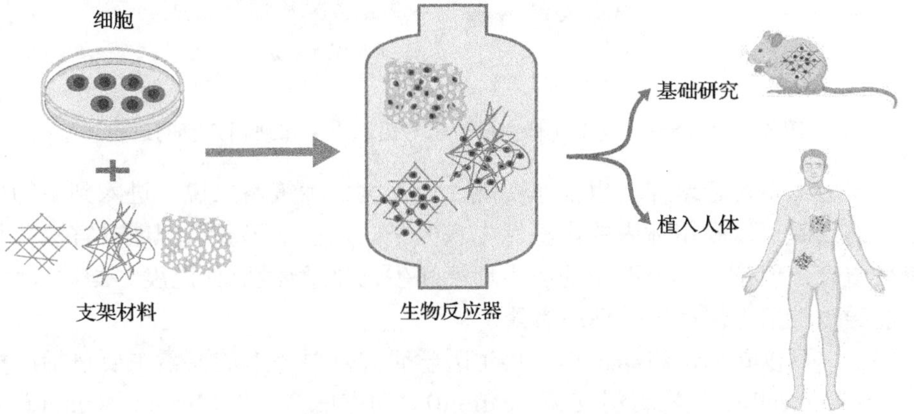

图 5-1　组织工程的实现策略

(2) 构建无细胞的生物降解材料支架，植入缺损部位；体内的细胞进入支架内，在创伤环境中通过增殖、分化和细胞外基质重建等过程原位形成新的组织。

第一种策略基于组织工程的基本理念建立，通过在生物材料支架上种植细胞进行培养，在体外构建活的组织或器官；而第二种策略是第一种的拓展，将生物材料支架直接植入到缺损部位，支架上可以预先种植细胞，也可以是空支架，植入后通过引起宿主的系列反应，招募组织修复相关的细胞进入支架中，随着细胞的增殖、分化和分泌细胞外基质而重建组织，在这个过程中，支架被逐渐降解、吸收。这个策略被称为生物材料引导的再生医学。图 5-2 描述了生物材料支架在体内原位引导组织再生和缺损修复的过程。

这两种策略各有其优势和局限性。对于第一种策略来说，其优势是可在植入前在体外对所培育的组织或器官进行评价；其存在的问题是，为了实现所培育的组织与机体的整合，在体内仍需要有重建的过程，特别是血管系统的重建，仍然在寻找理想的解决方法。此外，对于那些需要应力诱导而产生的组织结构，即使

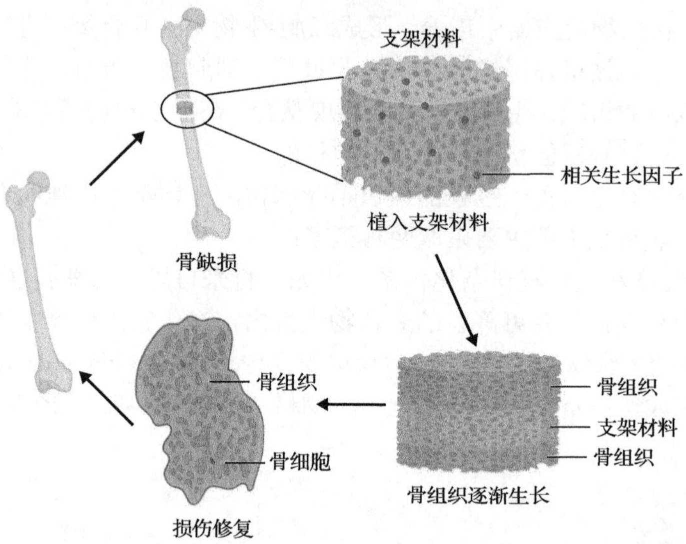

图 5-2　生物材料支架在体内原位引导组织再生和缺损修复的过程

在生物反应器中进行培养，也很难实现。对于第二种策略来说，进入到生物材料支架中的细胞可以利用体内的内源性生长因子的调控下形成组织或器官，并与机体有效整合；但是，体内严苛的应力环境和生物化学环境(如温度、酸性、酶等)有可能导致支架更快地被破坏或者降解。

综上，可以看出，组织工程与再生医学研究需要考虑的要素主要包括：种子细胞(seeding cell)、生物材料支架(scaffold)、动态培养条件(dynamic culture)或体内生理环境。这些要素涉及了若干关键技术，包括：

(1)先进的细胞培养技术，可以选择性地诱导细胞增殖和定向分化。

(2)生物材料支架的构建技术，可以为细胞生长提供适宜的三维环境。

(3)动态培养(生物反应器)技术，促进种子细胞在三维支架上的均匀分布，并提供物质转运条件促进养分和氧气向支架内的扩散和代谢废物的排出；同时提供生物物理信号，模拟生理环境。

(4)生物材料功能化技术，当支架直接植入体内引导组织再生时，应能通过物理和化学特性来调控细胞的行为，使细胞定向分化和重建细胞外基质，形成新的组织。

5.2　组织工程与再生医学的要素

5.2.1　种子细胞

种子细胞为支架提供生命源泉。具有能形成组织的功能的细胞为种子细胞。

种子细胞应具有以下特点：易培养、黏附力强、结构和功能与正常组织的细胞相似、临床上易于获取。

用工程化的方法来培育组织或器官最先考虑的问题是选择何种细胞。我们不仅需要足够数量的细胞，同时需要确保细胞无任何病原体的污染，此外还需要决定细胞是自体同源、同种异体还是异种异体来源。如表 5-1 所示，每种方式都有其优劣之处，值得注意的是，不管哪一种产品或治疗策略，最重要的一点是细胞数量充足，现成可用，这一点在准备手术的时间很短时尤为重要。

表 5-1　种子细胞来源

类型	注释
自体同源	患者自己的细胞；免疫原性低，但无现成的细胞可用，只能从宿主体内分离
同种异体	来源于他人；有现成的细胞可用，但用于组织工程时要求不能引起免疫反应
异种异体	来源于不同种属；不仅需要考虑如何不致引起免疫反应，还需要考虑病毒传播的问题

种子细胞主要来源可以包括自体、同种异体甚至异种组织细胞；其中健康的自体组织细胞应为首选。某些细胞很容易用标准的细胞培养技术来进行扩增，如角质细胞，因此可以用成熟细胞作为种子细胞；但有些细胞在体外非常难以培养，还没有合适的技术，比如成体肝脏细胞和胰岛细胞在体外复制困难。此外，由于人体细胞的来源有困难，在实验室研究中有时也考虑使用动物细胞。能否应用异种细胞取决于我们对这些细胞以及细胞所分泌的蛋白质分子所引起的免疫响应的控制能力。用成熟细胞作为种子细胞可能存在如下问题：不健康、功能不完善、长期传代后细胞功能老化、扩增数量有限。

采用自体同源的细胞时，可以是已分化的细胞或成体干/祖细胞。举例来说，作为第一代活细胞组织工程产品的代表，Organogenesis（Canton，MA）和 Advanced Tissue Sciences（La Jolla，CA）两家公司生产的皮肤替代物采用的是同种异体来源细胞。Organogenesis 公司的产品 Apligraf™ 是一种双层膜模型的皮肤，由成纤维细胞和角质细胞构成，这两种细胞从捐赠的人包皮中分离得到。Advanced Tissue Sciences 公司的 Dermagraft™ 是一种模拟皮肤真皮的产品，采用从捐赠的人包皮中分离得到的真皮纤维母细胞作为种子细胞。由于纤维母细胞和角质细胞并不组成性表达主要组织相容性复合物Ⅱ抗原（MHCⅡ），因此在免疫反应方面可以被接受。在多数情况下，同种异体细胞引发的免疫反应是需要考虑的一个重要问题，例如在体外培养血管替代物时，需要同时培养血管内皮细胞和平滑肌细胞，但由于免疫反应的问题，同种异体的内皮细胞是不可以使用的。因此，一方面可以考虑采用自体同源血管内皮细胞，另一方面可以考虑对同种异体细胞进行基因编辑，以达到免疫可接受的程度。

随着生命科学技术的发展，科学界已达成共识，即干细胞是种子细胞的重要来源，而干细胞工程成为组织工程的“上游”。干细胞是能够自我复制、尚未分化而且具有可分化为其他多谱系细胞潜能的细胞，它可解决培养细胞稳定传代和增殖的问题。根据分化潜能的宽窄，干细胞可分为全能(totipotent)干细胞、三胚层多能(pluripotent)干细胞、单胚层多能(multipotent)干细胞、单能(monopotent)干细胞。根据细胞的来源又可分为胚胎性(embryonic)干细胞、成体(adult)干细胞。在组织工程和再生医学应用方面，胚胎干细胞与成体干细胞各有其特点，其中胚胎干细胞具有发育全能性，在理论上可以诱导分化为机体中所有种类的细胞；但是在伦理、社会、法律、医学、神学和道德等方面容易引发争议，此外，其免疫原性也需要考虑。成体干细胞不存在自体移植要避免免疫排斥的问题，引起细胞永生化甚至癌变的可能性较小，分离和使用不存在伦理学问题；同时，造血干细胞、骨髓间充质干细胞、脂肪干细胞、神经干细胞、肝干细胞、胰腺干细胞、皮肤表皮干细胞、内皮祖细胞等也都具有临床应用的可行性，具有获取方便、对供体健康无害、不存在免疫排斥和组织配型等问题。特别是骨髓间充质干细胞具有向多个方向分化的潜能，已被证明可被诱导分化为血管内皮细胞、平滑肌细胞、成骨细胞、成软骨细胞、脂肪细胞、骨髓基质细胞等多种细胞类型。

建立种子细胞需要解决的问题包括：增加细胞的增殖能力；延长细胞的生命期；提高细胞的分泌能力；优选不同组织来源的同一功能的最佳细胞；建立标准细胞系，使研究工作有更好的可比性和科学性；同种异体与异种移植的免疫学；以及细胞与生物材料支架的相互作用及影响因素。近年来，种子细胞的研究集中在如何促进细胞的快速增殖及细胞的纯化和定向分化(干细胞工程)方面，包括利用现代生物医学和组织工程技术，对间充质干细胞、胚胎干细胞、血管-造血干细胞、神经干细胞和皮肤、肌肉等前体细胞进行体外分离纯化、定向诱导分化、转基因及核移植以及大量扩增；采用各种生长因子和端粒酶技术来调节与延缓细胞的老化；采用各种方法(包括自身转化、化学、物理、病毒等方法)诱导细胞发生转化，使其倍增时间减少，实现永生化或生命期延长。此外，为了发挥干细胞技术的优势，还需要更充分地理解干细胞如何分化成组织特异性的细胞，这不仅需要分化的分子通路相关知识，更需要辨别出导致一个干细胞分化成一个特异的组织细胞的联合信号通路是什么。例如，已经认识到大血管内皮细胞和瓣膜内皮细胞是不同的，但什么信号导致它从一种类型的内皮细胞变成另一种？有了这种知识才可能实现干细胞的所有潜能。

除了上述来源的干细胞，近年来诱导多功能干细胞(induced pluripotent stem cells，iPS)也进入到种子细胞的考虑范围。自 2012 年获得诺贝尔生理或医学奖以来，诱导多能干细胞作为组织工程种子细胞的潜力得到了大量研究。诱导多能干细胞最早由美国和日本两个研究小组报道，他们分别利用相同的基因重新编排技术，借助逆转录酶病毒为载体向皮肤细胞中植入一组 4 个基因，通过基因重新编排，使皮肤细胞具备了胚胎干细胞的功能。这种被改造过的细胞被称作诱导多功能干细胞。这一发现分别被《自然》和《科学》杂志评为 2007 年第一和第二大科学进展。

iPS 细胞具有和胚胎干细胞类似的功能，却绕开了胚胎干细胞研究一直面临的伦理和法律等诸多障碍，成为干细胞研究的热点领域之一。以下简要罗列一些重要的研究进展：

2008 年 4 月美国加利福尼亚大学科学家报告称，他们将实验鼠皮肤细胞改造成 iPS 细胞，然后成功使其分化成心肌细胞、血管平滑肌细胞及造血细胞。2009 年 2 月日本东京大学科学家宣布，成功利用人类皮肤细胞制成的 iPS 细胞培育出了血小板，而且从技术上说用 iPS 细胞培育人类红细胞和白细胞都是可能的。紧接着，日本庆应大学科学家又宣布，成功用实验鼠的 iPS 细胞培育出鼠角膜上皮细胞。2009 年 7 月，中国科学家周琪和高绍荣等利用 iPS 细胞克隆出活体实验鼠，首次证明 iPS 细胞与胚胎干细胞一样具有全能性。但是由于在这项技术中需要使用逆转录酶病毒“改造”皮肤细胞，人们担心这种病毒可能使基因产生变异，可能带来引发肿瘤等副作用。为了解决这方面的问题，实现 iPS 在组织工程中的应用，2009 年 3 月英国和加拿大科学家报道了不借助病毒而安全地将普通皮肤细胞转化为 iPS 细胞的方法；美国科学家宣布可以将 iPS 细胞中因转化需要而植入的有害基因移除，且保证由此获得的神经元细胞的基本功能不受影响。iPS 细胞另一种风险与伦理有关。山中伸弥指出，应用这项技术或许能通过皮肤细胞制造精子和卵子，这能帮助那些有生育问题的患者，“但为避免滥用，有必要在制造和利用人体万能细胞方面做出适当规范”。

5.2.2　生物材料支架

生物材料支架的功能是为细胞提供适宜的生存环境。在生物系统中，大部分细胞需要黏附在细胞外基质上开始生长并发挥其功能，细胞外基质(extra cellular matrix)分布于细胞外空间，是由细胞分泌的蛋白质和多糖所构成的网络结构。细胞外基质中最主要的不溶性纤维蛋白是胶原蛋白(Ⅰ～Ⅳ型)，同时还有透明质酸、硫酸软骨素等糖胺聚糖、由糖胺聚糖与核心蛋白质的丝氨酸残基共价连接形成的蛋白聚糖以及层粘连蛋白、纤连蛋白和弹性蛋白等。细胞外基质不仅将细胞粘连在一起构成组织，同时提供一个细胞外网架，在组织中或组织之间起支持作用，其三维结构和成分的变化往往改变细胞生存的微环境，从而对细胞形态、生长、分裂、分化和凋亡起重要的调控作用。因此，在组织工程和再生医学研究中，生物材料支架的设计应仿生天然细胞外基质的物理和化学特性，具有引导细胞增殖、定向分化和重建新的细胞外基质的功能，引导细胞最终形成特定的新组织。因此，生物材料支架的构建不仅要考虑其化学组成，还需要考虑其物理结构(包括外观形状、内部微观结构等)。

具体来说，生物材料支架的作用可以包括以下方面：

(1)为细胞提供“脚手架”以支持细胞从周围组织迁移进入缺损部位；

(2)作为基因或生长因子的载体，为黏附其上的细胞提供生长指导；

(3)在被机体吸收之前，支架为细胞提供黏附的基底，并调控细胞的行为；

(4)作为结构增强体保持缺损部位的形状；

(5)作为屏障防止周围组织长入而影响组织再生的过程。

对支架材料的基本要求有以下方面：

(1)具有可降解性和适宜的降解速度，特别是使降解时间与细胞生长所需空间相互匹配；

(2)具有良好的生物相容性，不会引起周围组织的排异反应而影响新组织的功能；

(3)具有良好的细胞相容性，能够与种子细胞相互作用，保持和促进细胞功能；

(4)具有符合细胞、组织器官生物力学要求的强度；

(5)便于加工成理想的二维或三维结构，而且移植到体内后能保持原有形状。

用于构建生物材料支架的原材料可分为合成材料和生物来源的材料，常用的种类包括胶原蛋白、明胶、丝素蛋白、壳聚糖、海藻酸盐、聚乙醇酸、聚乳酸、乳酸-乙醇酸共聚物、生物活性陶瓷以及上述各成分相互组合所形成的复合材料。合成材料的优点是容易加工成不同结构、价格经济且可重复制备、理化性质和降解速度可控。但是有些合成材料会引起长时间的炎症等宿主反应。天然来源的材料具有生物活性，一般情况下不会引起不良宿主反应，具有良好的生物相容性，但有时物理性质较为有限，比如机械强度比较低；此外，难以分离和加工。因此，构建生物材料支架可从两个方面来考虑，一是发展天然材料的加工处理技术，使天然材料支架可以大批量地可控制备；二是研发既有合成材料的优势，又具有天然材料生物活性的新材料。

当制备生物材料支架时，要考虑的核心要素之一是如何模拟细胞外基质的微观结构，构建具有微米和纳米纤维多层次尺寸特征的网络结构，而且应该保证具有较高的孔隙贯通率；其次，生物材料支架还应考虑组合其他功能，比如，负载生长因子并控制其释放；通过对材料的改造，使其为细胞提供物理(形变、导电等)和化学信号(酸碱性、氧化-还原等)。通过这些设计，仿生“创伤愈合”的生理环境，达到调控细胞功能、促进组织再生的目的。要强调的是，在组织再生和修复中也可以应用基因工程技术，比如在支架中引入某种生长因子的基因来促进组织的再生。在组织工程中使用的“基因疗法”在很多情况下只需要瞬时表达，因此，作为一种策略，“基因疗法”在组织工程中的应用可能更容易进行医学转化。

需要强调，生物材料支架面临的挑战并不仅仅是设计和构建一种特定组织样的结构或递送载体，还包括发展性价比高的制造方法，要实现从一周内只能生产一个发展到一周内可以生产几百上千个的规模。一个产品如果不能实现批量生产来提高性价比，就很难在临床上实现规模化应用。此外，还需要考虑的另一个问题是如何将组织工程产品递送到医院并为患者所使用。例如皮肤替代物需要在–70℃下保藏和运输。如果一种组织工程产品要被广泛应用，就需要提供新的解决方案。尽管低温生物学是一个相对成熟的领域，许多细胞产品可以被冻存，但仍需要研究三维组织工程产品是否可以成功实现低温保藏。

与天然细胞外基质结构相似的生物材料支架主要包括纳米纤维网络、多孔材料、水凝胶等；此外，也可以在平面材料上制备沟槽结构、点状或孔状阵列结构。近年来，生物打印技术也进入快速发展期，该技术的目标是将细胞混合到可打印的生物材料中，打印成所设计的结构，进而培养形成特定组织。

1. 高压静电纺丝法制备纳米纤维结构支架

已经有大量实验结果证实，具有纳米纤维结构的支架材料能够显著促进细胞重建细胞外基质(如血管内皮细胞)，或者增强对干细胞或前体细胞的定向诱导分化作用，包括神经、软骨、骨、心肌组织等。以下介绍如何应用高压静电纺丝技术制备纳米纤维网络结构的支架材料。

高压静电纺丝技术是应用广泛的一种制备纳米纤维结构的技术，其优势在于可以采用多种原料进行连续纺丝，通过调整纺丝工艺参数和接收方法而控制纤维的直径及排列方式，设备相对简易、低廉。

高压静电纺丝的基本方法是在喷射装置和接收装置间施加上万伏的静电场，从纺丝液的锥体(也称为 Taylor 锥)端部形成射流，并在电场中被拉伸，最终在接收装置上形成无纺状态的纳米纤维(图 5-3)。

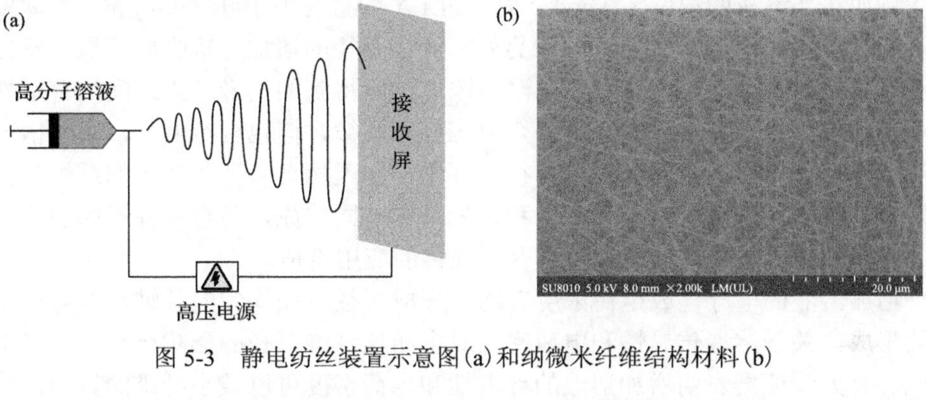

图 5-3　静电纺丝装置示意图(a)和纳微米纤维结构材料(b)

具体而言，电纺丝装置由基座、喷射口、高压电源和接收屏组成。在喷射头与接收屏之间施加一个高压电场，电压可以从 1 kV 到 4 kV。需要纺丝的材料首先被溶解在适当的溶剂中，加入到带有喷射口的容器中。在喷射口和接收屏之间施加的电场力与液体表面张力的作用方向相反，就会在半球形状的液滴表面产生一个向外的力。当电场逐渐增强时，溶液中的同性电荷被迫聚集在液滴表面，液滴表面电荷所产生的电场使喷射口的液滴由半球形逐渐变为锥形。当电场足够大时，射流就从液滴表面喷出。一般来说，溶液的导电性越强，越容易形成喷射。喷射流随后被电场力加速并拉长，与此同时，易挥发的溶剂开始挥发，造成射流束，射流束直径随着溶剂的挥发而变小；射流的黏性增加。射流离开液滴表面附近的基底区域进入下一个区域的时候，由于射流表面所带电荷的相互排斥力，射流会分散开来，形成许多直径相似的细小纤维落在接收屏上，得到具有纳米纤维结构的薄膜材料。最终得到的纤维直径取决于单位长度上的电荷以及射流分散形成纤维的多少。

整个电纺丝过程由多个可变化的参数调控，包括溶液的性质、可控变量和周围参数。溶液的性质包括：溶液的黏度、传导性、表面张力、聚合物分子量、偶极矩和介电常数。虽然不同参数对纺丝过程均有影响，但实际上很难将溶液的各种特性清楚地区分开来，因为改变一个常数通常会引起溶液其他特性的改变，例如，改变溶液的传导性将引起溶液黏度的改变。可控变量包括：流量、电场力、针头与接收屏之间的距离、针头的形状、接收屏的材料成分和表面形态。周围参数包括：温度、湿度和风速。

溶液的黏度(由聚合物的浓度决定，是对纤维直径和形态造成影响的最主要因素。在低浓度的条件下，喷射出的溶液通常会在接收屏上形成珠子和小液滴。此外，还会出现交织、打结情况，这是因为射流束落到接收屏上的时候溶剂还未完全挥发。一般来说通过增加聚合物的浓度可以得到直径比较一致的纤维，珠子和交联现象也会相应减少，与此同时，电纺丝纤维的直径也随溶液浓度的提高而增加。例如，当溶液的浓度为 1 wt%①时，PLLA 的直径为 100～300 nm，当浓度为 5 wt%时，直径为 800～2400 nm。另外，纤维直径的增加与接收的面积呈反比的关系。但是，迄今还不能给出纺丝溶液浓度与所得到的纳米纤维之间的普适性关系。电纺丝纤维的直径分布通常符合单峰分布规律，但也会有例外，某些情况下会形成双峰分布，甚至得到三种直径的纤维。在天然细胞外基质中的纤维尺寸并非均一，实际上是由微米、亚微米和纳米纤维共同构成，各自发挥不同的作用。因此，多层级的直径尺寸可能也具有其独特的应用价值。

增加溶液的电导性或电荷浓度有助于形成直径更加均匀的纤维，并可减少珠子的形成。关于溶液传导性和电荷密度对电纺丝纤维直径的影响已经有相当多的研究。有大量证据表明增加溶液的导电性和电荷密度可以减小纤维的直径，但是

---

① 本书以 wt%表示质量分数

也会有相反的现象。表面张力对纤维的形态和直径也有明显的影响，但是还没有统一和明确的规律。聚合物分子量与电纺丝纤维的形态和直径之间也有显著的关系。通常随着聚合物分子量的增大，纤维中所形成的珠子明显减少。当溶液的浓度适当时，无论聚合物的分子量高低，都可以得到均匀的电纺丝纤维。关于偶极矩和介电常数与纤维之间关系的研究还比较少。因为这两个常数很难与其他相区分。

电场强度对电纺丝过程的影响十分明显。在适当的电压或电场下，液滴通常会悬挂在针尖处，喷嘴出形成“Taylor 锥”，可以纺出没有珠子的纺丝薄膜。随着电压的增加，在针尖部聚集的液滴会变小，“Taylor 锥”会后退，导致液体表面的喷射点退缩到针尖的内部，纺丝纤维就会出现大量的珠子。当电压继续增加的时候，喷射点围绕针尖处旋转，在这种情况下会形成大量的珠子。关于纤维直径与电压之间的关系还没有清楚的认识，一般来说与材料的种类有关。例如，对 PDLA 和 PVA 来说，高电压纺丝会形成较粗直径的纤维，然而对纤维蛋白来说，纤维的直径会随着电压的增加而减小。

调整收集屏与针头之间的距离也是控制纤维的直径和形态的手段之一。最小距离应允许纤维在喷射到收集屏之前溶剂完全挥发。当收集屏的距离过远或过近时，纺丝纤维均会出现珠子。对丝素蛋白类的聚合物进行电纺丝时，当针头与收集屏之间的距离比较近时会得到像“带子”一样的扁平纤维，当距离增加后，纤维会逐渐变回圆形。

电纺丝使用的针尖可以有很多形式，例如，在两个喷射器中注入两种不相溶的液体，应用这种方法可以纺出中空的纳米纤维，也可以制备芯-壳型复合纳米纤维。此外，在电纺丝过程中应用多喷头技术，可以提高纺丝的效率，也可用于制备多种纳米纤维混合的薄膜。

收集屏采用的材料和几何结构也会对纤维形貌产生影响。例如用金属板、水和甲醇来收集聚合物纤维时，在金属屏上收集到的纤维表面光滑，在水面上收集的疏水性聚合物纤维则发生皱缩，而在甲醇表面收集得到的纤维会发生膨胀。用铜垫、铝箔、水和纸收集醋酸纤维素纤维时，纤维的密度会受收集屏传导性的影响：传导性好的收集屏可以分散纤维所带的电荷，得到比较致密的纤维薄膜。使用传导性低的收集屏时，由于纤维表面电荷间的排斥作用，可以得到更加疏松的多孔结构。收集屏的几何形状也对纤维形貌有一定的影响。通过磁场作用可以得到取向排列的纳米纤维。例如将磁性纳米颗粒加入到聚合物溶液中(少于 0.5 wt%)，在磁场作用下进行高压静电纺丝，通过两个平行放置的永久磁体建立磁场。纺丝溶液在磁场的拉伸下，形成两极之间平行排列的纤维。

周围环境常数如温度和湿度对电纺丝纤维的形貌也有影响。升高温度使溶液的黏度降低，可以获得直径较小的纤维。环境湿度增加则会使纤维表面形成一些圆形小孔；进一步增加湿度会导致小孔相互黏合。在真空环境中可以获得较高的电场，在这种条件下，获得的纤维直径较大。

2. 水凝胶

水凝胶是亲水性高分子经化学或物理交联而形成的水溶胀材料。水凝胶通常具有优良的生物相容性；允许分子在其中输运(比如气体)；同时还具有与软组织相匹配的力学性质。大多数的合成水凝胶材料是生物惰性的，不利于蛋白质吸附和细胞黏附；如果采用生物活性分子来修饰，可以使水凝胶获得促进细胞黏附、信号传导和酶促反应等功能。从另一方面来看，这些材料固有的生物惰性有时恰好是可利用的生物功能，例如，将水凝胶应用于损伤的血管管腔表面，可以形成阻止血栓形成的屏障，或者可用于预防腹膜部位术后组织粘连。

细胞外基质本质上就是具有生物功能的天然生物水凝胶，由蛋白质和多糖分子组成，为细胞提供黏附的基质和力学支撑，同时也指导细胞生长过程。因此当制备与细胞和组织相互作用的材料时，合理的设计策略就是模仿细胞外基质的成分和构造。细胞外基质的组分如胶原和透明质酸，已作为生物水凝胶材料在心血管组织工程和诱导干细胞分化等方面得到广泛研究，这些天然来源的材料是经过漫长的进化而形成的，因而与细胞之间有最适宜的相互作用；其缺点是分离和纯化比较困难，存在批次间差异，力学强度不足且可控性有限。合成高分子的化学和物理性质可以被精确调控，所以合成水凝胶可以弥补天然生物材料在这些方面的不足。亲水性高分子如聚甲基丙烯酸羟乙酯[poly(hydroxyethyl merhacrylate)，PHEMA]、聚乙烯醇[poly(vinyl alcohol)，PVA]、聚 *N*-乙烯基-2-吡咯烷酮[poly(*N*-vinyl-2-pyrrolidone)，PVNP]以及聚乙二醇[poly(ethylene glycol)，PEG]均易形成高度水合的材料。

由于合成水凝胶的蛋白质吸附和细胞黏附功能较弱，通常需要进行分子修饰，最常见的三种修饰功能是黏附、调控细胞信号的蛋白质/生长因子、酶降解。在促进黏附的修饰中，最理想的是在水凝胶中引入胶原蛋白、层粘连蛋白、纤连蛋白等分子，但是蛋白质分子通常容易被降解。例如，通过对细胞外基质中的各种蛋白质分子的氨基酸序列进行系统研究，确定了细胞表面受体识别所需的最小肽单元即 Arg-Gly-Asp(RGD)序列，这个小肽单元大量存在于胶原、纤连蛋白、层粘连蛋白和玻连蛋白中。RGD 可以与整合素家族的许多成员结合，因此它可作为多种细胞表面受体的配体。将该短肽引入到合成水凝胶材料中，就使合成水凝胶获得了细胞黏附性。由天然细胞外基质中的蛋白质分子衍生的其他小肽单元也可以结合到水凝胶中，增强水凝胶的特异性。例如，当设计血管替代物时，应促使内皮细胞(ECs)和平滑肌细胞(SMCs)在内壁上附着和分布，同时对循环血液中的血小板无反应，以避免血栓形成。如果在内壁上连接 RGD 来促进 EC 和 SMC 的黏附，它也会促进血小板的黏附。这时可以采用其他短肽序列，如 YIGSR 或 IKVAV，它们衍生自基底膜的层粘连蛋白，可以选择性地与 EC 结合，但不会与血小板结合。当小肽 VAPG 以共价形式连接到水凝胶时，它能够与 SMCs 结合而不与 ECs、成纤维细胞或血小板结合。这些认知对于设计复杂的血管移植材料具有重要意义，使材料可以选择性地结合细胞，也具有抗血栓形成的能力。

生长因子和细胞因子是细胞在自身环境中普遍存在的分子，它们在增殖、迁移和蛋白质合成等过程中发挥重要作用。血管内皮生长因子(VEGF)、血小板衍生生长因子(PDGF)和转化生长因子(TGF-β)都可以用于水凝胶材料的修饰。VEGF 和 PDGF 是促进血管形成的重要因素。将这些生长因子应用到合成水凝胶材料中，可以促进水凝胶引导的新生血管网络的形成。TGF-β 是对组织发展有重要影响的生长因子，能够影响 ECM 蛋白质的合成。当水凝胶中含有 TGF-β1 时，可以促进间充质干细胞合成胶原蛋白基质。

此外，组织工程支架材料应该能够对组织形成过程中的事件做出动态应答，也就是说，除了提供物理支持和生物活性指导之外，水凝胶支架还必须能够适应细胞的迁入和新 ECM 的沉积，这就要求合成材料要随着新组织的形成而降解。降解的速率十分重要，如果降解太快，材料就不能为细胞提供必要的保护或物理支撑，而降解太慢，也不利于新组织的形成。在水凝胶中加入生物分子的一种简单方法就是在聚合过程中将生物分子混合到凝胶中。由于基质本身与生物分子没有共价结合，这些生物功能是暂时性的，可用于制造可控的释放系统。通过使生物活性分子与水凝胶共价结合，可以使水凝胶获得更为长久的生物功能。

物理性质对于合成水凝胶也很重要。了解材料物理性质与生物系统之间的相互作用，不仅可以对组织工程支架进行精确调控，也可以理解某些疾病(例如癌症和动脉粥样硬化)进展中的组织力学特征。重要的物理特性包括强度和弹性，以及决定分子如何在聚合物网格内移动的水凝胶网络特性。在组织工程应用中，必须仔细匹配材料的强度和弹性，以使该材料在替代切除的或受损的组织时可以承担起最初的支撑作用。例如，关节软骨模拟物必须既坚固又柔韧，足以支撑膝关节内的机械负荷和剪切力。另一个例子是合成血管移植物。当前可用的聚合物材料和天然血管之间的力学性质不匹配是植入失败的主要原因之一。当合成材料制备的移植物的硬度显著大于相邻组织时，这种差异引起的应力会引起血管平滑肌细胞的保护性反应，即增殖并分泌细胞外基质，导致组织增生，也称为内膜增生，该增生会阻塞移植物的内腔并导致再狭窄。水凝胶网络的性质包括水含量和交联之间的数均分子量(M)，它们最终决定了网络的筛孔尺寸(C)，从而影响了材料的功能性质。已有的研究表明，该网络的结构取决于交联密度，而交联密度受反应性合成大分子的分子量和体积分数的影响。在使用基于 PEG 的水凝胶作为软骨组织工程支架时，降低聚合物的体积分数会导致材料具有较低的水含量和较高的压缩模量。近年来，越来越多的研究认识到，力学因素会影响细胞的生物学性质。例如，在聚丙烯酰胺凝胶上培养间充质干细胞时，当刚度为 0.1 kPa 时(最柔软)，细胞表现出神经元样的形态，水凝胶的刚性提高后，干细胞分化为成肌细胞，在刚度达到 1 kPa 时，干细胞会向成骨细胞分化。

近年来生物材料领域的进步为组织工程和再生医学提供了更复杂和高度专业化的水凝胶三维(3D)支架，其中研究和应用最广泛的是光响应水凝胶，通过使用一定波长范围的光源(如汞灯或激光)就可以引起分子交联而形成支架。此外，光刻技术也已被广泛用于水凝胶图案化，不同的微纳米结构图案可以在平面材料上或 3D 支架中调控细胞的功能。水凝胶也可作为“器官打印”的原料，采用具有适当的交联反应将细胞直接混合(封装)到水凝胶基质中。例如，将二丙烯酸酯化 PEG 和 RGD 肽的预聚物溶液与肝细胞混合，采用光敏交联技术来制造类肝脏结构。基于激光的水凝胶改性是一种用于生成具有复杂 3D 微环境的相对较新的技术。该方法的基本策略是将生长因子和小肽掺入到二甲基丙烯酸酯化 PEG 中，再使用基于激光的逐层立体光刻技术来制造水凝胶。随着合成和修饰这些材料的技术的发展，合成水凝胶将会在组织工程和再生医学领域获得更多的应用。

5.2.3 生物反应器

在体细胞和组织处于复杂的生长环境，不仅需要三维生长的空间，还受体内各种物理、化学因素的调控，处于机体提供的微动力环境中。因此，在体外培养时，细胞所处环境可以决定其命运。生理刺激(如温度、pH、氧气)、细胞与细胞之间的接触、三维环境、生物化学因子(如营养成分、生长因子)、物理刺激(如压缩、牵伸)都会调控细胞定向分化和形成特定组织的过程，也有可能引起细胞的失能、老化和死亡。

动态培养首先是细胞代谢的需求。在重建的组织中氧气通常十分有限，而氧气对于细胞在材料平面或微载体上的有效黏附和铺展十分重要。细胞对氧气的需求依细胞种类的不同而有很大差别，例如肝脏细胞和胰脏细胞对氧气非常敏感。现阶段的生物反应器就是安装了搅拌器和传感器的培养室，目的是将营养物、气体(如氧气和二氧化碳)和废物控制在适当水平上。

动态培养条件对于体外培养活组织的重要性可以从以下研究实例中窥得一二(图 5-4 至图 5-6)。

动态培养环境对于重建细胞外基质从而形成有功能的新组织也具有重要意义。细胞在体生长时处于动态力学环境中，例如，血管内皮细胞处于血液的流体剪切力作用下，平滑肌细胞处于血管的径向脉动作用之下，而成骨细胞长期受到流体剪切力、牵拉力和组织形变的作用。这些类型的细胞在体外培养时也需要处于动态环境之中，才能真正实现细胞外基质的重建。因此，在体外培育活组织必

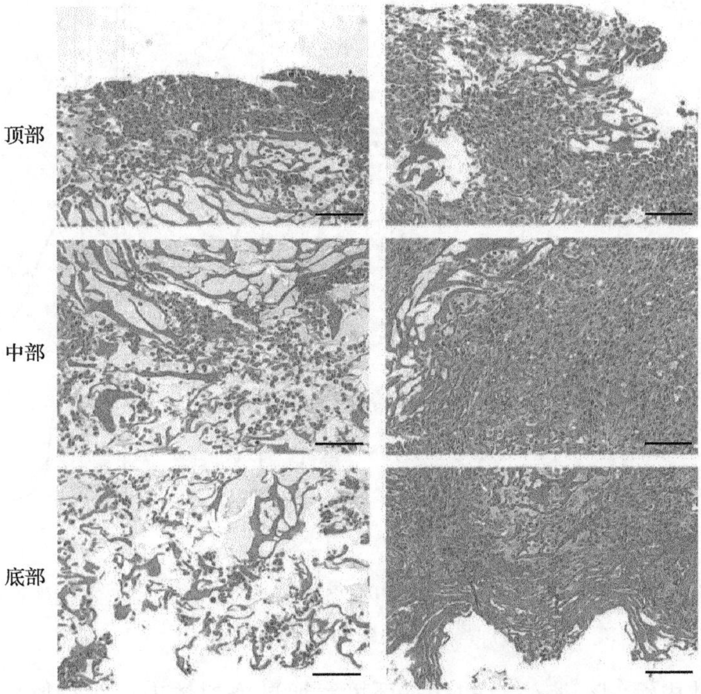

图 5-4　在胶原海绵上培养的心肌细胞[1]

左列为静态培养，右列为灌注条件的动态培养

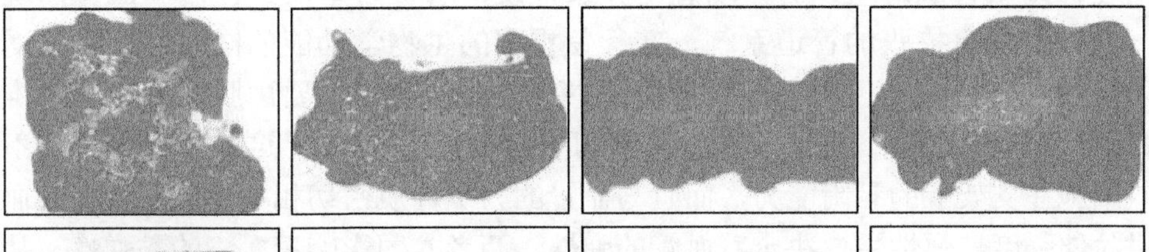

图 5-5　经生物反应器(上排)或培养皿培养(下排)后，一个完整血管横截面中的氨基葡聚糖的分布[2]

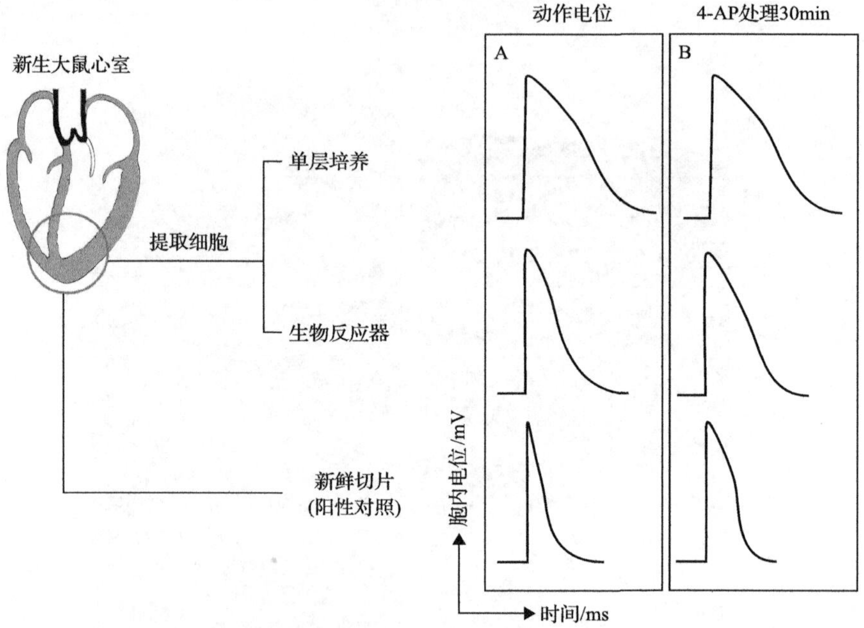

图 5-6　培养皿培养的大鼠心室构建物和生物反应器培养的大鼠心室构建物活动电位和对钾离子通道阻断剂的响应能力[3]

须建立模拟体内组织细胞生长的动态环境，通过模拟体内组织细胞生长所处的微环境动力学特征，为体外的细胞生长提供理想的环境。现阶段的生物反应器技术上无法达到上述要求。

在体外培育血管组织时，动态培养条件发挥着极为重要的作用。血管系统作为一个有弹性可扩张的管道系统，在行使重要的生物学功能的同时，还不断受到体内各种力学环境的作用。在血管组织中，细胞外基质主要由胶原蛋白、纤维状弹性蛋白、蛋白聚糖、氨基聚糖、透明质酸及糖蛋白构成，这些生物大分子不仅影响细胞在支架上的黏附能力，而且与血管的力学性质密切相关。胶原蛋白为血管提供拉伸强度，弹性蛋白决定着血管的弹性，两者共同影响着血管的黏弹性，从而影响血管的顺应性。除此之外，还有一个重要成分是氨基聚糖(glycosaminoglycan，GAG)，由重复二糖单位构成的无分枝长链多糖，其二糖单位通常由氨基已糖(氨基葡萄糖或氨基半乳糖)和糖醛酸组成，但硫酸角质素中糖醛酸由半乳糖代替。氨基聚糖依组成糖基、连接方式、硫酸化程度及位置的不同可分为六种，即透明质酸、硫酸软骨素、硫酸皮肤素、硫酸乙酰肝素、肝素、硫酸角质素。GAG 对血管的可压缩性能起关键作用，GAG 含量增加可提高血管移植物抵抗血流冲击的能力。

1999 年麻省理工学院的 Robert Langer 实验室首次报道了在脉动培养条件下构建组织工程血管的结果(图 5-7 和图 5-8)[4]。他们的研究发现，一定的脉动剪切应力可提高所培养的血管组织中的肌浆球蛋白和胶原蛋白含量，使其具有高破裂强度和更好的组织形态与外观。这项研究明确了动态培养环境是构建具有力学性能和生物功能血管组织的不可忽视的关键因素之一，适当的动力环境可以促进组织的构建、改善血管的力学性质、使工程化血管获得与天然血管更加接近的生理功能。

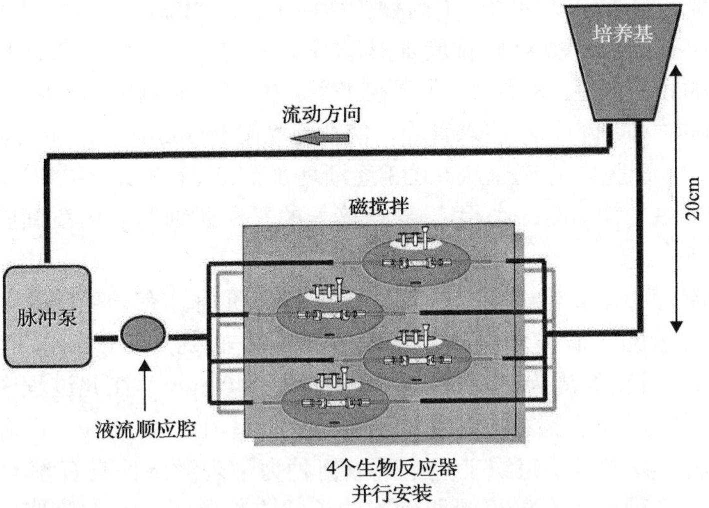

图 5-7　体外脉动条件培养血管组织的示意图

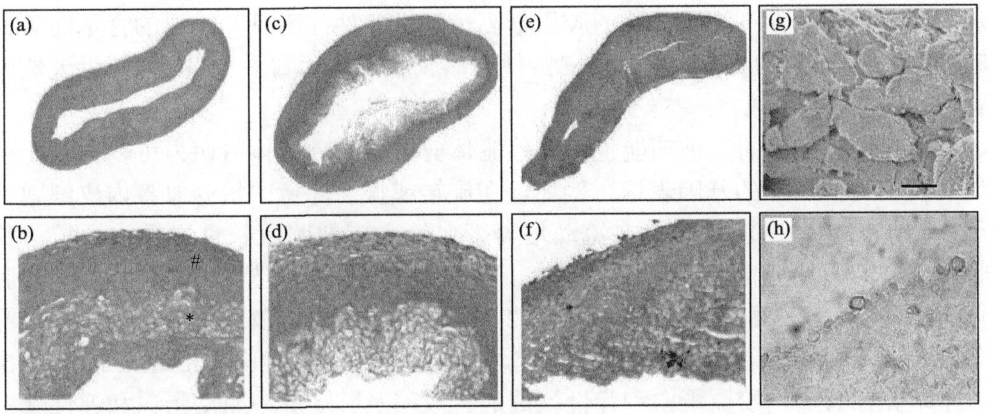

图 5-8　在培养 8 周后，组织工程血管与天然血管的外观比较。在脉动条件下培养的血管组织显示平滑肌细胞长入到支架材料 PGA 中，形成了平滑的内壁，有利于种植牛主动脉内皮细胞[4]

(a) 脉动条件下培养 8 周的血管弹性蛋白 Verhoff 染色；(b) 脉动条件下培养 8 周的血管三色 Masson 染色；(c)(d) 无脉动条件下培养 8 周后的血管 Verhoff 染色和 Masson 染色；(e)(f) 脉动条件下不补充培养基培养的血管 Verhoff 染色和 Masson 染色；(g) 工程化血管的内皮细胞层的扫描电镜照片，这些细胞比动脉内皮细胞更圆润，汇合度更低；(h) CD31 免疫组化染色揭示血管腔内有一个内皮细胞单层

在上述研究中，非交联 PCA 网状支架用 6-0 无涂层 Dexon 缝合线缝合成管状，连接在生物反应器中，环氧乙烷灭菌。将 1～2 mL 细胞密度为 5×10^6/mL 的主动脉平滑肌细胞悬液接种在支架上。接种细胞后，在生物反应器中加入 DMEM 培

养基，添加补充 20%胎牛血清、100 U/mL 青霉素 G、5 mmol/L Hepes、0.05 mg/mL 抗坏血酸、3 ng/mL $CuSO_4$、脯氨酸、丙氨酸和甘氨酸。将生物反应器和储液罐改良以提供气体交换，缓冲液从插入血管腔硅胶管流过。顺应室由一个 300 mL 的塑料储液罐组成，最大限度地减少了高频振动向生物反应器的传递。以每分钟 165 次和 5%的径向扩张(应变)对血管施加脉动径向应力。选择这些条件是为了接近大型哺乳动物的胚胎发育。8 周后，取下硅胶管，将培养液直接流过培养的血管。3×10^6/mL 细胞的内皮细胞悬液注入管腔，使细胞黏附 90 min，以产生内皮层。在 3 天的培养时间内，管腔内的流速从 0.033 逐渐增加到 0.1 mL/s，容器壁上相应的剪应力为 $1\times10^{-2}\sim3\times10^{-2}$ N/cm^2。用于导管培养的平滑肌细胞和内皮细胞在接种时均在第 5 代以下[4]。

脉动频率对心血管组织工程也具有重要参考价值。有一项研究记录了人类胎儿发育不同阶段的心脏搏动频率。在第 4 周时，心跳为 65 bpm，第 20 周达到 155～160 bpm，第 30 周为 144 bpm，出生前为 140 bpm。在此过程中，胎儿血压也逐渐增加，在后期达到右心房 3 mmHg，双心室为 37 mmHg，而肺大动脉达到 55 mmHg。这些数据对于组织工程中采取何种力学刺激条件具有参考价值。例如，有研究报道，将种植有血管平滑肌细胞的管状支架置于沿径向膨胀的搏动环境中培养 7 周，搏动频率分别模拟成人心率(90 bpm)和新生儿心率(165 bpm)，结果显示，搏动培养条件下细胞分泌的胶原量高于静态条件；而且，胶原的含量随着搏动频率的增加而增加，在 165 bpm 条件下，胶原含量达到了 35.4%，接近天然血管中的胶原含量(34.7%～55.5%)。

血管内皮细胞的多种功能也是依赖流体剪切力的，流体剪切力可以作为一种调节因子调节 EC 的基因表达。例如，在旋转或振荡环境中培养血管内皮细胞，可以增加细胞贴壁的机会。在流动培养下血管内皮细胞生长良好且被拉长，其长轴方向与流场方向趋于一致。种植了内皮细胞的管状支架在静态培养 72 h 后再置于 9 cm/s 的灌注室内动态培养 72 h，结果显示，内皮细胞分泌的氨基聚糖(glycosaminoglycan，GAG)较单纯静态培养明显增多。将兔肺动脉置于纵向的拉力下培养四天后，胶原蛋白和弹性蛋白的合成率及肺动脉中肌动蛋白和弹性蛋白的含量均明显增高。

5.3　组织工程研究应用举例

5.3.1　产生力学刺激的支架

生物反应器对细胞施加力学刺激的模式尚十分有限，而对体内原位植入的生物材料支架施加机械力作用则几乎不可能。近年来，研究人员利用磁性纳米材料的特性，使支架能够直接对生长在其中的细胞施加动态机械力刺激，由此调控细胞的分化行为(骨、软骨、内皮细胞、巨噬细胞、成纤维细胞等)。这个方法的基本原理如下：将氧化铁磁性纳米颗粒与高分子材料混合，再制备成支架，支架就拥有了氧化铁磁性纳米颗粒的超顺磁响应性。当支架在外磁场中被磁化时，磁性颗粒周围的高分子会发生形变，由此将磁场力转化为机械力，对生长在支架上的细胞产生牵拉作用。

例　超顺磁性复合材料支架在大块骨缺损修复中的应用研究

严重创伤和感染、恶性肿瘤以及骨骼畸形的手术治疗均会造成大块骨缺损，在这种情况下，骨组织难以通过自体的再生而修复，需要通过支架引导成骨的方法修复缺损组织。使用自体骨材料作为引导支架存在来源有限及手术多次损伤的问题，而使用异体或异种骨材料，则可能引起免疫排斥反应。尽管过去数十年中，已有多种人工生物材料支架取得了重要进展，但支架在体内诱导成骨速度仍然较慢，导致大块缺损难以修复。

骨是力敏感组织，成骨细胞和骨细胞均为具有力传导功能的效应细胞。大量研究已经表明，在骨损伤治疗中，适当的物理刺激具有积极作用，如压力、拉力、应变等可增强骨再生和愈合的能力。除了材料成分和微观结构因素之外，支架在体内引导新骨形成的速度缓慢的原因是什么呢？在植入初期，骨缺损处的支架与正常骨组织间还没有形成紧密连接，因此，无论是来自生理环境的还是体外施加的力学作用，都难以有效传递到支架上，支架中的成骨细胞在其增殖和向骨细胞分化过程中缺少持续和适度的力刺激。

在正常生理条件下，骨组织可以感受由重力产生的负荷和由机体运动及体内生理流体产生的剪切、挤压与牵拉，通过将力刺激转化为生物化学信号而促进成骨细胞的功能和诱导新骨的形成，以维持机体正常骨量和骨组织的最佳性能。例如，骨小梁受到的流体剪切应力为 0.8～3.0 N/m^2，组织应变为 0.03%～0.1%[5]。当力学刺激减少时(如静态生活方式、肢体瘫痪或失重)，成骨细胞的活性会相应降低，导致骨量减少。因此，使支架在骨缺损部位给予细胞力学刺激是加速支架诱导成骨的一个关键要素。

那么，如何使支架对生长其上的细胞施加力刺激？将含有超顺磁性氧化铁纳米颗粒的聚乳酸复合材料支架置于外源性低强度静磁场中时，这种磁性复合材料支架具有超顺磁响应性，并且显著促进了前成骨细胞向成骨细胞的分化，也同时增加了及细胞外基质的沉积[6-8]。将上述超顺磁性复合材料支架植入新西兰白兔腰椎的锥体横突缺损中，术后将动物饲养在低强度静磁场环境下，观察新骨的再生和缺损的修复。研究结果表明，与对照组相比，磁场组的新骨形成及支架的降解和吸收均得到显著提升(图 5-9 和图 5-10)；同时，从 CT 成像结果来看，磁场组的修复速度快于无磁场组(图 5-11)，在植入后第 50 天，磁场组的骨髓腔已经贯通，在植入后第 90 天，磁场组的修复已经完成；而在这两个时间点上，无磁场组的修复速度相对较慢[9]。超顺磁性支架与外加磁场的协同作用也促进其他种类细胞的

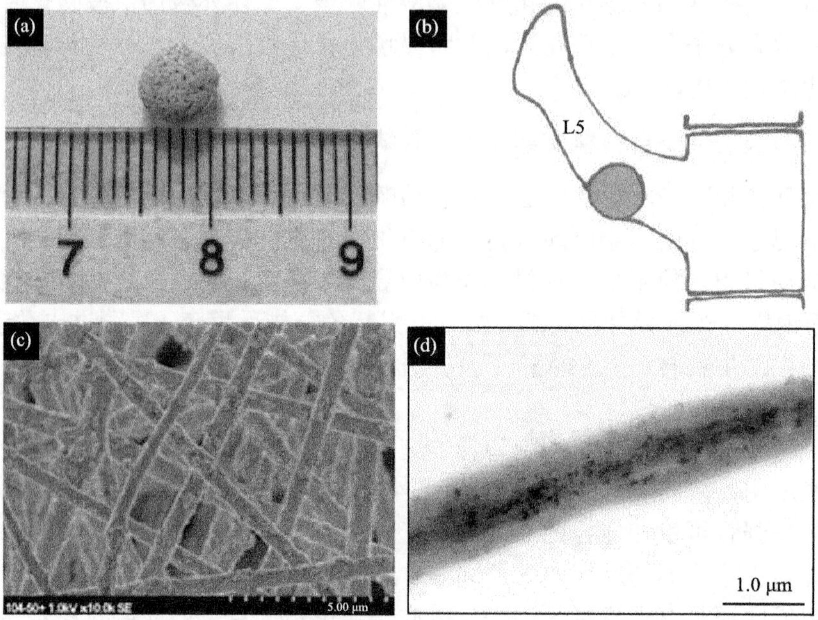

图 5-9 超顺磁性纳米纤维支架的表征[9]

(a) 由电纺丝薄膜制备的植入支架的外观，其直径约 0.5 cm；(b) 支架植入家兔 L5 横突缺损的示意图；(c) 支架的扫描电镜图像，随机排列的纳米纤维直径 300～1000 nm；(d) 纳米纤维的透射电镜图像，其中纤维内的黑色点状物为氧化铁纳米颗粒

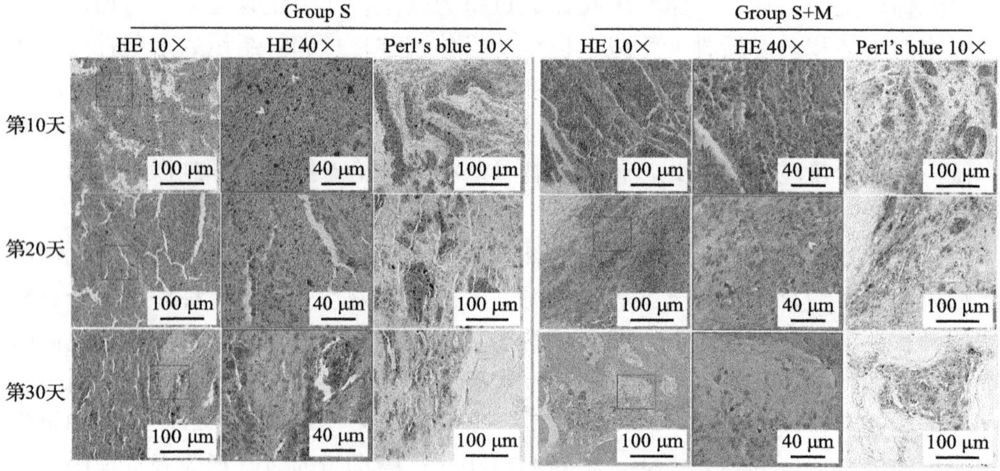

图 5-10 支架移植后 10 天、20 天和 30 天的组织病理染色[9]

Group S：仅植入支架；Group S+M：植入支架后同时施加静磁场。绿线划出和绿色箭头指出的是巨噬细胞，红色箭头所示为成纤维细胞，蓝色箭头所示为血管，红色箭头所示为成骨细胞

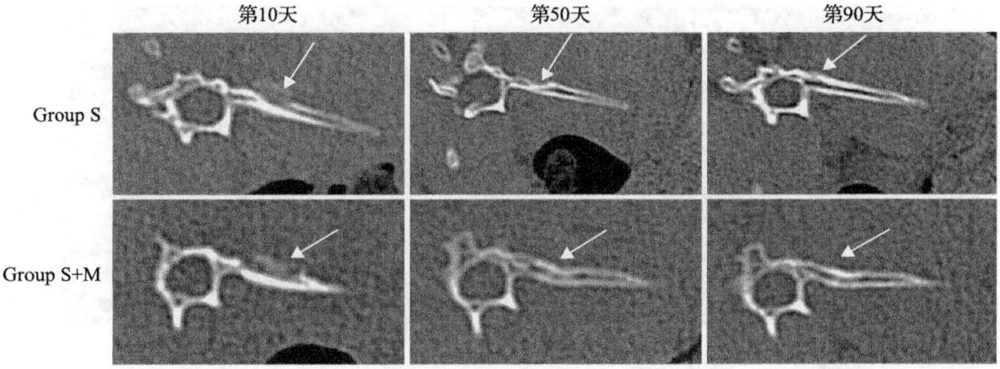

图 5-11　支架植入后 10 天、50 天、90 天的骨缺损部位的 CT 图像[9]

箭头所示为缺损部位

生长，例如，超顺磁性海藻酸盐支架在外加磁场中可以显著提高主动脉血管内皮细胞的代谢活性，促进其迁移和重新形成内皮组织的能力[10]，也会使生长于其中的骨髓间充质干细胞更加有效地被诱导向软骨分化[11]。这些研究结果提示，复合材料中的磁性纳米颗粒可通过其具有的超顺磁响应性，将外源性磁场的作用转化为支架对细胞的直接机械力作用，在引导组织再生方面具有普遍适用的价值。

5.3.2　导电性支架

电传导性生长环境对于可兴奋性细胞的成熟和获得正常生理功能十分重要，这就需要构建具有导电性的生物材料支架。普遍应用的策略之一是向水凝胶中加入导电材料，赋予水凝胶导电性。

例　导电性水凝胶促进新生大鼠心肌细胞向成熟分化，水凝胶心肌细胞片获得了更好的电生理功能。

天然心肌是电活性组织，其中分布具有电传导功能的浦肯野纤维。当源自窦房结的电信号通过心肌时，通过“兴奋-收缩”偶联作用诱发心肌细胞同步收缩，心肌组织同时还具有能够支持心脏搏动时持续的收缩和舒张的力学强度。尽管水凝胶能吸收并保持大量水分，利于细胞营养物质及代谢产物的输运，但水凝胶通常为电绝缘材料，会阻碍心肌细胞间电信号的有效传递；此外，水凝胶的模量通常比较低，如果要支持心肌细胞收缩，则需要进一步提高。

采用循环冷冻-解冻方法将高电导率和高模量的碳纤维(CF)与生物相容性良好的聚乙烯醇(PVA)复合，可以制备出具有导电性和高模量的水凝胶，复合水凝胶表面具有类似天然细胞外基质微观结构的贯通微孔，凝胶中的碳纤维直径为 7 μm，局部取向排列；在导电性、力学性能和结构各向异性等方面均接近天然心肌组织(图 5-12)[12]。水凝胶中分布的导电碳纤维用于模拟天然心肌组织中浦肯野细胞的分布和电传导功能。

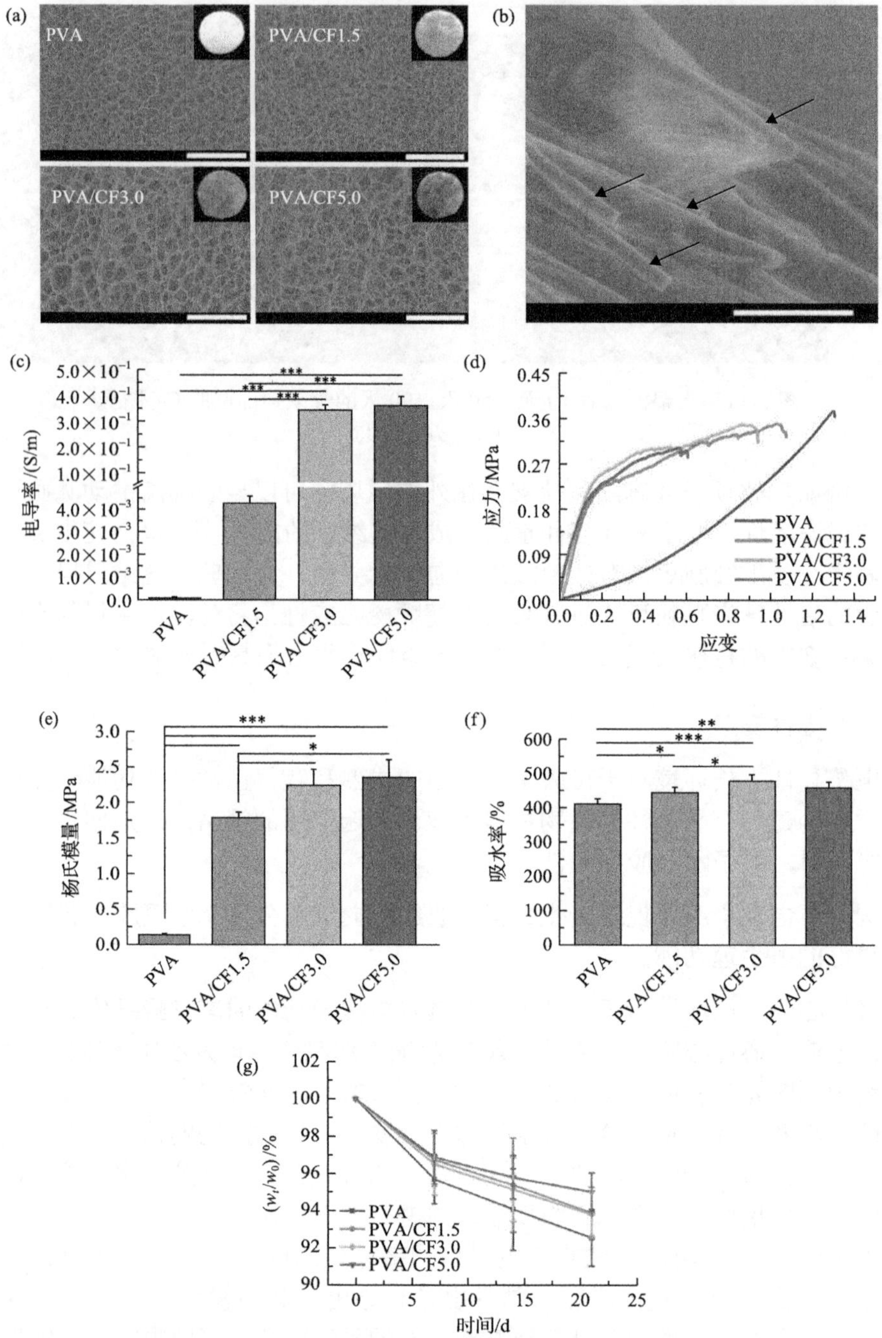

图 5-12　碳纤维-聚乙烯醇复合水凝胶理化性质表征[12]

PVA：聚乙烯醇；PVA/CF：聚乙烯醇与碳纤维的复合材料，后缀数字为复合物中碳纤维含量

(a)聚乙烯醇与碳纤维复合物表面的扫描电镜图片，标尺为 50 μm；(b)聚乙烯醇与碳纤维复合物的横断面扫描电镜图片，标尺为 50 μm；(c)导电性；(d)应力-应变曲线；(e)杨氏模量；(f)吸水率；(g)降解速率

这种复合水凝胶通过激活 α5β1 整合素介导的力学信号转导通路和上调 RhoA、HIF-1α 的表达，显著增强了原代大鼠心肌细胞的体外成熟及其电生理功能，所形成的细胞/水凝胶复合体具有更为规律的自主搏动(图 5-13)；其搏动频率对心脏毒性药物阿霉素具有长程响应，并能够快速有效地响应心率调节药物异丙肾上腺素的作用(图 5-14)。这些结果表明，在这种导电和高模量水凝胶中的心肌细胞形成了更接近天然心肌组织的细胞片，相较于传统培养的心肌细胞，具有更好的电生理功能。

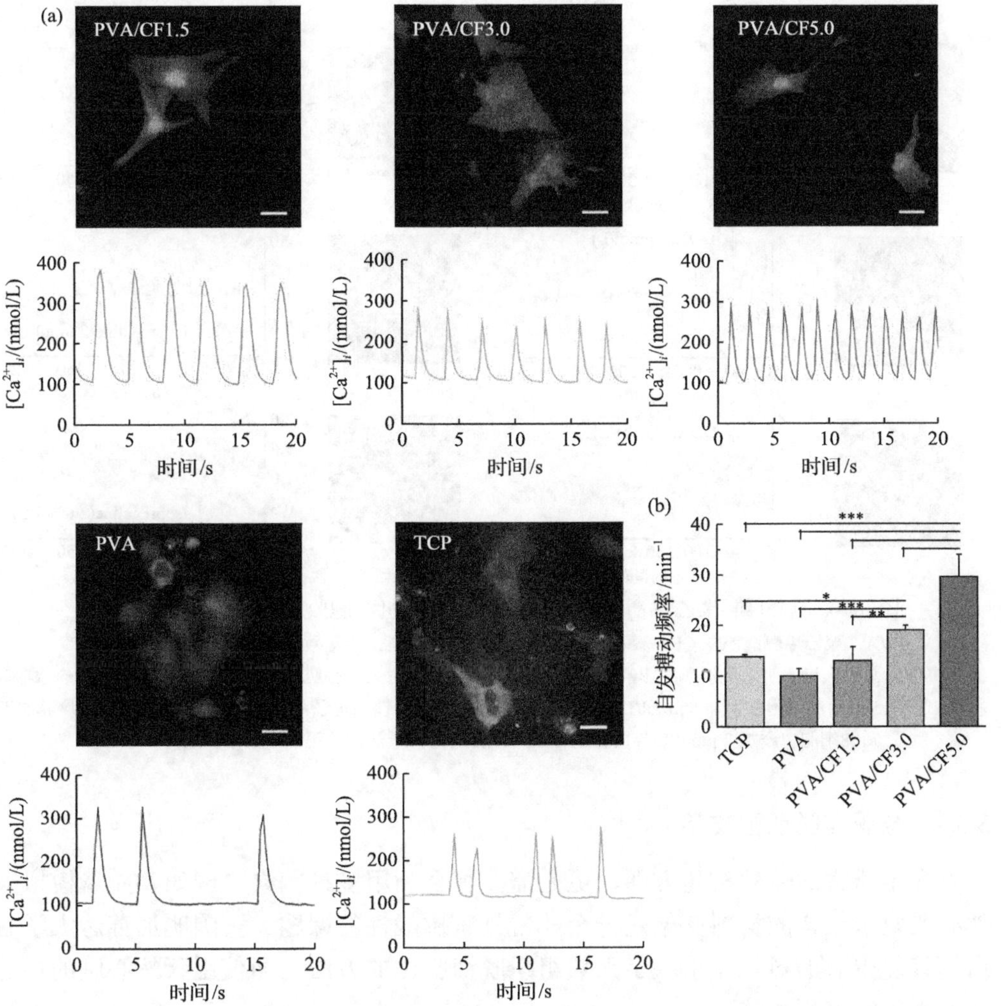

图 5-13　碳纤维-聚乙烯醇复合水凝胶对大鼠心肌细胞电生理功能的影响[12]

PVA：聚乙烯醇；PVA/CF：聚乙烯醇与碳纤维的复合材料，后缀数字为复合物中碳纤维含量

(a) 与复合水凝胶共培养 3 天后的新生大鼠心肌细胞的自发钙离子瞬时变化，标尺为 20 μm；

(b) 与复合水凝胶共培养 3 天后新生大鼠心肌细胞自发搏动频率的统计

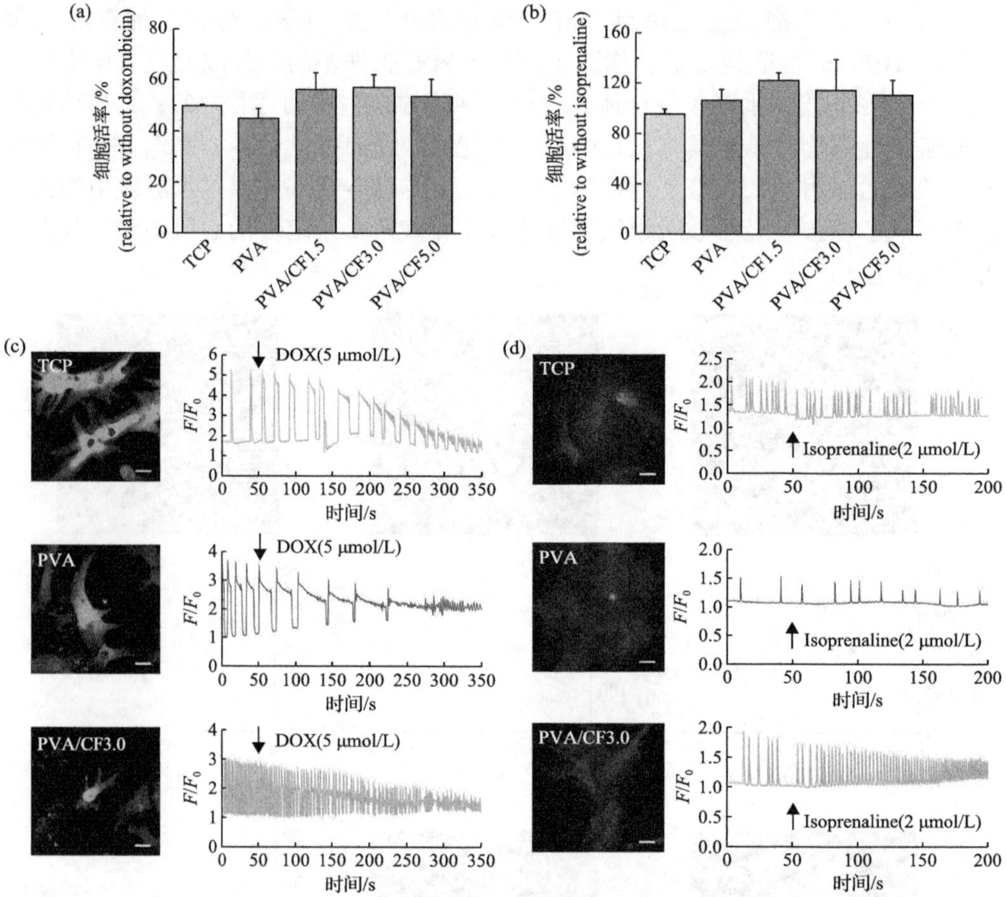

图 5-14　碳纤维-聚乙烯醇复合水凝胶对调节心肌细胞收缩的化合物的响应[12]

PVA：聚乙烯醇；PVA/CF：聚乙烯醇与碳纤维的复合材料，后缀数字为复合物中碳纤维含量

(a)阿霉素对新生大鼠心肌细胞活率的影响；(b)异丙肾上腺素对新生大鼠心肌细胞活率的影响；(c)向复合水凝胶材料中培养 5 天后的细胞中添加 5 μmol/L 阿霉素后，自发钙离子活性的记录；(d)向复合水凝胶材料中培养 5 天后的细胞中添加 2 μmol/L 异丙肾上腺素后，自发钙离子活性的记录。图中标尺为 20 μm

5.3.3　全器官脱细胞支架

在全器官的体外构建方面，更是需要综合利用多种因素。例如，制造模拟天然心脏复杂结构的材料支架是一个非常具有挑战性的课题。美国明尼苏达大学心血管修复中心的科学家采取了天然组织脱细胞化的方法，即使用天然心脏的构造来制造组织工程心脏。

研究人员首先将大鼠和猪心脏中的细胞全部移除，只留下细胞外基质，以此作为生物材料支架(图 5-15)，向支架中注入新生大鼠心脏“祖细胞”，然后放

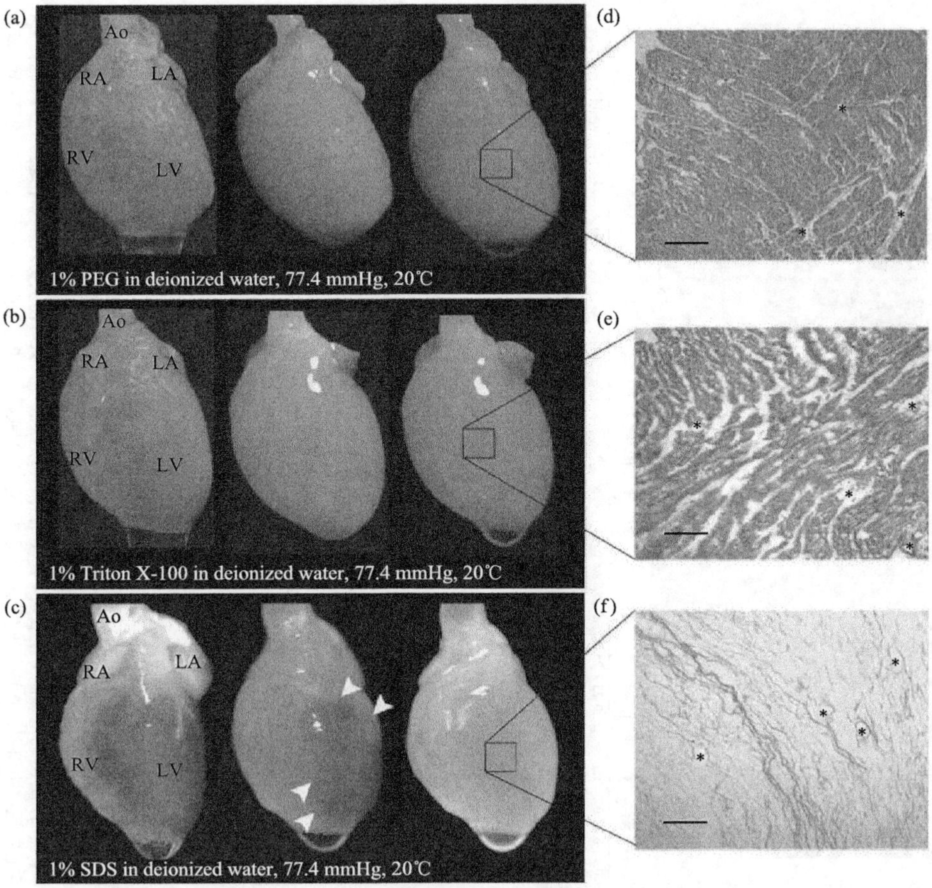

图 5-15　用大鼠心脏脱细胞后制备天然生物支架[13]

(a)～(c)采用 PEG、Triton X-100、SDS 分别逆行灌注大鼠心脏 12 h；(d)～(f)3 种灌注方法制备的脱细胞心脏组织的 H&E 染色图片。可见 PEG 和 Triton X-100 灌注后的大鼠心脏中仍有完整细胞，表明脱细胞不完全。SDS 灌注后大鼠心脏中没有完整细胞和细胞核，脱细胞效果更好

在实验室中进行培养。四天后，观测到了心脏的收缩；八天后，新心脏开始搏动(图 5-16)。这个研究意味着以脱细胞天然器官为细胞生长支架，也许可以人工制造任何器官[13]。

临床上组织工程研究和产品研发最成功的案例之一是美国波士顿儿童医院的研究人员在实验室中成功培育出人造膀胱(图 5-17)，并顺利移植到 7 名患者体内[14]。这是世界上第一次将实验室培育出的完整器官成功植入患者体内。接受移植手术的 7 名患者年龄在 4～19 岁之间。他们体内控制膀胱的神经系统功能已经紊乱，并对肾脏造成严重压力。接受人造膀胱植入手术的 7 名患者中，无一人出现不良反应，小便失禁状况得到明显改善，其他症状也得到一定程度的缓解。

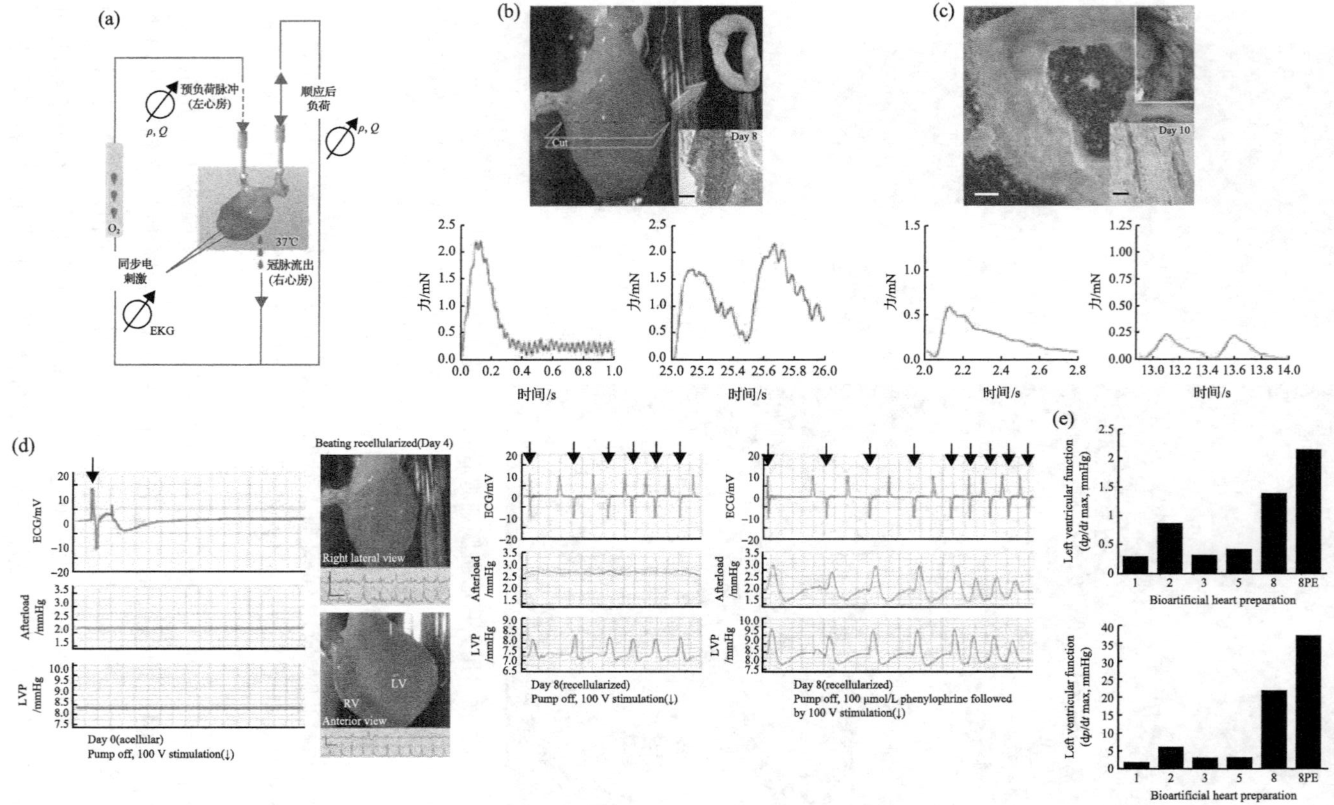

图5-16　以大鼠心脏脱细胞组织作为支架，体外培养组织工程全心脏[13]

(a)心脏生物反应器示意图，图中展示了左心房和升主动脉内置管。(b)上图左，在心脏生物反应器中灌注培养4天后的再细胞化大鼠心脏；上图右上，灌注培养第8天时切取的用于功能分析的横切面环；上图右下，对环形薄截面的三色Masson染色；下图左，1 Hz的电刺激后左心室环产生的力；下图右，2 Hz的电刺激下左心室环产生的力。(c)上图左，再细胞化的心脏平面培养10天的照片；上图右上，第9天出现节律收缩的横截面环显微图片；上图右下，对用于功能分析的环形横切面的三色Masson染色；下图左，1 Hz的电刺激后左心室环产生的力；下图右，2 Hz的电刺激下左心室环产生的力。(d)左图，第0天对在生物反应器中起搏的去细胞化全心脏结构的代表性功能评估追踪，实时跟踪心电图、主动脉压和左心室压；中间图，在培养第4天，关闭泵后起搏再细胞化构建的心脏；右图，在培养的第8天，苯肾上腺素刺激后起搏再细胞化心脏实时追踪心电图、主动脉压和左心室压。(e)再细胞化心脏第8天的功能总结

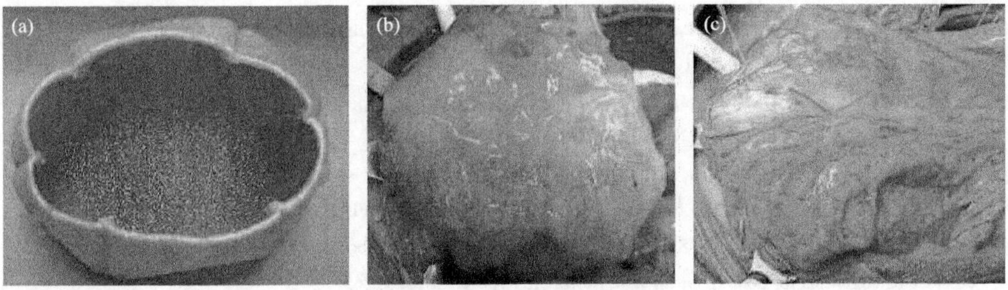

图 5-17　工程化膀胱构建[14]

(a)将细胞接种在支架上；(b)将工程化膀胱与天然膀胱缝合；(c)植入物覆盖纤维蛋白胶和大网膜

这种“新膀胱”由 3 层物质构成：外层为肌肉，内层为膀胱上皮，中间是起连接作用的组织蛋白胶原质。将不同的细胞分次种植到不同的培育层中。首先，研究人员从患者的膀胱上取下一些活细胞样本，将肌肉细胞和膀胱上皮细胞分别置于不同的培养器皿中培养。大约一个星期后，研究人员将这些细胞放在一个膀胱形状的可降解生物材料支架上。再过约 7 个星期，医生会将培育出来的“新膀胱”移植到患者体内。1 个月后，组织工程膀胱就能像正常膀胱一样工作；3 个月后，生物材料支架会被降解，组织工程膀胱周围的血管可迅速生长，神经与新膀胱连接起来。组织工程膀胱比正常膀胱的弹性要高出 3～4 倍，因此能更好地控制排尿。

5.4　小　　结

综上，组织工程是继细胞生物学和分子生物学之后，生命科学发展史上的又一新的里程碑，它标志着医学将走出器官移植的范畴，步入制造组织和器官的新时代。同时，组织工程学作为一门多学科交叉的边缘学科，将带动和促进相关高技术领域的交叉、渗透和发展，并由此演化出新的高技术产业。

参 考 文 献

[1] Radisic M, Euloth M, Yang L, et al. High-density seeding of myocyte cells for cardiac tissue engineering. Biotechnology and Bioengineering, 2003, 82(4): 403-414.

[2] Pei M, Solchaga L A, Seidel J, et al. Bioreactors mediate the effectiveness of tissue engineering scaffolds. FASEB Journal, 2002, 16(12): 1691-1694.

[3] Bursac N, Papadaki M, White J A, et al. Cultivation in rotating bioreactors promotes maintenance of cardiac myocyte electrophysiology and molecular properties. Tissue Engineering, 2003, 9(6): 1243-1253.

[4] Niklason L E, Gao J, Abbott W M, et al. Functional arteries grown *in vitro*. Science, 1999, 284(5413): 489-493.

[5] Orr A W, Helmke B P, Blackman B R, et al. Mechanisms of mechanotransduction. Developmental Cell, 2006, 10(1): 11-20.

[6] Meng J, Zhang Y, Qi X, et al. Paramagnetic nanofibrous composite films enhance the osteogenic responses of pre-osteoblast cells. Nanoscale, 2010, 2(12): 2565-2569.

[7] Zeng X B, Hu H, Xie L Q, et al. Magnetic responsive hydroxyapatite composite scaffolds construction for bone defect reparation. International Journal of Nanomedicine, 2012, 7: 3365-3378.

[8] Panseri S, Cunha C, D'Alessandro T, et al. Magnetic hydroxyapatite bone substitutes to enhance tissue regeneration: evaluation *in vitro* using osteoblast-like cells and *in vivo* in a bone defect. PLoS One, 2012, 7(6): e38710.

[9] Meng J, Xiao B, Zhang Y, et al. Super-paramagnetic responsive nanofibrous scaffolds under static magnetic field enhance osteogenesis for bone repair *in vivo*. Scientific Reports, 2013, 3: 2655.

[10] Sapir Y, Cohen S, Friedman G, et al. The promotion of *in vitro* vessel-like organization of endothelial cells in magnetically responsive alginate scaffolds. Biomaterials, 2012, 33(16): 4100-4109.

[11] Fuhrer R, Hofmann S, Hild N, et al. Pressureless mechanical induction of stem cell differentiation is dose and frequency dependent. PLoS One, 2013, 8(11): e81362.

[12] Wu F, Gao A, Liu J, et al. High modulus conductive hydrogels enhance *in vitro* maturation and contractile function of primary cardiomyocytes for uses in drug screening. Advanced Healthcare Materials, 2018, 7(24): e1800990.

[13] Ott H C, Matthiesen T S, Goh S K, et al. Perfusion-decellularized matrix: using nature's platform to engineer a bioartificial heart. Nature Medicine, 2008, 14(2): 213-221.

[14] Atala A, Bauer S B, Soker S, et al. Tissue-engineered autologous bladders for patients needing cystoplasty. Lancet, 2006, 367(9518): 1241-1246.

第6章　药物递送系统

近几十年来，一些新型药物如抗体药物和分子靶向药物的研发成功，极大地改善了很多疾病的临床治疗效果，为患者带来了生的希望。但是，这类新药的价格大多十分昂贵，不是所有人都能够承受的。尽管高药价一直被很多人所诟病，但如果从药物研发的角度看，新药昂贵药价的背后有其合理的原因。首先，药物的研发费用非常高。据统计，对于制药行业整体而言，平均有14%的销售收入用于新药的研发，这个比例在世界排名前十的大型制药企业中甚至会接近30%，相对于其他行业而言处于较高水平。同时，药物的研发的周期较长，成功率较低。有数据显示，1997～2011年间，每个大药企获批的新药通常只有十几种，假如把所有开发费用平摊，在每个新药上花费的研发费用将高达40亿～100亿美元(表6-1)。制药企业要在新药的专利保护期内收回研发成本，并获得足够的利润，很多时候采取了高定价的策略。

表6-1　全球主要制药企业1997～2011年药物研发费用统计

制药公司	获批上市的新药数(1997～2011年)	总研发费用/亿美元	每种新药的平均研发成本/亿美元
阿斯利康	5	590	118
葛兰素史克	10	817	82
赛诺菲	8	633	79
罗氏	11	858	78
辉瑞	14	1082	77
强生	15	883	59
礼来	11	503	46
雅培	8	360	45
默克	16	674	42
百时美施贵宝	11	475	42
诺华	21	836	40
安进	9	332	37

药物的研发费用为什么会这么高呢？这是因为一个新药从最初的化合物筛选到最终获批上市要经历一个漫长的过程。有数据显示，从30多万种化合物中大概只能筛选到280种具有一定药效且有望进入临床前实验的备选药物，而真正能够进入临床实验的只有167种，最终通过临床实验并获得药物监管部门批准的大概

只剩下 88 种，也就是说筛选的成功率大概只有 0.01%多一点。这种超低的成功率无疑是推高药物研发费用的一个重要原因。另一项研究分析了 2000 年 1 月 1 日至 2015 年 10 月 31 日间 21 143 种化合物的 406 038 项临床试验的成功率和持续时间，其中试验成功率最高的眼科候选药物为 32.6%，而抗肿瘤药物的成功率最低，仅有 3.4%[1]。

除了研发费用的高企，用来筛选新药的新化合物库也面临枯竭，因为新化合物的数量并不是无限的，这无疑进一步增加了新药研发的难度。在这种背景下，很多公司开始另辟蹊径：其一是发掘现有药物的新用途，也就是常说的“老药新用”“一药多用”。如经典口服降血糖药二甲双胍用于抗肿瘤治疗；因胎儿致畸作用被停用的沙利度胺获批用于治疗麻风性结节性红斑和多发性骨髓瘤；抗肿瘤药甲氨蝶呤用于类风湿性关节炎治疗等。其二是在剂型上对现有药物进行改进，开发新型给药方式，改善药物的性能。例如，抗精神分裂的经典老药利培酮从常规口服片到速效口服液制剂，再到长效注射微球制剂(Risperdal Consta)的进化；经典抗肿瘤药物紫杉醇从最初的蓖麻油助溶制剂(Taxol®)到白蛋白结合型紫杉醇纳米粒(Abraxane®，2005 年)、紫杉醇脂质体(Lipusu®，2003 年)及紫杉醇胶束(Paclical®，2015 年)的百花齐放。其三是回过头来，对之前被淘汰掉的化合物进行二次筛查。这些化合物中有的是在药效方面存在不足，还有一部分则是由于其他原因，如毒副作用太强、稳定性不佳(易分解、失活)、给药途径限制(溶解性差、吸收效率低)、体内的分布状态及代谢速度不符合要求等而未能最终进入临床，有望通过化学结构或剂型方面的改良使它们起死回生。

在对药物及其剂型进行改良的过程中，最常用也最重要的是药物递送系统(drug delivery system，DDS)技术。通过这个技术可以极大地改善药物的性能，还可以使很多传统药物实现其以往无法达到的效果。据统计，在 2004～2013 年之间，美国 FDA 共批准了 352 个新剂型药物，是所有获批新药中占比最大的一类，达到了 38.6%[2]。

6.1 药物递送系统概述

药物递送系统是一种在空间、时间及剂量上全面调控药物在生物体内分布的技术体系。在节日夜晚经常能够看到的礼花可以作为一个帮助我们理解药物递送系统的直观模型(图 6-1)。要在夜空中形成一个完美的图案，需要考虑很多因素，包括控制火药的种类(颜色)、火药点燃的时机和燃烧持续时间等。更重要的是，要在空间上精确控制火药的分布和运动路线。这些要素也正是药物递送系统所需要考虑的，只是把火药换作了用于治疗或诊断的药物，把夜空换成了生物体。

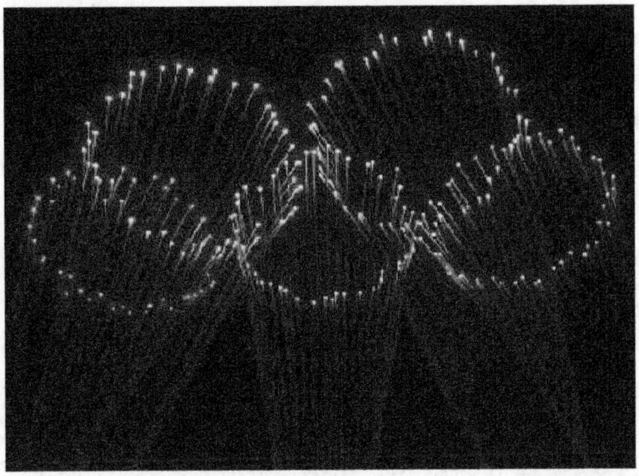

图 6-1　夜空中的礼花可看作药物递送系统的直观模型

药物递送系统的目标是在恰当的时机将适量的药物递送到正确的位置，从而增加药物的利用效率，提高疗效，降低成本，减少毒副作用。为了更好地理解药物递送系统的概念，首先需要明确它的研究对象——“药物”。很多人甚至包括一些临床医生会把此处的“药物”等同于临床上的治疗药物，包括注射的、口服的、外敷的等等。但是，在药物递送系统的概念里，“药物”这个术语的内涵比治疗药物宽广得多，很多物质都可以作为“药物”来看待：从功能上说，它既包括常规的治疗药物，也包括诊断药物、预防药物，甚至包括化妆品中的某些成分；从分子类别上来说，既包括小分子药物，也包括生物大分子药物，如蛋白质、多肽、DNA、RNA 等。从这个意义上来说，药物递送系统的外延是非常大的。有调查显示，密切关注药物递送系统并投入大量经费进行产品研发的不仅是制药公司，还包括大量的化妆品公司。

药物递送系统可以通过多种方式实现对药物的精准控制和传递，如物理方式(吸附、解离、溶解、扩散、渗透等过程)、化学/材料学方式(接枝、包被、偶联、降解等过程)以及机械/电子方式(如通过泵、阀、电子传感、反馈及控制等原件)等。因此，药物递送系统是一个典型的多学科交叉融合的领域，它至少涵盖了医学、工学和药学，在工学里又涉及材料、机械、电子等多个学科；其研究对象既包括药物本身，也包括搭载药物的载体材料和装置，还包括对药物或载体等进行物理化学改性、修饰的相关技术。药物递送系统之所以称为“系统”(system)，就是因为它不是单一的技术，而是依赖于多种技术的有机整合。只有通过多学科的交叉融合，才能够最终获得一种理想的药物递送系统。

关于药物递送系统的研究从 20 世纪 90 年代起就一直维持着很高的热度，不管是从论文还是专利的数量上，都一直保持增长的趋势。在临床上，药物递送系统渗透的深度和广度可能也远远超出了很多人的想象：除了口服药物、注射药物等药物治疗以外，在外科治疗、组织重建、人工器官、再生医疗、放射治疗、影像诊断，甚至基因治疗等领域，药物递送系统技术都已经在默默发挥着非常重要的作用。从商业角度上来看，药物递送系统意味着一个巨大且正在高速成长的市场。有数据表明，2014 年仅仅靶向药物和控释药物的市场规模就已经超过了 1000 亿美元。

本章将重点从材料学，特别是高分子材料学的角度来讲解药物递送系统。

6.2 药物递送系统的目的及作用

从根本上来说，药物递送系统主要是要实现两个目的：一是在时间上对药物进行调控，主要从药物释放速度和代谢清除速度这两个层面上来实现，包括缓/控释、增加药物稳定性、延长代谢时间等；另外是在空间上对药物进行调控，主要是改变药物在体内不同组织器官内的空间分布，包括改变药物亲疏水性、增强药物穿透生物屏障的能力及实现靶向给药等。

6.2.1 药物缓/控释

药物的缓/控释技术在早期一般被直接称作药物缓释技术，因为那时它只是被用来减慢药物的释放速度，从而延长其释放的时间。随着技术的发展，目前已经可以对药物释放过程进行更精准的调控，实现诸如脉冲式释放，在特定时间点释放特定药物，或者在不同阶段实现不同的释放的速度等更加复杂的释放模式。因此现在更倾向于把它称作药物控释技术，而缓释可以看作是控释的一个特例。

1. 药物剂量及治疗窗

中国有句古话叫做“是药三分毒”，说明药物的毒副作用是一个普遍的现象。欧洲中世纪有一个叫做帕拉塞尔斯(Paracelsus)的炼金术师也曾经说过，所有的东西都是有毒的，因为没有什么东西是无毒的，只是剂量决定了一个东西是否有毒。由此可见，药物的剂量是一个非常重要的因素，它决定了一种药物到底是救命的良药还是夺命的毒药。

在药学上有一个药物治疗窗的概念。以治疗药物为例，如果给药后体内的药物浓度太低，不能达到它的有效浓度，那肯定就不能发挥应有的治疗效果；但如果药物浓度太高，则很容易导致各种毒副作用(图 6-2)。虽说在治疗恶性肿瘤或其他严重疾病时对药物毒性的容忍程度会高一点，但不管怎样，一旦毒副作用的伤害超过了治疗所能获得的收益，就是得不偿失了。因此，在治疗过程中需要使体内的药物浓度维持在一个适宜的范围内，不能过高或过低。这个适宜的浓度范围就是药物的治疗窗，而不同药物的治疗窗范围会有很大的不同。

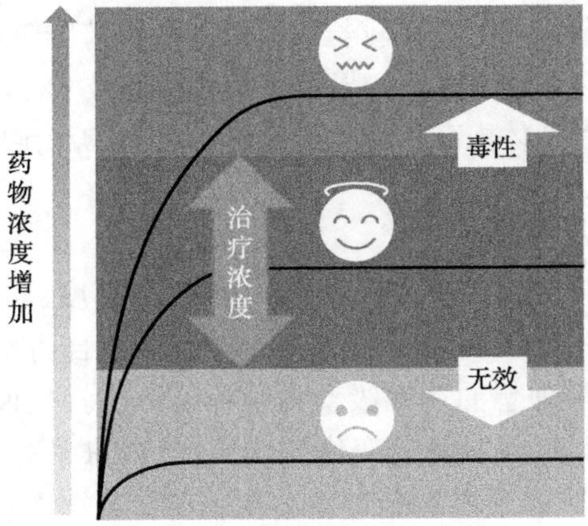

图 6-2　药物治疗窗的概念

当给患者用药后，随着药物的吸收、分布和代谢，药物在体内的浓度实际上是在不断变化的。图 6-3 是不同给药方式下血药浓度随时间变化的示意图，曲线 A 是模拟一天给药 2 次的情况，可以看到体内药物浓度的波动是非常大的。如果这种药物的治疗窗范围很大，那么还可以接受；但是对治疗窗口比较窄的药物来说，可能浓度稍微高一点毒副作用就出来了，而浓度低一点可能就没有效果。那么如何才能减小体内药物浓度的波动呢？最简单的方法是增加给药次数，同时减少单次给药的剂量，如曲线 B 模拟的是一天 6 次给药的情况，这样药物浓度波动的范围就小了很多，从而更容易把浓度稳定在治疗窗口里。但是增加给药次数会给患者顺应性带来很大的问题，特别是在需要通过注射给药的情况下更是如此。

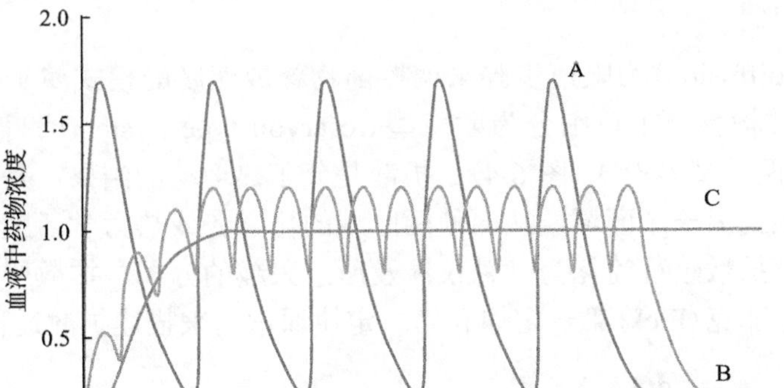

图 6-3　不同给药方式下血药浓度随时间变化的示意图

A. 一天 2 次；B. 一天 6 次；C. 缓释药剂(0 次释放)

临床上使用的输液给药方式可以在较长一段时间内维持比较稳定的血药浓度，但是需要严格限制患者的自由活动。而如果采用药物缓释技术，在理想的情况下可以实现仅需一次给药就可以把体内药物浓度控制在一个非常稳定的范围内（曲线 C）。

2. 药物动力学的一些简单概念

药物缓/控释技术的核心是精确调控药物的释放速度。在药物动力学上，根据药物释放速度与时间的函数关系，可以把释放过程拟合为不同的数学模型。对于药物递送系统而言，最理想的是零级动力学释药，也就是说，药物的释放速度恒定，不随药物浓度（药量）及时间的变化而改变（药物的零次释放，$dc/dt=k$，k 为常数）。在这种情况下，可以很容易获得相对稳定的血药浓度（C_p）水平。零级动力学给药的最简单实例是静脉输注（持续时间＞30 min）。输液系统也可以认为是一种通过物理方式控制药液的注入速度来实现药物缓释的简单药物递送系统。另外一种常见的药物释放模型是一级动力学释药，是指药物的释放速度与驱动药物传输的药物浓度梯度成正比（$dc/dt=kc$），其典型实例是穿过单相/均匀屏障的被动扩散。

药物递送系统的设计需要充分考虑药物的 LADME，即释放（liberation）、吸收（adsorption）、分布（distribution）、代谢（metabolism）、排泄（excretion）这五个与药物体内动态密切相关的关键过程。其中的每一个环节都会影响药物的药动学特征，如最大血药浓度（$C_{p,max}$）、达峰时间（t_{max}）、一级吸收速率常数（k_a）、生物利用度（F）、分布容积（V_d）、清除率（CL）、一级消除速率常数（K）和半衰期（$t_{1/2}$）。想要深入了解这些药物动力学常用参数，可参阅相关专著或综述。

3. 药物缓/控释技术的类型

1）扩散控制

以扩散（diffusion）为限速步骤来调控药物释放速度的模式属于扩散控制的药物缓释，从结构特点上可细分为贮库型（reservoir-type system）和骨架型（matrix-type system）两种基本形式（图 6-4）。扩散是分子热运动的结果，是分子自发地从一个区域转运到另一个区域，从而使两区域的化学势或热力学活度达到平衡的过程。通常可把扩散过程简化为一种仅涉及所感兴趣的分子、扩散屏障和浓度梯度的简单体系。菲克（Fick）第一定律和第二定律通常用来描述扩散过程。

$$J=\frac{dQ_t}{dt}=-D\frac{dc}{dx} \quad \text{（菲克第一定律）}$$

$$\frac{\delta c}{\delta t}=\frac{\delta}{\delta x}\left(D\frac{\delta c}{\delta x}\right) \quad \text{（菲克第二定律）}$$

菲克第一定律可描述为：单位时间内通过垂直于扩散方向的单位截面积的扩

散物质流量(称为扩散通量，J)与该截面处的浓度梯度成正比。式中，D 为扩散系数(m/s)；c 为扩散物质的体积浓度(原子数/m^3 或 kg/m^3)；dc/dx 为浓度梯度。菲克第一定律只适用于 J 不随时间变化的稳态扩散过程，即浓度 C 只随距离 x 变化，而不随时间 t 变化。对于非稳态扩散，则需要应用菲克第二定律。

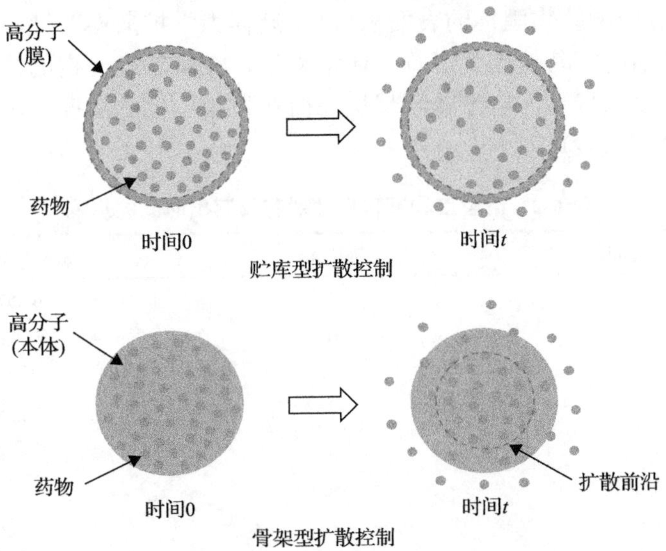

图 6-4　两种扩散控制的基本模型

贮库型系统通常由内核(贮库)及高分子材料衣膜(扩散屏障)构成，利用药物从贮库穿过屏障膜进入外部介质的扩散作用进行限速，使包裹在内部的药物慢慢释放出来。膜贮库系统通常具有一个较长的恒速释放期，即稳态渗透，直至贮库内药物耗尽；在最后阶段，由于热力学活度会随药物扩散出装置而降低，释放速率呈指数下降，此时会转变成为一级释放。贮库型系统的特点是比较容易获得零级释放，而且通过改变膜材料，可以比较容易地调控释放速度。缺点则是难以递送大分子药物，完成治疗后系统必须取出，而且一旦装置出现问题易导致急性毒性。

骨架型系统以高分子等具有扩散速度限制功能的组分作为基质材料，将需要缓释的药物均匀分散在基质材料中。通过选择基质材料，使药物以适当的速度逐渐从骨架中解吸附并扩散到外部介质中，从而实现对药物释放速度的调控。在这一过程中，药物自骨架解吸附会形成一个移动扩散边界，随着释放的进行，扩散距离会逐渐增加，而扩散前沿的扩散面积会逐渐减小。如果只考虑最简单的情况，即在厚度为 h 的刚性骨架平板(不存在溶胀及表面溶蚀)中只有唯一的位置为时间函数 $R(t)$ 的移动扩散前沿，根据菲克第二定律的准稳态近似得到 Higuchi 方程，可知药物的释放与 $t^{1/2}$ 呈正比。由此可知，如果要获得近似零级的释放，就需要设计具有独特几何形状的骨架，如椎形、双凹形、圆环形等，或者，使药物在支架内形成特定的非均匀的初始浓度分布。

2)溶出控制

在一些场合，采用药物的溶出作为限速的手段是一个可行的办法，可以设计出具有预期的药物释放曲线和速率的控释药物系统。影响药物溶出的主要参数是溶解度、粒径(影响药物固体的表面积)以及流体力学扩散层厚度。但这些参数又受温度、溶剂黏度等其他因素影响。通常来说，在溶解度一定的情况下，颗粒粒径越小，比表面积越高，溶出速度越快；而在粒径一定的情况下，溶解度越大，溶出速度越快(表 6-2)。

表 6-2　溶解度和颗粒尺寸对药物溶出时间的影响

溶解度/(mg/mL)	粒径/μm	完全溶出时间/min
1	1	6.25×10^{-3}
1	10	0.625
1	50	15.6
0.1	1	0.0625
0.1	10	6.25
0.1	50	156
0.01	1	0.625
0.01	10	62.5
0.01	50	1563

溶出(dissolution)过程其实包含两个步骤，首先是药物分子从固体结构的表面分离，并进入邻近的固液界面，随后药物从界面扩散到整体液体介质(图 6-5)。通常认为，第一步远快于第二步，当溶出达到稳态后，溶出界面的溶出物浓度等于或接近于药物的溶解度，这时扩散仍旧是限速步骤，溶出速率可用由菲克第一定律简单变换得到的 Noyes-Whitney 方程计算。

$$\frac{\mathrm{d}M}{\mathrm{d}t}=A\times\frac{D}{h}(C_\mathrm{s}-C_\mathrm{b})\qquad \text{(Noyes-Whitney 溶出速度方程)}$$

式中，M 为质量；t 为时间；A 为溶出表面积；D 为扩散系数；h 为扩散层厚度；C_s 为药物的溶解度；C_b 为溶液中的药物浓度。若 A 保持恒定，$C_\mathrm{s}\gg C_\mathrm{b}$，则溶出速度将是恒速的，符合零级过程。但 Noyes-Whitney 公式具体应用起来十分复杂，因为在溶出过程中流体力学扩散层的表面积和厚度其实是不断变化的。只有在一些简化的条件下(如把药物颗粒看作大小均匀的球)才能求解。

一般而言，溶出控制的药物控释系统也会应用骨架或屏障膜(包衣)模型用来减缓、延迟和控制药物的释放。药物的溶解度及材料和药物的相对溶出速度对于系统中药物的释放曲线和释放机理具有重要影响。

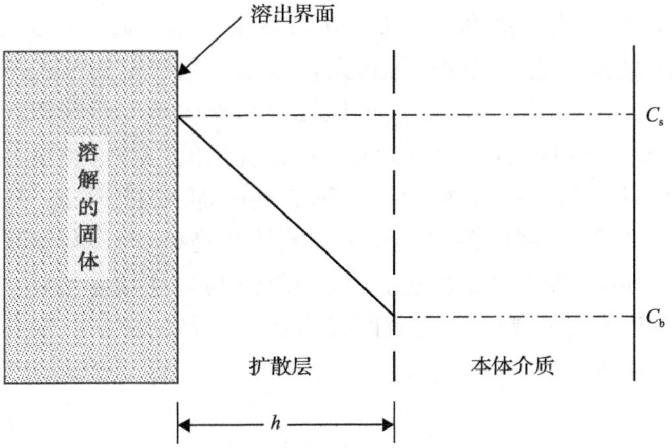

图 6-5　固体的溶出过程

对于高度水溶性的药物，包衣或骨架材料的溶出或溶蚀通常是控制释放的限速步骤，可以用来调控内部药物的释放。如在延迟释放中最常见肠溶包衣(如纤维素醋酸邻苯二甲酸酯包衣)，在 pH 较低的胃中不溶，但可在 pH 较高的肠中溶解，从而将包裹的药物释放出来。在骨架型释放体系中，即使在高分子凝胶相内，高度水溶性的药物也趋于迅速溶解，此时骨架的扩散前沿通常接近于溶胀前沿。所以，释放为扩散控制过程，为时间平方根的函数。当基质材料的溶解速度高于药物的溶解速度时，比如高水溶性高分子构成的骨架具有高溶出速率，在这种情况下，释药初期的溶蚀前沿与其他前沿同步，此时机理由扩散控制改变为溶出控制，药物以零级(或接近零级)释放。但是高水溶性聚合物应用于水溶性好的化合物时，存在释放速率过快的缺点。

另一种方法是使用非水溶性的高分子(如疏水性或交联聚合物)作为骨架或膜材料，药物固体的溶解在骨架/膜内部进行，药物通过向骨架外扩散而释放。此时溶出和扩散作用都会影响药物的释放曲线。此外，载药量(制剂中药物的含量)是另一个可能影响药物释放的因素。载药量大的制剂，其药物释放速率通常较快；与载药量小的制剂相比，其释放更接近于零级。

3) 渗透控制

渗透作用(osmosis)是指溶剂通过半透膜(仅溶剂可透过，溶质不能透过的膜)，从溶质浓度低的一侧向浓度高的一侧自发流动的现象。施加于高浓度一侧，阻止溶剂流动的压力称为渗透压(osmotic pressure)。渗透压是一个依数性的参数，与产生渗透压的溶质(分子或离子)浓度有关。对于非电解质稀溶液来说，渗透压可以用 Van't Hoff 方程描述：

$$\pi = cRT$$

式中，π 为渗透压；c 为溶液摩尔浓度；R 为摩尔气体常数；T 为热力学温度。

渗透控制的缓释系统常被称作渗透泵，可以利用恒定的渗透压，使水分恒速流入，从而保证药物恒速释放，从而可以较容易地实现零级释放。渗透泵药物控释系统是 Theeuwes 和 Higuchi 在 1974 年首先提出的。普通渗透泵系统的组成如图 6-6 所示，包括含药物和渗透压促进剂(必要时加入)的片心，以及包围片心的带有释药孔的半透膜。当渗透泵内有过量的固体药物(使内部药物浓度维持在饱和浓度)时，具有恒定内部容积的普通渗透泵系统，可以实现零级动力学的释药，其释放的饱和药物溶液体积等于一定时间段内摄入溶剂的体积，释药速率由溶剂经半透膜的流入量决定。

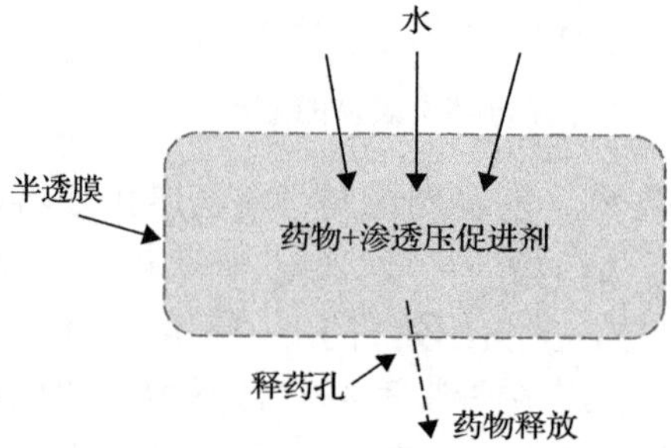

图 6-6　基于渗透泵原理的药物控释系统示意图

药物释放速度 dm/dt 可表示为：

$$\frac{\mathrm{d}m}{\mathrm{d}t}=\frac{A}{h}L_{\mathrm{p}}(\sigma\Delta\pi-\Delta p)c$$

式中，$\Delta\pi$ 和 Δp 分别表示跨膜的渗透压和流体静压差；L_{p} 为机械穿透系数；σ 为反射系数，表示溶质通过膜的渗漏；A 为膜表面积；h 为膜厚；c 为内部药物的浓度。当释药孔尺寸较大，环境渗透压很小，且溶出速率不是限速步骤时可简化为：

$$\frac{\mathrm{d}m}{\mathrm{d}t}=\frac{A}{h}k\pi_{\mathrm{s}}S$$

式中，S 为饱和溶解度；π_{s} 为饱和状态下的渗透压。

半透膜外壳是渗透泵系统中一个重要的组成部分，它必须对内部的药物和其他成分不具有透过性，且不发生相互作用，能维持形状完整。目前，半透膜多由各种高分子制成，如纤维素类(醋酸纤维素、乙基纤维素、乙醛二甲基醋酸纤维素、二甲氨基醋酸纤维素等)、半透性聚酰胺、半透性聚氨醋和半透性磺化聚苯乙烯等。而渗透压促进剂通常包括无机盐(如氯化钠、氯化钾、硫酸钠等)或亲水性聚合物(如葡萄糖、山梨醇、蔗糖、甘露醇等)。

除了普通的单室渗透泵外，还有双室或多室的渗透泵系统。在双室模型中(图 6-7)，水通过半透膜进入独立于药物的腔室，引起腔室体积的膨胀，从而推动另一腔室中的药物以一定的速度释放出去。在这类系统中，由于溶剂的渗入不会影响药物浓度，因此通常可以实现更为稳定或复杂的药物控释功能。

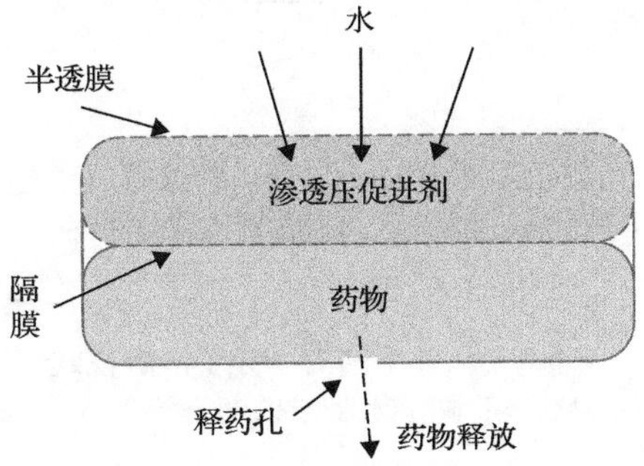

图 6-7　双室渗透泵系统示意图

4) 降解控制

有些高分子材料在体内受到水或酶等的作用后，高分子链会发生断裂而解离，这类材料被称作生物可降解高分子材料，如天然来源的胶原、明胶、多糖及人工合成的聚乳酸(PLA)、聚乳酸-羟基乙酸共聚物(PLGA)等。如果把药物和生物可降解材料通过适当的方式复合在一起，那么随着高分子材料的降解，药物会逐渐释放出来。在这一过程中药物的释放速度主要受到高分子材料降解速度的影响。

根据高分子化学结构的不同，降解的模式可以分为三类：线型高分子主链的断裂、接枝型高分子侧链的降解/改变以及网状高分子交联点的断裂(图 6-8)。大多数情况下，高分子材料的降解会形成可溶性碎片，导致基质材料的持续减少，而这一过程又可分为表面溶蚀和本体溶蚀两类(图 6-9)。在表面溶蚀过程中，高分子降解的速度快于水分渗透的速度，因此材料的最外层首先会被溶蚀，然后溶蚀面逐渐向内部扩展；而在本体溶蚀过程中，通常水的渗透速度比聚合物链断裂速度快。随着水分的进入，内部的高分子链会出现随机的降解断裂，而当降解过程达到临界点时(大量分子链缩短到具有水溶性)会导致材料整体的崩解。聚酯类高分子通常会发生本体溶蚀，而且由于其降解产物呈酸性，能降低材料内部环境的pH，从而进一步引起高分子的自催化降解，使降解过程加速。聚酸酐(PA)类高分子则主要发生表面溶蚀。一般来说，表面溶蚀的过程更易于控制，能够获得更加平稳的药物释放。此外，内部药物在释放前与水性环境是隔离的，在一定程度上有助于改善药物的稳定性。

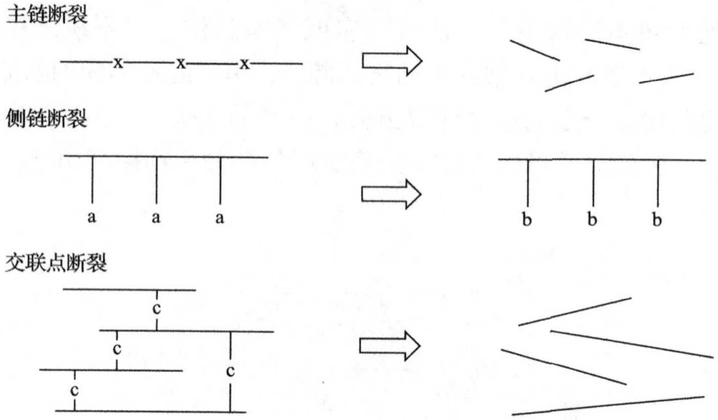

图 6-8　几种不同的高分子降解模式

x：主链中的不稳定键；a：疏水性侧链；b：亲水性侧链；c：交联点

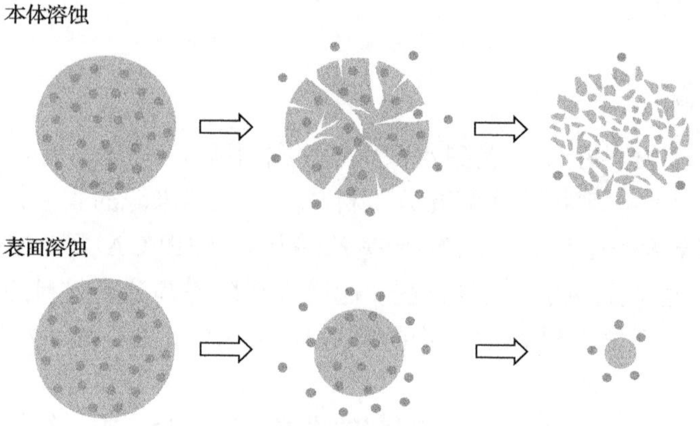

图 6-9　表面溶蚀和本体溶蚀示意图

5）机械、电子方式的药物控释

机械或电子的方法在理论上能实现更为精准复杂的药物控释，但其在成本、便携性等方面的问题限制其广泛应用。随着微电子技术、微加工技术以及无线通信技术的发展，可穿戴医疗设备的研究正成为当下的一个热点。比如临床上已经有自动注射胰岛素的便携式装置，可以实时监测血液中血糖浓度，自动适时补充胰岛素，但这类设备目前体积还是比较大，而且采用的血糖检测探针是皮下植入式的，在使用上仍有很多不便之处。谷歌公司前些年在研发一种隐形眼镜，用来检测血糖浓度，虽然后来这个项目失败了，但仍然表明了一个方向，就是生物传感器的微型化、无创化。现在越来越多的智能手表开始集成诸如血压、血氧含量、心电检测等生理参数的无创检测功能，相信不久的将来更加智能的便携式微型给药系统也会成为现实。

6) 多种控释机制联用

在实际应用中，一个药物控释系统可能会同时涉及多种控释机制。通过各种控释机制的联合运用，可以更加精准地调控药物的释放曲线，或者实现定时、脉冲、程序化给药等更加复杂的目的，从而获得更加理想的临床效果。

4. 药物缓/控释技术在医学中的应用

药物的缓/控释技术已发展得比较成熟，有些药物在临床上实现了长时间的控制释放。比如，硝苯地平缓释片 Procardia XL 可以在 24 小时内持续发挥降血压的作用，而一种皮下埋入式的长效避孕药 Norplant(D-甲炔诺酮埋植剂)能够在长达五年的时间里发挥效用。

药物缓/控释技术除了能够大幅度增加给药的便利性以外，在临床上还可以实现一些原来无法实现效果，在外科手术、组织工程、再生医疗等方面发挥独特的作用。

比如，外周血管病是由于某些原因导致的外周血液循环障碍性疾病，会导致肢体的坏死、难治性溃疡等。在临床治疗中，常用的外科血管搭桥手术很多时候难以解决微循环障碍导致的问题。碱性成纤维细胞生长因子(bFGF)可以诱导血管的生成，但是简单地把 bFGF 做成水溶液注射到病变部位并不能很好地诱导血管的生成。这是因为诱导新生血管的生成需要一个长时间的刺激，而 bFGF 的水溶性很好，注射后由于体液的稀释、回流，它的浓度会迅速降低而导致治疗失效。如果把 bFGF 和高分子(如明胶)简单地混合做成缓释制剂，就可以在局部持续保持比较高的浓度，从而有效地诱导新生血管的形成。在日本京都大学进行的临床试验中使用了这种策略，取得了良好的治疗效果(图 6-10)。

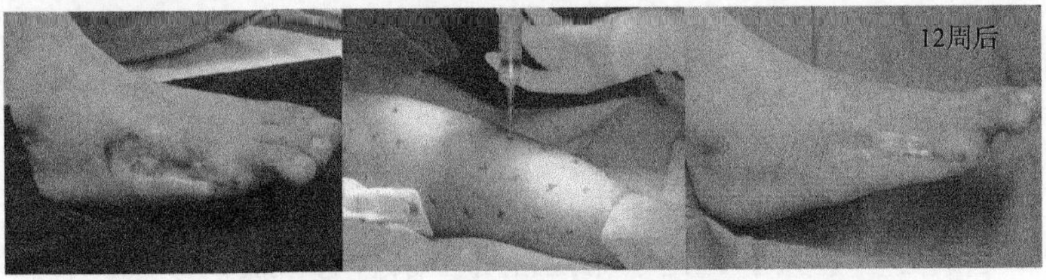

图 6-10　利用明胶缓释 bFGF 治疗外周血管病的临床试验结果

图片由日本京都大学田畑泰彦教授提供

通过高分子材料加工技术，可以把明胶制备具有网状高分子结构的含水量极高的水凝胶材料，或者加工成多孔的海绵状结构，从而可以更好地负载药物并获得更理想的缓释效果。在外科断指再植的手术中，将含有 bFGF 的水凝胶微球涂在缝合面上，可以促进微血管网络的再建，从而明显改善再植手术后断指的存活率。在人工胰岛的构建方面，虽然目前可以向体内移植胰岛细胞使其分泌胰岛素，但移植后细胞的生存情况通常并不理想，而如果利用缓释 bFGF 的明胶海绵诱导血管生成，可以显著延长细胞的存活时间，在长时间内发挥调控血糖的效果(图 6-11)。类似的策略在促进骨再生、脂肪再建、软骨再生、毛发再生等方面也都取得了良好的效果。

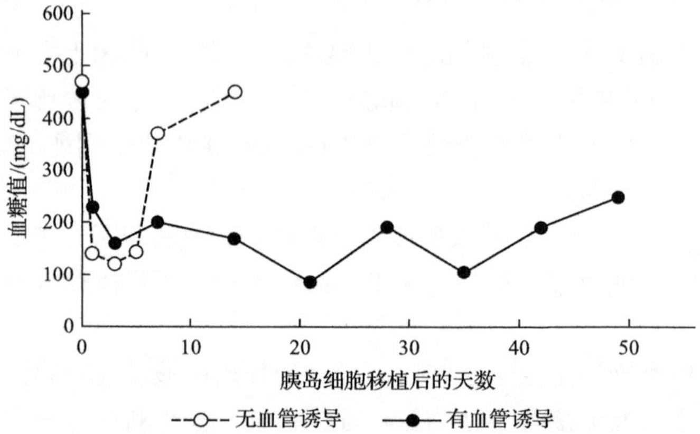

图 6-11　缓释 bFGF 诱导血管新生可提高移植细胞的存活时间

此外，药物控释技术在免疫治疗中上也有很多成功的应用。为了使我们身体能产生足够的抗体，有时需要多次的疫苗注射，而利用药物缓释技术可以使抗原物质在长时间内反复持续刺激免疫系统，从而增强疫苗等的免疫效果。比如有研究利用多孔硅微颗粒装载肿瘤抗原物质 HER2 蛋白，不仅可以保护抗原蛋白不会被过早破坏和清除，同时还可以更有效地刺激免疫系统，使其有能力识别并攻击过表达 HER2 抗原的肿瘤细胞。

6.2.2　增强药物的稳定性，延长代谢时间

除了调控药物的释放速度，递送系统在时间维度上对药物进行调控的另一个重要环节是改变其在体内的清除速度。药物被释放进入体内后能够发挥作用的时间与药物本身的分子量大小、化学稳定性等因素有着密切的关系。体内半衰期是用来表征药物在体内发挥作用时间长短的一个关键指标，对于一些小分子药物而言，其半衰期可能只有几分钟，而分子量较大的药物其半衰期则可能会长达几天。此外，对于一些稳定性欠佳的药物，由于其会在体内被迅速破坏而失去活性，半衰期也会比较短。除了诊断及一些有特殊需求的应用以外，通常都会希望药物的有效作用时间不要太短，从而减少给药次数，降低经济成本，因此，需要增加药物在体内的稳定性，延长药物的代谢时间。

1. 尺寸对药物递送系统的重要意义

在药物代谢的过程中，药物的分子尺寸对其清除速度有着直接的影响。以最简单直接的静脉给药为例，药物进入血液后，会随着血液循环经历肾脏肾小球的滤过、单核细胞的吞噬、肝脏的分解，最后才能够到达需要治疗的部位。通常来说，药物的快速清除都是发生在肾脏的。肾小球的滤过界限一般认为是 4 nm 左右，小于这个尺寸的药物很容易从肾小球滤出而被清除，因此大多数小分子药物的血液半衰期都是比较短的。如果想让药物在血液中循环的时间长一些，就必须想办法增加药物的尺寸。那尺寸是不是越大越好呢？答案也是否定的。首先，血管内径是有一定尺寸的，肺部最细的毛细血管只能通过一个红细胞(直径约 8 μm，厚度约 2 μm)，如果颗粒的尺寸超过了这个范围，就很容易都会被肺毛细血管机械截留，甚至发生肺栓塞的危险。其次，体内有网状内皮吞噬系统，一般认为单核细胞、巨噬细胞或肝脏里面的库普弗细胞(Kupffer cells)等吞噬细胞会对尺寸大于 200 nm 的颗粒产生强烈的吞噬作用。这样算下来，比较理想的药物的尺寸应该在 4～200 nm。如果药物分子本身的尺寸恰好在这个范围里面是最好不过的了，但是很多情况下药物分子比较小，这时候就需要利用药物递送系统的相关技术对药物进行改造，改变其尺寸大小。最常见的方法是构建纳米尺度的药物载体，用来搭载药物。很多水溶性高分子、树枝状大分子、高分子胶束、纳米颗粒等的尺寸恰恰分布在几纳米到几百纳米的范围里面，是构建药物载体的理想材料，因此在药物递送系统领域中获得了广泛的研究和应用(图 6-12)。

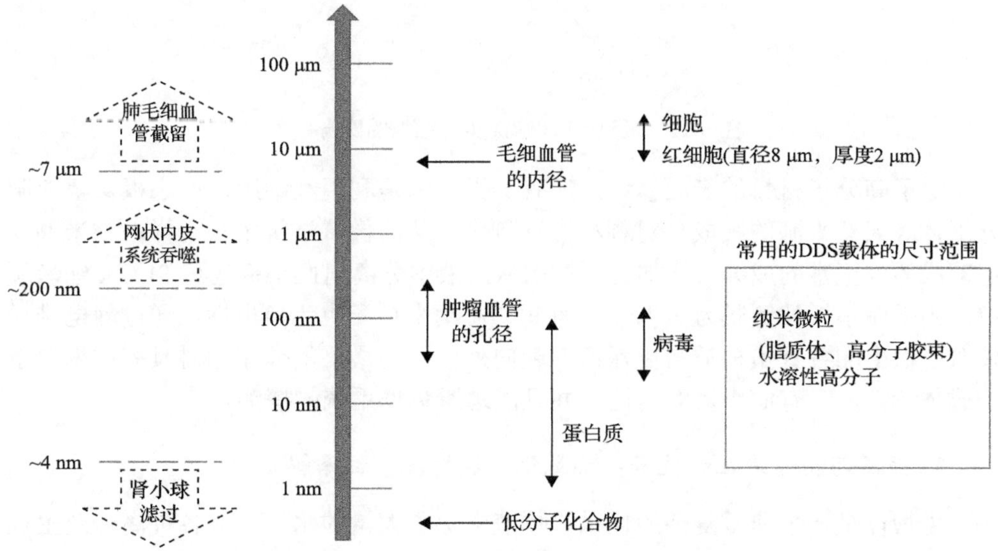

图 6-12　尺寸对 DDS 载体设计的重要性

2. 免疫逃逸技术

虽然通过减小尺寸能够在一定程度上减少免疫系统对药物颗粒的清除，但还是难以实现完全的免疫逃逸。我们知道在现代战争中隐形技术具有决定战争胜负的重要作用，新一代的战机、军舰都会强调隐形设计，从而避免被对方的雷达探测到。目前隐身战机或者隐身军舰的隐身原理主要有两点，首先通过外形设计减少雷达波的定向反射，其次还会在表面涂上一层能够吸收雷达波的材料，进一步降低被雷达探测到的概率。与此类似，要使搭载药物的载体逃避免疫系统的识别，实现长时间的体内循环，除了需要有适当的尺寸形状，也要有合适的表面。通过聚乙二醇(PEG)等高分子的表面修饰，可以使颗粒表面形成一个高度亲水的层，结合大量的水分子，使颗粒从外部看起来更像是无害的水滴，免疫系统识别不到这个颗粒，自然也就不会进行吞噬，从而实现颗粒在血液中的长循环，这是目前提高颗粒材料免疫逃逸性能的重要途径之一(图 6-13)。PEG 的分子量(分子链长度)、修饰密度及修饰方法等都会影响免疫逃逸的效果。

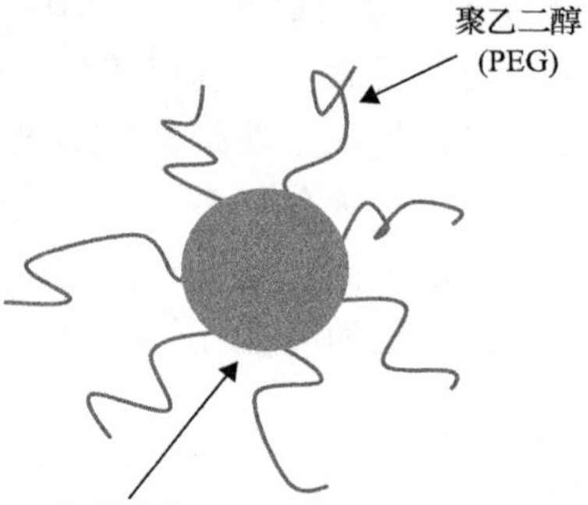

图 6-13　通过 PEG 修饰实现颗粒的隐身效果

除了高分子材料的表面修饰，还有一类方法是利用红细胞、血小板甚至细胞外泌体等天然来源的膜成分对颗粒进行包裹，从而像特洛伊木马一样把纳米颗粒伪装成体内正常的成分。比如有研究用从血液中分离出血小板包裹 PLGA 纳米颗粒，由于血小板外侧膜为负电性，而 PLGA 纳米粒子也为负电性，通过静电排斥使血小板上的各种蛋白质得以保留并朝向外侧，使最终的体系同时具有纳米粒子的载体特性，又有血小板的活性，并且能逃避免疫系统的探测。

3. 提高药物稳定性的技术：抗氧化、抗挥发、抗降解

生物体是一个非常复杂的体系，体液中除了大量的水，还有各种离子及生理活性物质，如补体、酶等。这些成分对一些药物(特别是蛋白质药物、核酸药物)会有很强的破坏作用，导致药物进入体内后就很快失去生理活性。为了解决这一

困境，需要给药物包裹上一层坚固的“铠甲”，从而防止它们在体内复杂的环境中被破坏。比如，可让核酸药物与明胶分子形成复合体，将核酸分子包裹在内部；还可以进一步在表面修饰 PEG 等高分子，从而通过遮蔽效应及空间位阻效应阻止核酸药物被体内大量存在的核酸酶所降解，可以极大地提高核酸药物在体内的稳定性。再比如，在设计口服给药剂型时，需要考虑药物在整个胃肠道 pH 值范围内的稳定性。尽量减少药物在不稳定 pH 条件下的暴露。最典型的例子是肠溶包衣制剂，它在胃的酸性环境下不溶，在进入肠道微碱性环境后才会溶解并释放内部的药物，从而可以使药物免受胃内强酸性环境的破坏。

6.2.3　改变药物亲疏水性及穿透生物屏障的能力

1. 难溶性药物的水溶化技术

人体的大部分都是水构成的。水占到成人体重的 70%，而人体血液中所含水分更是高达 83%。因此大多数情况下我们希望进入体内的药物具有很好水溶性，这样才能充分够发挥药效。但不幸的是有很多药物在水相中的溶解性并不好，这也是导致很多药物不能实现临床应用的原因之一。

利用药物递送技术可以把难溶性药物与水溶性高分子通过适当的方式(共价结合、配位结合、静电吸附等)偶联在一起，或者与双亲性高分子进行复合，形成水溶性高分子胶束或类似于胶束的复合体，以增加药物在水相中的浓度(图 6-14)。

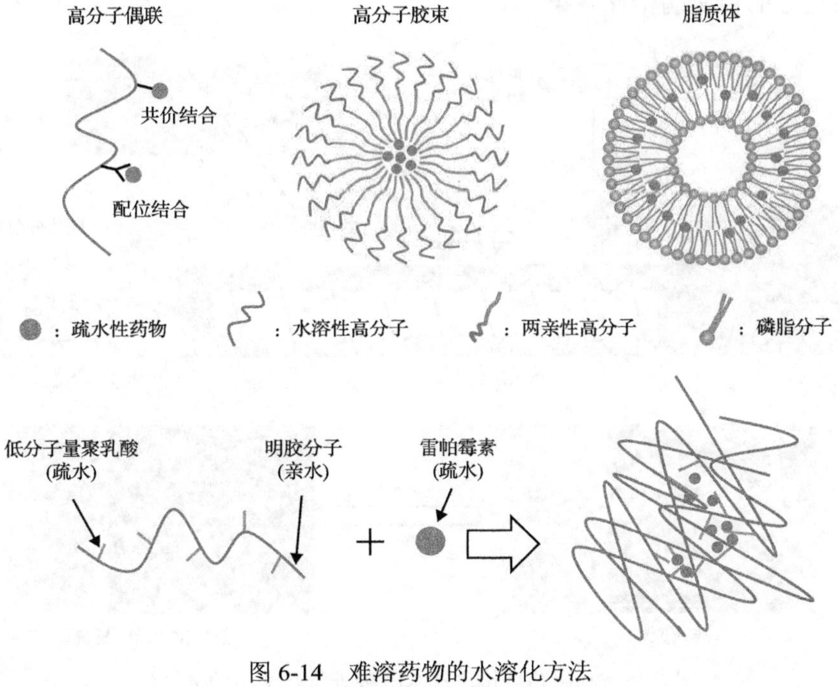

图 6-14　难溶药物的水溶化方法

比如雷帕霉素是一种很常见的抗肿瘤药物，但在水中的溶解性很差，可以利用两亲性的高分子(如PLA接枝的明胶分子)对雷帕霉素进行包裹。由于乳酸是疏水性的，而明胶是亲水性的，将药物与明胶-PLA共同溶解在二甲基亚砜(DMSO)中后在水中进行透析时，会形成类似于高分子胶束的构造，从而把疏水性的药物包裹在里面，而外面是亲水性的明胶，由此增加了雷帕霉素在水中的溶解度。具有类似细胞膜脂质双分子层构造的脂质体也在难溶药物递送方面获得了广泛的应用。脂质体的优势在于载药量高，稳定性强，此外还可以在内核同时负载亲水性药物，实现不同性质药物的共递送。

药物与水溶性高分子形成复合体的方法有很多，除了液相混合以外，利用热熔挤出技术形成固体分散体也是一种常用的方法。热熔挤出是塑料加工中常用的一种技术，利用螺杆旋转挤压使高分子材料在熔融过程中混合并挤出成型。在制药方面也会将药物与适当的高分子基质一起混合挤出，通过加热、机械剪切力等作用形成均匀的高分子包裹的固体分散体。例如，通过热熔挤出技术改造传统药物雄黄。雄黄是一种矿物药，在白血病治疗方面有很好的潜力。雄黄的活性成分是四硫化四砷，具有稳定的晶体结构，由于水溶性很差而导致其生物利用度非常低。把雄黄跟两亲性高分子基质(soluplus)共挤出时，双螺杆的机械挤压和剪切作用可以使雄黄颗粒的尺寸减小到纳米级别，同时在颗粒表面形成了高分子包裹层(图6-15)。这种处理方法可以明显增加雄黄在水相中的溶出度，口服灌胃后血液中的砷浓度也会有明显的提升，说明它的生物利用度得到了明显的改善，从而可以获得更好的白血病治疗效果[3]。

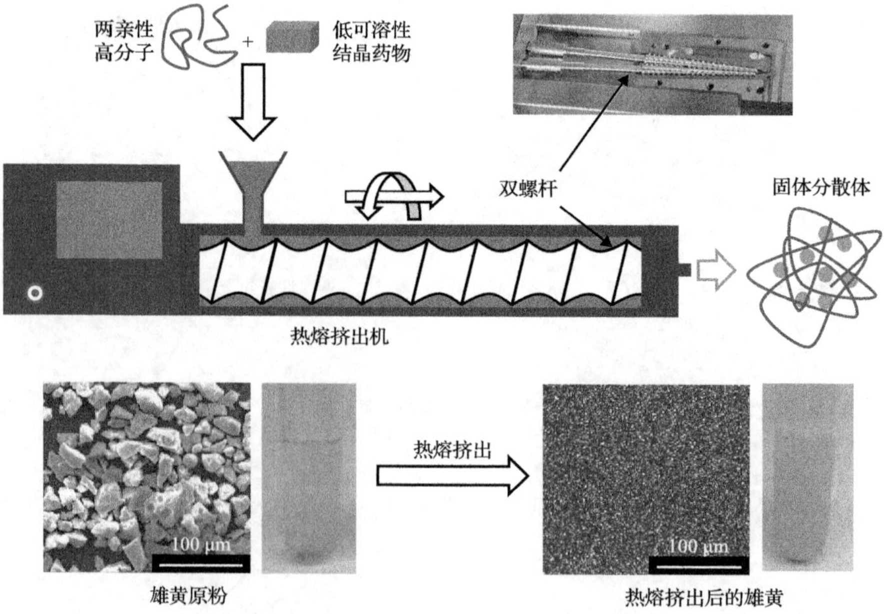

图6-15　利用热熔挤出技术改善雄黄在水中的分散性

高分子材料的增溶效应在化妆品研发中也占据着重要的位置，可以用 DDS 技术改善乳剂的性能，提高化妆品的稳定性及效果。以防晒霜为例，4-叔丁基-4′-甲氧基二苯甲酰甲烷是一种对紫外线有很好吸收能力的化合物，但是它的水溶性非常差，很难把它均匀涂抹在皮肤的表面。用高分子包裹的方法可形成水溶性的纳米分散体，可以在保持其紫外线吸收能力的同时，改善其使用性能。

2. 利用 DDS 技术提高药物穿透生物屏障的能力

利用药物递送系统调控药物空间分布的一个重要目的是增强药物穿透各种生物屏障的能力。人体内有各种各样的生物学屏障，如皮肤屏障、肠道黏膜屏障、脑部的血脑屏障、母体和胎儿之间的胎盘屏障、实体肿瘤形成的内部高渗透压及外层包膜屏障。另外，有些药物需要进入细胞内部或进入细胞核中才能发挥作用，还需要透过细胞膜或核膜的阻碍。单靠药物本身的能力通过生物体内所有屏障是很困难的一件事情，而药物递送系统可以起到运载工具的作用，帮助药物穿透某些特定的生理屏障，把药物转运到它需要到达的地方。

例如，肠道黏膜对一些脂溶性较高的药物具有较强的吸收能力，因此可以对药物进行脂质修饰，增加其疏水性，使其更容易透过吸收屏障，进入血液循环后再把修饰的脂质部分脱掉，还原成水溶性的有效药物，使其发挥药效(图 6-16)。再如，完整健康的皮肤对大多数药物的透过性很低，这时可以采取一些药物辅料(如 DMSO)来提高皮肤的渗透性；也可以借助一些物理方法，如超声波导入、电场导入，此外还可以利用微加工技术制造微针，在微针表面负载药物，以微针为载体，帮助药物穿透皮肤表层。这些技术都可以在一定程度上提高药物透过皮肤屏障的能力。

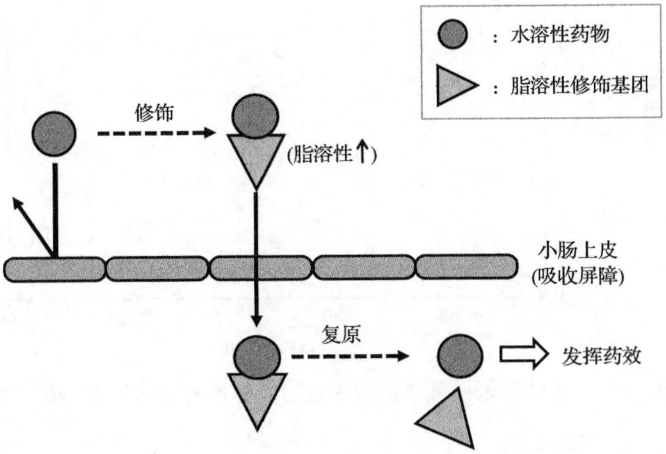

图 6-16　利用脂溶性前药设计提高药物的肠道吸收

血脑屏障是维护脑内生理环境稳定的重要保障，脑部血管内皮的紧密连接非常强，能够阻止大多数的药物进入到脑组织。但是在治疗脑部的炎症、肿瘤等疾病时，则希望药物能够透过血脑屏障进入到病变部位。这种情况下可以利用脑部血管内皮细胞的一些正常物质转运模式，特别是与内源性生物大分子转运密切相关的受体介导内吞(RME)。脑血管内皮细胞高表达的 RME 相关受体主要包括转铁蛋白受体、胰岛素受体、低密度脂蛋白受体等，通过将药物偶联或负载到能与这些受体结合的分子上，可极大提高药物透过血脑屏障的能力。如重链铁蛋白(HFn)与转铁蛋白受体具有高亲和力，可以高效进入脑部且与脑胶质瘤结合(图 6-17)，因此利用其负载化疗药紫杉醇可发挥良好的抑瘤效果。

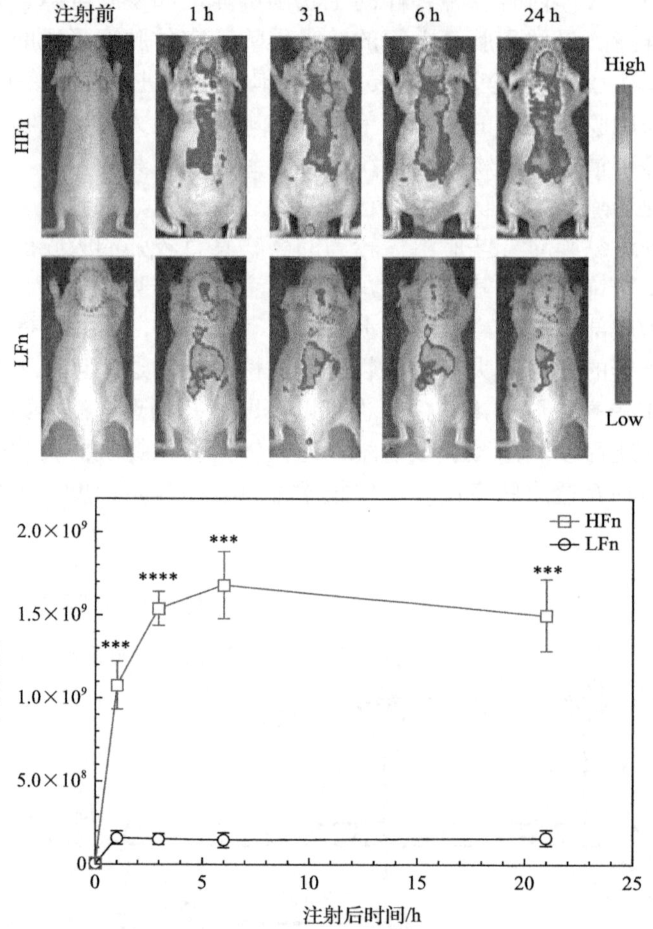

图 6-17　重链铁蛋白可通过转铁蛋白受体的介导透过血脑屏障[4]

6.2.4　增强药物的靶向性

药物递送系统调控药物空间分布的终极目标是增强药物的靶向性。无论是口服还是静注，大多数的药物进入体内后会发生全身性的分布，进入各个组织及器官中。这就导致药物的有效利用度非常低，而且很多情况会导致一些严重的毒副作用。我们希望药物能像导弹一样具有强大的寻靶功能，尽量多地蓄积到病变部位，而尽可能减少在其他正常组织和器官里的浓度，这就是药物靶向的目标。

1. 靶向的层次及原理

按照靶向药物最终到达部位的不同，可以把靶向分成几个层次。第一个层次是组织层次的靶向，也就是靶向一些特定的组织或者特定的器官，比如让药物更多地进入肺部、进入肝脏或者进入肿瘤组织；第二个层次是细胞靶向，就是把药物递送到特定的某一类细胞中，如肿瘤细胞、内皮细胞、T 细胞、巨噬细胞等等；还有一个层次是亚细胞靶向，使药物进入线粒体、细胞核等特定的细胞器而发挥作用。

从靶向递送的原理上来说，一般可以将其分为被动靶向、主动靶向及物理靶向。所谓被动靶向，主要是指一种依赖于组织或者器官的生理或病理结构或者特定的化学环境特点来实现靶向；主动靶向则是指利用靶向分子的特异性亲和能力实现与特定组织/细胞的结合，其中最常见的是利用抗体与受体的相互作用实现的；而物理靶向则是指利用外部的物理信号(光、热、磁、电、超声)的定位作用实现药物的定点释放。

2. 被动靶向——EPR 效应

EPR 效应(enhanced permeability and retention effect)是被动靶向里最著名的一种机制，最初是在肿瘤组织中发现的。肿瘤组织中异常增生的肿瘤细胞需要消耗大量的养料，因需要更多的血供。肿瘤细胞为了实现这一目的而分泌各种生长因子，从而在肿瘤组织里诱导大量新生血管的生成，但是这种新生血管与正常血管有一个很大的区别，就是血管内皮细胞之间的连接比较疏松，甚至是不完整的，导致肿瘤部位血管的通透性比较高。对于尺寸较大的分子或颗粒来说，在正常的组织里面很难透过血管内皮的屏障，但是在肿瘤组织里却可以轻易穿透血管内皮进入到肿瘤组织中，这就是 EPR 效应的第一步，也就是透过性增强的效应；另一个方面，肿瘤组织里面的淋巴管功能会受到严重的抑制，而体液的循环是通过淋巴回流来实现的。功能被弱化的淋巴管导致了肿瘤组织内的体液回流较慢，从而使进入到肿瘤组织内的大尺寸分子或颗粒难以通过正常的淋巴循环排出(滞留效应)。这两方面的因素结合起来就会导致特定尺寸的大分子或颗粒会随着时间的增加而逐渐蓄积在肿瘤组织里面，达到较高的浓度，而且能够保留较长的时间，这就是所谓的 EPR 效应(图 6-18)。

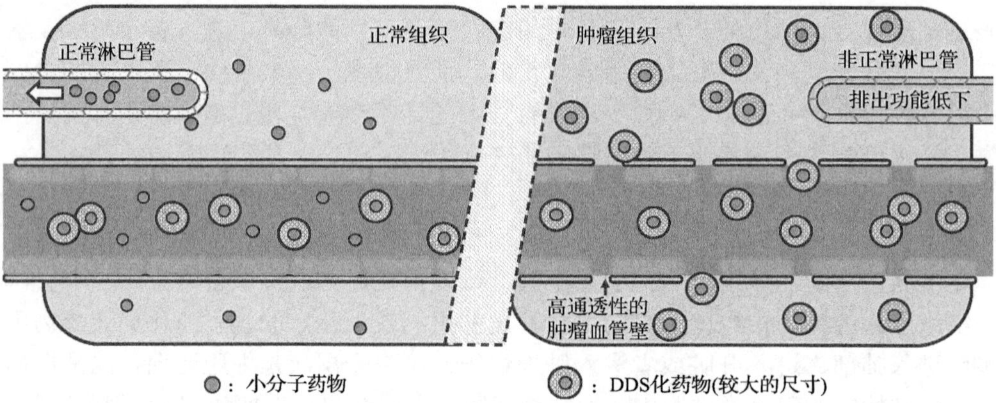

图 6-18　肿瘤组织中 EPR 效应产生的原理

EPR效应与药物的尺寸有显著的相关性。一般认为，肿瘤血管的孔径在100 nm左右，这个数值会因不同的肿瘤组织或肿瘤的不同发展阶段而有所不同，所以尺寸在 100 nm 左右的大颗粒药物比较容易通过 EPR 效应实现对肿瘤组织的靶向。根据 EPR 的原理，可以应用 DDS 技术对药物载体进行针对性的设计和修饰，使载体的尺寸处于 EPR 效应的范围里，从而实现对肿瘤组织的靶向性。

EPR 效应发挥作用的部位并不仅限于肿瘤组织，炎症部位或其他一些由于血管新生导致的病变部位也具有一定的 EPR 效应。如老年性的黄斑变性是由于在视网膜感光最敏锐的黄斑部位发生了病态的血管增生，严重时会导视力的丧失。临床上可以用玻璃体内注射 VEGF 拮抗剂等阻碍血管新生的药物来进行治疗。为了克服眼内注射的不便，可以利用水溶性高分子(如多糖)来负载药物，通过静脉注射后利用 EPR 相应使药物富集到黄斑变性的部位，从而实现抑制眼底血管增生的效果。

3. 被动靶向——组织、器官等的化学环境

被动靶向的另一类方法是利用目标组织或者器官的特定化学环境，如酸碱度(pH)、氧化还原环境等来实现靶向释药的目的。体内不同部位的 pH 差异很大(表 6-3)，因此可以利用 pH 敏感性的高分子材料来实现对特定 pH 环境的响应。最常见的 pH 响应性释药是肠溶性药物。肠溶包衣用的高分子(如邻苯二甲酸酯)大多含有羧酸基团，羧酸基团在 pH 相对较低的胃中以不带电的 COOH 形式存在；到达小肠后，随着 pH 的升高，羧酸基团解离成为带负电的 COO^-，通过静电排斥作用而引起包衣破裂。

肿瘤组织由于生长代谢非常旺盛，会消耗大量的氧，导致肿瘤微环境呈酸性，一般认为肿瘤微环境里的 pH 能接近 6.5。据此可以设计一种环境响应性的递送系统，使其在正常血液环境(pH 7.4)中维持包裹层的稳定，逃避免疫细胞的吞噬，

表 6-3　不同组织器官及细胞器内的 pH 值范围

组织/器官/细胞器	pH
血液	7.35～7.45
胃	1.5～3.5
小肠	5.5～6.8
结肠	6.4～7.0
溶酶体	4.5～5.0
高尔基体	6.4
肿瘤微环境	6.5～7.2

在血液中长时间循环；进入到肿瘤组织后，由于环境中的 pH 降低，高分子层会由于电荷反转等效应而发生脱落，把内部的药物释放出来，在肿瘤组织里发挥杀伤作用(图 6-19)。

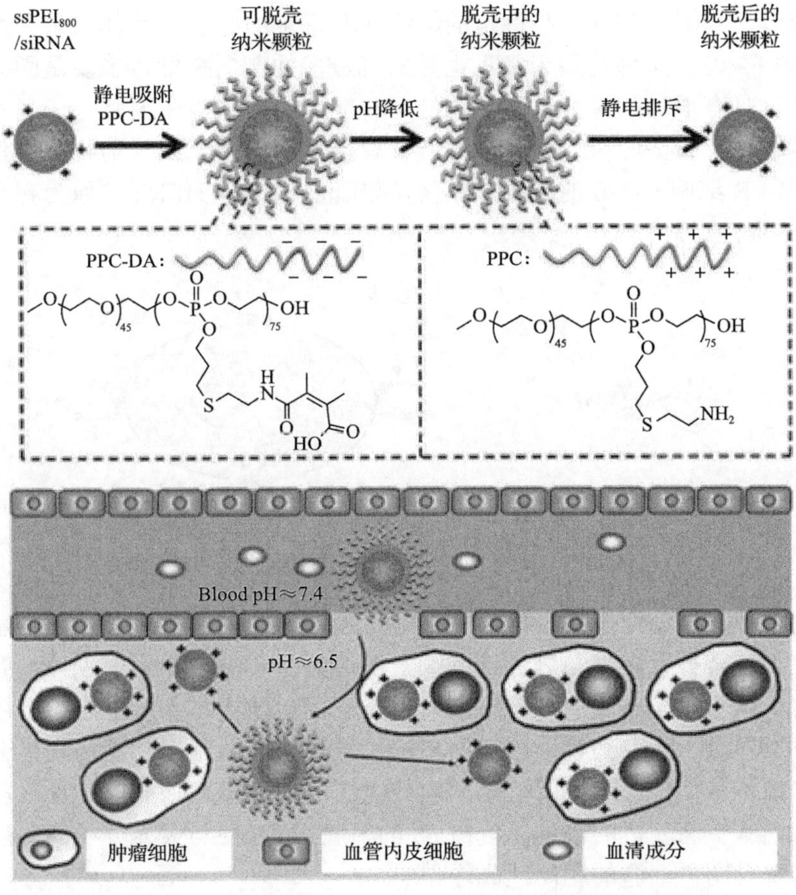

图 6-19　利用肿瘤微组织的低 pH 环境实现药物靶向递送[5]

利用氧化还原环境的变化也可以控制药物的释放。如细胞内部是一种还原性的氛围，这主要是由于细胞质中还原性分子谷胱甘肽的含量远远高于外部。根据这一特性，可以应用具有氧化-还原响应性的高分子材料(如含有双硫键的高分子)来实现在细胞内部释放药物的目的，这是因为双硫键只在还原性环境里面才会发生断裂。

肿瘤细胞及其微环境中通常含有较高水平的活性氧(ROS)、三磷酸腺苷(ATP)、金属基质蛋白酶(MMPs)、端粒酶等，基于这些化学分子的浓度或活性的不同，可以设计出各种具有化学环境响应性的药物递送系统。

4. 主动靶向

很多情况下单纯依靠被动性靶向实现的效果不够理想，而且被动靶向通常会受到很多条件的限制，因此我们更希望赋予药物一种更加能动性的靶向功能，即主动靶向。最常见的主动靶向模式是在药物载体的表面修饰一些特定的分子探针(靶向探针)，利用这些分子与特定的组织或者特定细胞表面受体的亲和性实现靶向递送(图 6-20)。抗体是最为常见也是研究最多的靶向探针，主要是因为抗体与受体的结合具有很高的特异性和很强的亲和能力，其缺点主要是分子尺寸较大，生产成本较高。有些时候，抗体本身就具有药物的活性，这类药物被称作抗体药物，如靶向 B 细胞 CD20 的利妥昔单抗，以乳腺癌细胞 HER2 抗原为靶点的曲妥珠单抗(赫赛汀)等。

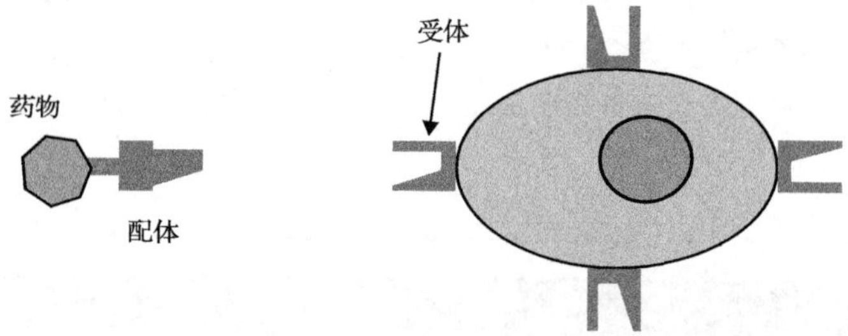

图 6-20　主动靶向递送系统与靶细胞结合示意图

除抗体外，抗体片段、多肽、核酸适配体(aptamer)和多糖等也是常用的靶向分子。比如，普鲁兰多糖与肝脏细胞大量表达的去唾液酸糖蛋白受体具有较好的亲和性，所以可以用普鲁兰多糖来定向递送干扰素药物进入肝脏组织，用来治疗病毒性肝炎。除了治疗药物以外，在分子影像学研究中很多诊断药物也会使用靶向探针修饰，从而能够实现对特定细胞或组织的成像。比如利用一种可以特异性结合凋亡细胞中高表达的热休克蛋白 60 的多肽，可以在与荧光分子偶联后在体内或体外实现对凋亡细胞的靶向性成像[6]。

在主动靶向中，最重要的是找到疾病特异性的分子靶点，从而可以设计靶向探针，这是具有挑战性的问题，比如对于需求最为迫切的肿瘤靶向治疗而言，目前发现的靶标大多数是肿瘤相关抗原(tumor-associated antigen，TAA：在肿瘤细胞中高表达，在正常宿主细胞中也存在但表达水平较低的抗原分子)，而不是肿瘤特异性抗原(tumor-specific antigen，TSA：在正常宿主细胞中不表达而仅在肿瘤细胞中存在的抗原分子)，这就很容易造成药物的脱靶效应。

5. 物理靶向(刺激响应：光、热、磁、电、超声)

所谓物理靶向是指利用外部的一些物理信号或物理刺激产生靶向效应。温度响应性高分子在不同温度下分子的结构会有不同的状态，如可以发生亲疏水性的变化从而使胶束解离，发生溶解性的变化使材料在凝胶态和流动态之间转化(图 6-21)。磁场可以与磁性颗粒联合应用，对磁性颗粒进行导航及定位，或作为药物释放的“开/关”。超声波的空化效应及声孔效应会产生微束、冲击波、射流等激烈过程，从而使药物载体破裂，从而在照射部位释放药物；或者导致周围组织的细胞壁和质膜被击穿，产生可逆或不可逆的小孔，从而引起细胞膜通透性改变，使药物在照射部位更容易透过血管壁或细胞膜。如将 PEG 化的 siRNA 复合物搭载于 C_4F_{10} 的纳米微球上，在超声作用下氟化物会气化爆破，从而促进 siRNA 进入细胞[7]。光信号的典型应用是光动力学治疗，利用光照激发光敏剂产生活性氧(ROS)，从而产生特定的生物学效应，如杀伤肿瘤细胞，或者破坏特定的膜结构。

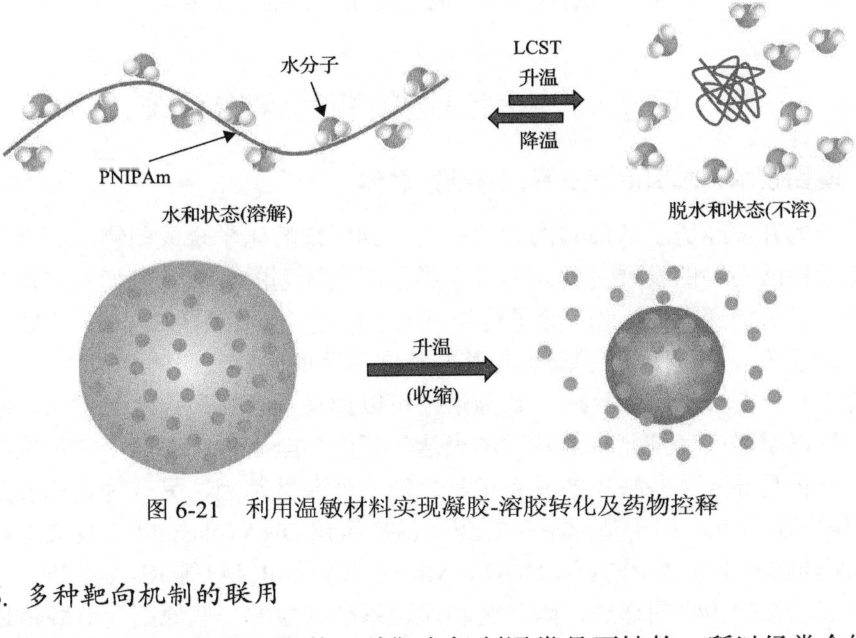

图 6-21 利用温敏材料实现凝胶-溶胶转化及药物控释

6. 多种靶向机制的联用

在实际应用中，单纯依靠某一种靶向机制通常是不够的，所以经常会综合运用多种靶向机制。比如在载体颗粒表面修饰 TAT 多肽等靶向分子可以获得细胞膜靶向功能，显著提高药物进入细胞的能力；但为了避免单独使用细胞膜靶向探针带来的非特异性，可以先在载体颗粒表面修饰 pH 响应性的高分子，以暂时屏蔽靶向探针。当载体颗粒进入到肿瘤组织后，由于所处环境中 pH 的降低而使屏蔽分子脱离，暴露出内部的靶向分子，从而在肿瘤组织内实现对肿瘤细胞的高亲和性，提高其像细胞内的药物递送效果。此外，也可以将温度响应性高分子材料与靶向探针共同修饰在载体表面，利用温敏高分子升温收缩的特性，结合红外、磁热、光热等物理刺激，在靶向部形成高温区域，使靶向探针暴露而发挥活性（图 6-22）。

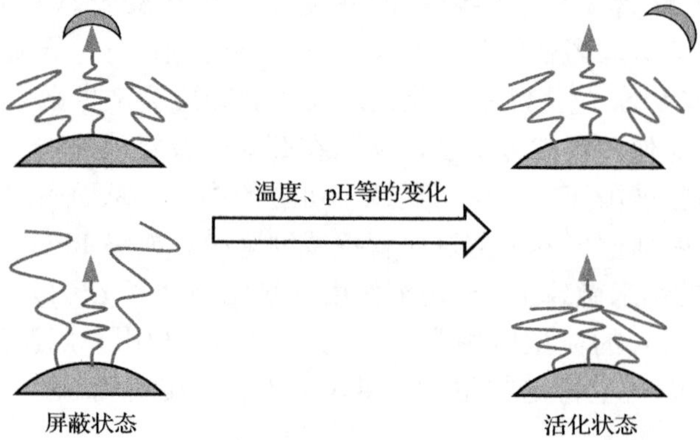

图 6-22　联合利用多种靶向机制提高肿瘤靶向效果

6.3　用于基因递送的药物递送系统

6.3.1　基因技术、基因治疗及基因(核酸)载体

药物的开发经历了从最初的天然药物，到后来的化学合成药物，到现在的生物药物及核酸药物的发展过程。随着人类基因组计划的完成，人们对疾病与基因的关系有了更加深入的认识。除了传统意义上的遗传性疾病(血友病、家族性的高胆固醇血症等)，很多恶性肿瘤也与某些特定基因的突变有明确相关性。

对于基因变异导致的疾病，基因治疗可以说是一个终极的治疗方法。基因治疗是一种以增强或者抑制特定基因的表达为目的的全新治疗手段，它可以分成两大类：一种是导入某些缺失的具有正常功能的外源性基因，另一种是抑制某些非正常的内源性基因。用于基因治疗的药物包括质粒 DNA(plasmid)、反义寡核苷酸等 DNA 药物及小干扰 RNA(siRNA)、MicroRNA(miRNA)等 RNA 药物。

要实现核酸药物的递送，除了药物递送系统共性的一些原则，对载体还需要一些特殊的设计。核酸类药物有一个共同的特点，就是它们的分子链结构中有大量的磷酸根，在正常的生理 pH 条件下是带负电的；而且核酸分子的亲水性很好，分子量比较很大。因此核酸分子很难穿透细胞膜。此外，由于体内大量核酸酶的存在，核酸分子在体内很容易被降解，这就导致了核酸药物的成药性很差，单独的核酸药物难以进行全身性的给药。而且，基于核酸药物的作用机理，大多数 DNA 药物还必须进入细胞核，从而通过转录或翻译过程发挥作用。因此，要发挥核酸药物的作用，更需要药物递送系统的帮助，即利用体运载工具来帮助核酸药物进入到细胞或细胞核。在基因治疗领域，这种运载工具通常被称作核酸载体。

6.3.2　核酸载体的分类

核酸载体通常可分为病毒性载体和非病毒性载体两大类(图 6-23)。常见的病毒性载体包括逆转录病毒、腺病毒等，它们的优点是转染效率非常高，但缺点是存在免疫原性和病毒感染的隐患，而且对基因尺寸有限制，成本高、制备手续复杂。常见的非病毒载体主要有阳离子型脂质体或阳离子型的高分子等，它们的优点很多，但是缺点是转染效率低，靶向性差。

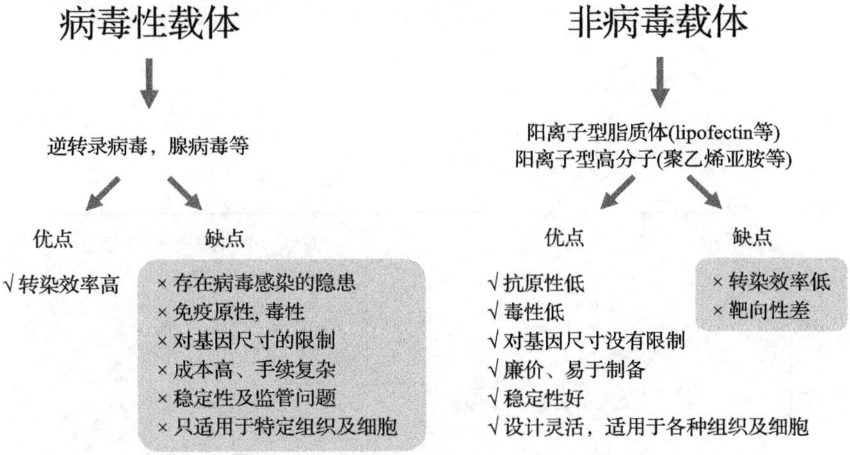

图 6-23　核酸药物载体的分类及优缺点

6.3.3　阳离子型核酸载体的转染机理

大多数非病毒载体是阳离子型的载体，如阳离子型脂质体、聚乙烯亚胺(PEI)、阳离子化明胶、阳离子化多糖等。这是由于阳离子型的载体在正常生理 pH 条件下带正电，可以通过正负电荷的相互作用与核酸分子形成复合体，对核酸分子进行压缩而减小分子尺寸(图 6-24)。同时，复合体表面多余的正电荷可以使复合体更容易接近带负电的细胞膜，促进核酸分子进入细胞。此外，在大多数情况下，核酸复合体会通过内吞途径进入溶酶体，如果不能及时逃逸，很快就会被降解而失去活性，而阳离子型载体的质子海绵效应，可以帮助核酸分子从溶酶体中逃逸（图 6-25）。

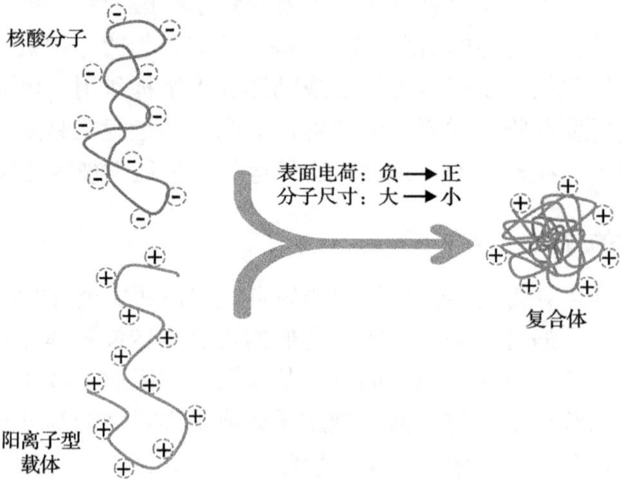

图 6-24　阳离子型载体与核酸分子形成带正电荷的复合体

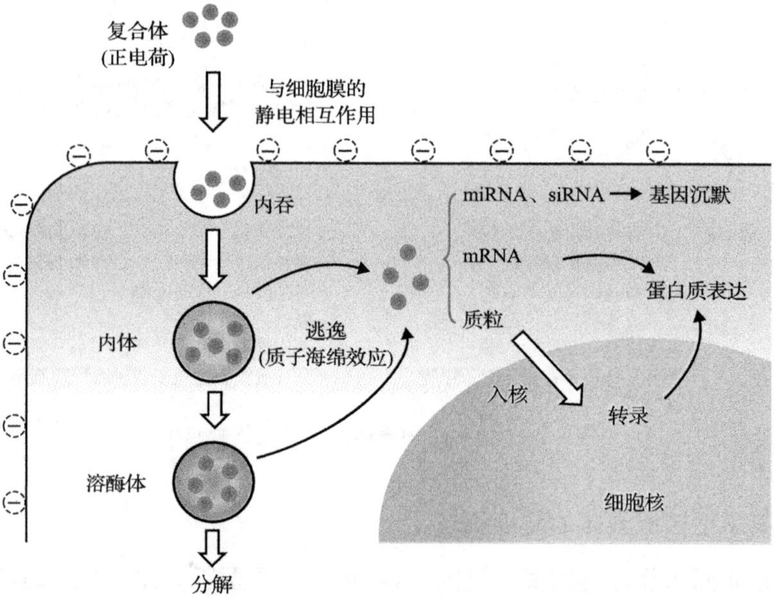

图 6-25　阳离子型载体转染细胞的原理示意图

所谓质子海绵效应是指阳离子化载体通常含有大量的—NH_2 基团，能够与 H^+ 结合，就像海绵吸水一样吸收质子，形成 NH_3^+（图 6-26）。复合体被细胞内吞后最终会进入溶酶体，溶酶体中有大量在酸性条件下具有高活性的酶。为了将溶酶体里面的物质降解掉，细胞需要使溶酶内部的 pH 降低到 5 以下，这要靠溶酶体膜上的质子泵将 H^+转移到溶酶体内部。由于阳离子化载体能够大量结合 H^+，从而阻碍了溶酶体内 pH 的降低，细胞就需要向溶酶体泵入更多的 H^+。由于电荷平衡的原因，负离子如 Cl^-也会大量进入溶酶体内部，这就导致了溶酶体内部渗透压的急剧升高，引发水分子的大量进入，最终会导致溶酶体的破裂，使核酸复合体释放出来。

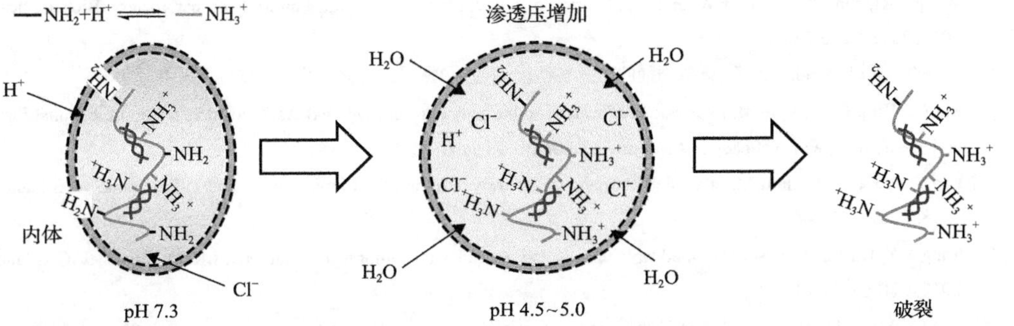

图 6-26　质子海绵效应示意图

阳离子型载体的正电荷是一柄双刃剑，正负电荷的相互作用虽然有利于提高转染效率，但同时也导致阳离子型载体容易在体内与各类细胞非特异性结合。此外，带正电的复合体还容易吸附大量蛋白质，在表面形成一层被称作蛋白冠的蛋白质吸附层，不仅改变复合体的代谢速度，还会阻碍递送载体对靶细胞的识别。有大量的研究在为克服这些障碍而努力。例如，深入理解血清对阳离子载体转染的影响规律，指导载体系统的设计[8]；将阴离子化高分子通过静电自组装方式在阳离子型核酸递送系统外形成负电性外壳结构，减少蛋白质的非特异性吸附[9]等。

6.4　小　　结

虽然药物递送系统已经经历了多年的快速发展，但我们需要清醒地认识到，目前药物递送系统获得广泛应用的方向主要还是限于缓/控释、药物水溶化等方面。在人们寄予厚望的靶向递送方面依然面临巨大的挑战，如脱靶效应、PEG 困境、蛋白冠、EPR 效应之争等。虽然各种具有复杂构造的递送系统被不断开发出来，但由于质控，成本等方面的原因，其成药性并不理想。例如，有研究者认为需要开发一种终极的多功能纳米递送载体，集合药物包封、靶向、免疫逃逸、溶酶体逃逸、细胞核定位等各种功能于一体。但这种载体首先制造成本会非常之高，此外，很多功能模块之间会存在不可避免的冲突。比如，要实现长循环和免疫逃逸，药物递送的表面需要修饰PEG等分子，这就导致了载体难以被细胞内化，而一旦在表面修饰了靶向分子来增强其与细胞的亲和性与靶向性，则免疫逃逸的特性又会基本丧失。随着新的分子靶点不断被发现，以及对生物分子间相互作用的认识不断加深，靶向递送系统的设计将会变得更加精准有效。在众多研究者的共同努力下，在不久的将来实现时-空高度可控的药物递送体系也许并不是梦想。

参考文献

[1] Wong C H, Siah K W, Lo A W, et al. Estimation of clinical trial success rates and related parameters. Biostatistics, 2019, 20(2): 273-286.

[2] 闻晓光, 奚凤德, 陆平, 等. 新型制剂的研发与创新. 科技导报, 2016, 34(11): 65-75.

[3] Ma Q, Wang C, Li X, et al. Fabrication of water-soluble polymer-encapsulated As_4S_4 to increase oral bioavailability and chemotherapeutic efficacy in AML mice. Scientific Reports, 2016, 6: 29348.

[4] Fan K L, Jia X H, Zhou M, et al. Ferritin nanocarrier traverses the blood brain barrier and kills glioma. ACS Nano, 2018, 12(5): 4105-4115.

[5] Yang X Z, Du J Z, Dou S, et al. Sheddable ternary nanoparticles for tumor acidity-targeted siRNA delivery. ACS Nano, 2012, 6(1): 771-781.

[6] Yang S, Meng J, Yang Y, et al. A HSP60-targeting peptide for cell apoptosis imaging. Oncogenesis, 2016, 5: e201.

[7] Vandenbroucke R E, Lentacker I, Demeester J, et al. Ultrasound assisted siRNA delivery using PEG-siPlex loaded microbubbles. Journal of Controlled Release, 2008, 126(3): 265-273.

[8] 王晶, 谢丽菲, 孟洁, 等. 阴离子化高分子包覆非病毒载体提高有血清环境下RNA干扰效率的研究. 中国生物医学工程学报, 2016, 35(4): 445-452.

[9] Wang J, Xie L, Wang T, et al. Visible light-switched cytosol release of siRNA by amphiphilic fullerene derivative to enhance RNAi efficacy *in vitro* and *in vivo*. Acta Biomaterialia, 2017, 59: 158-169.

第 7 章　临床医学影像及应用

过去的半个世纪内，医学成像领域经历了惊人的发展。随着功能强大、体积小巧的计算机的出现，成像不再是国防和空间科学界的特权，全新扩展的成像系统已经进入医疗领域。成像系统范围涵盖了使用 X 射线进行的断层成像技术到刚出现的虚拟现实成像技术。利用 X 射线的成像系统能够有效提供解剖结构信息，而其他利用放射性同位素的系统则提供了功能信息。成像的视野范围从通过核医学扫描获得的全身图像到使用磁共振(MR)显微镜获得的细胞成分图像。从成像设备传感器到数据后处理，医学成像系统及图像处理分析方法能帮助医务人员解释图像，这都是医学成像设备领域所涉及的方面。

7.1　医学成像原理及成像系统

7.1.1　X 射线和 X 射线图像

1895 年伦琴向维尔茨堡物理医学学会递交了一篇关于 X 射线的文章，报道说这种射线能穿透物体形成空间图像。由于发现了 X 射线，伦琴在 1901 年获得了第一个诺贝尔物理学奖。这个奖项被颁发在物理学领域主要是由于这种射线虽然是一种基础的新现象，但是在医学领域具有重要的实践意义。

X 射线是波长大约 0.1 nm 的电磁辐射。由于 X 射线在穿透物体过程中能够从原子中撞击出电子，因此 X 射线也是电离辐射的一种形式。失去电子使得原子转变为离子或者带电颗粒。如果暴露到 X 射线中的是人体组织并且在组织中产生离子，这些离子会很快对细胞造成损伤。由于具有潜在的损伤性，X 射线的暴露时间缩短到获得满足具有临床意义的结果即可。此外，X 射线的暴露程度被限制到特定部位，这对于最小化损伤性副作用是十分必要的。

X 射线具有的两大特点对成像很有帮助。第一，高能量的电磁辐射在穿透物体时不会被吸收，而低能量电磁辐射会全部被吸收。人体对于特定波长(以及相应能量)的 X 射线来说则是半透明的，X 射线穿透部位的组织越多、组织密度越大，越多的辐射会被吸收。所以 X 射线的能量刚刚好可以成像。第二，与可见光类似，X 射线刚刚好可以使胶片曝光。在发明数码 X 射线相机之前，人们就已经获得了 X 射线图像。在实际应用中，为了放大 X 射线的成像效果，往往在探测器前面使用荧光屏。

在薄膜的显影过程中，薄膜中的卤化银颗粒(只有吸收了能量的颗粒)转变成金属银，呈现为黑色颗粒。在胶片(或其他检测器)上创建的图像是三维物体的密度在二维平面图像上的投影，其工作原理如图 7-1 所示。

X 射线生发装置包括两部分。X 射线发生器对射线进行控制，包括管电压(kV)、管电流(mA)和曝光时间，并向 X 射线管提供电源；X 射线管提供环境(真空 X 射线管插件和高压电缆插座)、电子源(阴极)、X 射线源(阳极)、旋转阳极的感应电机(转子/定子)、变压器油和膨胀波纹管提供电气和热量积聚，管壳支撑所述插入件并提供防止泄漏辐射的保护[1]。

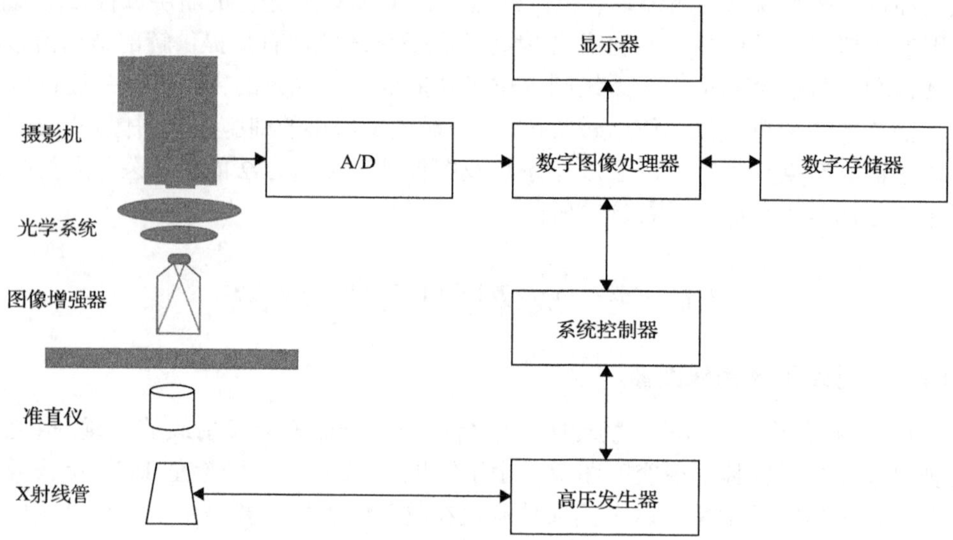

图 7-1　X 射线成像系统原理

一束 X 射线直接穿过物体会使胶片曝光。X 射线图像是一种“负”图像：物体密度低的地方胶片是暗的，密度高的地方是亮的。暗光区域一般出现在密度较低的部位(如腿部的肌肉组织)，会有更多的射线穿透它曝光胶片。较亮或者较白的区域发生在人体的重元素密集区(如骨头)，因为只有很少的 X 射线能穿透而使胶片曝光。X 射线穿透物体后，强度会被削弱，这使得 X 射线图像更像是一个影子。传统的 X 射线成像过程是将物体的三维结构折叠成二维图像。二维图像上的每个位置代表 X 射线穿透不同厚度的物体、不同密度的组织后在一个平面上形成的图像。这种将三维物体的影子投射到一个平面上得到的图像叫做投影。X 射线图像能够显示骨头的骨折以及损坏、牙齿上的空洞、肺部的流体以及乳腺的癌变等。当组织密度不同时，X 射线能够显示出反差，例如，软组织与空气、骨头和软组织或者水和软组织之间的反差。X 射线成像的一个最普遍例子是胸部 X 射线，它被用来检查肺部是否感染(急性肺炎)、胸腔骨头骨折以及某些类型的心脏疾病。

不同软组织的结构在密度上没有明显不同，因此不会产生很多反差。例如，消化系统的组成结构对 X 射线的吸收差别不大，可使用造影剂来增强身体各部位间的密度差异，这个方法已被广泛应用于生物医学成像。例如消化道成像可以在患者服用密度元素后产生，例如，含有钡元素的溶液可以使消化道内壁密度增加或者被 X 射线照射后更加明亮，或者引入空气使消化道内壁更暗。通过使用这些方法，小肠壁的微小异常，像小肠憩室和息肉，都可以被显影。

X 射线可以通过连续成像来观察人体内的动态变化。这些动态的 X 射线图像可以通过荧光屏获得，而非胶片。

7.1.2　计算机断层扫描

随着计算机断层扫描(Computerized Tomography，CT)技术的产生，X 射线经历了一次深入的改革。CT 的进步关键在于算法，一种应用于 X 射线成像技术的数学方法，其主要概念是在不同角度应用 X 射线，使用获得的多张图像来重建三维图像。这种三维图像以二维截面的形式呈现出来，用于解释身体各组织间的关系。相较于投射和密度阴影，CT 成像能够提供身体内部的详细影像。英国工程师亨斯菲尔德在 EMI 工作期间发明了 CT，塔夫茨大学的科马克在 19 世纪 60 年代早期发明了图像重建的基础数学方法，这两项发明在 1979 年获得了诺贝尔医学奖。

在 CT 扫描过程中，患者需要平躺到检查床上，随着检查床移动穿过扫描装置中的开放式环形设备。X 射线发射器和检测器会沿着患者进行环绕并且在穿过身体的某个时刻产生一个截面图。随着检查床的移动，患者的每个侧面都会被成像。最后利用重建数学技术将收集到的所有侧面数据形成三维图像。

虽然 CT 成像在软组织中比较受限，但非常适合对头部、肺部、腹腔、骨盆以及四肢的成像。后来又发展出了螺旋 CT 扫描仪。在螺旋 CT 扫描中，X 射线沿着螺旋路线传送，可以快速地形成分辨率很好的三维图像。这种成像速度允许对移动或运动的结构形成动态图像，例如用于心脏的动态成像。显微 CT 成像也已经成功地应用于微小结构的成像，对于动物医学研究十分有用，例如用于啮齿动物。

第三代和第四代 CT 使用扇形光束增加散射(可以照射更多的组织)，并且更多地到达探测器。由于扇形光束只有 1 厘米厚，所以产生的散射量仍然比射线照相时小得多，并且采用去散射间隔可以消除散射[2]。

X 射线穿透身体时会被组织吸收或者削弱。X 射线减弱的程度叫做放射密度。每种组织(肌肉、脂肪和骨头)都有特征的放射密度，骨头能够强烈削弱并且吸收射入的 X 射线，水削弱能力很弱。

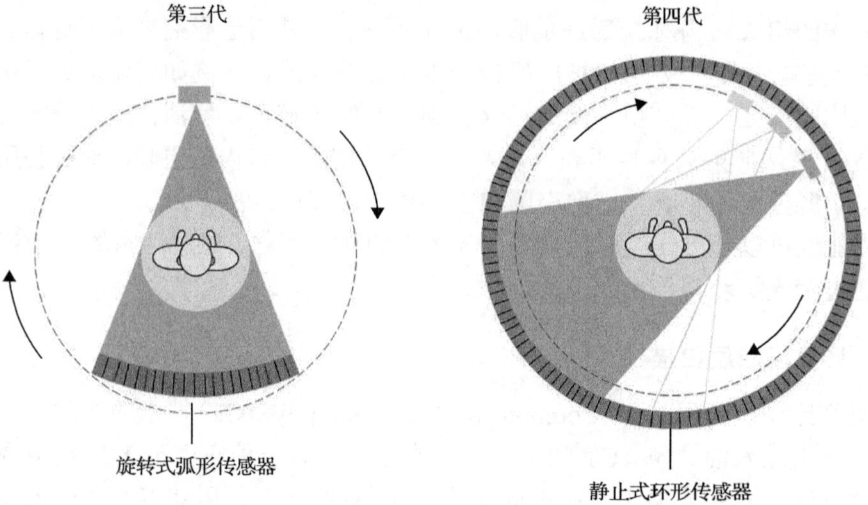

图 7-2　CT 扇形光束散射：第三代和第四代 CT 工作原理

完全穿透患者的X射线能量就是在X射线穿透路线上每部分物质减弱的能量之和。在数学方法中，检测到的被传递的X射线的强度与入射波是相关的：

$$N_0 = N_{ie}^{-\sum_{\text{ray}} \mu(x,y)\mathrm{d}s} \tag{7-1}$$

沿着射线路径的削弱效应可以被归纳起来，方程式为：

$$\ln\frac{N_i}{N_0} = \sum\nolimits_{\text{ray}} \mu(x,y)\mathrm{d}s \tag{7-2}$$

通过从物体不同角度成像，可以从多个方位获得方程(7-2)中的 μ 值。投影重组的目标决定了被照射物体每个位点的 μ 值。目前有很多方法可以获取这些数值，这类似于一个复杂的数独游戏，总和必须得将数字以特定的方式加起来。解决这个问题的一种方法是先对每一个削弱值设定一种猜测值，然后调节猜测值，直到与总和相符。

事实证明，如果图像的一系列投影是在不同位置以相同角度获取的，那么其傅里叶变换与沿同一角度的一条线的傅里叶变换是相同的。原则上，多角度的投影可以重建切片的傅里叶变换。在实际操作中，应用这种相关性也可以获得其他的演算方法。一旦获得身体多个切片的 μ 值，就能够通过计算机可视化技术重建一个三维图像，显示身体结构间的复杂关系。

7.1.3 磁共振成像

1. 核磁共振现象

磁共振成像(magnetic resonance imaging，MRI)对软组织有特定的高对比和高分辨能力，已经成为临床上非常重要的医学成像方式。MRI 出现在 20 世纪 70 年代早期，十年之后出现了最早能够进行商业化的机型。非侵入性的 MRI 相关研究现在正逐步取代传统的侵入性的检测方式的研究。虽然目前影像学检查时间一般在 1～10 min，但是一些新的成像技术已经能在 50 ms 内得到成像结果。MRI 研究往往需要在分辨率、成像时间、信噪比等因素之间进行权衡来获得临床应用的最佳图像。同时，MRI 成像时间的缩减还依赖于提供梯度磁场和信号接收端的硬件设备的创新和改进。

MRI 基于患者体内存在可诱导的核磁性进行成像。具有奇数数量质子或中子的材料具有微弱但可检测的核磁矩(自旋磁动量)。MRI 成像一般基于氢核(^{1}H)，其他的原子核例如碳(^{13}C)、磷(^{31}P)、钠(^{23}Na)、氟(^{19}F)也有重要的研究意义。氢核的磁矩分布和排列是杂乱无章的，但是若将其置于一个强大的磁场中，核磁矩将按照磁场中磁力线的方向重新排列。典型的医用外磁场强度范围在 0.2～1.5 T，而在一些光谱或者功能成像的研究中经常会使用更大的场强。核磁的磁化强度非常微弱，感应磁场与外磁场的强度之比仅有 4×10^{-9}。

核磁矩的聚集又被称为磁场矢量或磁自旋。当静态核磁矩处于外部静态强磁场中并重新取向排列时，由于磁场变化过于微弱是不能被检测到的。20 世纪 40 年代，物理学家开发了测量这种微弱磁矩的共振技术，其核心思想是当磁力矩在垂直于静态外磁场的平面上振荡时进行测量。第一步是要使磁力矩从沿静态磁场方向排列变得倾斜，当磁力矩方向垂直于静态磁场时，磁力矩将受到正比于外磁场强度的扭矩。扭矩一般与磁场矢量方向垂直，并且会引起磁自旋的振荡和垂直于静态外磁场平面的进动。自旋的频率与外磁场强度成正比：

$$\omega_0 = -\gamma B_0$$

式中，γ 为回旋磁比，对于特定的原子核为常数；B_0 为外磁场强度，B_0 方向沿着 z 轴方向。进动频率被称为拉莫尔频率，负号表示进动的方向。

进动的磁矩组成的整体具有时变特性，能够在环形线圈中产生可测量的电压，这个环形线圈就是用于接收 x、y 两个方向磁感应的接收器。环形线圈对于 MRI 成像是至关重要的，可以直接测量氢质子进动核磁矩的感应信号。

回顾观察进动的过程，我们首先通过外加一个较弱的旋转射频脉冲场(RF)将磁矢量从静态磁场方向向外倾斜。这样一个旋转的射频脉冲场能在沿 z 轴方向产

生一个强度为 ω/γ 的虚拟场。将 RF 的频率调节至 ω_0，就可以有效地消除 B_0 的作用，RF 使磁场矢量从 z 轴逐渐发生偏移。在旋动过程中，拉莫尔关系仍然成立，因此自转轴的摆动频率为 γB_1，其中 B_1 为 RF 场的振幅。在线圈接收到 x、y 轴的磁感应之后，自旋完全倾斜到横向平面时，信号强度最大。以上过程中的 RF 脉冲需要满足条件：$\gamma B_1\tau = \pi / 2$，其中 τ 为 RF 脉冲的持续时间。另一个常用的 RF 磁场是使自旋轴旋转角度 π，这可以使磁自旋轴发生翻转，也可以重新调制由于 B_0 场不均一性导致的横断面磁自旋轴的位移，这是磁自旋轴的回音效应，被广泛用于 MRI 成像。

2. MRI 仪器的基本原理

MRI 扫描端由 3 种类型的磁场组成：主磁场/静态磁场(B_0)、梯度磁场和射频磁场(B_1)。在实际应用中，使用线圈或磁体来生成均匀磁场以增强静态磁场的空间一致性是非常必要的。大部分的 MRI 硬件都与生成和控制这些不同形式的磁场相关。最早用于人体扫描的设备可以追溯到 20 世纪 70 年代末期。实现 MRI 技术需要模拟信号和数字信号之间的双向转换(图 7-3)。静态磁场、梯度磁场和射频磁场的线圈以及其电力供应都是在模拟信号模块实现的。数字信号模块集中于提供控制信息(信号的时变特性)并传输到多功能计算机中、处理由接收端反馈回来的

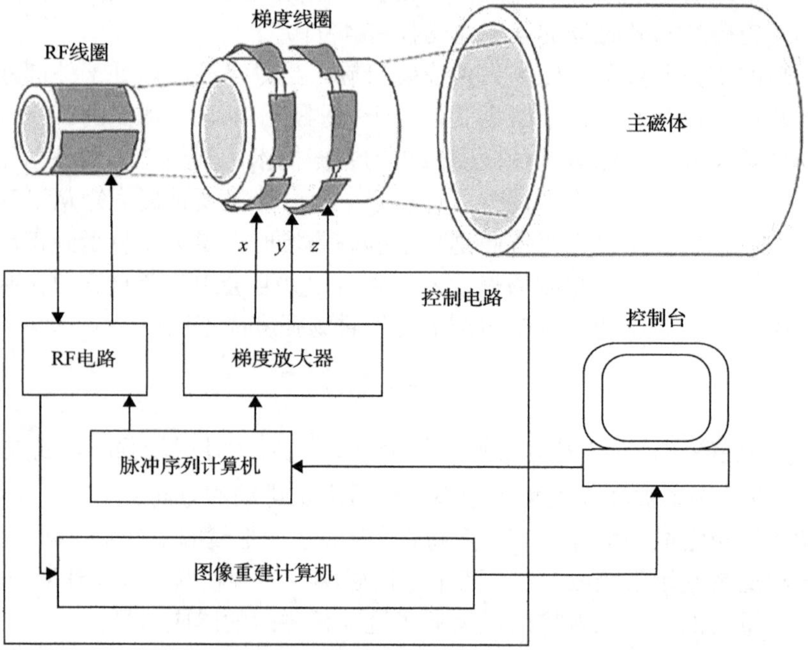

图 7-3　磁共振成像系统基本组成部分[3]

时域 MRI 信号数据以及生成和储存图像等。计算机也可以提供某些控制功能，例如允许操作者控制检测台的空间位置。

主磁体产生 B_0 磁场，可以调整自旋和实现平衡；梯度线圈在 x、y 和 z 方向(即频率、相位和编码方向)图像编码；射频线圈是磁共振成像系统的一部分，它能激发对齐自旋并从样品接收 RF 信号；所有组件都通过控制台与用户进行控制和接口。

3. 静态磁场的磁体

静态磁场/主磁场的磁体用于生成一个高强度、高一致性、覆盖整个成像区域的静态磁场。为了达到成像的目的，这个磁场必须在空间上具有高度一致性，在时间上具有高度连续性。常用的磁场强度单位主要有两个：高斯(G)和特斯拉(T)。高斯的使用历史很长并且在早期的科学文献中使用较多；特斯拉是一种更为现代的单位，是一个远大于高斯的单位——1 T 相当于 10000 G。地球磁场的量级大约为 0.05 MT(500 G)。现代 MRI 扫描圆环中的静态磁场强度大约在 0.5～1.5 T。在特定的时候，一些设备的磁场范围甚至可以达到 0.02～8 T。信噪比(SNR)是 NMR 信号电压与固有噪声电压的比值，分别是信号接收系统从患者体内和固有电学部件获得的信号。SNR 是一个关键的参数，它决定了扫描端性能好坏。最大允许的信噪比随着磁场强度增加而线性增大。为了改善信噪比，一种有效的方式是制造能够产生更强磁场的磁体。

磁场可以由电流产生，也可以用磁性材料产生。但是无论哪种产生方式，磁场强度都会随着与磁体距离的增加而衰减，无法构建一个分布在磁体外部的高度均一的磁场。因此，为了生成一个高度均一的磁场，几乎需要在患者周边放满磁体。因此，主磁场磁体是在 MRI 扫描仪构建过程中成本、功能和外观等方面的决定性因素。磁体类型主要包括四种：永磁体、电磁体、电阻式磁体、超导体磁体。

4. 磁场均一性

磁场空间的均一性只能通过在特定空间位置摆放线圈来实现。众所周知，导线组成的单一回路可以在线圈圆周的轴线方向形成一个磁场，也可以表示成一个球面谐波场的总和。这个总和公式的首项在空间上是连续的，它代表完全独立于空间位置的主磁场，更高阶的项则代表包含诸多非均一性磁场在内的子磁场，这是影响磁场均一性的主要原因。在一个世纪以前，Helmholtz 双线圈磁场系统能够在原单线电流线圈产生的磁场中心获得更加均一的磁场。这样的设计使两个同径同轴线圈能够分开半径大小的距离。这一设计扩大了均一磁场的范围，但是这对于 MRI 扫描仪所需的磁场来说还是太小了。额外增加线圈可以对磁场进行扩展，现在这一方法主要应用于通过增大均一磁场的体积来获得适合 MRI 扫描的磁场大小。

在实际应用中，工业制造误差和外来磁场源往往会对成像区域磁场的均一性造成干扰。这一磁场缺陷可以通过使用内衬磁场来减轻，方法是通过主动可变的内衬部件，使用额外的线圈(常导磁体、超导磁体或是其他类型磁体)来产生一个与谐波场中特定项相当的磁场。安装完磁体，根据映射记录的磁场大小来调整内衬线圈中的电流。另一种可用方案是使用被动的内衬部件，利用一些沿主磁体洞的内墙放置的小型永磁体来抵消干扰场。假如有包含磁性材料的大型物体(如电力供应设备)被放置于超导磁体附近，则必须要调整和重置内衬电流参数和内置磁体位置来应对磁场的非均一性变化。

5. 梯度线圈

MRI信号可以对解剖切面精确成像，其位置信息是基于笛卡儿坐标系编码的。静态主磁场的方向，也就是扫描仪的轴线方向一般被视为 z 轴方向。在这个方向上，梯度磁场能够对核子的共振行为产生显著的促进作用。因此，这三个相关的梯度场分别是 $B_x = G_x X$ ，$B_y = G_y Y$ ，$B_z = G_z Z$ 。MRI 扫描要将自旋系统与一定时序的脉冲梯度磁场和射频磁场联系在一起，因此需要 3 个各自独立的线圈。一般来说，最常用的构建梯度磁场的方法是将线圈包绕成圆柱形放置于患者周围的磁体孔内。z 梯度场可以通过围绕圆柱体缠绕的圆形线圈产生，其电流方向相反。为了减少线性梯度磁场 B_z 的偏差，将一组螺旋绕组从 z=0 处向两侧反向缠绕，并且间隔随着与线圈中心点距离增加而逐渐减小。产生横断面方向(x 和 y)梯度磁场的电流产生方式更加复杂。

生成MRI图像需要在所有坐标轴上都有一个快速时变的梯度磁场。例如，自旋变形成像的常用技术是利用切片选择梯度脉冲选择患者的薄切片(3～10 mm)中的自旋，然后在两个正交方向上施加读出程序，并对梯度进行相位编码，从而将二维空间信息编码成磁共振信号。这时候就需要由计算机控制的电力供应来快速转换三个梯度线圈中的电流。梯度线圈中电流的转换速率是决定一套扫描仪成像能力的关键指标。在一台典型的扫描仪中，梯度磁场线圈的电阻大约为 1 Ω，电感应系数为 1 mH，梯度磁场在 0.5 ms 内可以从 0 mT/m 转换到 10 mT/m，同时电流也必须在这个时间间隔内完成 0 到 100 A 的转换，线圈上的瞬时电压大约为 200 V，转换期间消耗功率大约为 2 kW。在一些要求更加苛刻的场合，例如，在心脏的 MRI 扫描中，梯度磁场可以达到 4～5 mT/m，转换时间小于 0.2 ms，此时梯度变换的电压需要超过 1 kV。在许多脉冲序列中，转换所占的空系数非常低，而且线圈的产热并不明显。在快速扫描方式中梯度磁场的转换非常快，并且转换的占空系数较大，这时对电力供应的依赖性很高，需要使用水冷来避免梯度线圈过热。

6. 射频线圈

射频线圈是扫描设备的重要组成部分，主要用于发射和接收患者体内质子共振频率信号。质子以拉莫尔运动的频率进动，强度正比于静态磁场。在 1 T 的场强下其频率为 42.58 MHz。目前用于全身扫描的磁场强度范围为 0.02～4 T，运行频率为 63.86 MHz。MRI 扫描设备的频率覆盖了广播电视常用的频谱频率。举例来说，一台 1.5 T 的 MRI 扫描仪的频率在 60～66 MHz 之间，与电视 3 频道的频率一致。因此，MRI 发射和接收信息的电学构造类似于广播电视的电路系统。MRI 扫描仪和广播系统最大的区别在于广播系统主要依靠电磁波的远端场实现信号的发射和接收；而 MRI 系统在近场运行，并且信号源和接收端的空间分布远小于波长的范围。在远场系统中，电磁波的能量会被其中的电能和磁场能均匀分摊，在近场条件下，场能几乎全部集中在电磁波的磁能部分。这就解释了广播和 MRI 接收端结构设计上几何学位置的区别。

理想情况下，射频场与处于 z 轴方向的静态磁场相垂直，因此，射频场可以在 x 或者 y 轴方向产生线性偏转。最有效的射频场是由正交激发产生的，这需要一个能够同时产生 x 和 y 场的线圈，并且 x 和 y 场之间存在 90°相移。MRI 扫描仪通常使用三类射频线圈：身体线圈、头部线圈和表面线圈。这些线圈放置于患者和梯度磁场之间。为了避免射频线圈和其余扫描仪部件之间的电磁耦合，需要在梯度线圈内置传导屏障。全身线圈、头部线圈对目标区域的成像是足够大的，其产生的射频磁场在成像区域内均匀分布。全身线圈一般构建成圆柱形，直径为 50～60 cm，环绕在患者四周。仅用于头部成像的线圈直径较小(典型的仅有 28 cm)。表面线圈则是更小型的线圈，仅仅被局限在患者解剖结构大小的范围内。表面射频线圈分为多种类型和尺寸。由于其更加倾向于感兴趣区域的成像，因此表面线圈对特定区域信噪比更高；由于其不对称的设计，所以没有统一的精确度。

发射和接收功能通常使用独立的线圈。使用大型线圈(如全身线圈)作为发射端时，一般使用统一的激发模式；小型表面线圈一般用于对脊髓一类解剖学结构进行优化成像；当使用双线圈的方法时，要对两种线圈去电偶化，要避免两者在同一频率时发生谐频共振对设备的潜在危害。

7. 核磁共振信号处理

典型的扫描协议需要一系列特定的 RF 和梯度脉冲，持续时间的步长为 0.1 ms。为了控制脉冲幅度的动态范围，一般使用 12 位或 16 位的数模转换器。将拉莫尔进动频率产生的射频信号(一般 1～200 MHz)混入本机振荡器，可以生成一个 16～32 kHz 带宽的基带信号。数据获取系统每 5～20 ms 对探测到的射频信号进行数据采样，使用 16～18 位的模数转换器生成所需的数字信号。在数据获取过程中，相关信息的采样速率大约为 800 kb/s，每张图像包含兆数量级字节的数字信息。阵列计算机(AP)是一类用于快速特殊算法的高性能计算机，算法包括快速傅里叶变换(FTT)，这个算法一般用于将数字信号从时域转换成图像数据。二维的图像一般以 256×128、256×256 或者 512×512 像素阵列的方式显示。图像获得 1 s 后可实现可视化。三维图像数据需要更多的计算机处理程序，从数据获取到显示需要花费更长的时间。

图像每个像素通常包含 16 比特灰阶的亮度信息，这对应每个体素的信号强度。为了充分利用图像信息，通常会用到精细的图像显示技术，例如多图像显示、快速图像显示、组织表面的三维表现方法等。这些技术经常需要很大的计算强度，需要特定的计算机软件。额外的图像显示以及分析界面一般基于微处理器实现。MRI 图像数字化对于实现医院诊疗信息的发布以及长距离图像数字传输是很有意义的。

8. MRI 的发展趋势

目前有大量研究致力于增强 MRI 成像效果和降低成像成本，包括减少 MRI 扫描仪的花销、提高图像质量、减少扫描时间、提高临床有效应用等方面。例如，高场强扫描仪的发展、MRI 主导疗法的出现、用于特定解剖学和临床应用的壁龛扫描仪的出现等。扫描仪已经出现了用于胸腔成像的低场强设计以及用于整形外科中膝部、肘部、腕部的设计。MRI 早期最值得肯定的应用是在心脏病研究领域，扫描仪已经可以进行心肌运动、心脉灌注、冠状动脉和心脏压力测试相关的研究。这些扫描设备要求在较短的磁体作用时间内实现与患者的密切监视和交互，对梯度磁场转换速率的要求很高。

传统的自旋扭转成像往往需要数分钟，快速自旋回波技术(FSE)可以将时间减少到 20 s 左右，梯度回波技术可以减少到数秒，回波平面技术(EPI)可以将成像时间缩短到 40～60 ms，但是需要更强的梯度分布和更宽的接收带宽。那些具有先进梯度硬件的扫描仪则拥有更高的数据获取速率。

20 世纪 80～90 年代的大部分时间里，MRI 扫描常用的最大场强是 1.5 T。为了达到更高的信噪比，高场强的扫描仪一直是研究热点。脑功能 MRI(fMRI)技术的发展促进了对高场强扫描仪设备的需求。这项技术利用了高场强下氧合血红蛋白和脱氧血红蛋白在磁化作用方面的差异。现在，构建 3～4 T 甚至 8 T 的场强已成为可能。随着 fMRI 临床应用需求的增加，可以预见未来高场强系统的应用也会逐步增加。

在 MRI 扫描设备刚被引进的阶段，其应用几乎局限在提供诊断相关的信息方面。后来，MRI 系统在手术实时导航、外科侵入式手术导航方面的作用受到了广泛关注。由于 MRI 在软组织成像分辨率方面具有突出优势，并且能够在亚毫米的精确度内提供准确的位置信息，因此可以用于活体组织检查和立体定位的外科手术导航。完成 MRI 手术导航需要同时对患者进行手术操作和 MRI 扫描成像。这些需求促进了 MRI 系统的发展，包括使用改进的超导磁体系统来保证医生对患者实施手术时全程都在扫描范围内，还需要引进磁场兼容的手术设备、麻醉工作台以及患者监控设备等组件。

7.1.4　超声

超声成像是基于高频率声波在组织中的传播而形成图像。超声成像的速度很快，可以得到某些快速运动的组织的结构和动态作用的图像，例如跳动的心脏；并且，能够以事件发生的相同速度将其动态过程可视化，即事实成像。同时，超声成像是安全的，它几乎可以被应用到所有物体，包括孕妇以及重病患者。超声还可以利用高能量聚集的光束进行治疗，例如击碎肾结石。进行超声成像的仪器也很轻便，能够快速地带到患者旁边，使用起来非常灵活。超声成像适合进行急诊治疗，因为它可以对内出血以及局部损伤进行成像。超声成像系统价格也相对较低。它的局限是难以穿透骨头和空气，例如对肺部成像受限制。

超声最初只用于结构成像，目前已经可以进行功能性图像。当组织被挤压时，可以通过计算结构的改变来检测其弹性。在超声成像中可以使用微小气泡来增加反差，气泡中的气体可以增强反射并且可以充当造影剂，在图像中形成较亮的区域。还可以通过化学标记气泡来模拟生理上的重要分子，从而突出特定的重要区域。另外，使用换能器或换能器阵列的附加旋转可以实现三维超声成像。

1. *超声图像*

产生超声的材料比较特殊，特别是压电晶体的材料。压电晶体很大的特点是响应电信号或者驱动电压发生振动。它们也会反过来作用，即材料的振动会产生电压。对超声成像来说，晶体是通过一个凹槽形成的，因此波集中到一个方向。此外，这些材料的共振频率或者材料的自然振动频率兆赫范围是 2～13 MHz。在这个频率范围内的声波被认为是安全的。人听觉范围限制在 20～20000 Hz，听不到兆赫频率的声波。

超声成像通过检测反射在组织接口的回声来检测结构，例如胎儿的头部和心脏壁。在每个接口处，只有部分波被反射，其他的继续穿过身体。这些回声或者反射波返回到传感器，传感器通过电压晶体检测到它们。每个回声在晶体上产生的电压都会被记录下来。由于传感器会产生一系列波，这些波会继续穿过物体且部分反射，一连串回声返回到传感器就会转变成一系列的电压。

传导电压的强度预示着回声的强度。每个回声的空间位置通过实际的位置改变来决定，t 等于产生脉动到接收到回声的时间。在超声中，声音在组织中的速度

c 被设定为恒定值——1540 m/s（大约与声音在水中的速度相同）。脉动以 c 的速度运行，距离设为 $2d$，代表从传感器到结构的 2 倍距离。时间与距离的关系为：

$$c=\frac{2d}{t} \text{ 或 } d=\frac{ct}{2}$$

随着传感器指向同一个方向，脉冲在物体上发起的位置可以通过上面方程来决定。为了形成图像，会使用往返运动式旋转电机使传感器指向不同的方向。图像线被结合到一个 V 形图里，这个 V 形图是由回声的条线形成的。这个过程发生的很快，图像就可以被持续地形成、实时地进行，所以当探针或者物体移动时可以形成动态的图片。

超声成像会出现“噪声”，就是图像中有很多随机的白点。这是因为回声不仅发生在器官边界处，还发生在与相关结构不对应的小组织元素（“斑点”）上。这些“斑点”产生的信号会掩盖很多重要的特征。由于超声成像能够提供实时影像，而“斑点”随时间不连续，因此可以通过移动探测器来改善图像质量。

目前 3D/4D US 领域的最新成果是高清直播（HDlive）技术（图 7-4），用来改进 3D/4D 图像。HDlive 使用软件来计算，可调光源产生的光在表面结构上的传播；虚拟光源产生照明，相应的阴影由光被反射的结构产生。

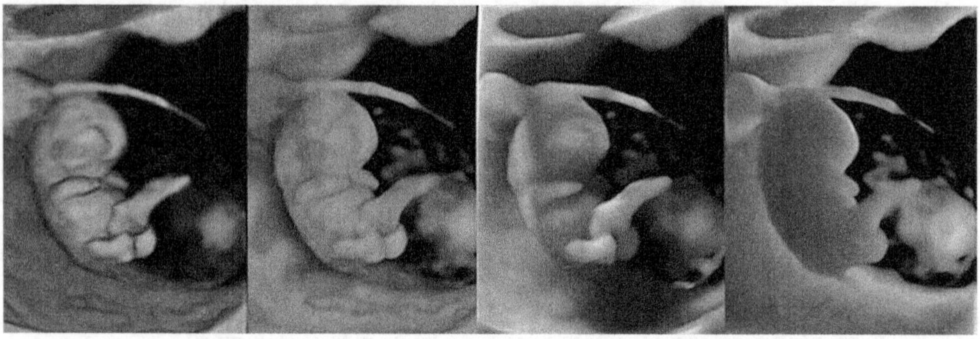

图 7-4　人体超声图像：HDlive 技术应用于超声图像显示胎儿[4]

2. 多普勒超声图像

计算组织器官的运动速率（例如脉搏和心率）是很有价值的。在超声成像中，可以通过多普勒效应计算速率。多普勒效应常常伴随着声波而产生，例如对于行人来说，在汽车前面听到的鸣笛频率会比在汽车后面高。

为了进行多普勒超声成像，探针需要产生一个固定波长的信号，但是回声波长会随着产生回声物体的移动而改变。以血液流动为例，回声来源于血液中运动的血细胞。如果血细胞向着传感器方向移动，波长会变短，频率会增加；如果远离传感器，则频率会降低。移动越快，频率的变化越大。如果移动的方向与超声脉动方向一致，频率改变将会大于沿着相同角度方向的移动，频率的改变可以通过计算速率来测量(图 7-5)。

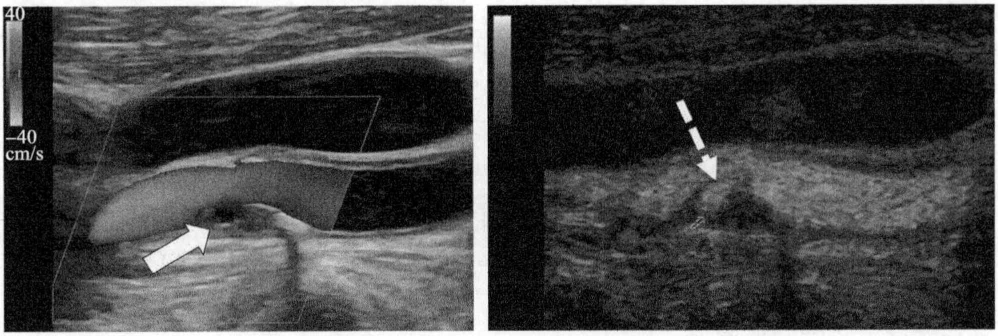

图 7-5　彩色多普勒超声显示颈内动脉(ICA)管腔通畅，伴有软斑块[5]

波长与波的传播速率相关：

$$\lambda = \frac{c}{f}, \text{并且} f = \frac{1}{T}$$

式中，c 为声波的速率；λ 为波长；T 为时间。能检测到的频移往往很小，这可以通过固定传感器的位置进行最优化，因为当移动方向和传感器轴方向平行时效果最佳。移动物质的波长可以表示为：

$$\lambda_1 = \lambda_0 + (v\cos\theta)T_0$$

式中，θ 为移动方向和超声脉冲间的角度；v 为物体的速率；T_0 为时间。由于反射超声的物体相对超声探针发生移动，因此反向传播到超声探针的波的频率为：

$$f_2 = \frac{c - v\cos\theta}{\lambda_1} = f_0\left(1 - \frac{2v\cos\theta}{c}\right), \text{假定} v \ll c$$

7.1.5　核医学

核医学是第一种用于机体功能检测的成像方式，自 1950 年开始，已逐步发展成一门疾病诊断和治疗的医学专业。核医学基于对放射性分子的检测来成像，这些放射性分子具有不稳定和自发性衰减的特性，会释放辐射能量，例如 γ 射线。这样的放射性分子可以选择性地与人体生理机制相联系。为了生成一张核医学的图像，患者需要吞服、吸入或注射放射性复合物，其放射性会形成电离辐射。按照一般的使用方法和剂量，这样的放射性不足以对机体产生损伤。使用核医学成像的过程中要注意调整放射性复合物剂量，从而尽可能地减少患者受到的辐射量。

1. 核医学成像的方法

核医学中用到的放射性混合物(示踪剂)一般都能够反映机体的典型功能，例如血流变化和新陈代谢等。方法是将参与生理功能的某个分子进行同位素标记，比如将 ^{131}I(碘-131)应用于甲状腺对碘富集的生理机制的检测。成像过程就是测量靶器官的放射性分布。机体中表现出高放射性的区域表示该区域存在上述分子。主要的核医学成像方法有平面成像、单光子发射成像 CT(SPECT)和正电子发射成像(PET)。平面成像和 SPECT 是利用与发出 γ 射线的元素(锝-99 m 等)化学连接的分子进行成像。这个元素的半衰期较短(6 h)，放射性每隔 6 h 衰减一半，并且不会在体内长时间停留。

PET 使用的放射性核素衰变非常快，能够释放出正电子，例如，可以释放正电子且半衰期为 2 min 的氧-15 元素。由于衰变速度非常快，化合物必须在临近其使用位置时生成。这类放射性化合物一般使用回旋加速器进行加速。典型的正电子发射器一般使用原子数较少、同时又是常见生理学元素的核素，例如碳-11、氮-13、氟-18。核素发射出正电子(β^+)，该正电子在与电子(e^-)相遇并湮灭前会经过很短的距离，并产生两个能量为 511 keV 且以相反方向传播的光子；通过检测这些光子，可以确定湮灭发生在沿着连接检测器的直线(响应线)的位置(图 7-6)。

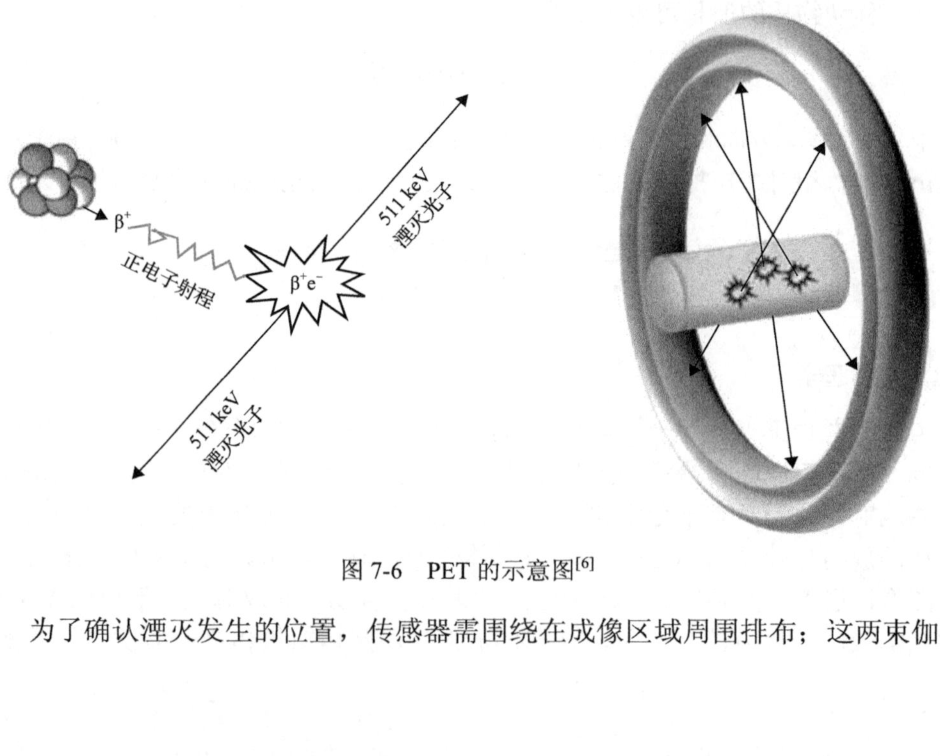

图 7-6 PET 的示意图[6]

为了确认湮灭发生的位置，传感器需围绕在成像区域周围排布；这两束伽马射线几乎同时接触传感器(被散射除外)。发生散射是指伽马射线与行进路线上的物质相互作用，由此丢失能量且改变传播方向。传感器只接收同时抵达的信号，不接收散射信号。

2. 核医学的临床应用

核医学中用到的示踪剂一般用于反映机体功能，例如血液循环或某一特定靶向器官。第一例利用放射性碘(^{131}I)元素成像的临床应用是检测甲状腺癌症的发生，此方法也可以评估甲状腺抑制/亢进状态。患者吞服含有 ^{131}I 的碘化钠溶液，^{131}I 经过消化系统的吸收和血液循环系统的运输之后在甲状腺内富集。

随着其他医学放射性示踪剂的发展，核医学的临床应用愈加广泛。在心脏和脑组织的成像中，核医学成像方法能够指出心肌梗死或中风造成的组织损伤的具体位置。在骨科领域的骨生长、骨折、肿瘤、感染等检测中，可以将特定示踪剂应用到骨组织扫描中(图 7-7)。此法也可用于泌尿系统、肺和肝的相关成像。

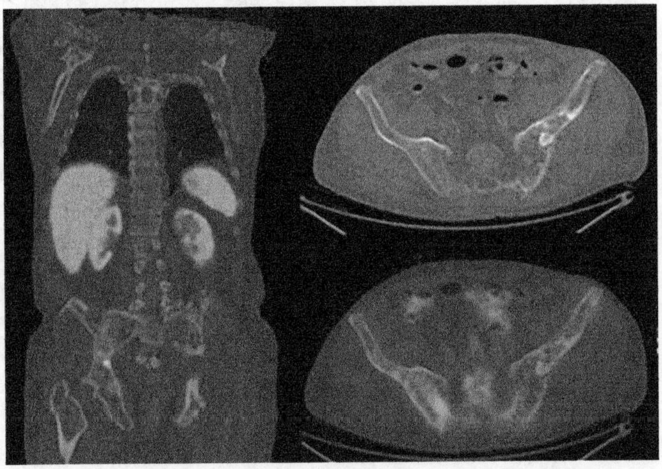

图 7-7　PET/CT 图像显示骨盆骨 PSMA 摄取增加[7]

核医学成像中发现的异常，例如图像中过于明亮的部分可能表征相应功能的活化，较为暗淡的部分可能表征功能低下。血流中示踪剂的成像在肿瘤或骨折的位置会表现出活性升高的特性，而血流中示踪剂表征的相应功能活性低下可以指明组织损伤和血管堵塞(感染或中风等)的位置。

在心脏成像中，流向心肌壁的血流是可以被检测的。成像之前要先测量血流量与血压的相关变化，成像过程可以使用 ECG(“心脏门控”)来实现与患者心率的同步，“心脏门控”可用于获取放射性监测模块(比如心室壁和心脏功能)的影像，如果缺少门控功能，心脏的运动会使成像很模糊。

核医学扫描中大约有 4～5 种示踪剂可用于肝脏和脾脏检查，能够显示以上脏器的大小、形状、位置和异常。这些扫描检查可以检测肝部脓肿和损伤造成的异常，比如肝炎、肝硬化或其他肝部异常，也可以检测脾脏肿大，例如脾脏的感染。肾脏和膀胱的成像可以显示泌尿系统的动态功能和异常。

在脑组织中，通过设计合适的放射示踪剂，SPECT 和 PET 可测量血流、新陈代谢和神经递质的结合过程。这些技术对诊断脑部感染、中风和肿瘤非常有效，并且在抑郁症和精神分裂症等精神学异常的诊断中发挥着重要作用。

3. 伽马射线相机

伽马射线相机是一种专门用于测量 γ 射线并生成放射图像的专业设备。平面成像和 SPECT 成像都基于伽马射线相机成像。伽马射线相机又被称为安杰尔照相机，由以下部件组成：①闪烁探测器，用于检测伽马射线的出现；②光电倍增管，将光能转化为电能；③瞄准仪，用于过滤伽马射线。单个位置的单个照相机产生平面图像，该平面图像是在照相机面对方向上的放射性投影。与 CT 用到的数学方法类似，可以利用投影或者多摄像机体系重建横断面的图像(图 7-8)。

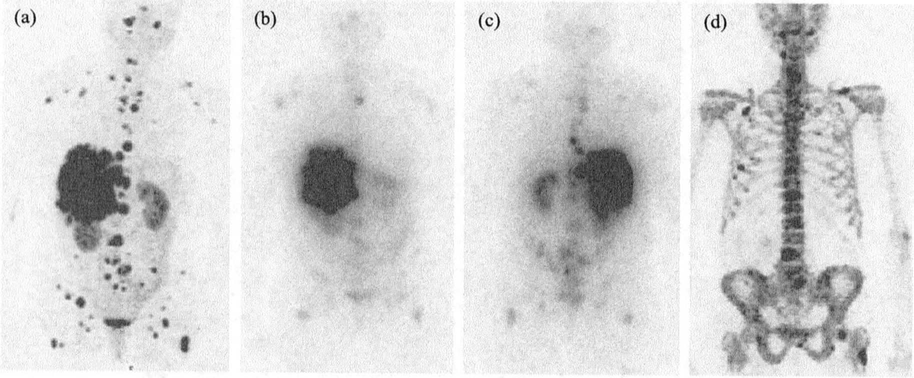

图 7-8 伽马射线相机获取的图像：56 岁女性多发性肝和淋巴结转移[8]

(a)显示所有内脏转移，以及额外的成骨细胞和溶骨性骨转移；传统的闪烁显像前视图(b)和后视图(c)未能显示大多数骨转移；成骨细胞骨损伤由(d)证实

通过对示踪剂化学修饰的设计，可以使放射示踪剂在某一特定部位富集，这样有利于检测从体内发射出的伽马射线。射线从机体内部向外发出时，一部分射线在到达成像相机前会被机体分散或吸收。伽马射线通过准直器进入成像相机，准直器是一种典型的射线通道，能使出射伽马射线直线传输通过。在一个平行孔洞阵列组成的准直器中，铅条沿垂直于相机头部的方向平行排列。这些结构确保只有从照相机正下方传来的光子才能被相机检测到，其他方向的光子几乎都会被铅条吸收。

只有通过针孔的伽马射线才能形成一张倒立的图像(可能放大)。放大系数可以通过控制成像物体与针孔之间的距离来调节。针孔式的准直器用于对小型结构进行放大成像，比如甲状腺等。

经过准直器之后，伽马射线的光子撞击在特殊的晶体上，这类晶体材料每接触到一个伽马射线的光子就能发出可见光。光电倍增管探测到可见光后将其转化成电信号。相机内的电子元件记录信号的数量和位置信息并将信息传输到计算机中构建图像。这样生成的图像不仅能够显示放射量的空间分布，还能显示其随时间改变的函数。

为了确保图像是由带有适当能量的伽马射线生成的，只有在一定能量范围内(称为能量窗)的光子才会被计数，能量窗是基于放射性示踪剂自身的能量特性确定的。拓宽能量窗的范围将增强信号强度，但是也包含更多低能态、发散态的光子(其发出位置和器官不明)信息。由于部分伽马射线光子会被组织吸收，因此较厚的组织获取的光子信号会减弱并且发散光子的比例会增大。成像距离过远也会造成信号的衰减。

上述放射性单元服从泊松概率分布，测量的标准误差等于平均放射强度的平方根。假设放射单元的数量或放射强度为 A，标准误差就等于 A 的平方根。信噪比可以通过如下公式定义：

$$\mathrm{S/N}=\frac{A}{\sqrt{A}}=\sqrt{A}$$

式中，S 为信号强度；N 为噪声水平。当放射强度较低时，信号强度相比于噪声强度并不明显，结果将是一张斑点(噪声)散布的图像。当放射强度很高时，信噪比(S/N)将会提高，图像的质量也会提高，说明放射强度越大，图像质量越好。然而，出于安全性考虑，待测物体所受的放射量越低越好。因此，核医学成像需要在图像质量和患者的可用剂量方面进行权衡。

除了通过检测正电子来识别身体两侧同时发出的伽马射线的位置，PET 相机的工作方式与伽马射线相机大致相同。此外，之前提到的准直器均为物理准直器，而在 PET 上使用的是电学准直器。由正负电子湮灭产生的两个光子将同时抵达探测器。成像相机记录光子同时到达的事件，这些事件必须发生在两个探测器的连线上才能被记录，因此事件具有局部性。电学准直器比物理准直器更加敏感，由此生成的 PET 图像，能有效进行脑部功能成像。

7.2　医学图像重建和处理

7.2.1　医学图像重建

在特定的医学成像模式中，为了完成图像重建，需要考虑图像数据的采集过程。滤波反投影法对 X 射线 CT 的投射扫描效果很好，但是无法为 ECT 的图像重建提供可靠的理论基础。发射过程的概率性质适合基于统计估计法的图像重建技术，然而，基于估计的图像重建方法十分复杂且计算成本较大。基于迭代估计的图像重建方法具有独特的收敛性，噪声和检测器的不同也为图像重建带来额外的问题。因此，在发射成像，如 SPECT、PET 这样实际的图像重建中，对滤波反投影算法进行了改进。另外，最大期望算法(EM)和最大似然估计(ML)算法也提供了很好的成像效果。具体用于医学成像的图像重建方法将在以下章节进行具体的描述。

1. X 射线和 CT 成像的图像重建

在 X 射线 CT 的图像重建中应用最多的是滤波反投影算法。该方法本质上是基于几何学中平行光束投影的采集。然而，最近的扫描仪多使用发散的 2D 或 3D 光束成像。因此，在使用滤波反投影方法之前，由发散光束获取的图像数据需要重新分类排序。值得注意的是发散光束中的每一条射线都能在平行波束的特定投影中重组。图 7-9 演示了一个 2D 发散光束，其中 γ 为步进扫描角，半径距离 D 是射线源和原点间的距离。这样的几何形状适用于第四代 CT 扫描仪，其中，探测器沿圆周放置。

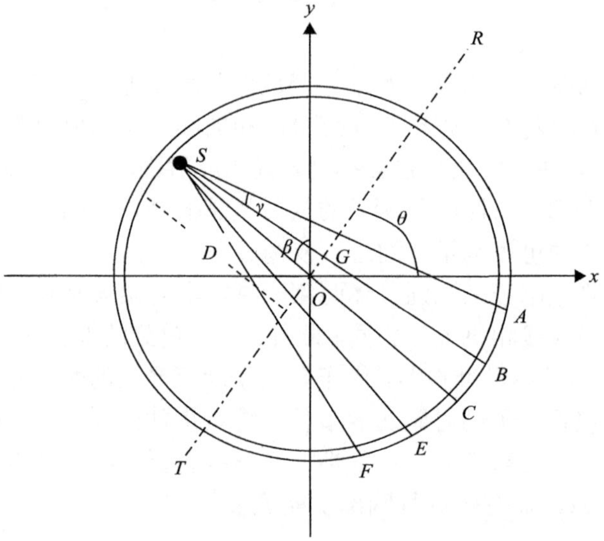

图 7-9　2D 发散光束几何原理

令 $K_{\beta}(\gamma)$ 表示发散光束的一个扇形投影，其中 β 是发射源与其中心参考轴线所成夹角，γ 是图 7-9 所示的射线位置所成角。排序算法的目的是将扇形投影 $K_{\beta}(\gamma)$ 转换为本章前面所定义的平行光束投影 $J_{\theta}(p)$。在图中，RT 平面显示角度为 θ，在该角度上使用旋转坐标系可以计算平行投影 $J_\theta(p)$。考虑在 G 处与平行投影平面 RT 相交的射线 RB，它可表示为：

$$\theta = \beta + \alpha, \quad 且 OG = p = D\sin\gamma$$

扇形投影 $K_\beta(\gamma)$ 可被分为对应于实现滤波反投影的平行光束几何学的 $K'_\beta(\gamma)$。所有表示为 β_i 的发射源位置的排序关系可表示为：

$$K_{\beta i}{}'(\gamma) = K_{\beta i}(\gamma) D\cos\gamma$$

对于图像重建，将 $K_\beta{}'(\gamma)$ 与滤波函数 $h(\gamma)$ 做卷积运算，提供滤波投影 $Q_{\beta_i}(\gamma)$，其反投影为：

$$Q_{\beta_i}(\gamma) = K_{\beta i}{}'(\gamma) \otimes h(\gamma)$$

$$f(x,y) = \Delta\beta \sum_{i=1}^{N} \frac{1}{L^2(x,y;\beta_i)} Q_{\beta_i}(\gamma')$$

式中，N 为源位置的总数；γ' 为发散的平行射线通过点 (x,y) 的角度；L 为源位置 β_i 的发射源与点 (x,y) 的距离。

最近，针对 CT 成像和图像重建又研究出了锥束光束。锥形光束是 3D 发散光束，适用于扫描 3D 物体的整体或部分。锥形束重建方法基本源自具有附加第三维度的扇形光束。然而，锥形光束数据的图像重建方法十分复杂，需要处理数据映射和插值问题的不确定性，在 3D Radon 变换的直接反投影算法中，基于 3D Radon 变换的反投影操作主要使用分层方法进行递归分解。

2. *磁共振成像的图像重建*

傅里叶重建方法常被用于磁共振成像的图像重建。在频域内获得 MRI 图像中的电磁自由感应衰减(FID)信号。信号 $S(\vec{\omega}) = S(\omega_x, \omega_y, \omega_z)$ 可以表示为：

$$S(\vec{\omega}) = \overrightarrow{M_0} \iiint f(x,y,z) \mathrm{e}^{-i(\omega_x x + \omega_y y + \omega_z z)} \mathrm{d}x\mathrm{d}y\mathrm{d}z$$

式中，$f(x,y,z)$ 为需要重建的图像。对于二维图像重建，图像函数变为 $f(x,y)$。信号 $S(\vec{\omega})$ 的反傅里叶变换提供重建图像。这也可以通过使用离散快速傅里叶变换(FFT)算法实现，但是可能需要根据在 κ 空间中重建图像的分辨率以及数据样本插入一些数据点，网格插值算法也可以达到这个目的。特定的基于参数的图像(例如质子密度、T1 加权、T2 加权图像)的重建需要使用合适的脉冲序列来获得期望的信号，但是图像重建的方法是一样的。在血流成像或者 fMRI 中，脉冲序列快照则需要使用特殊预处理或者其他相关方法，例如用来进行快速成像的螺旋回波平面成像(SEPI)。

血流成像或者 fMRI 要求快速脉冲排序在短时间内获得 κ 空间的全部信号。κ 空间填满了 SEPI 序列的螺旋几何结构。在短时间内获得 κ 空间的全部数据会引起其他异步效应，例如化学位移和磁场不均一性累积，降低 MR 信号。

3. 超声成像的图像重建

超声成像主要基于点测量实现。点到点的测量可以形成线扫描。线扫描的采集可以形成一个 2D 超声图像。超声阵列可以获得线测量值。提高超声成像的质量的关键是降低斑点噪声。减少超声斑点大致有图像平均和图像滤波两类方法。第一种方法通过平均目标物体的图像来提高 SNR，这种方法会使空间分辨率降低。第二种方法使用各种滤波器，如加权中值滤波和维纳滤波，来降低斑点噪声。

超声成像的 3D 图像重建常常通过在第三维度上叠加 2D 图像来实现。这种方法的难点在于根据 2D 图像的定位来准确配准并且插入 2D 图像，从而实现 3D 结构可视化。此外，最优的 2D 图像平面可能会受患者的解剖结构所限制，不能够沿着预期轴被采集到。获得的 2D 图像会被一些可视的标记物标记，这些标记可以通过使用平移、缩放和旋转等方法进行配准。但是，利用二维断层图像实现的三维重组会在成像介质中遇到成像几何结构的不确定和结构的变异性等问题。

4. 核发射断层扫描(SPECT 和 PET)的图像重建

尽管 ECT 图像重建的基本原则与 X 射线 CT 相同，但是这两种模式的重建参数差别很大。X 射线 CT 图像重建的目的是估计投影数据(忽略了散射)的衰减系数图。在 SPECT 或 PET 的情况下，图像重建的基本目的是重建源发射图谱，这些图谱来源于物体内光子的统计分布，这些光子在物体内发生衰减，在物体外可以被检测到。在 X 射线 CT 中，源统计数据是已知的，单个衰减系数是未知的；在 ECT(SPECT 和 PET)中，源统计数据和衰减系数都是未知的。重建完发射源分布，需要对衰减系数的参数进行估计假设。在重建过程中对衰减信息的合并叫做衰减校正，没有充分衰减校正的重建图像噪声较多、图像质量很差。在 SPECT 图像重组中，有很多方法可以用来进行衰减校正。

在实际应用中，物体间的衰减系数分布不均匀。假定衰减系数在物体内是恒定的，衰减效应可以根据相反方向上检测器的光子计数的算术或几何平均值来补偿。在应用滤波反投影法之前，使用这些方法预处理数据来补偿衰减是很有必要的。但是，它们只能在一些低分辨率成像应用中提供可接受的结果，例如全身成像。对特定器官成像来说，需要进行透射扫描来估算衰减系数的参数，然后再应用到重建过程中。

SPECT 中的透射扫描可以计算衰减系数参数，但经常会受到低能光子以及散射的影响。由于改进了计算效率，滤波反投影法被应用到了 SPECT 透射图像的重建，但是基于迭代 ML 估算的算法提供了更好的结果。这些算法可以单独从透射扫描中估计衰减系数，或者结合迭代统计算法估计图像重建的源分布。目前，SPECT 和 PECT 成像通过获取单独的透射扫描来计算衰减图。当然，衰减图也可以利用一致性条件，通过投影算子直接从发射扫描获得。

7.2.2　图像处理和分析

计算机和数字成像技术在生物医学影像学中发挥着核心作用。离开了数字图像的构建、处理和可视化，大部分的生物医学影像技术将无法实现。图像处理和分析方法提供了提高图像质量和量化图像信息的方法。

1. 图像数字化

数字图像本质上就是数字阵列。它们本质上是离散的，按照光亮度(或灰度级)和空间位置被分解成有限数量的元素。图像的灰度一般可以分为 256 级(相当于信息中的 8 比特)。图像中任意位置的亮度值可以表征为 0(黑色)，255(白色)或两者之间的 254 个不同的灰度等级。虽然人眼一般无法识别图像中超过 100 个灰度级的区别，但是计算机的数字图像处理可以分辨任何量化的灰度级。因此，一些医学图像甚至用到了 65536 个灰度级(图像信息可以以 16 比特的形式存储)。如果一个平滑的、逐渐趋于阴影的区域量化级数太少，那么从一个亮度级到下一级亮度级的任意曲线上会看到“假轮廓”。

对二维图像来说，图像的单个(通常是方形的)空间元素称作像素；在三维图像中，空间元素一般为立方体，称为体素。

图像的视野一般指图像所占空间的范围。当视野被采样时，其内部空间被离散化并划分为像素矩阵。对于三维图像，还有切片厚度这个维度。每个像素的大小等于视野除以矩阵尺寸。

体素尺寸的概念有时会与分辨率相混淆。分辨率是测量图像中能看到的细节，是衡量图像中可以看到多少细节的尺度。因此，分辨率指的是当两个物体间隔很小时区分它们的能力。两个点能够被视为分开的最小距离被定义为分辨率。如果物体间的距离小于分辨率，形成图像就会模糊一团。

分辨率是定义图像质量的一种方式。图像质量还可以用对比度和噪声进行衡量。对比度是两个相邻区域的亮度的相对变化(由暗到亮或者相反)。对比度越高，越容易区分物体的边界。图像中的噪声会使信号失真。不论用什么测量方式，噪声都可以认为是真值和测量值之间的误差。图像噪声通常表现为图片上的随机斑点，因为这些地方的亮度值与真实值不同。已知的均匀图像区域内灰度级的方差可以表征图像强度中这些不期望出现的变化。

2. 图像增强

计算机处理方法可用于提高图像质量。其中一种方法就是调整亮度以提高图像的对比度。理解图像对比度最好的方式是绘制灰度直方图，即对处于每一亮度或灰度级的像素点计数。如果直方图集中于某一个灰度范围，那么图像的对比度相对较差。集中于高亮度的一侧，图像将表现为曝光过度；集中于低亮度的一侧，将表现出曝光不足。最佳的全局对比度分布表现为直方图的平整或均匀分布。扩展或压缩灰度值分布范围的算法已经被应用于调节图像的对比度。

另外一种图像增强的方法是使用线性滤波(图 7-10)。线性滤波一般是指利用小型的数字阵列(核)对图像进行操作。利用滤波方法处理图像是通过计算机的一个简单数学操作方法实现的：滤波器以每个图像中的像素或体素为中心，以相应元素的乘积之和来确定该体素的新值。这个过程也被称为离散卷积。

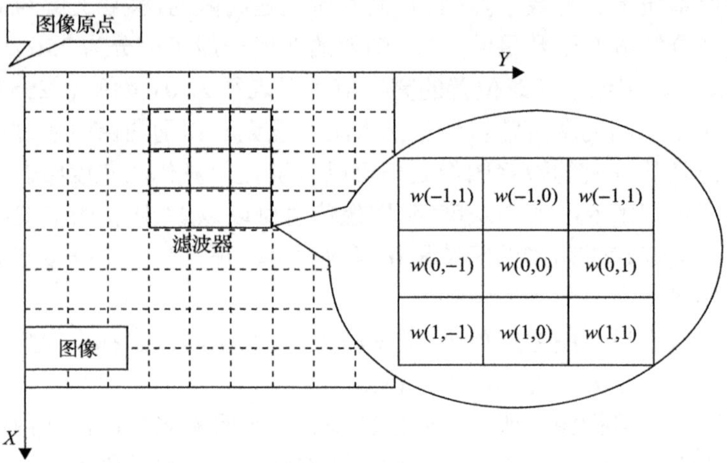

图 7-10　离散卷积的线性滤波器

一个简单的平滑滤波器可以用于降低图像的噪声。以下为滤波器内核：

$$\begin{bmatrix} \frac{1}{9} & \frac{1}{9} & \frac{1}{9} \\ \frac{1}{9} & \frac{1}{9} & \frac{1}{9} \\ \frac{1}{9} & \frac{1}{9} & \frac{1}{9} \end{bmatrix}$$

在滤波操作中使用这个平滑滤波器，图像中每个像素值被周围 9 个像素值的平均值所替代。结果是图像看起来更加平滑或更模糊，但是降低了噪声水平。

也可以通过使用一个线性滤波器使图像对比更加鲜明。其中一种方法就是使用“钝化掩蔽”(unsharp masking)的技术。这一技术起源于对照片进行暗室处理。其原理是拍摄一张图像，并从中减去模糊的版本。其滤波内核如下：

$$\begin{bmatrix} -1 & -1 & -1 \\ -1 & 9 & -1 \\ -1 & -1 & -1 \end{bmatrix}$$

这个滤波内核使图像对比更加鲜明，因为强化了像素点与其周边像素点的差异。

3. 医学图像分割

在医学图像中，分割通常指描绘出特定的结构，因此，它也包括分类的部分内容。医学图像的分割策略将数据知识与区域知识结合起来。数据知识是指分割体内图像特征的连续性、均匀性以及局部平滑性的假设。区域知识代表待分割对象的信息。

医学图像的定量分析需要将图像中的对象或对象特征识别和描绘出来。首先要将图像分割成几个对象候选区域，然后为这些区域分配意义。分析数字图片，要基于这些区域的属性将像素分组到所属对象的区域。因此，图像分割类似于在语音中创建音素或者在文本中检测音节。

应用图像中物体的区域知识分割是个难点问题。分割的目的是创建语义实体，这需要一个理想的、不受对象约束的分割标准。分割后，由于图像中的每个位置只代表一个意义，因此每个像素都被分配到一个确定的分割体中。

还有一个问题是：一些图像中的对象结构在对象的类内和类间的差异很大，比如一张前景有座房子、背景有一些树和山的风景图片。房子可能由颜色均匀的表面组成，这需要颜色的均匀性标准，树的特征可以是其天然纹理和颜色，这要求包含纹理的标准，背景中山的主要表征为强度以及远处物体的褪色。因此很难找到适用于所有对象的分割标准。按照简单的标准，例如均匀的颜色，在一些区域分割结果准确，但在另一些区域可能就会出错。

医学图像分割的情况稍微好些，因为医学图像代表与诊断相关的实体的测量，在身体各处的测量方式相同。CT 的 X 射线衰减是在标准的 Hounsfield 尺度上测量的。衰减不会随着位置变化，但会随着密度和原子序数变化。

外部的影响，例如色差或特定对象的信号衰减，会将物体或位置相关的成分加入测量和重建信号。此外，对于特定物体类别，测量值不是唯一的。因此，数据驱动的分割经常会在某些情况下将感兴趣的对象分割成若干段，而在其他情况下则会将不同的对象融合到一个单独的分割体中。

这里有几种方式可以在不牺牲低水平分割标准对图像分割的有效性的同时，解决信息丢失的问题。

前景分割集中在图像中的一个物体。分割标准是为前景物体创造一个好的分区，这个分区与背景分割质量不相关。之后的分析只在前景分割体上执行。这种方式要求在分割完成后运用一些模型知识将前景从背景中分割出来。一个引进模型知识的简单方式是让用户指明前景分割体。

层次分割是运用多分辨率概念逐步细化实现的(图 7-11)。假定在某个尺寸下能找到一个通用的标准(多数情况下是同质性准则)，第一次分割要创建一个比最小的物体更小的分割体，这个结果有时被称为过度分割；下一层次，按照物体外表的区域知识将其中一些分割体融合成较大的分割体。这种方式成功的关键是用一个通用的准则在一个未知的尺寸上定义有意义的分割体。尺寸则通过分析分割层次水平来寻找。

多层分割是另一个利用多分辨率的技术，它假定存在一个通用的分割准则，但是在图像中的尺寸可能不一样。在不同尺寸下的分割产生分割层，之后根据它来估计局部尺寸、修补分割体。由于一幅图像中不同结构的标准尺寸不同，因此这种方式比前面的几种更普遍。因为每一个分割体的合适尺寸需要独立于其他分割体来制定，所以结构体的分析更困难。

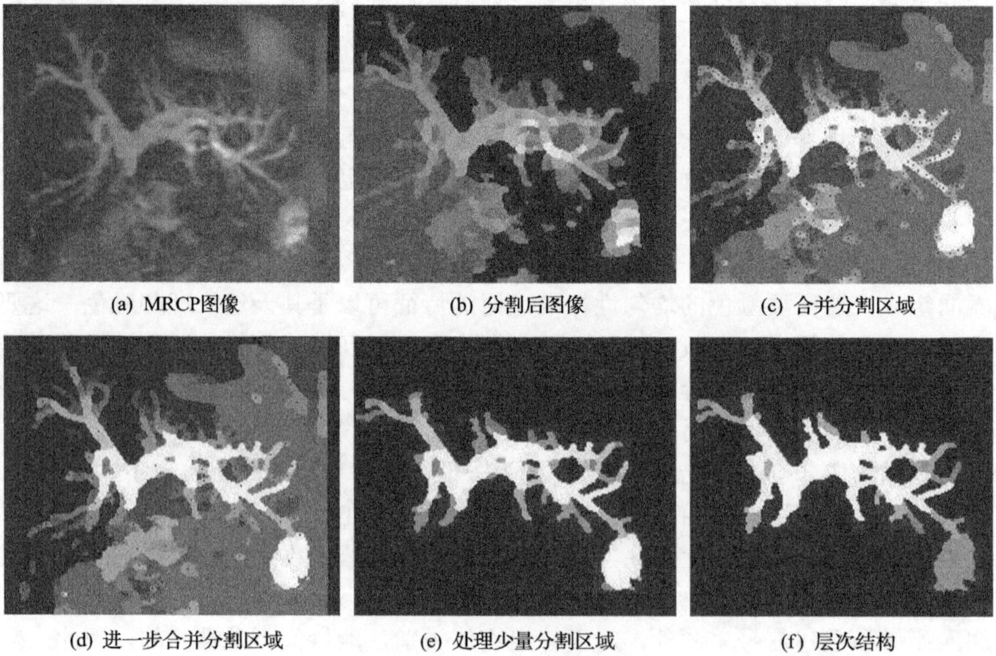

(a) MRCP图像　(b) 分割后图像　(c) 合并分割区域

(d) 进一步合并分割区域　(e) 处理少量分割区域　(f) 层次结构

图 7-11　层次分割的多步骤实现[9]

在医学图像中，不同的语义学来源于不同的采集技术。医学图像的像素值相比外表图像的像素值对于诊断问题的相关性要更高。选择不同的采集技术也是为了洞察不同的诊断问题。区域知识是分割过程的一部分，在切片图像上作用更明显。在一些图像中，像素值和器官类别成员是相关的，像素值的分割标准能够将类别成员分配到分割体上。因此，在医学图像分析中，分割和分类有时可以混合在一起。

医学图像分析需要通过分割寻找特定结构，这使得前景分割的应用比在其他图像中更频繁。因为可能涉及检测任务，所以需要一个模型驱动的方式将结构从背景中分辨出来。流行的分割技术，例如各种区域生长技术、隐式或显示主动轮廓和曲面的应用、主动形状模型等，都使用了这种模型驱动的方法。

在采集技术和寻找前景物体等方面使用区域知识在一定程度上有助于解决分割问题，且分割效果优于一般图像处理。分割通常在切片图像上操作，不需要解决闭合问题。同时，计算机辅助分析是分割医学图像的必要条件。

1) 区域知识

空间和时间的连续性是分割中的两个主要数据特性。一个物体显著是由于该区域的平均灰度值或纹理使其在图像中突出。假设分割边缘进程不发生突变，基于空间连续性的分割使得分割体内的均匀性大于相邻分割体之间的均匀性，可以将一个 2D 或 3D 图像分割出来。

将时间看作第四维度，可以通过同样的方式使用时间连续性。通常先在一个时间步骤计算分割结果，然后利用它对下一个时间步骤进行约束或初始化分割，这就需要利用时间连续性。

这种方式有时也被用于分割一个 3D 场景下的 2D 图像序列。在一张 2D 切片中执行分割，之后将结果传递给下一张切片来初始化分割。

分割传递被限制在时间轴或空间轴，使得结果依赖最初的分割。使用者想要确保初始分割结果尽可能好，可以考虑使用以下方法：①通过浏览切片或时间步长选择最好的起始点，之后从这个起始点沿着时间或空间轴进行分割；②从不同的起始点开始分割，然后选择最相关的分割，这需要对分割结果进行定量测量；③多次进行分割过程，直到达到一个稳定的分割状态，以此来改善分割结果。

如果在相邻分割的分割体中存在一一对应关系，可以通过在 $n-1$ 维空间中的相邻分割之间施加连续性约束来执行 n 维分割，这会减少之后分割的配准任务。这个操作通常比配准简单些，因为根据连续性假设预测相关的分割体彼此接近并且形状相似。这种情况在 4D 分割中经常出现，因为在时间步长之间物体既不会消失也不会被创建。有时从 2D 切片进行 3D 分割也是如此，即使切片之间的拓扑结构发生了变化，依然可以使用前一个切片的分割来约束当前切片中具有相同标签的切片的可能位置。

时间和空间连续性可以通过均匀的局部外观来表征，在最简单的情况下，它指的是由分割体内的强度变化得出的强度均匀性。也可以使用其他的近似值，例如计算一个分割体内的最亮和最暗像素的距离。

感兴趣结构的像素或体素灰度值在分割体内外稍有不同。因此，基于强度的分割方案比较普遍。但是需要解释许多伪影，其中最普遍的就是噪声。人类视觉系统的去噪能力十分有效，在进行同质性分割之前，人就可以在邻域分割体间看到明显的差异，但是在噪声环境中分割比看起来要困难。

根据 SNR，噪声通常被模式化为均值和方差为零的高斯分布。预处理可以减少噪声，但可能会导致细节丢失。去噪可以包含在分割过程中。多分辨率方法，例如高斯金字塔，可以通过重复低通滤波和下采样产生一系列不同分辨率的图像。由于低通滤波的降噪效应，在低分辨率下进行分割可能丢失边缘的细节，还可能去除小的分割体(图 7-12)。将高斯金字塔的膨胀操作(通常是内插)运用到分割中，能将低分辨图像的分割转移到一个分辨率较高的图像中。在高分辨率下膨胀结果的分割约束与在时间序列的顺序分割中的空间约束大致相同。

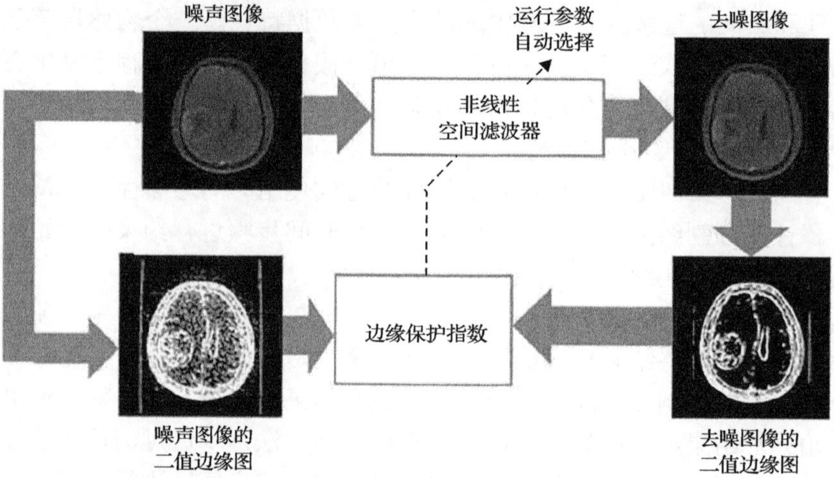

图 7-12　使用滤波器去噪前后的边缘图结果对比[10]

基于强度的分割中，阴影是另一种影响分割效果的伪影，通常来源于图像采集。阴影在 MRI 中是由于磁场的不均匀性造成的，在超声图像中是由声影造成的。如果阴影效应不如分割均匀性明显，可以在预处理中去除。MRI 中的多发性病变分割就是基于对白质的分割来估测阴影。白质与背景对比明显，因此不需要伪影校正就能实现分割。理论上，白质应该具有恒定的灰度值，因此，任何灰度变化都可以归因于阴影，然后再外推到图像中的每个位置。如果每单位距离的灰度变化小于分割体间的对比度，可以在局部执行基于灰度的分割，也就是将图像分成几个亚区，然后在每个亚区单独执行分割。

依靠边缘准则进行分割也可以解决一些阴影问题。如果一个分割体与邻域对比明显，高灰度梯度显示分割体间的边缘，边缘的定位可以通过追踪强度函数的二次导数的零交叉点或者通过计算梯度长(即邻域分割体间的强度差)的局部最大值获取。如果梯度长在图像中近似相等或者所有的非零梯度长都是由分割体边缘导致的，那么基于梯度的分割是最简单的。但是前者出现情况比较少，后者因图像都有噪声不可能存在。因此，许多基于边缘的分割方案会包含一个梯度强度的显著阈值，需要将超过域值的像素纳入分割边界。它可能去掉低于显著性阈值的一部分真实边界，但这些信息可以通过创建分割的邻域知识添加回来。

与区域分割相比，边缘分割的主要缺点是对噪声很敏感。因此，降噪必须作为梯度计算的一部分。在区域分割中使用多分辨率策略是合理的，需要从原始图像的边缘扩展图像配准边界。

2) 阈值法

医学图像的产生是有目的的，通常感兴趣的物体的灰度值要高于或者低于背景。因此，经常使用阈值法分割医学图像。像素或体素为 v 时，用阈值 t 从图像 f 中分割 s，公式如下：

$$s(v)=\begin{cases}1, & \text{if } f(v)>t \\ 0, & \text{otherwise}\end{cases}$$

阈值化将图像像素分割成背景像素(s=0)和前景像素(s=1)。如果选择多个阈值，也可以将图像分成几个不同的区域，有时恰好能将感兴趣的物体从背景中分割出来。如果不是所有的前景区域都是感兴趣物体的部分，接下来就要进行连接分量分析(CCA)，先标记所有前景区域，然后由用户识别形成感兴趣对象的区域。

阈值化可以交互进行，用户选择一个阈值然后显示分割的结构，阈值不断变化直到分割结果达到预期。当不能显示分割结果或者结果中包含太多由用户导致的差异时，要避免使用这种交互方式。

自动阈值技术基本假设是前景像素值与背景不同，所以直方图应该有两个波峰(双峰直方图)。阈值应在两个波峰之间。由于双峰直方图的分布经常重叠，所以处于两个波峰之间某个位置的阈值，标签分配错误最少。

噪声会导致直方图有一些局部最大值和最小值，Otsu 提出一种迭代过程，能发现双峰分布直方图 h 的最适阈值。它假设前景和背景像素的分布特性除了期望值之外近似相等，根据这些期望值的均值，基于初始估计值 t 找到一个阈值。

t 的初始估计值是平滑直方图的局部最小值。如果直方图噪声太多，第一个估计值可以取 $t=0.5\cdot g_{\max}$，这种方法已经运用在前景和背景像素上，用于分割多个类别。

另一个类似的方法是使用模糊聚合理论迭代确定阈值，定义两个分别属于前景和背景灰度值的子集以及处于两个初始未知成员之间的第三个灰度值子集。根据这三个子集的直方图，为来自这个集合的灰度值分配模糊成员资格，然后在前景和背景的两个模糊函数相交位置找到最终的阈值。

如果前景像素的数目比背景像素少，前景像素的波峰会在噪声变化范围内并且很难确定，找到最小阈值会比较困难。1977 年，Zack 等提出了在这种情况下找阈值的方法。在贝叶斯假设下，Zack 算法是一个启发式的近似最优解(图 7-13)。在这个假设下，直方图是两个概率分布 $P_f(v|g)$ 的集合，其中 v 是前景像素，其灰度值为 g，$P_b(v|g)$ 是背景像素被先验概率加权。分类错误最少的最优阈值是两个分布的交集，它并不总是直方图的最小值。如果两个分布中的一个方差小于另一个分布的方差，那么 Zack 算法的阈值移向前者，这与贝叶斯假设下的最优阈值类似。

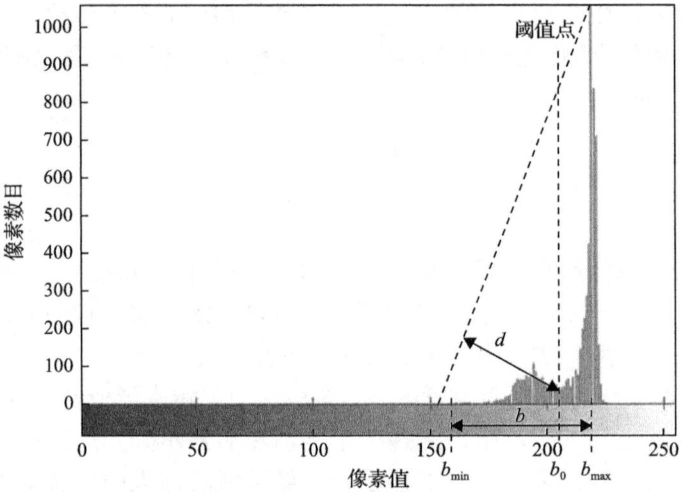

图 7-13　Zack 算法的阈值是直方图曲线到两个波峰连线的最大距离[11]

如果底层阴影使图像扭曲，即使和背景像素的对比度很大，阈值化也可能不起作用，这种情况发生在 MRI 产生的信号不恒定时。显微镜成像也会由于阴影而使阈值分割变得复杂。如果在图像生成过程中不能校正阴影，但在图像的某部分存在将阴影效果与其他强度分开的信息，也可以回溯进行阴影校正。

阈值化是一种简单、快速、容易操作、易于理解的方法，它可以利用多模型直方图将几种不同的类型分割出来。当难以找到可靠的标准来区分直方图中的真假局部最大值时，自动查找阈值可能会不稳定。

3) 流域变换：计算零交叉

定义分割边界的强度边缘是对利用强度定义分割体同质性的一种补充，然而两者也存在一些差异。即使来自阴影的强度变化导致无法定义同质性标准，强度边缘可能仍是可辨别的，可用于分割。另一方面，因为计算强度信息的导数也会增加噪声，所以依赖边缘信息会缺乏鲁棒性。因此，许多基于边界的分割方案要求在预处理步骤中降噪或者将降噪作为基于边缘分割方法的一部分。

流域变换(the watershed transform，WST)是一种使用边缘信息作为标准进行分割的常用方法。在强度梯度的梯度长上执行 WST，相当于通过强度函数的 Laplacian 的零交叉来定义分割边缘。对时域上的两倍可微函数，过零交叉的位置是闭合的、不重叠的边界。对离散域上的图像，WST 是一种非常好的无参数图像分割方法，其过零点已被证明是人类视觉分析的重要特征。

计算分割体的流域变换定义如下：

- 事件被看作是其函数值(即梯度长)代表高度的场景；
- 场景中的每个局部最小值是一个水槽；
- 场景中的流域是地势的边界，它分割区域并流入不同的水槽。

鉴于上述描述，一张图像可以分解成像水槽一样多的分割体。如果水槽是梯度长的局部最小值，原始灰度图中的每个局部最小点、最大点或鞍点将会是一个分割体的中心。如果图像有噪声，将会产生严重的过度分割。因此，用 WST 分割前需要降噪，或者将降噪包含进 WST 中。

计算流域变换可通过洪水来完成，水槽被视为水源。如果在预处理中没有解决图像噪声，并且需要减少分割体的数目，WST 可以以分层形式进行。在这种情况下，第一个 WST 的分割体对另一个 WST 是超像素的，梯度可以通过计算相邻分割体的加权平均强度差来估计。分层 WST 减少了分割体的数量，但增加了流域(超)像素的尺寸。当流域不是像素而是像素边界时可以避免这种情况。Beucher 的瀑布算法正是这样。如果一个流域比周围的流域低，不同的流域会融合。融合流域的层次可以给分割体分配一个显著性度量，当融合在之后发生时，显著性更高。

假设完整的图像存在一个最优尺度，如果分层 WST 无法保证比原始 WST 产生更多有意义的分割体，分层 WST 会将分割转换成尺度空间。实际上，虽然物体或物体的一部分存在一个最优尺度，但其在图像中是变化的，因此，每个物体的最适分割要在不同的尺度下寻找。除非能够事先预测最优尺度的存在，否则处理这一问题的唯一办法是将专家知识纳入包含适当尺度信息的分割中。

用户可以通过提供选择组件与流域变换交互相结合。由于用于分割体(梯度长图谱中每个局部最小值是一个分割体)的潜在模型不能描述想要什么，所以会出现来自标准 WST 的过度分割。基于标记的 WST(mWST)使用预先指定的标记位置作为源(而非局部最小值)来增加待分割物体的信息。在待区分的前景或者背景区域中至少要设置一个标记。流域变化仍会增加水位，没有从标记位置溢出的区域变成临时标签“未知”。如果一个带有“未知”标签的区域与一个标签区域融合，它就会接受后者的标签。通过提供标签，可以预先确定好分割体的数目(不能超过标签的数量)。当出现相同的标签时(一个区域可能有不止一个标记)，标记的位置可以手动设置或者通过探测过程计算出来。

4) 区域生长

区域生长就是将数据驱动的约束与交互式添加的领域知识相结合。用户通过在物体中设置一个种子点来指定一个需要从背景中分割出的区域，待分割区域的外表具有同质性特征，区域生长使用同质性标准来检测从种子点到相邻像素或体素路径所能达到的所有像素或体素(图 7-14)。

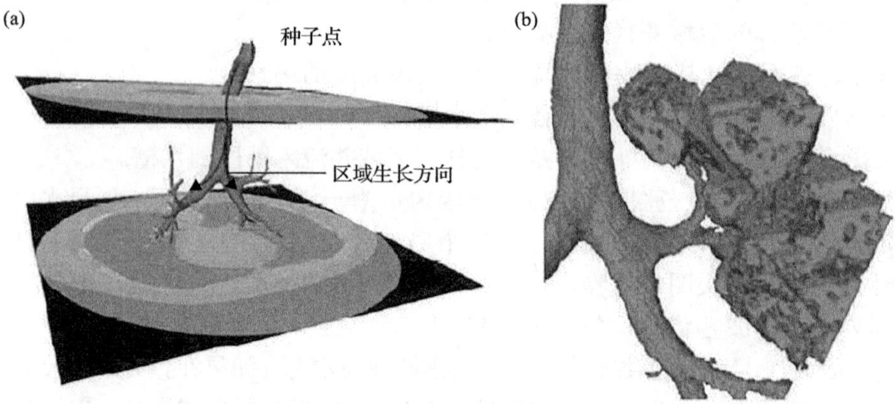

图 7-14 3D 区域生长算法对气管的分割[12]
(a) 算法思想；(b) 算法分割结果

在图像中指定一个结构比描绘边界容易得多，只需要用户识别出一个确定属于前景物体的位置。这里的潜在假设是同质性标准独立于种子点的位置，不同的种子点位置能产生同样的结果。

同质性需要对一个单独的像素或体素进行计算。它通常是围绕某个期望值的强度函数 $f(x)$ 的方差，这相当于假设前景物体可以通过一个较低或较高的阈值从背景中分割出来。定义同质性标准是比较困难的，通常方法是假设种子点的灰度值等于前景区域的期望值，方差由用户输入并通过反复试验才能确定。

在 2D 图像中，可以通过交互找到一个好的同质性标准，但是在 3D 图像中通过视觉反馈控制结果要困难得多。假设物体与背景有很好的对比，可以在两遍过程中自动找到同质性。第一遍中，设置一个种子点并且基于对期望值和方差的估测来计算同质性，这个估算基于当前已经找到的区域中的元素数目以及这些元素的方差。刚开始时，由于区域中只有很少的一些元素，方差会被低估并据此校正，随着继续生长，同质性标准达到当前估测的期望值和强度方差。根据当前对同质性标准的估测，当没有更多的场景元素能被包含进来时，就停止生长。第二遍过程就是根据第一遍中计算出来的同质性标准和相同的种子点再重复一遍上述计算过程。

如果在第一次遇到区域边界之前区域特征的估计是可靠的，则该算法是成功的。因此要求用户将种子点放在前景物体的中心。如循环中的邻域出现顺序是随机变化的，会产生一种无规则行走。

除了种子以外，使区域生长过程独立于参数的变体是种子区域生长，它将区域生长变为类似 mWST 的分割过程。在种子区域生长中，用户通过指定许多种子点将图像分成多个分割体。刚开始时，每个种子形成自己独立的分割体并且所有其他像素的标签都是未知的，所有带标签分割体的未知标签邻域按照适当的同质性准则(如灰度差异)排序，选择最接近的未标签像素做标签。如果这个像素接近具有相同标签的像素，它就会接受这个标签。否则，它会接受最接近的分割体的标签。

通常区域生长的入选标准取决于种子位置的特征，因为这允许通过选择放置种子的位置来暗示同质性的定义，然而这也意味着结果取决于种子点的位置(图 7-15)。对称区域生长方法与种子点的位置无关，只需要将种子放在分割体内即可。这个算法需要一个对称性入选标准——如果这个准则允许一个区域从某个种子点 A 生长到另一个种子点 B，那么相同的准则应允许从 B 生长到 A。

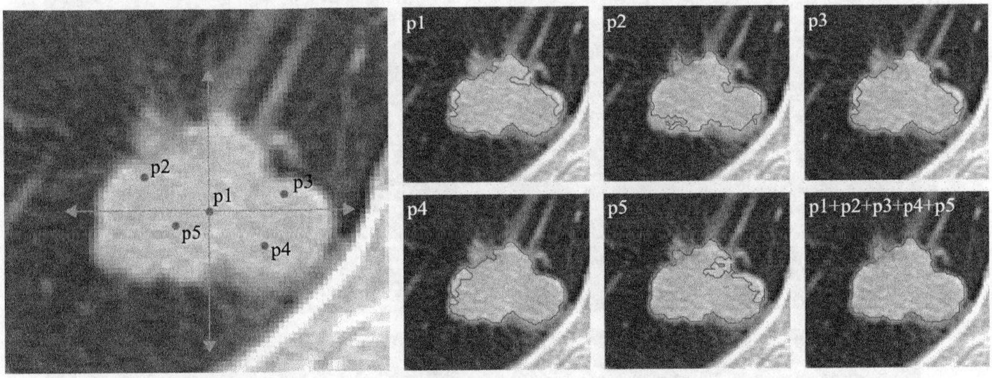

图 7-15　选取不同种子点所得到的区域生长结果图对比[13]

由于噪声、伪影或者同质性标准的近似性质会导致区域生长泄露至背景区域，因此，可以通过交互增加不能越过生长过程的边缘或者使用几个种子点分别创建分割体作为区域联合来阻止泄露。前者适用于因为噪声或分割体附近有类似外观的物体导致泄露只发生在几个隔离的位置的情况。后者适用于图像前景物体与阴影对比度较好的情况，可以选择几个种子点，且假定灰度期望值至少在局部是恒定的。

5) Live-Wire

如果很难确定一个能将物体从背景中分割出来的同质性标准，可以尝试通过交互输入来定义边界。可以交互追踪边缘的方法有很多种，但到目前为止，医学图像分析中最常使用的是 live-wire 方法，也被称为智能剪刀。它的概念很简单，用户在边缘选择一个起始点，之后根据最优标准计算所有其他点到起始点的最低成本路径，用户在这些点之间选择最适当的终点，然后以这个“最适当的终点”作为下一个轮廓分割的开始点。不断重复这个过程，直到到达第一个边缘点并且感兴趣的物体周围的边缘闭合。

由于 live-wire 交互容易实现并且对交互的应答很迅速，所以这种方法很流行。了解一些细节对于理解 live-wire 算法的行为是很有帮助的(图 7-16)。下面是一些控制 live-wire 轮廓行为的细节。

- 最优标准是一个局部的标准，可以在每个像素点计算出来，并且它的最优性随着这个点成为轮廓一部分的可能性的增加而降低。
- 起始点和终点的距离表示最优标准覆盖用户输入的点之间的最大距离。
- 预处理是以局部最优标准从真边界信息中分割出伪影的影响。

最优是局部像素属性和边缘长度的综合。换句话说，当不存在局部属性时，两点之间的最优边缘是条直线。

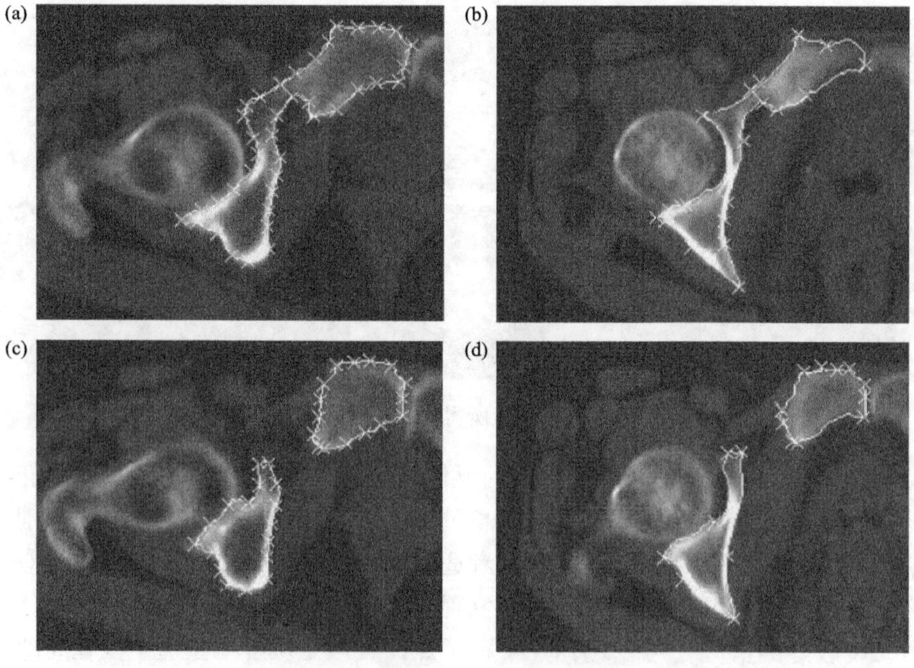

图 7-16　live-wire 是个交互过程，选择一个起始点路径后，计算任意终点的成本，然后选择边界上路径成本最小并且仍沿着对象边界的点[14]

6) 特征空间分割

在医学图像中，图像采集技术的选择很重要，医学图像的像素或体素值相对于照片中的强度涵盖了更多的语义。因此，图像分割可以作为图像强度在特征空间中的分类。

特征空间的维度通常较低，而表征物体类别的样本维度很高。本章节描述了典型的分类器并从样本中估测似然函数，之后通过计算每个物体类别的后验概率来完成分类。同时还会讨论特征空间中的聚类，聚类不需要训练，有可能直接完成分割或者用于减少生成训练数据的工作量。

给定一个场景元素 v 处的强度 $f(v)$ 以及两种不同的类别：前景 fg 以及背景 bg，错误决策数量最少的最优解决方案是给最高的类别分配一个后验概率 $P(v\in fg\mid f(v))$ 或者 $P(v\in bg\mid f(v))$。根据贝叶斯理论，后验概率可以从先验概率 $P(v\in fg)$ 和 $P(v\in bg)$ 以及似然方程 $P(f(v)\mid v\in fg)$ 和 $P(f(v)\mid v\in bg)$ 算出：

$$P(v\in fg\mid f(v))=\frac{P(f(v)\mid v\in fg)P(v\in fg)}{P(v\in fg)P(v\in bg)}$$

$$P(v\in bg\mid f(v))=\frac{P(f(v)\mid v\in bg)P(v\in bg)}{P(v\in fg)P(v\in bg)}$$

两个等式中的分母相同，为了找到最有可能的类成员，可以省略。有时，两个后验概率仅在一个位置相交，这是决定从前景转换到背景的阈值。对于每一个值 $f(v)$ 都需要计算先验概率和似然方程。

这两条曲线可能不止相交一次，如果多余的相交发生在低概率值的位置，这表示真似然的近似可信度比较低，可以忽视这次相交。当具有不同均值和方差的高斯分布与似然方程近似时，就可能会发生这种情况。这种分布的第二个相交通常在 $f(v)$ 的容许值范围之外，即使它在 $f(v)$ 范围值内，也假定这次交叉是由于高斯函数与似然函数不准确的近似造成的。

先验概率和似然函数是从训练数据产生的，它具有代表性，其特征值反映真正的似然函数。不同患者图像的前景和背景可能不一样，因此训练数据需要来自几个不同的成像序列。不同患者的图像伪影(如阴影伪影或加权依赖的对比度)、使用不同制造商的成像设备或使用不同的采集参数，都有可能造成组织特征的个体差异。

根据分类训练数据，将前景和背景中元素的灰度值似然方程标准化为直方图 h_{fg}^{n} 和 h_{bg}^{n}，如果样本的数量足够多，就能够忽略噪声的影响，直方图可直接作为似然方程(图 7-17)。

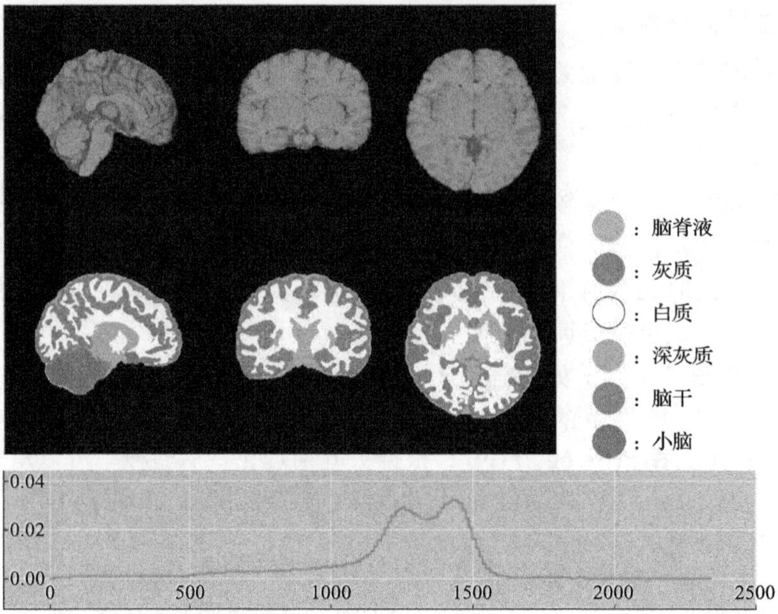

图 7-17　带有先验模板，并参考概率分布方程拟合图像强度直方图进行分割

核密度估算器(也称 Parzen 窗)有助于减少欠采样的负面影响。它的基本假设是：每个样本值 $f(v)$ 代表 $f(v)$ 邻近的一系列值。因此，$f(v)$ 被假设为一系列未知强度函数 d 的平均值。之后用强度函数 d_{fg} 和 d_{bg} 对直方图进行卷积归一化，重新计算似然方程新的估测值：$P = h_{fg}^{n} \times d_{fg}$ 和 $P = h_{bg}^{n} \times d_{bg}$。

d_{fg} 和 d_{bg} 通常是未知的，近似高斯分布(基于中心极限定理)，基于归一化直方图的平均采样强度和噪声特性设置高斯方差。如果直方图箱的数量与样本数量比值较小，应该选择较低的方差，反之，选择较高的方差。

前景似然函数和背景似然函数往往适合不同的方差。因为来自训练数据的前景样本的数目可能远小于背景样本的数目，而且前景中的强度值范围也可能与背景不同。

似然函数也需要进一步被限制。假设在一个无噪声的环境中，前景或背景强度均匀，强度值变化的唯一原因是噪声。通常假设噪声是零均值的，似然方程是高斯函数，均值 μ 代表前景或背景的强度的期望值，方差 σ^2 代表测量的噪声，似然函数可以表示为：

$$N(f;\mu,\sigma) = \frac{1}{\sqrt{2\pi\sigma}} \exp\left(-\frac{1}{2}\frac{(f-\mu)^2}{\sigma^2}\right)$$

导致图像强度不符合高斯分布的原因有很多。最显著的非高斯误差是由部分容积效应(PVE)造成的。如果要从暗背景中分割一个亮的前景，噪声的变化来自于亮暗场景元素之间的 PVE，而非正态分布的噪声，这时图像强度不再是正态分布的，甚至相对于均值是不对称的。另一个例子是使用造影剂的图像。在 DSA 成像中，理想的图像应该有一个恒定的白色背景，但是由于血管厚度不一样，血管沿着投影方向会呈现不同程度的黑色。血管厚度不同导致的前景变化是非高斯分布的，这是观察到强度变化的重要原因。

有些图像强度分布实际上是几个分布的组合。这样的例子是包含不同组织成分的前景物体。图像特征可以通过有或没有 Parzen 窗的归一化直方图捕获。然而，如果样本的数目过少，无法通过函数模型计算可靠的估计值，则可以用不同的均值、方差和先验概率来假定混合的高斯分布。如果图像描述的是包含不同外观的几种物质的混合体，那么上述方法就是一个特别合适的模型，由于最终目的并不是物质分类，所以个别似然函数在很大程度上允许重叠。

目前，分割就是需要知道每类中需要分配哪些场景元素。由于场景元素被赋予了意义，所以这种类型的分割实际上是分割和物体识别的一种结合。然而特征空间中的分割则不需要做出这种假设，特别是在分割先验知识不足的情况下，这是个很有用的方法。

这个过程被称为聚类。潜在的假设是来自相同物体的场景元素比那些属于不同物体的场景元素有更多相似的特征。聚类也是一种通用的方法，它可以将任何类型的特征分组。区分用于低维度稠密特征空间的聚类技术和用于高维度稀疏特征空间的聚类技术是很有必要的。

聚类算法用于低维特征空间的分割。在 2D(以及一些有难度的 3D)特征空间中，最简单的方法是交互进行聚类，显示 2D 分布，然后用户指出或者描绘集群，最后显示分割结果以及校正聚类。然而，由于这个过程是非常主观的，可能更适合快速查看数据，如果要分析一系列数据集，应该用一些自动聚类算法(图 7-18)。算法从初始聚类中心开始，根据距离分配样本，在分配阶段之后计算新的聚类中心。重复该过程，直到群集成员身份没有变化。

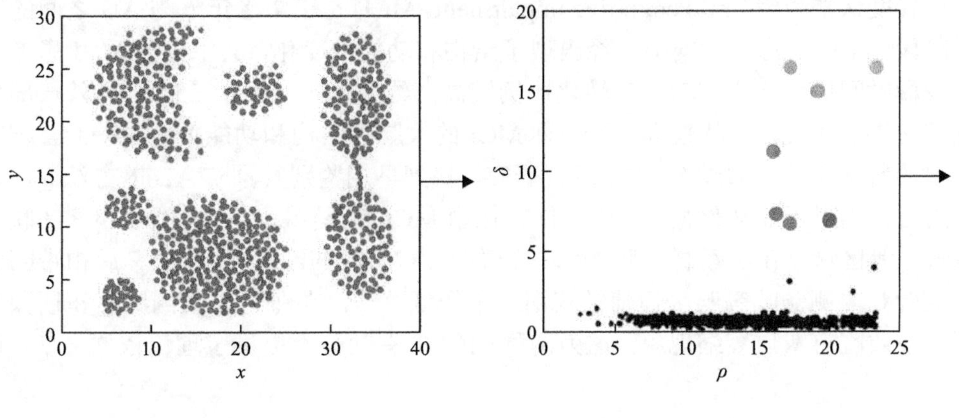

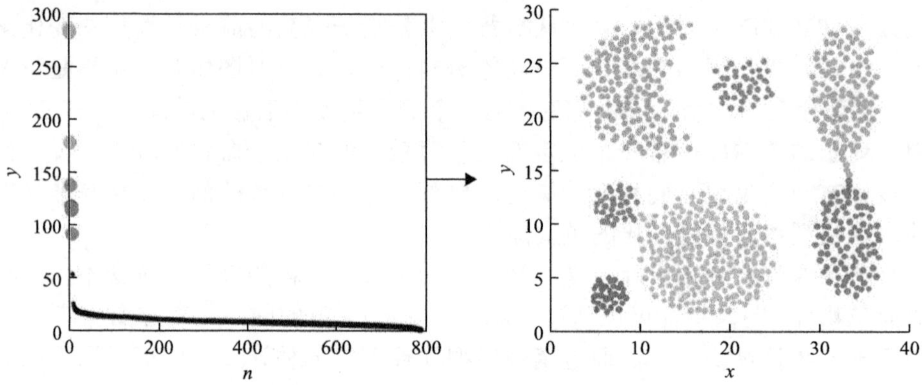

图 7-18　自动聚类示意图[15]

7.3　医学影像在阿尔茨海默病(AD)中的应用

1906 年，德国精神病学家和病理学家阿洛伊斯·阿尔茨海默(Alois Alzheimer)首次对阿尔茨海默病(Alzheimer's disease，AD)进行了描述，后来就以其名字命名[16]。AD 是一种渐进型神经退行性疾病，常伴随着大脑结构和功能的改变，包括 β-淀粉样沉积、葡萄糖代谢下降及灰质萎缩等，已成为当今威胁老年人健康的重要病症之一[17]。AD 导致了 60%～70%的痴呆，2015 年全世界大约有 2980 万人患有 AD，其发病年龄通常在 65 岁以上[18]。AD 主要有两种类型：早发型 AD 发病年龄早于 65 岁，通常在 40～50 岁被诊断为 AD，比较少见，AD 中大约 5%的人为早发型；迟发型(散发型)AD 比较常见，发病年龄一般晚于 65 岁。据统计，2015 年，痴呆导致的死亡人数约为 1900 万。AD 的病因了解甚少，大约 70%的风险被认为是遗传导致的，其他风险因素包括脑部外伤、抑郁、高血压等。它的两个重要的发病标志是淀粉样斑块和神经纤维缠结，Aβ 是主要的斑块成分，tau 蛋白是主要的神经纤维缠结的成分[19]。

轻度认知障碍(mild cognitive impairment，MCI)是正常老年人与 AD 之间的转换阶段，在这一阶段大脑中已经出现了结构和功能的变化，其中部分 MCI 患者会在一段时间后转化为 AD，且转化比例较高，约为每年 10%～25%，另外一部分则转化进程缓慢，症状较轻，这两种 MCI 的大脑在结构和功能上存在差异，越来越多的研究者试图通过对 MCI 进行研究，找到早期鉴别及预防 AD 的方法。在这一阶段，相对于非转化型 MCI，AD 转化型 MCI 在外侧颞叶，前额叶和顶叶联合皮质区等区域 Aβ 淀粉样沉积的水平较高[20]；在顶颞叶联合皮质区、后扣带回、楔前叶和内侧颞叶等脑区葡萄糖代谢水平较低[20,21]；在海马、内侧颞叶和顶颞叶联合皮质区有灰质萎缩现象，这为两种 MCI 的有效分类提供了理论依据[21-23]。这些指标都可以通过神经影像数据来检测，所以许多研究者基于神经影像数据来实现 MCI 的分类，从而预测 MCI 是否会转化成 AD，以便提前采取治疗[23, 24]。

AD 只能通过尸体解剖得到确切的诊断结果，所以目前只能对“可能的 AD”进行诊断，诊断方式包括神经心理学测验、血液学检查、神经影像学检查、脑脊液检测、基因检测等[25]。随着神经影像技术的发展，结合特定生物标志物的研究提高了对 AD 的诊断效率。随着当代医学成像技术和机器学习的发展，改善诊断的方法也正向前推进，可以基于图像特征对 AD 类型进行分类，有助于 AD 的临床诊断和治疗。

7.3.1　AD 临床诊断标准

目前 AD 只能通过尸体解剖才能明确诊断，所以，临床上只有“可能的 AD”的诊断。最早的“可能的 AD”诊断标准是由美国国立神经病语言障碍卒中研究所和阿尔茨海默病及相关疾病协会(NINCDS-ADRDA)规定的，该标准发表于 1984 年，后来被称为 NINCDS-ADRDA 标准[26]。随着 AD 临床表现以及生物学知识的大量增加，NINCDS-ADRDA 标准渐显不足。为此美国国家衰老研究所(NIA)和阿尔茨海默病学会(AA)修订了 AD 的诊断标准，并于 2011 年公开发表。新标准与旧标准的最大区别是，旧标准主要将 AD 视为痴呆，而新标准将其视为一个包括 MCI 在内的连续的疾病过程，将 AD 分为三个阶段，即痴呆阶段(dementia phase)、痴呆前有症状阶段(symptomatic，pre-dementia phase)、无症状临床前 AD 阶段(asymptomatic，preclinical phase)。因此，新的诊断指南包括 AD 的三个标准，即 AD 所致痴呆标准、AD 所致轻度认知损害标准以及一个以研究为目的定义的新分类——临床前 AD 标准。新标准的另一个特点是将生物标志物纳入到 AD 痴呆的诊断标准中，并对如何使用生物标志物以增加 MCI 和 AD 临床诊断的可靠性进行了说明[27 29]。Jack 教授提出的 AD 动态生物标志物瀑布假说(dynamic biomarker cascade)认为，淀粉样蛋白病理改变和神经退行性变异在 AD 临床症状出现之前均已发生，淀粉样蛋白病理变化是引起 AD 神经退行性变化而导致痴呆发生的最早事件，神经退行性病理变化的先后顺序依次为脑功能降低、tau 蛋白过度磷酸化以及突触和细胞缺失[30]。此假说推测 AD 临床各期均有反映其病理生理特点的特异性标志物，因此研究人员可以根据 AD 各时期的生物标志物来进行诊断。

AD 的临床诊断比较复杂，一般包括神经心理学测验、血液学检查、神经影像学检查、脑脊液检测、基因检测等。

神经心理检查方法在 MCI 和 AD 诊断中的作用已得到普遍认可[28,29]，具体检查包括：简易精神量表(MMSE)、蒙特利尔认知评估量表(MoCA)、日常生活活动量表(ADL)、Preffer 功能活动量表(POD)等。其中 MMSE 是应用最广泛的一种量表，具有敏感度好、操作方便等优点，但是它的评价分数受教育程度影响很大，教育程度高的人可能有假阴性，反之则可能有假阳性。自 2005 年以来，MoCA 在临床与科研中应用十分广泛，主要用于筛查有轻度认知功能下降主诉，但是 MMSE 评分在正常范围的老年人[31,32]。血液学检查用于检测伴随性疾病或并发症、发现潜在的危险因素、排除其他病因所致痴呆。

神经影像技术的发展为研究人类大脑奠定了技术基础，目前在脑科学研究中被广泛应用的有 PET 和 MRI 等，可分别用于测定大脑功能或结构上的不同指标。AD 中比较常用的 PET 有 ^{11}C-Pittsburgh 复合物 PIB-PET、^{18}F-florbetapir-PET (florbetapir-PET) 和 ^{18}F-fluorodeoxyglucose-PET (FDG-PET)。PIB 是 Aβ 配体，用于测定 Aβ 沉积水平，florbetapir-PET 是以 ^{18}F-florbetapir-PET 为标记物，也用来测定大脑内的 Aβ 水平，FDG-PET 是以 ^{18}F-fluorodeoxyglucose 为标记物，用来测量大脑内葡萄糖代谢情况，这些成像方式对早期 AD 的识别具有较高的灵敏性和特异性[33,34]。

AD 最常见的诊断标准是双侧颞叶顶叶区和后扣带皮层葡萄糖代谢降低。结构 MRI 可用于鉴定 AD 患者和年龄匹配的对照个体之间的内侧颞叶的萎缩差异，灵敏性和特异性都高于 85%，并且有新的证据证明内侧颞叶萎缩测量可以用于鉴别最终能发展为 AD 的 MCI 患者[17]。但是生物标记物研究中的一个挑战是主要病理特征存在大量重叠，例如，90%的路易小体型痴呆患者与 AD 的病理特征相似，几乎所有严重的脑血管疾病患者都有明显的 Aβ 病理特征，特别是 80 岁以上的患者。相反地，40%的 AD 患者有严重的脑血管疾病。

脑脊液检查主要是对 Aβ、tau 蛋白的检测，研究发现：与同龄对照个体相比，AD 患者表现出了脑脊液中的 Aβ1-42 浓度降低，总 tau 蛋白和磷酸化 tau 浓度升高的特性[35, 36]。其他潜在候选的生物标志物还包括炎症和氧化应激的标志物等。

基因检测可为 AD 诊断提供参考，APP、PSEN1、PSEN2 基因突变患者在家族性早发型 AD 中占 50%[37,38]，APOE4 可作为散发型 AD 的参考证据[39,40]。

7.3.2 深度学习用于 AD 诊断

神经影像技术的发展为自动分析图像技术的应用创造了条件，可以为进一步分析生成大量数据。以往 MRI 和 PET 的研究多是基于手动描绘感兴趣区域(ROI)进行的，简单地考虑单个结构。由于 AD 的复杂性和异质性，单一的 ROI 分析无法揭示疾病的特性。因此，最近的神经影像学研究基于该疾病与脑结构或功能的系统变化假设，使用来自整个大脑的信息并结合不同的生物标志物来观察疾病模式。为了使用大量数据分析这种复杂的疾病模式，需要多变量分析和机器学习技术。

用于神经影像数据的分类方法主要有逻辑回归(logistic regression，LR)、支持向量机(support vector machine，SVM)、随机森林(random forest，RF)以及偏最小二乘法(partial least squares，PLS)等。其中，LR 是一种广义线性回归分析模型，该方法利用 Sigmoid 函数实现 0/1 分类。SVM 是一种基于结构风险最小理论的机器学习方法，通过使用非线性映射算法，将线性不可分的样本从低维空间映射到高维空间，然后对样本进行分类。RF 是一种利用多棵决策树对样本进行训练并预测的分类器。这些分类器的优点是能在临床症状表现之前检测 AD，并且已经被用于预测从 MCI 到 AD 的转换。应用多变量或机器学习技术分析不同形式的信息以寻找特征性生物标志物对于测试新药治疗效果也是很有帮助的。

随着机器学习和人工智能研究的发展，人们开始将不同的机器学习算法运用到疾病的识别和诊断方面。MRI 是分析大脑结构最常用的模态，大脑 MRI 的定量分析已经被广泛用于 AD、癫痫、精神分裂症、多发性硬化、癌症以及传染性和退行性疾病等大脑疾病的表征，组织萎缩是诊断和评估这些疾病最常使用的生物标志物之一。量化组织萎缩需要对相应的大脑组织进行分割和测量。分割是对二维空间的像素(三维空间是体素)做标签，是定量分析中十分关键的一步。由于手动分割需要逐层勾勒结构，不仅耗费时间而且会由于人为误差导致结果不精确，所以自动分割尤为重要。在 MRI 中准确自动分割大脑结构，如白质(WM)、灰质(GM)和脑脊液(CSF)，对于定量评估脑组织和颅内体积是非常重要的。基于图谱的方法和模式识别方法是用于脑组织分割的经典方法，基于图谱的方法是将图谱与目标图像之间的强度信息进行匹配，模式识别方法是基于一组局部强度特征对组织进行分类。最近，卷积神经网络(CNN)也被用于大脑组织分割(图 7-19)，它无需对空间和强度特征进行明确定义，并能提供比传统方法更好的性能[41]。

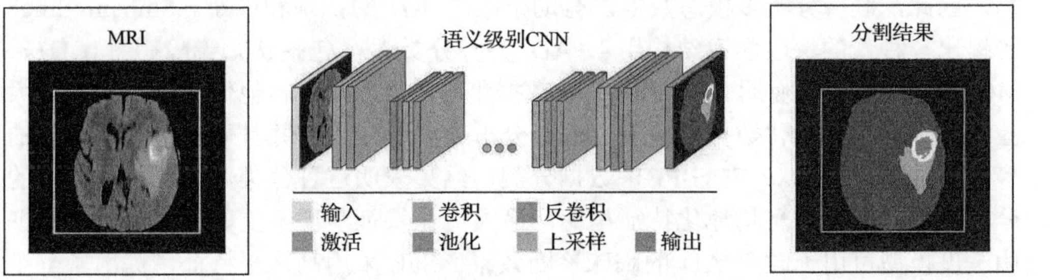

图 7-19 用于脑肿瘤分割任务的 CNN 架构示意图[41]

深度学习是多层的神经网络(通常多于五层)，能从原始输入数据中提取特征层。一些已知的深度学习算法包括堆叠自编码器(stacked auto-encoder)、深度玻尔兹曼机(deep Boltzmann machines)、深度神经网络(deep neural networks)以及卷积神经网络(convolutional neural networks，CNN)。CNN 是图像分割和分类中最常使用的方法。一个典型的 CNN 架构包含卷积层、池化层、激活层和分类层(全连接)。卷积层的主要目的是提取输入图像的不同特征图。池化层将定义邻域的最大值或均值传给下一层来对前面的卷积层进行降采样。Rectified Linear Unit(ReLU)

以及它的变形(如 Leaky ReLU)是最常用的激活函数，ReLU 将负输入值剪切为 0，将正输入值作为输出，这是一种非线性的数据转换。为了对输入数据进行预测，需要将最终 CNN 层的输出分数连接到损失函数(如将分数归一化到标签的交叉熵损失函数)。最后，通过正则化约束来最小化损失函数，每次迭代时用反向传播算法(如随机梯度下降法-SGD)来更新网络权重，直到收敛。

Zhang 等提出一种 2D patch-wise CNN 方法，从婴儿的多模态 MRI 图像(T1、T2 和 fractional anisotropy)中成功分割出了 WM、GM、CSF，这种分割方法比之前的方法以及使用 SVM 和 RF 分类器等传统机器学习算法的效果更好[42]。基于相同的数据集，Nie 等采用 semantic-wise 全卷积网络(FCN)算法得到了更好的分割效果[43]。De Brebisson 等提出 2D 和 3D patch-wise CNN 方法对大脑进行解剖区域分割，该方法在 MICCAI 对多图谱标签的挑战比赛中取得了具有竞争力的脑结构分割结果，成为第一个应用于该任务的 CNN 方法[44]。之后，Moeskops 等提出使用多尺度 patch-wise CNN 方法分割婴儿和年轻成人的大脑图像，结果优于 De Brebisson 等的分割结果[45]。基于 CNN 的深度学习方法显示了较好的分割效果，并且在测试阶段的计算时间远少于传统的机器学习算法。以上分割算法的改进有助于精确分割大脑结构，提高 AD 患者脑组织萎缩程度的测量精度，有助于 AD 的早期诊断。

结构 MRI 可以提供宏观的组织萎缩信息，FDG-PET 可以评估大脑葡萄糖代谢情况，反映大脑的功能活动，即使是症状前 AD 患者也能提供可靠的生物标志物，因此，联合分析多模态数据，有助于改善 AD 的识别和诊断。Shibani Singh 等提出一种新的深度学习结构用于 AD 类型分类[46]，包括认知无障碍者(CU)、MCI、早期 MCI、晚期 MCI 和 ADNI 数据集中的 AD 患者，他们提出了利用最大池化数据和平均池化数据的概率主成分分析来降低维度，并且采用了二元分类的多层前馈神经网络对 FDG-PET 数据分类，结果表明这种分类器可以实现很好的分类效果，并且与平均池化特征相比，最大池化特征实现了更好的分类性能，证明深度模型可用于改善 AD 的临床诊断效果。Suk 采用高水平特征，提出了一个基于深度学习的潜在特征表达以及 SAE 的方法对 AD/MCI 分类[47]。

随着人口老龄化的到来，AD 已经成为一个重要的公共健康问题，是当今研究的重点。从 1906 年首次命名 AD 至今已经过了一百年，但是人类尚未完全清楚 AD 的发病机制，也没有找到十分有效的治疗方法，目前 AD 的研究重点是在症状开始之前诊断病情。AD 的研究需要不同研究领域的人员共同努力，不仅要继续研究 AD 发病机制，开发更多特异性的生物标志物用于诊断和治疗，还要结合深度学习方法，继续改进 MRI 分割算法，提高脑部解剖结构分割精度，还可以结合多模态数据，包括病生理指标、生化指标、不同模态影像数据等，改进神经网络结构。对不同分期的 AD 进行分类，提高早期 AD 的诊断效果，有助于提前干预和治疗，改善 AD 患者的生活质量。

参 考 文 献

[1] Seibert J A. X-ray imaging physics for nuclear medicine technologists. Part 1: Basic principles of X-ray production. Journal of Nuclear Medicine Technology, 2004, 32(3): 139-147.

[2] Goldman L W. Principles of CT and CT technology. Journal of Nuclear Medicine Technology, 2007, 35(3): 115-128.

[3] Gruber B, Froeling M, Leiner T, et al. RF coils: a practical guide for nonphysicists. Journal of Magnetic Resonance Imaging, 2018, 48(3): 590-604.

[4] Grigore M, Mareş A. The role of HD live technology in improving the quality of obstetrical images. Medical Ultrasonography, 2013, 15(3): 209-214.

[5] Gettle L M, Revzin M V. Innovations in vascular ultrasound. Radiologic Clinics of North America, 2020, 58(4): 653-669.

[6] Velikvan I. Prospective of Ga-radiopharmaceutical development. Theranostics, 2014, 4(1): 47-80.

[7] Pianou N K, Stavrou P Z, Vlontzou E, et al. More advantages in detecting bone and soft tissue metastases from prostate cancer using 18F-PSMA PET/CT. Hellenic Journal of Nuclear Medicine, 2019, 22(1): 6-9.

[8] Holland J P, Williamson M J, Lewis J S. Unconventional nuclides for radiopharmaceuticals. Molecular Imaging, 2010, 9(1): 1-20.

[9] Logeswaran R. Segment-growing hierarchical model for bile duct detection in MRCP. Journal of Medical Systems, 2009, 33(6): 423-433.

[10] Renuka S V, Periyasamy R, Jayaraman S, et al. An edge preservation index for evaluating nonlinear spatial restoration in MR images. Current Medical Imaging Reviews, 2017, 12(999): 58-65.

[11] Sadeghian F, Seman Z, Ramli A R, et al. A framework for white blood cell segmentation in microscopic blood images using digital image processing. Biological Procedures Online, 2009, 11(1): 196-206.

[12] Fabijańska A, Janaszewski M, Postolski M, et al. Airway tree segmentation from CT scans using gradient-guided 3D region growing. Iberoamerican Conference on Pattern Recognition CIARP, 2009: 247-254.

[13] Soltani-Nabipour J, Khorshidi A, Noorian B. Lung tumor segmentation using improved region growing algorithm. Nuclear Engineering and Technology, 2020, 52(10): 2313-2319.

[14] Färber M, Ehrhardt J, Handels H. Live-wire-based segmentation using similarities between corresponding image structures. Computerized Medical Imaging & Graphics, 2007, 31(7): 549-560.

[15] Jia X, Lei T, Liu P, et al. Fast and automatic image segmentation using superpixel-based graph clustering. IEEE Access, 2020, 8.

[16] Berchtold N. Evolution in the conceptualization of Dementia and Alzheimer's disease: Greco-Roman period to the 1960s. Neurobiology of Aging, 1998, 19(3): 173-189.

[17] Ballard C, Gauthier S, Corbett A, et al. Alzheimer's disease. Lancet, 2011, 377(9770): 1019-1031.

[18] GBD 2015 Disease and Injury Incidence and Prevalence Collaborators. Global, regional, and national incidence, prevalence, and years lived with disability for 310 diseases and injuries, 1990–2015： a systematic analysis for the Global Burden of Disease Study 2015. Lancet, 2016, 388(10053): 1545-1602.

[19] Goedert M, Spillantini MG. A century of alzheimers disease. Science, 2006, 314(5800): 777-781.

[20] Morbelli S, Ferrara M, Fiz F, et al. Mapping brain morphological and functional conversion patterns in predementia late-onset bvFTD. European Journal of Nuclear Medicine and Molecular Imaging, 2016, 43(7): 1337-1347.

[21] Misra C, Fan Y, Davatzikos C. Baseline and longitudinal patterns of brain atrophy in MCI patients, and their use in prediction of short-term conversion to AD: results from ADNI. Neuroimage, 2009, 44(4): 1415-1422.

[22] Chételat G, Landeau B, Eustache F, et al. Using voxel-based morphometry to map the structural changes associated with rapid conversion in MCI: a longitudinal MRI study. Neuroimage, 2005, 27(4): 934-946.

[23] Cui Y, Liu B, Luo S, et al. Alzheimer's disease neuroimaging initiative. Identification of conversion from mild cognitive impairment to Alzheimer's disease using multivariate predictors. PLoS One, 2011, 6(7): e21896.

[24] Zhan Y, Chen K, Wu X, et al. Alzheimer's disease neuroimaging initiative. Identification of conversion from normal elderly cognition to Alzheimer's disease using multimodal support vector machine. Journal of Alzheimer's Disease, 2015, 47(4): 1057-1067.

[25] Dubois B, Feldman H H, Jacova C, et al. Revising the definition of Alzheimer's disease: a new lexicon. The Lancet Neurology, 2010, 9(11): 1118-1127.

[26] McKhann G, Drachman D, Folstein M, et al. Clinical diagnosis of Alzheimer's disease: report of the NINCDS-ADRDA Work Group under the auspices of Department of Health and Human Services Task Force on Alzheimer's disease. Neurology, 1984, 34(7): 939-944.

[27] Sperling R A, Aisen P S, Beckett L A, et al. Toward defining the preclinical stages of Alzheimer's disease: recommendations from the National Institute on Aging-Alzheimer's Association workgroups on diagnostic guidelines for Alzheimer's disease. Alzheimer's & Dementia, 2011, 7(3): 280-292.

[28] Albert M S, DeKosky S T, Dickson D, et al. The diagnosis of mild cognitive impairment due to Alzheimer's disease: recommendations from the National Institute on Aging-Alzheimer's Association workgroups on diagnostic guidelines for Alzheimer's disease. Alzheimer's & Dementia, 2011, 7(3): 270-279.

[29] McKhann G M, Knopman D S, Chertkow H, et al. The diagnosis of dementia due to Alzheimer's disease: recommendations from the National Institute on Aging-Alzheimer's Association workgroups on diagnostic guidelines for Alzheimer's disease. Alzheimers & Dementia, 2011, 7(3): 263-269.

[30] Jack Jr C R, Knopman D S, Jagust W J, et al. Hypothetical model of dynamic biomarkers of the Alzheimer's pathological cascade. The Lancet Neurology, 2010, 9(1): 119-128.

[31] 刘东慧, 张新卿, 陈彪, 等. 认知功能筛查量表在 MCI 和轻度 AD 患者中的应用. 脑与神经疾病杂志, 2008, 16(3): 223-226.

[32] 贾功伟, 殷樱, 虞乐华, 等. 蒙特利尔认知评估量表与简易精神状态检查用于评定阿尔茨海默病患者认知功能的比较. 中国康复医学杂志, 2010, 25(4): 319-321.

[33] Camus V, Payoux P, Barré L et al. Using PET with 18F-AV-45（florbetapir）to quantify brain amyloid load in a clinical environment. European Journal of Nuclear Medicine&Molecular Imaging, 2012, 39(4): 621-631.

[34] Heiss W D, Pawlik G, Herholz K, et al. Determination of regional glucose metabolism in the brain by FDG and PET. Cerebral Blood Flow and Metabolism Measurement. Berlin Heidelberg: Springer, 1985.

[35] Andreasen N, Minthon L, Davidsson P, et al. Evaluation of CSF-tau and CSF-Aβ42 as diagnostic markers for Alzheimer disease in clinical practice. Achieves of Neurology, 2001, 58(3): 373-379.

[36] Smach M A, Charfeddine B, Ben Othman L. Evaluation of cerebrospinal fluid tau/beta-amyloid(42) ratio as diagnostic markers for Alzheimer disease. European Neurology, 2009, 62(6): 349-355.

[37] Schellenberg G D, Bird T D, Wijsman E M, et al. Genetic linkage evidence for a familial Alzheimer's disease locus on chromosome 14. Science, 1992, 258(5082): 668-671.

[38] Levy-Lahad E, Wasco W, Poorkaj P, et al. Candidate gene for the chromosome 1 familial Alzheimer's disease locus. Science, 1995, 269(5226): 973-977.

[39] Corder E H, Saunders A M, Strittmatter W J, et al. Gene dose of apolipoprotein E type 4 allele and the risk of Alzheimer's disease in late onset families. Science, 1993, 261 (5123) : 921-923.

[40] Corder E H, Saunders A M, Strittmatter W J, et al. Apolipoprotein E4 gene dose affects the risk of Alzheimer-disease in late-onset families. The American Journal of Human Genetics, 1993, 53 (3) : 203.

[41] Akkus Z, Galimzianova A, Hoogi A, et al. Deep learning for brain MRI segmentation: state of the art and future directions. Journal of Digital Imaging, 2017, 30 (4) : 449-459.

[42] Zhang W, Li R, Deng H, et al. Deep convolutional neural networks for multi-modality isointense infant brain image segmentation. Neuroimage, 2015, 108: 214-224.

[43] Nie D, Wang L, Adeli E, et al. 3-D fully convolutional networks for multimodal isointense infant brain image segmentation. IEEE Transactions on Cybernetics, 2018, 49 (3) : 1123-1136.

[44] De Brebisson A, Montana G. Deep neural networks for anatomical brain segmentation. Computer Vision & Pattern Recognition Workshops. IEEE, 2015: 20-28.

[45] Moeskops P, Viergever M A, Mendrik A M, et al. Automatic segmentation of MR brain images with a convolutional neural network. IEEE Transactions on Medical Imaging, 2016, 35 (5) : 1252-1261.

[46] Singh S, Srivastava A, Mi L, et al. Deep learning based classification of FDG-PET data for Alzheimers disease categories. International Symposium on Medical Information Processing & Analysis, 2017, 10572: 105720J.

[47] Suk H I, Lee S W, Shen D. Latent feature representation with stacked auto-encoder for AD/MCI diagnosis. Brain Structure & Function, 2013, 220 (2) : 841-859.

第8章　分子影像学

分子影像学(molecular imaging)是在活体状态下，在细胞和分子水平上应用影像学方法对生物过程进行定性和定量研究的科学，是传统影像学与生物化学和分子生物学、物理学、药学等多学科交叉形成的新兴学科。

针对特异性生物靶点的成像，最早起源于核医学领域。最初是针对细胞表面特异性的抗原，制备放射性核素标记抗体，用于成像。癌胚抗原(CEA)是一种重要的肿瘤相关抗原，在胃癌、胰腺癌、肠癌、肺癌、肝癌等肿瘤细胞上高表达，与肿瘤生长和转移密切相关。1973 年，Primus 等用放射性核素 ^{125}I 和 ^{131}I 标记 CEA 特异性 IgG 抗体，确定了该抗体在体外可特异性结合到高表达 CEA 的结肠癌细胞上。当通过心脏注射将抗体引入到荷瘤仓鼠体内后(结肠癌肿瘤细胞 GW-39)，用 γ-计数仪可以检测到抗体结合到了仓鼠体内的肿瘤细胞上，并在肿瘤组织内富集[1]。此后，大量研究利用这个策略实现了对多种肿瘤抗原的活体成像。超顺磁性纳米颗粒的发展将分子成像从放射性核素成像拓展到核磁共振成像。去唾液酸糖蛋白受体，也称肝细胞半乳糖/*N*-乙酰基葡萄糖胺受体，是肝细胞特异性受体，其配体有去唾液酸糖蛋白、半乳糖、半乳糖胺、*N*-乙酰半乳糖胺等糖分子。1990 年，Reimer 等制备了阿拉伯半乳糖包裹的超顺磁性氧化铁纳米颗粒，其中的半乳糖可靶向识别肝细胞上去唾液酸糖蛋白受体，而氧化铁纳米颗粒特有的超顺磁性可改变周围原子的核磁弛豫时间，从而产生核磁信号，实现肝细胞特异性成像[2]。

实现体内基因表达的成像对于及时评价基因治疗治疗效果十分必要，但是，直接对目标基因成像十分困难。1995 年，Contag 等发展了利用报告基因与目标基因融合的方法，通过报告基因的表达产物来反映目标基因的表达。萤光素酶报告基因是发展最为成熟的报告基因，该基因表达萤光素酶，催化萤光素(luciferin)转变为氧化萤光素，发出生物荧光；并利开发了新型成像系统，实现了这种生物荧光的活体检测。研究者将萤光素酶转染到三种伤寒沙门氏菌内并感染小鼠，实现了对三种细菌在小鼠体内定位和感染的全过程成像[3]。随着分子生物学的发展，有更多的报告基因被开发出来。胸苷激酶(thymidine kinase，tk)基因编码脱氧胸苷激酶，这种激酶在病毒、细菌和真核细胞中都存在，但底物不同。*HSV-tk* 是单纯疱疹病毒 *tk* 基因，编码的 HSV-tk 可将多种核苷结构类似物磷酸化。真核细胞内的 tk 只能催化胸腺嘧啶核苷酸磷酸化。利用载体系统可将 *HSV-tk* 整合到宿主基因组中。当放射性核素标记的核苷类似物进入细胞后，可被 HSV-tk 磷酸化为 5′-磷酸核苷，并停留在细胞中，使放射性核素聚集在细胞内，其聚集程度反映了

HSK-tk 基因表达程度和酶的活性。而正常动物细胞内 tk 不能催化这种放射性标记底物，因而没有放射性累积。1995 年，Tjuvajev 等首次报道了应用放射性核素 ^{14}C 标记 5-碘-2′-氟脱氧尿苷为探针，利用 SPECT 监测了含 *HSV1-tk* 基因的 RG2 胶质细胞瘤细胞在大鼠体内的生长情况[4]。

8.1　分子影像学概述

从上述的产生和发展过程可以看到，分子影像学的核心思想是通过应用分子成像探针，结合一种或多种成像技术，如放射性核素成像、磁共振成像、光学成像、超声成像甚至多模式的融合成像技术，在分子水平上对生命系统内部某些特定的生理或者病理过程进行二维或三维的活体成像，靶向目标可以是分子、基因、蛋白质或细胞。

与传统影像学相比，分子影像学的目标是检测体内关键生物过程中细胞和分子水平的改变，特别是疾病初期的细胞和分子改变，而不是这些改变所引起的解剖结构或最终结果的变化，因此，分子影像技术有助于疾病的早期和精准诊断。另外，利用分子成像技术可对疾病发生、发展过程中关键分子进行量化，实现实时追踪和成像；并可同时监测某一过程中的多个生物分子，对其进行时间和空间定位，提供其在体内的动态变化信息。

1. 靶标的选择和实现分子成像的条件

分子影像的基础是利用分子成像探针与成像靶标特异性结合，通过高精度的成像技术获得靶标分子的图像信息，实现这些靶标分子的体内成像。因此，分子影像的基本要素包括：成像靶标、分子探针和成像技术。

选择合适的成像靶标十分重要。通常会选择一个生物学过程的重要标志物作为靶标，比如与疾病发生、发展密切相关的标志物，也可以是能反映治疗效果和预后的标志物。理想的靶标应该具有较高的表达量和特异性。靶标的类型可以是特异的细胞或细胞内分子如 DNA、mRNA、蛋白质、糖、脂质或离子等。这些标志物在疾病发生和发展过程中会发生变化，包括数量、浓度、结构的改变，甚至在细胞上的位置会发生变化，或者与其他分子的结合也会发生改变。目前常用的靶标包括细胞表面特异性的标志分子、血管相关标志物分子、内源性或外源性蛋白酶、基因表达和荧光报告蛋白、代谢途径的关键分子等。分子成像探针的靶向元件可以是与这些靶点特异性结合的抗体或抗体片段、蛋白质、多肽、多聚糖、核酸和药物等。

当靶标确定后，就可以根据这些靶标来设计合成相应的分子成像探针，有时需要进一步优化探针的结构和体内动力学性质，最后注射到体内，利用成像技术获得这些分子探针的成像信号，得到靶标的体内分布或含量信息。总结起来，实现分子成像必须满足以下 4 个基本条件：①高度特异性和亲和力的分子成像探针；②探针必须能克服生物传递屏障有效地进入靶器官和靶细胞内；③适度(化学或生物的)扩增的方法；④具备敏感快速且高清晰度的成像设备与技术。以上四点简称“分子成像四要素”。

2. 分子影像学与其他学科的关系

分子影像学的出现和发展得益于医学影像学与生命科学的快速发展。特别要强调的是，分子影像学的发展离不开医学成像技术的进步。随着医学成像系统分辨率的不断提高，现代成像技术具备了显微分辨能力，使成像范围从宏观深入到微观，为分子影像学的发展提供了重要的基础，常用的医学成像技术包括放射性核素、磁共振、光学、超声以及多模式融合成像。另外，生命科学的快速发展揭示了很多特异性的疾病相关靶标，为设计和合成分子探针提供的丰富的信息与资源。

因此，分子影像学不是单一技术的变革，而是多种技术的整合。分子影像学融合了生物化学和分子生物学、纳米技术、成像技术、数据计算和图像处理技术。例如，在选择靶标时需要利用生物医学知识来明确成像靶标的性质及临床应用价值；在构建分子成像探针时要应用化学和生物技术来确定哪些结构可以与靶标结合，哪些结构可以释放成像信号；当评价分子探针应用的安全性时，需要运用药学和毒理学方法对探针的体内作用机理及毒副作用进行研究。又如，要实现探针的体内成像，依赖于信号放大技术和灵敏的成像技术，而合理的图像结果分析则需要多学科专业人员的合作。

8.2 分子成像探针

8.2.1 分子成像探针的概念

在分子影像学中，分子成像探针是指能够与某一特定生物分子或细胞特异性结合或反应，并可供体内影像学示踪的化合物或复合物。需要注意的是，这个概念与分子生物学中的“探针”不同，后者是指用于检测互补核酸序列的标记 DNA 或 RNA。分子成像探针必须能够反映靶分子或活细胞的数量和(或)功能变化，实现生物分子和细胞的可视化，对特定分子和细胞进行表征和定量化检测。因此，分子成像探针必须具备以下两个特征：①体内对成像靶标具有高亲和力和特异性；②具有成像信号，影像学设备可在活体内实现对其进行示踪和成像。分子成像探针在一些文献中也简称为探针、示踪物、对比剂、显像剂、成像探针和分子信标等。

8.2.2　分子成像的类型

分子成像探针的分类方法较多，根据与成像靶点结合的性质不同，分子成像探针可以分为直接成像和间接成像(图 8-1)。直接成像是指分子探针与成像靶标直接反应，所成图像揭示的探针位置和浓度直接反映了靶标的位置和浓度。这种成像依赖于探针与靶点的相互作用，分子成像探针通过与靶标的相互作用而选择性地聚集于靶部位。这种与靶标的相互作用可以是被动结合，也可以是主动结合。

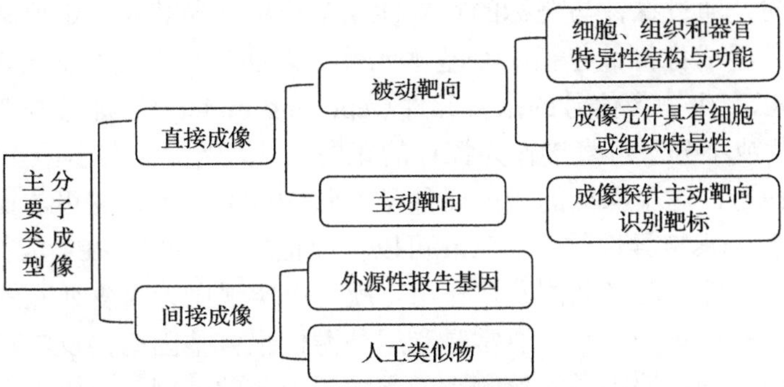

图 8-1　分子成像的主要类型汇总

被动靶向又称为自然靶向，是指分子成像探针在体内天然具有特异性的分布。例如，甲状腺可以大量摄取碘，是体内唯一摄取碘的器官。含碘的分子成像探针具有甲状腺的天然靶向性。大部分探针属于外源性物质，可被体内的吞噬细胞摄取，从而实现探针对这些细胞的被动性靶向显像。肿瘤组织的高渗透长滞留效应(enhanced permeability and retention effect，EPR 效应)是肿瘤被动靶向分子成像的主要机制。肿瘤细胞能分泌更多的血管通透分子，造成肿瘤组织附近血管比正常血管的通透性高，使较大的分子或纳米颗粒更容易渗透和进入肿瘤组织。此外，肿瘤组织内淋巴系统不完整，也可以使大分子或纳米颗粒在肿瘤组织中停留更长时间，从而被动聚集在肿瘤部位。

有一些小分子可以与体内特定分子、细胞或组织相互作用，直接作为成像探针，获得相关的图像信息。例如，食管鳞状上皮细胞中含有大量糖原，糖原遇碘可呈现棕色的着色反应。如果鳞状上皮出现病变，如肿瘤、炎症等，造成黏膜细胞损伤，就会使糖原减少，遇碘后染色变浅或不出现着色；反之，鳞状上皮细胞增生可导致细胞内糖原含量增加，则细胞遇碘后出现深染。这些颜色变化可以通过内窥镜观察并成像。因此碘可作为食管鳞状上皮糖原的分子成像探针，反映食管黏膜病变。再如，美蓝分子可透过细胞，将组织染成蓝色。正常组织着色后很快代谢并通过肾脏和胆道将美蓝分子排泄出体内，使组织颜色恢复到正常水平；但坏死组织不能将美蓝分子代谢排出，从而出现长时间着色，由此可实现死/活组织的区分。羧基花青染料吲哚菁绿(ICG)是一种带负电荷的绿色染料，能与蛋白质分子结合形成非共价的复合物，1956 年被 FDA 批准临床用于评价心输出量和肝功能。近年来，ICG 被证实在近红外光谱范围内有较强吸收，具有很好的发射近红外荧光的性能。同时受组织内吸收色团分子，如血红蛋白等的影响较小，成像深度可达 0.5～1 cm。此外，ICG 固有的特异性肝代谢的特点，使其有潜力成为一种高效的血管标记和肝成像染料，广泛用于心血管系统、视网膜、脉络膜、脑血管以及肝功能成像。

主动靶向是通过探针与靶标的特异性相互作用介导其在特定位置的聚集。通常主动靶向分子成像探针包括两个基本元件：能够与靶点结合的靶向元件(target moiety)和可以产生图像信号的报告元件(reporting moiety)。能够与靶点紧密结合的抗体、多肽或小分子可直接作为探针的靶向元件。例如，^{64}Cu-RGD 是一种放射性核素成像探针，这个探针的靶向元件是多肽 RGD 序列，它可与血管内皮细胞表面的$\alpha_V\beta_3$整合素特异性结合；^{64}Cu 可以释放正电子，产生 PET 成像信号，是这个探针的报告元件。两者共同发挥作用，就可以实现血管内皮细胞的分子成像。

间接成像相对复杂一些，通常是利用外源性报告基因间接反映靶标的表达情况。报告基因是一组编码易被检测到的蛋白质或酶的基因。报告基因与靶基因融合后，细胞会在表达靶基因的同时表达报告基因，由此表达特定的蛋白质或酶。采用不同的成像方法检测这些特定的表达产物，就可以实现靶基因的监测。

常见报告基因产物有荧光蛋白、酶、特异的受体或载体等。荧光蛋白可以直接进行光学成像；引入到细胞内的酶可以通过催化其特异性底物而产生成像信号；受体或载体可以特异地捕获特定分子来成像。例如，可以将 β-内酰胺酶(Bla)基因作为报告基因，引入到要成像的细胞内，对体内生物分子相互作用进行成像。将近红外荧光分子 Cy5 固定在 β-内酰胺酶的底物头孢菌素的 7′-氨基端，再将 Cy5 的猝灭基团 QSY21 连接于 3′位。当底物分子的结构完整时，Cy5 与 QSY21 距离很近，Cy5 的荧光被 QSY21 猝灭，整个分子不显示荧光。当细胞内高表达 β-内酰胺酶时，酶作用于其底物头孢菌素分子，使分子断裂，导致 Cy5 与 QSY21 分开，游离的 Cy5 即可发出荧光信号，实现 β-内酰胺酶稳定转染的神经胶质瘤细胞的体外和体内成像。人工类似物作为天然分子的替代物，可用于构建成像探针。通常这些探针反映的是病变细胞相关分子或基因的下游结果，而不是利用探针与靶标的直接作用，也是一种间接成像。PET 分子成像多属于这种成像原理。例如，氟代脱氧葡萄糖(通常简称 18F-FDG 或 FDG)是一种葡萄糖类似物，可被脑、肾脏及肿瘤细胞等高葡萄糖需求的细胞摄取并发生磷酸化，转变为 FDG-6-磷酸。但是细胞内的变构酶不能识别 FDG-6-磷酸，由此导致 FDG-6-磷酸在细胞中蓄积，从而实现这些细胞的特异性成像。

在设计分子成像探针时，应结合生物医学成像常用成像设备和技术特点，选择不同的成像信号元件。光学成像、核磁共振成像、超声成像和核素成像(PET/SPECT)方式具有不同的物理原理和特点。表 8-1 列举了五种常用生物医学成像模式的基本特点。

表 8-1　五种成像模式的特点

模式	分辨率	穿透深度	灵敏度	价格
光学成像	1～50 μm	μm～mm	高	低
PET/SPECT	1～2 mm	没有限制	高(10^{-11}～10^{-12})	高****
计算机断层扫描(CT)	50～200 μm	没有限制	低(10^{-1}～10^{-4})	低*
核磁共振(MRI)	20～100 μm	没有限制	低(10^{-3}～10^{-5})	高**
超声(US)	50～500 μm	mm～cm	中等	低

注：*表示价格，星号越多，价格越贵。

不同性质的成像元件对应着不同成像方式(图 8-2)。生物发光和荧光分子可用于光学成像；放射性核素可用于 PET 和 SPECT 成像；顺磁性分子或颗粒主要用于 MRI 成像；微泡主要用于超声成像。根据成像信号元件的性质，可以将分子成像探针分为光学分子成像探针、X 射线分子成像探针、放射性核素分子成像探针、磁共振分子成像探针和超声分子成像探针等。

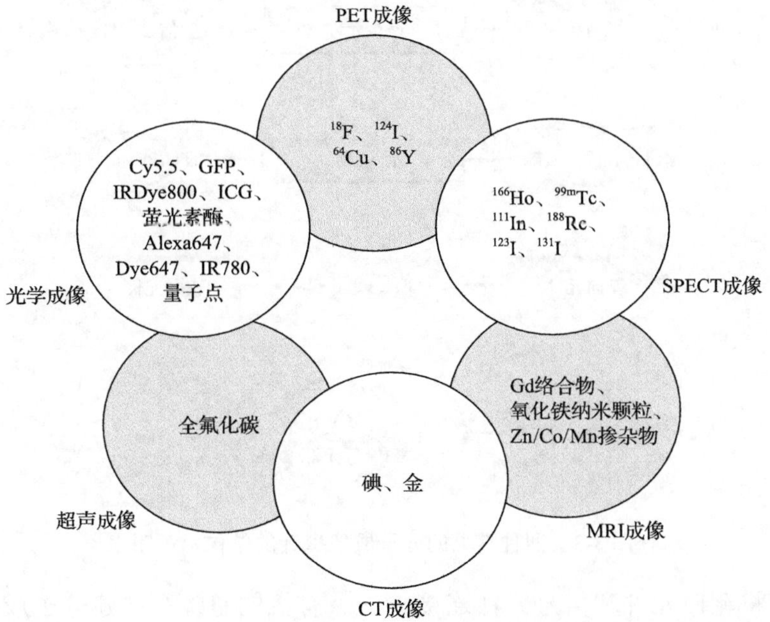

图 8-2　不同成像方式的常用成像元件

8.2.3　分子成像探针的结构组成

分子成像探针可以有多种形式。非特异性的分子成像探针通常是一个小分子，既有影像设备可识别的信号，也可以与特定细胞或分子相结合或反应。特异性的分子成像探针通常由能够与靶点结合的靶向元件和可以产生图像信号的报告元件组成，两元件之间利用多种方式连接或组合，具有不同的结构特点。图 8-3 列举了部分常见的分子成像探针的结构示意图。最简单的方法是将信号元件和靶向元件通过共价键直接连接在一起。第二种方法是把两个元件通过酶的底物结合在一起，此时成像信号的报告元件被隐藏起来；当遇到特定的酶时，连接的位置被酶剪切，此时报告元件被激活，产生成像信号。这种可激活探针具有背景噪声小的特点。例如，在 EgadMe 分子成像探针中，含钆分子周围被一个类似化学箍环的“盒子”封闭，以阻止钆与水分子反应。这个盒子上有一个β-半乳糖分子作为“盒盖”。当β-半乳糖酶将β-半乳糖基酶解后，含钆分子得以从盒子中释放出来，对其周围水分子的弛豫产生影响，由此呈现出成像信号。第三种方法是以报告元件为中心，在其周围修饰靶标分子。第四种方法是利用递送载体(delivery vehicle)负载报告元件和靶向元件。例如，将报告元件包装到递送载体的内部，用靶向元件对载体进行修饰。

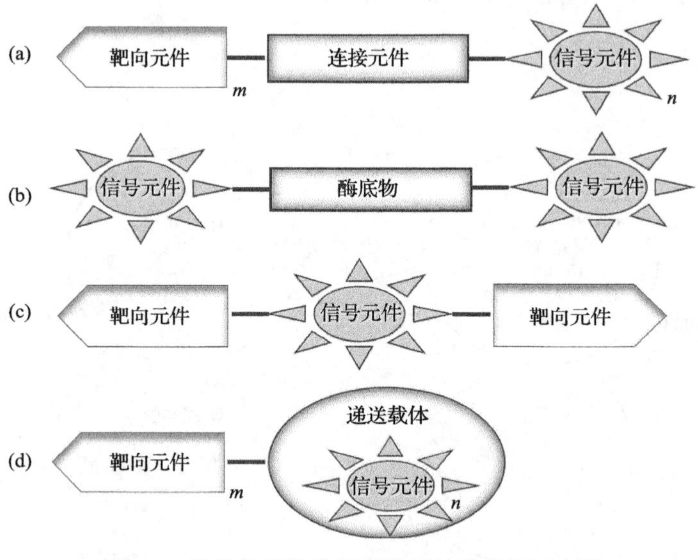

图 8-3　四种常见的分子成像探针的结构示意图

如何将靶向元件和信号元件连接成一个有机的整体是构建分子成像探针的重要内容。连接元件(linker)主要有以下作用：①将靶向和报告元件连接在一起；②尽量减少两元件之间的反应和相互影响；③改善探针的体内药代动力学。连接元件可以有多种形式，比如，通过放射性标记或化学反应直接将信号元件和靶向元件连接起来，也可通过引入交联剂、衍生化试剂或使用纳米载体把两者整合到一起。

8.2.4　分子成像探针识别与结合靶标的生物学基础

分子识别是生物学过程中的一种普遍现象，指分子与分子之间选择性地相互结合和作用的过程。分子成像探针与靶标结合的基础也是分子识别。目前设计的分子成像探针的分子识别类型主要有以下几种。

1. 受体与配体的识别

受体(receptor)是存在于细胞膜、细胞浆或细胞核上的大分子化合物，如蛋白质、核酸、脂质等，能与其特异性配体包括药物、递质、激素、内源性活性物质等结合并产生效应。比如，将配体作为分子成像探针中的靶向元件，就可以通过配体与受体的结合，实现对受体的成像、检测或监测其性质与数量的变化。

2. 抗原-抗体特异性识别

抗体是可与相应抗原发生特异性结合反应的免疫球蛋白。很多疾病相关的重要蛋白质标志物都有相应的抗原表位，可以与其特异性抗体结合。因此，抗体作为靶向元件，将报告元件与抗体连接制备成分子成像探针，可以实现对抗原分子的成像，以监测其分布和表达情况。

3. 酶与底物的识别

酶(enzyme)是由活细胞产生的、对其底物具有高度特异性和高度催化效能的蛋白质或 RNA。当人体某些器官和组织受损或发生病变后，酶的表达通常会发生改变，其中某些酶可释放入血、尿或体液内。有些酶已被开发成为疾病诊断的指标。根据酶和底物之间的相互作用，可以将特异性底物与成像信号报告元件连接。当底物被酶降解或剪切后，报告元件的性质发生变化，利用成像设备检测这些信号的变化，即可对体内特定酶的表达情况进行分析。

4. 蛋白质分子间的相互识别

蛋白质分子的相互作用是实现其功能的必要途径。两个分子经过结构或化学性质的匹配，互相识别和相互作用，完成分子结合。将能够与蛋白质分子特异结合的蛋白质、多肽、核酸或小分子作为靶向元件，选择适当的成像信号报告元件与这些靶向分子连接，可以实现对特异性蛋白质分子表达情况的可视化检测。

5. 核苷酸链的识别

核酸(RNA 和 DNA)是重要的生命物质基础，在许多疾病中表现出突变或异常表达。将能够识别目标核苷酸序列的核酸分子与成像信号报告元件结合，可制备特异性核酸成像探针，用于体内成像。

6. 代谢产物相关的分子识别

不同分型和分期的疾病具有不同的代谢标志物。目前，针对糖代谢、氨基酸代谢、胆碱代谢、脂肪酸和醋酸代谢都有相应的分子成像探针。

8.2.5　分子成像探针的构建流程

构建分子成像探针之前，首先要确定成像的生理或病理过程，鉴别和筛选出与这个过程的发生、发展、诊断和治疗相关的合适靶标。当靶标确定后，再根据其性质决定使用哪种靶向识别元件；并根据靶标的位置、特点及成像设备条件，确定合适的成像方式。利用合理的连接方式将成像元件与靶向元件整合，初步完成分子成像探针构建。后续根据细胞和动物体内成像的结果对探针进行优化，最终在人体上确认成像效果。分子成像探针构建的基本流程如图 8-4 所示。

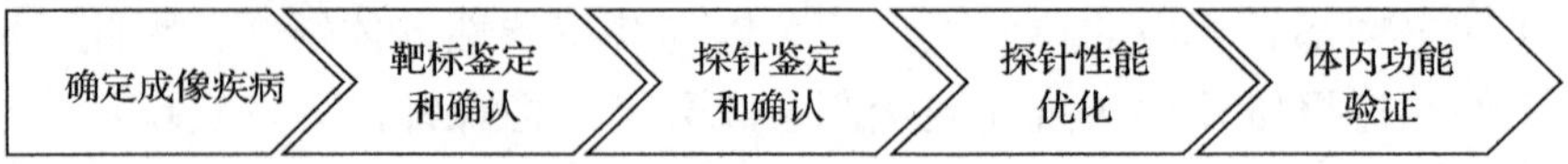

图 8-4　分子成像探针构建的基本流程图

体内有许多复杂的防御机制，形成了多个阻止外来物质跨越的生物屏障。分子成像探针必须能够穿过相关的防御屏障，以保证足够数量的探针与靶标结合，并在靶标位置停留足够的时间用于成像。图 8-5 展示了分子成像探针需要跨越的三个主要屏障。第一个屏障是机体的循环系统。分子成像探针在循环系统中必须保持稳定，逃避肝脏和脾脏网状内皮系统的吞噬。第二道屏障是组织屏障，探针必须可以从循环血液中累积到靶组织内，而在正常组织中低摄取和被快速清除。第三道屏障是细胞膜，当靶标位于细胞内时，探针必须能够穿透细胞膜，与胞内靶标相互作用，并且能维持一段时间不被排出，以实现成像。因此，靶标的位置和分布对于探针的构建有重要影响。

总结起来，分子成像探针构建时主要考虑以下几个关键要素：

(1)分子成像探针与靶标之间需要有高特异性和亲和力。探针的靶向元件与靶标之间要具有特异性结合和高亲和作用，与靶标含量成比例地在细胞和组织中聚集，在不表达靶标的细胞和组织上不结合或很少结合，这是实现探针在靶组织中累积的重要先决条件。

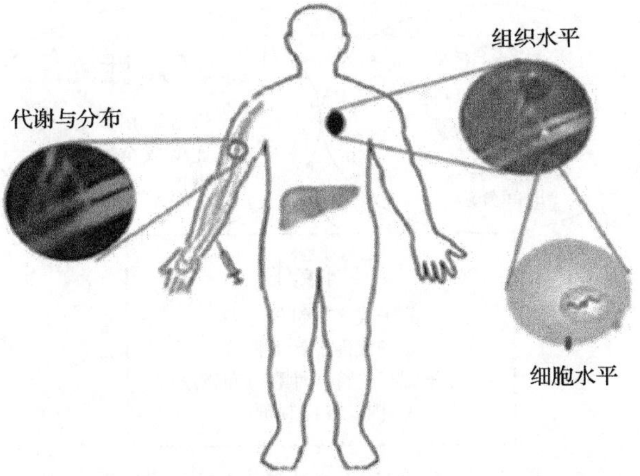

图 8-5　分子成像探针需要跨越的三个主要屏障

(2) 分子成像探针要具有高灵敏度。分子成像探针应使用尽量低的剂量来得到高质量的图像，以减少对生物过程和体系的干扰。另外，在疾病早期阶段，靶标分子表达量较低，探针能够灵敏地识别和结合到这些靶标上，对于疾病的早期诊断十分重要。

(3) 分子成像探针应具有高稳定性。人体内有难以计数的蛋白酶和盐，这些物质有可能识别和降解探针。因此，探针在体内应不易被分解，在一段时间内保持稳定。

(4) 分子成像探针应具有低免疫原性和低毒性的特点，且无药理作用。探针是对病变组织和细胞上的分子状态进行报告，因此不应改变分子和疾病的状态，不应引起免疫响应和毒性等副作用，也不应具有药理作用。

(5) 具有生产可行性和经济性。分子成像探针应具备易于生产且质量稳定、能够大规模制备并相对经济的特点，这些特点对于大规模人群的应用十分必要。

图 8-6 将以上几个要素进一步总结为性能、适用性和可行性三个方面。涉及具体某一种分子成像探针时，需要根据靶分子的特定结构和功能来进行设计，也要根据实际情况选择关键的因素来构建分子成像探针。

尽管在分子成像探针构建领域近年来有了一些非常重要的进展，但是临床应用探针的研发仍然是一个具有挑战性和相当缓慢的过程，其中优化探针在体内的性质是推动其临床转化所面临的重大挑战。

8.2.6　分子成像探针的常用构建方法

下面介绍几种常见的分子成像探针的构建方法：

(1) 将天然生物分子或其类似物（小分子、多肽或者蛋白质）转变为分子成像探针。机体中已经发现了许多天然生物分子/配体，包括神经递质、氨基酸、多肽、

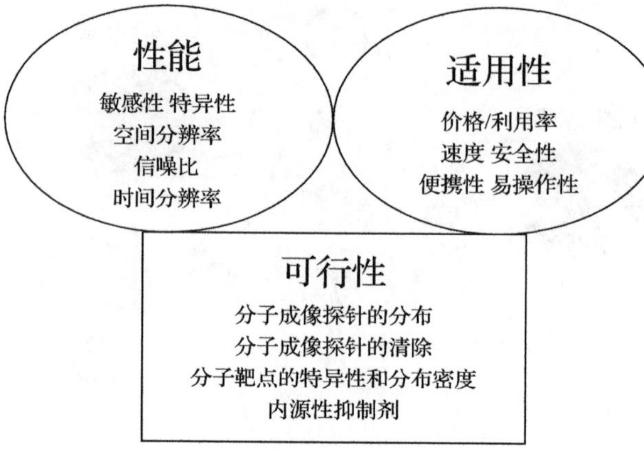

图 8-6　分子成像探针的关键构建要素

核苷酸等，都参与到正常或疾病生理过程中。以这些分子为基础可直接构建分子成像探针。例如，利用放射性核素标记天然生物分子，将其转化为 PET 或 SPECT 探针用于肿瘤代谢成像中。左旋多巴(L-DOPA)是一种神经递质，也是去甲肾上腺素和肾上腺素的前体。利用正电子核素标记 L-DOPA，可以显示其体内分布和代谢情况，评估神经突触功能。类似的分子成像探针还包括放射性核素标记的生长激素抑制素、奥曲肽、促黑色素细胞激素(α-MSH)、蛙皮素类似物和神经降压素等。

(2)把药物或候选药物转变为分子成像探针。目前最广泛使用的是 PET 探针，^{18}F-FDG(^{18}F-fluoro-deoxy-D-glucose)就是一种由候选药物转化来的分子成像探针。FDG 是一种葡萄糖类似物，早期作为候选药物，用于抑制肿瘤糖酵解和生长；但是在研发过程中发现 FDG 同时抑制神经细胞糖酵解，导致严重的神经毒性，从而限制了其临床上进一步研究和应用。1977 年，Sokoloff 等合成了 ^{18}F-FDG，用于 PET 成像，检测肿瘤糖酵解水平。抗体药也可以开发为分子成像探针。值得注意的是，许多药物都是小分子，对分子结构修改很敏感，增加一个庞大的成像元件可能会改变其性能。

(3)将已有的分子成像探针经过修饰和改造后转变为新的探针。在已经研发出的分子成像探针的基础上，通过使用不同的标记分子或方法对这些探针进行进一步优化，从而使其转变为新型分子成像探针。例如，放射性元素 $^{123/131}$I 和 ^{99m}Tc 标记的苯甲酰胺类似物被广泛应用在黑色素瘤 SPECT 成像中。将碘更换为放射性氟，可以将苯甲酰胺类似物转变为 PET 成像探针。α-MSH 类似物最先研发为 SPECT 探针，用于黑色素瘤成像；通过更换放射性核素，例如 ^{18}F 和 ^{64}Cu，可以将其转变为 PET 探针。精氨酸-甘氨酸-天冬氨酸(RGD)多肽被广泛用于制备 PET 和 SPECT 成像探针。通过与近红外染料 Cy5.5 耦合，可以用于光学成像。总体来讲，对已有的分子成像探针进行修饰或改造，使其转变为新的成像探针是一个直接又是强有力的方法，有望快速、高效地构建一个新型的分子成像探针。

(4) 利用高通量显示技术筛选得到新型靶向分子。分子生物学和化学中的高通量的筛选技术，可以用于发现与疾病相关的新型靶向结合分子，用于构建新型分子成像探针。目前使用最广泛的配体筛选技术是随机组合多肽库噬菌体展示技术，是将多肽的编码基因插入到噬菌体外壳蛋白质结构基因的适当位置，使外源多肽与外壳蛋白质融合表达并展示到噬菌体表面。将靶标与这些噬菌体结合，洗去未结合的噬菌体，进一步分离、扩增和鉴定可以特异性识别靶标的多肽。利用成像元件标记这些多肽，通过进一步的优化可以得到分子成像探针。化学分子库来也可以筛选靶向分子，数百万的化合物可以迅速合成并制备形成分子库；进一步进行生物活性筛选与检测，这也是探针研发中一个强有力的方法。

8.3　分子影像学中的信号放大策略

在分子成像研究中，成像靶标在体内的含量通常十分有限，导致分子成像探针在靶标位置的富集浓度非常低。因此，需要通过化学或生物的方法提高成像信号的强度，获得较高的信噪比。一般来讲，细胞和靶标分子为纳摩尔水平，需要至少进行 4～6 倍的放大才能在图像上有所区分。现在的策略有两种，一是提高靶标和探针的浓度以及探针的成像信号强度，尽可能获得强信号；另一种是降低背景噪声，提高信噪比。

比较成熟的信号放大技术包括以下几种：

(1) 利用生物放大技术，增加信号强度。常用的是生物素/链霉亲和素放大系统。

生物素(Biotin，B)的分子量为 244，其化学结构中有两个环状结构，其中 I 环为咪唑酮环，可以与亲和素结合；II 环为四氢噻吩环，其中 C2 上有一戊酸侧链，末端羧基可进行化学修饰，如与抗体或其他生物大分子中的氨基结合。通常每个抗体分子可以与 10～20 个生物素分子连接。亲和素(avidin，Av)又称为抗生物素蛋白，是由 4 个相同亚基组成的碱性糖蛋白，可与生物素特异性结合，每个亲和素能结合 4 个生物素，这一特点非常适合构建多层次信号放大系统。生物素-亲和素相互作用是目前已知的强度最高的非共价作用，亲和常数(K)为 10^{15} mol/L，比抗原-抗体间的亲和力高约 1 万倍，一旦结合很难分离。亲和素和生物素的结合专一性强，在多种环境中稳定。链霉亲和素(streptavidin，SA)是常用的一种亲和素，由链霉菌分泌的一种蛋白质，与亲和素类似，也是由 4 条相同的肽链组成，每条肽链都能结合一个生物素。

生物素-亲和素信号的放大需采用“三步法”来实现。以钆剂磁共振成像探针为例，第一步将生物素化抗体注入荷瘤动物体内，通常每个抗体携带 2～3 个生物素。生物素化抗体通过与特异性肿瘤抗原结合实现其在肿瘤部位的聚集。第二步静脉注射过量链霉亲和素，链霉亲和素与肿瘤部位的生物素化抗体结合，同时也会与游离的生物素化抗体结合，促使游离的抗体快速从体内清除，这是第一级放大。第三步注射生物素化钆，其中的生物素与肿瘤部位的链霉亲和素结合。链霉亲和素有四个结合位点，其中一个与抗体的生物素结合后，仍余 3 个位点可与生物素钆结合，产生第二级放大效应。

(2)直接对细胞进行改造，促进探针在细胞内的聚集。比如将特定的报告基因转染到靶细胞内，这些基因可编码特异的受体、载体或酶。成像探针在这些基因编码蛋白的作用下聚集到细胞内，从而实现成像信号的增强。

研究实例：在通常情况下，血液中的铁与转铁蛋白(Tf)结合，经过转铁蛋白受体(TfR)的转运进入细胞内。如果利用 TfR 基因转染细胞，可以使细胞高表达 TfR。这些高表达 TfR 的细胞能够大量摄取超顺磁性的氧化铁纳米颗粒，从而使胞内超顺磁性颗粒数量增加，实现 MRI 成像信号增强(图 8-7)[5]。

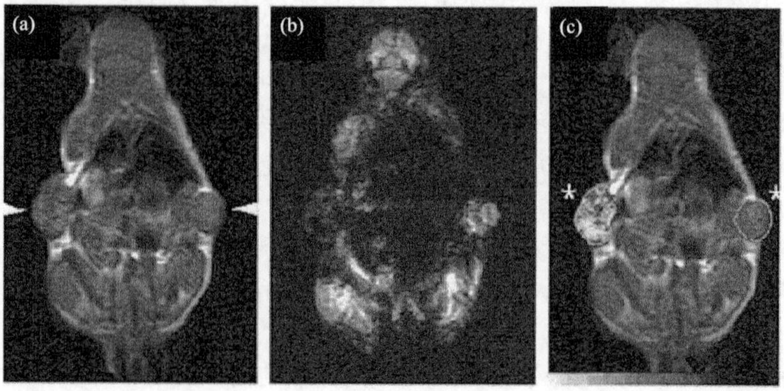

图 8-7　(a)将转染 TfR 肿瘤细胞(ETR^+)接种在小鼠左侧，未转染的肿瘤细胞(ETR^-)接种在小鼠右侧，两侧肿瘤组织在 T1 加权核磁成像上没有明显差别；(b)在 T2 加权图像上可以观察到左右两侧肿瘤组织信号出现显著的差异，由于 ETR^+肿瘤摄取更多的超顺磁性氧化铁纳米颗粒，肿瘤组织横向弛豫(R2)时间缩短，导致 R2 加权图像变暗，增加了成像对比度；(c)两侧肿瘤组织的 R2 时间缩短程度与 T1 加权像合成图，ETR^+肿瘤的 R2 时间明显缩短

(3)设计特殊结构的探针，尽量提高成像信号的强度或尽量降低背景信号的强度。

例如，利用分子聚集诱导发光(aggregation-induced emission，AIE)性质来构建探针。传统的荧光分子在高浓度下会出现“浓度猝灭”效应。与此不同的是，具有聚集诱导发光性质的分子能够在聚集状态下高效发射荧光，荧光效率出现显著的增加，甚至发生由暗到明的突跃，从而实现光学信号的增强(图 8-8)。因此，当这些分子进入细胞发生聚集后，会产生强烈的荧光[6]。

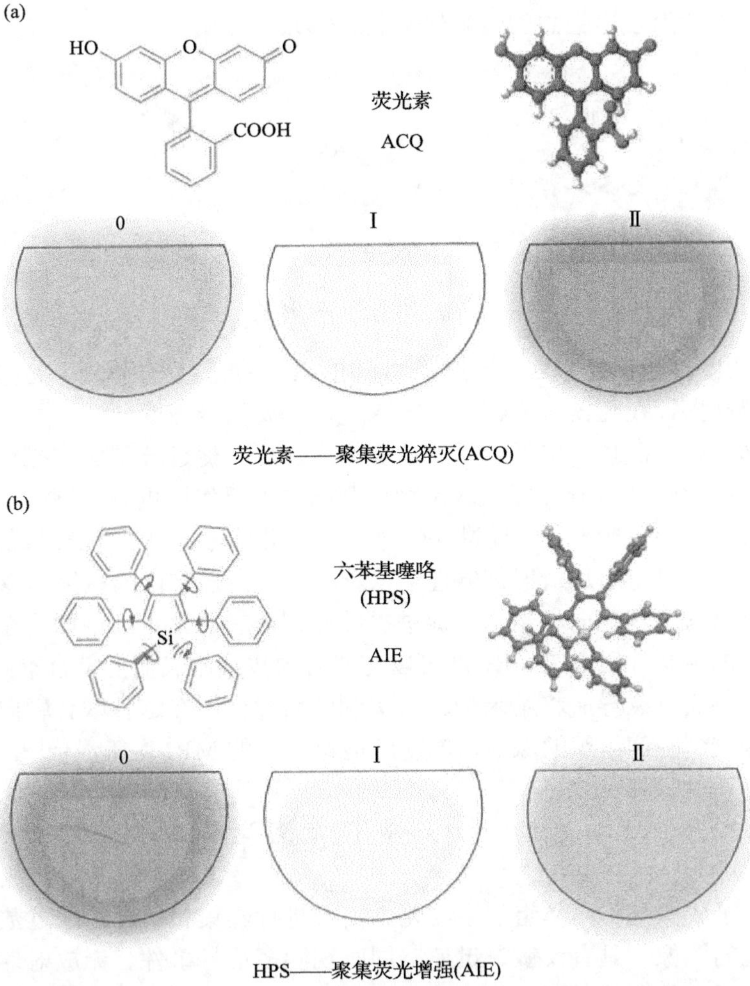

图 8-8　(a)荧光素(fluorescein)在不同比例的水/丙酮混合液中的荧光示意图像；(b)六苯基噻咯(hexaphenylsilole，HPS)在不同比例的四氢呋喃(THF)/水混合液中的荧光示意图。其中 0、Ⅰ、Ⅱ分别对应溶液中荧光素和 HPS 不同程度聚集。0 为无聚集，Ⅱ代表聚集，Ⅰ介于Ⅱ和 0 之间的状态。绿色越深表示荧光强度越强

此外，设法使探针仅在靶标区域才产生强烈的成像信号，就会在很大程度上降低背景噪声。在疾病发生发展过程中有很多起关键作用的蛋白酶，如组织蛋白酶、基质金属酶。这些酶可通过对底物有特定的酶切作用。利用这个特点可设计环境响应性探针。比如将荧光分子与猝灭剂通过一段多肽连接在一起，构成荧光分子探针，其中多肽是某种酶的底物。由于相距很近，荧光分子的荧光被猝灭剂猝灭，所以该探针在自然状态下不产生成像信号。当到达靶组织或靶细胞后，探针中的多肽在该环境中高表达的酶的作用下发生酶解，荧光分子与猝灭剂的物理

距离增加，由此而发出强烈的荧光信号(图 8-9)。

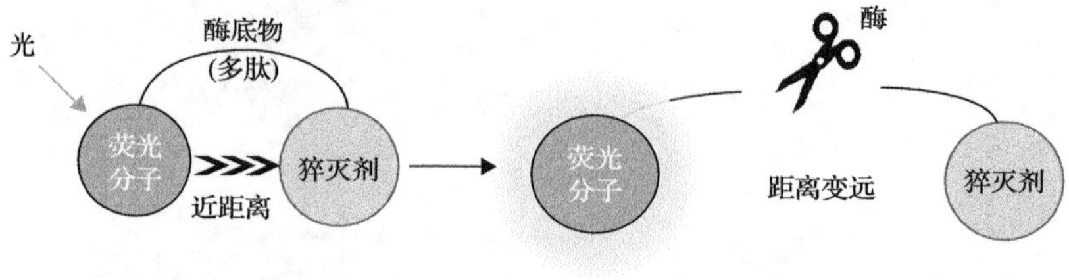

图 8-9　酶响应性光学探针结构示意图

(4)利用物理靶向的方法。通过磁场、电场、超声等物理作用，将探针引导到靶区域，提高探针在靶器官或靶组织的浓度，提高信号强度。

利用光、热、磁场、电场、超声波等物理作用，促进分子成像探针聚集到病变部位，从而增强其信号强度，这是物理靶向的主要作用机制。例如，超声的高能量可将血脑屏障短暂打开，促进探针进入脑内并成像。对于 MRI 成像方法，利用外部磁场的导航可增加造影剂磁性纳米颗粒在特定器官内的积累和渗透。此外，物理靶向可以与生物靶向相结合，促进探针在靶器官的聚集。例如，在磁性纳米颗粒表面修饰多肽片段 RGD，RGD 可以与血管内皮细胞表面的整合素 $\alpha_V\beta_3$ 结合，而外磁场可将通过磁导航将纳米颗粒富集到肿瘤部位。在这种联合靶向策略下，探针可以渗透到肿瘤组织的深部，实现肿瘤组织中的 MRI 血管成像[7]。

8.4　光学分子成像举例

光学分子成像是将活体组织中的光学信号进行收集和整合，通过数据处理后转化成直观的图像，具有灵敏、迅速、同时观测多信号事件、无放射性危害等优点，是当前研究最多的分子成像方法之一。能够成像的光信号的波长范围很广，从红外线到紫外线，都可通过不同的光学设备来检测。

实现活体内的光学成像依赖于三个指标：光吸收、光散射和发射光的组织穿透力。在紫外和可见光的波长范围内，光容易被组织内的水和血红蛋白等内源性的生物分子吸收和分散，穿透性很差。组织产生的自发荧光也在这个波长范围内，对成像信号有干扰。因此，紫外-可见光范围的荧光染料不适合体内成像。近红外(NIR)光的波长范围在 650～900 nm，活体组织对这个波长范围的光吸收量小，光的穿透性可达几厘米；内源性的自发荧光对这个波长范围的光影响很小，荧光背景较低，可以获得较高信噪比的成像信号，因此 NIR 荧光染料适合用于小动物活体成像的研究，在人体局部成像中也有很大的应用潜力。以下介绍若干种类的光学分子成像。

8.4.1　近红外荧光分子及靶向探针

吲哚菁绿(ICG)和美蓝是具有代表性的近红外荧光分子。ICG 在皮下或肿瘤周围组织注射后，可迅速引流到局部淋巴管并聚集到前哨淋巴结中，通过近红外成像设备对 ICG 的近红外荧光进行成像，可实现表层手术过程中淋巴结的准确定位[8,9](图 8-10)。近红外荧光分子还可作为信号报告元件用于构建分子成像探针。例如，肿瘤细胞表面高表达叶酸受体，当与叶酸结合后，可启动细胞内吞。将荧光分子 NIR2 和叶酸通过共价键连接形成靶向探针。这种探针对叶酸受体表达阳性的肿瘤细胞具有高选择性。再如，在乳腺癌病灶中经常出现微小钙化，钙化灶中富含由成骨细胞分泌的羟基磷灰石，而二磷酸盐是羟基磷灰石的配体。NIR 染料 Pam78 标记的二磷酸盐衍生物可以在体内快速而特异性地与羟基磷灰石结合，实现微小钙化灶及成骨细胞成像，对于乳腺癌的诊断具有重要意义。

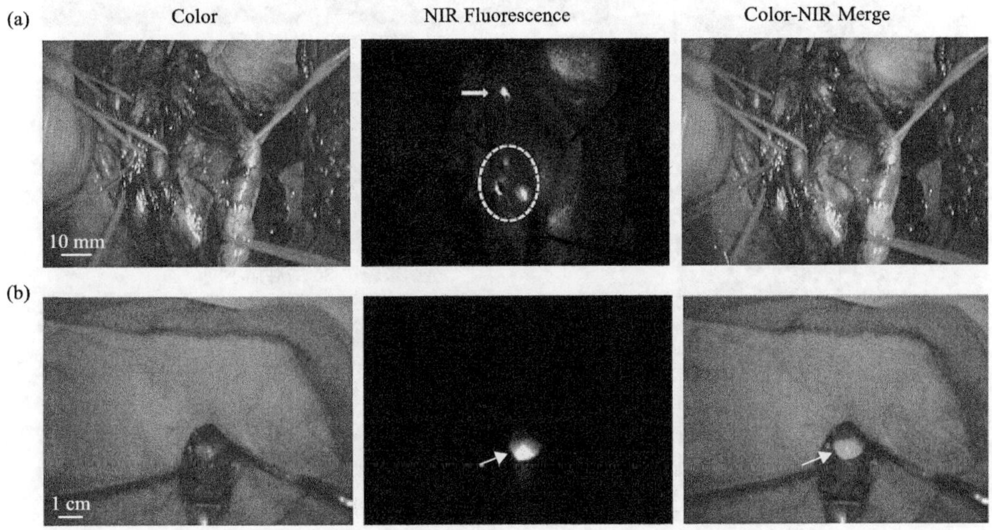

图 8-10　美蓝和 ICG 体内近红外光学(NIR)成像[8]

(a)手术视野中的 NIR 成像，白色圈中为肿瘤组织，箭头指示为离原发灶约 5 cm 处的小转移灶；
(b)乳腺癌患者肿瘤周围注射 ICG-白蛋白后，可以实现术中前哨淋巴结显像(箭头所示)

8.4.2　可激活的靶向探针

可激活靶向性探针是在局部的化学环境的作用下发生结构改变，从而产生荧光信号变化。通常是当探针被靶标特异性激活后，荧光信号才可以生成或者放大。大部分可激活探针利用了体内特异的酶对底物的作用。例如，将 NIR 荧光染料 Cy5.5 和猝灭剂 NIRQ820 分别连接在多肽的两端形成分子探针，其中的多肽是金属基质蛋白酶-7(MMP-7)的底物。由于物理距离很近，Cy5.5 发出的荧光被 NIRQ820 猝灭，因此探针的荧光信号很弱。当多肽被 MMP-7 识别并酶切后，Cy5.5 与 NIRQ820 分离，两者的物理距离变大，Cy5.5 的荧光恢复；其荧光信号强度比之前增高了 7 倍。肿瘤细胞内通常高表达 MMP-7，因此这种探针可在肿瘤细胞内被特异性激活，实现细胞成像。

相似的设计也可以用于其他蛋白酶的特异性成像。例如将 caspases-3 用于细胞培养中和体内的凋亡细胞实时成像。将 Cy5.5 标记的金属蛋白酶 2（MMP-2）特异性多肽连接到金纳米颗粒上，Cy5.5 荧光会被金纳米颗粒猝灭。当探针中的多肽链被 MMP-2 识别和剪切后，Cy5.5 分子从金纳米颗粒上解离下来，从而发出荧光信号。这种分子影像探针可以实现高表达 MMP-2 的肿瘤细胞的体内成像[10]（图 8-11）。

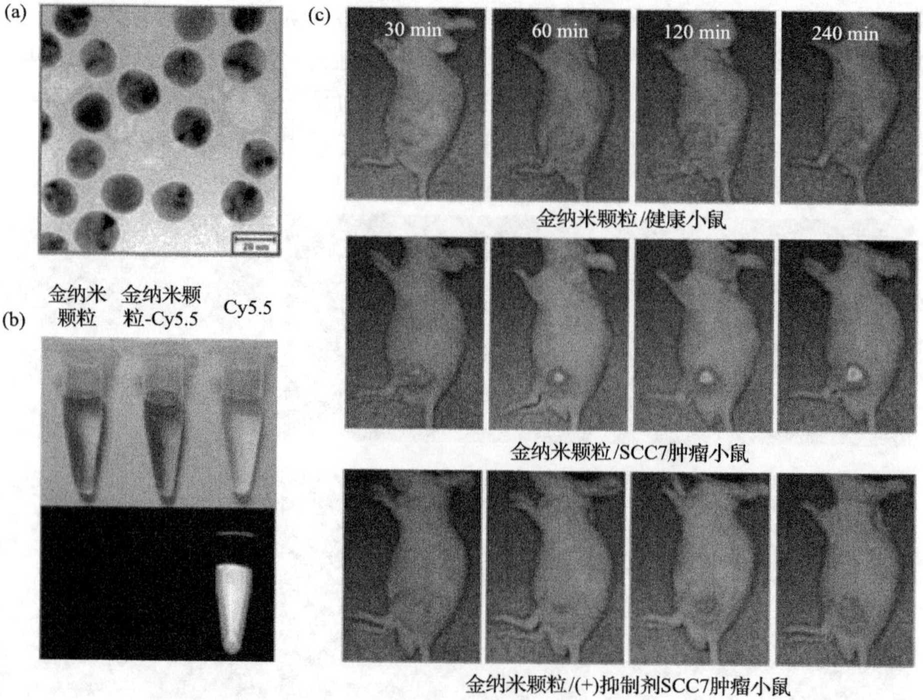

图 8-11　(a) 金纳米颗粒的透射电镜图；(b) 金纳米颗粒、金纳米颗粒-Cy5.5 和 Cy5.5 的多肽溶液在白光和近红外光照射下的图像，可以看到只有 Cy5.5 多肽的溶液有荧光信号；(c) 金纳米颗粒-Cy5.5 探针注射不同时间后，动物体内成像图像。第一排为正常小鼠成像；中间一排为鳞状上皮细胞移植瘤小鼠成像；第三排是将 MMP 抑制剂和探针共同注射后，移植瘤内的荧光信号明显变弱[10]

8.4.3　内源性光学分子成像

外源性蛋白质和酶可作为报告元件被直接导入到细胞中，实现对细胞特定生物学功能的成像。绿色荧光蛋白（green fluorescent protein，GFP）和萤光素酶报告基因是追踪细胞和基因表达常用的内源性报告系统。此外，部分细胞特异性高表达一些酶或酶活性明显升高，也可作为内源性光学成像的靶向元件，例如，肿瘤细胞高表达的组织蛋白酶 B、组织蛋白酶 L、MMP-2、β-半乳糖苷酶和 γ-谷氨酰转移酶等。

绿色荧光蛋白是一个由约 238 个氨基酸组成的蛋白质分子，能被从蓝光到紫外线波段的光激发，发出绿色荧光。用常规的基因操纵手段可实现荧光蛋白对其他目标蛋白的标记，达到观察、跟踪目标蛋白的时间和空间变化的目的。荧光蛋白能根据启动子特异性地表达，并稳定遗传给后代。例如，将 GFP 基因融合到肌动蛋白的启动子上，细胞在表达肌动蛋白的同时表达绿色荧光蛋白，使小鼠内几乎所有的细胞都有绿色荧光，小鼠整体发出绿色荧光。目前已有商品化的“绿小鼠”。萤光素酶报告基因是以萤光素(luciferin)为底物，检测萤火虫萤光素酶(firefly luciferase)活性的一种报告系统。萤光素酶可以催化萤光素氧化，形成氧化萤光素而发出生物荧光(bioluminescence)。目前最常用的萤光素酶是真核萤火虫萤光素酶和海肾(renilla)萤光素酶。与荧光成像相比，生物发光成像不需要激发光，不表达萤光素酶的细胞没有荧光，具有背景低的特点。因此，生物发光成像被广泛应用于基因表达、信号通路、细胞及活体动物模型中的药物反应等诸多方面的研究。

组织蛋白酶 D 报告系统也可用于活细胞成像。利用人组织蛋白酶基因转染大鼠胚胎成纤维细胞(3Y1)，使细胞内组织蛋白酶 D 高表达，而未转染的细胞其本底很低。将近红外荧光分子 Cy5.5 与组织蛋白酶 D 的多肽底物的 N 端相结合，多肽 C 端连接有 FITC 荧光分子，由此构建了具有 FRET 性质的分子探针。当探针进入转染了组织蛋白酶 D 的细胞时，在酶作用下，多肽被酶降解，使 Cy5.5 从多肽上解离下来，荧光强度明显增加，使图像对比度显著提高。此外，生物发光可与酶报告系统结合，进一步降低信号的背景噪声，提高灵敏度。例如，将 D-萤光素与 β-内酰胺酶报告系统结合，在酶的作用下促使萤光素发出荧光，实现肿瘤细胞生长及酶活性的实时监测。

8.5　光学分子成像在肿瘤成像中的应用实例

分子影像学在传统医学影像诊断的基础上，对肿瘤细胞发生、发展过程进行了直观、实时、动态的成像，使人们对肿瘤的认识取得了前所未有的提高。下面按照不同肿瘤标志物的类型，分别举例介绍光学分子成像在肿瘤研究方面的应用。

8.5.1　肿瘤相关受体及配体表达成像

肿瘤细胞表面过表达多种受体，与其生长、转移和侵袭密切相关。生长抑素是一个具有 28 个氨基酸残基的多肽，由胃肠道和胰腺中的内分泌 B 细胞和神经细胞分泌。生长抑素受体在许多肿瘤中都有表达，尤其是内分泌肿瘤。生长抑素类似物，奥曲肽和兰瑞肽，已经被用于垂体和神经内分泌肿瘤的治疗。近年来以生长抑素类似物为基础开发出了多个成像探针。例如，在奥曲肽上偶联 NIR 荧光染料可以用于体内肿瘤成像[11]（图 8-12）。

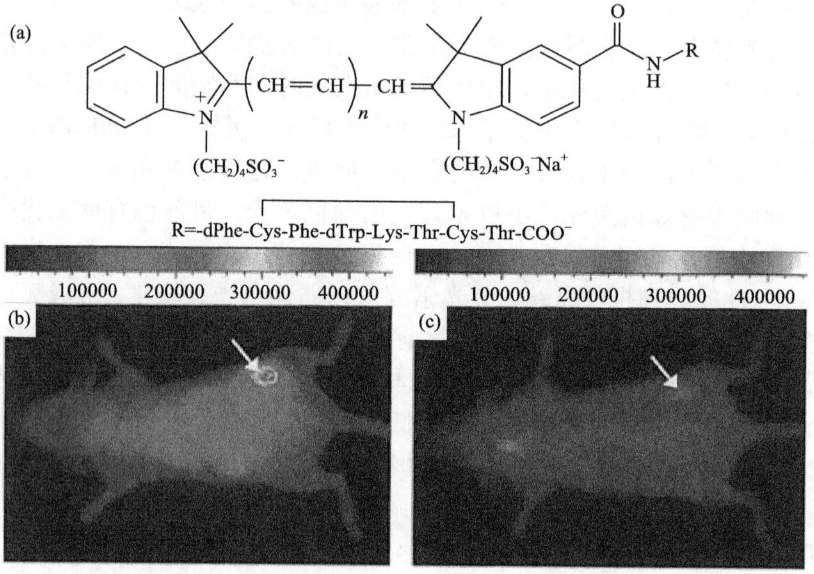

图 8-12　奥曲肽-NIR 光学分子成像探针体内荧光成像[11]

表皮生长因子受体（EGFR）是许多上皮来源肿瘤过度表达的表面蛋白，其表达异常与肿瘤生长、凋亡抑制、血管生成、侵袭性和转移等密切相关。西妥昔单抗是一个单克隆抗体，可以选择性地结合在 EGFR 的细胞外结构域上，具有高亲和性。将近红外荧光分子 Cy5.5 与西妥昔单抗偶连，构建成像探针，可以实现头颈部鳞癌的移植瘤的成像。表皮生长因子（EGF）是 EGFR 的配体，可以与 EGFR 特异性结合。将 EGF 与近红外荧光分子结合（例如 Cy5.5 或 NIR800），也可以使探针靶向聚集到肿瘤细胞中，实现肿瘤在体成像。

叶酸，又称维生素 B9，是正常细胞中生长需要的一种非常重要的维生素。细胞摄取叶酸有两个主要的机制，一是通过低亲和力的跨膜蛋白直接内化，另一种是通过叶酸受体内吞作用。肿瘤细胞生长迅速，对叶酸有更大的需求，因此叶酸受体（FR）大量表达在多种肿瘤细胞的表面，包括乳腺癌、卵巢癌、肾癌、脑癌和头颈部癌等。因此是肿瘤成像的良好靶标。焦脱镁叶绿酸（Pyro）是一种光学成像和治疗试剂，将叶酸与其连接，可构建光学成像探针 PPF，该探针也可以作为光动力治疗剂。这个探针被肿瘤特异性摄取，正常组织内低积累，表现出良好的体内分布和代谢动力学特点（图 8-13），显示出肿瘤检测和治疗中的潜在应用价值[12]。

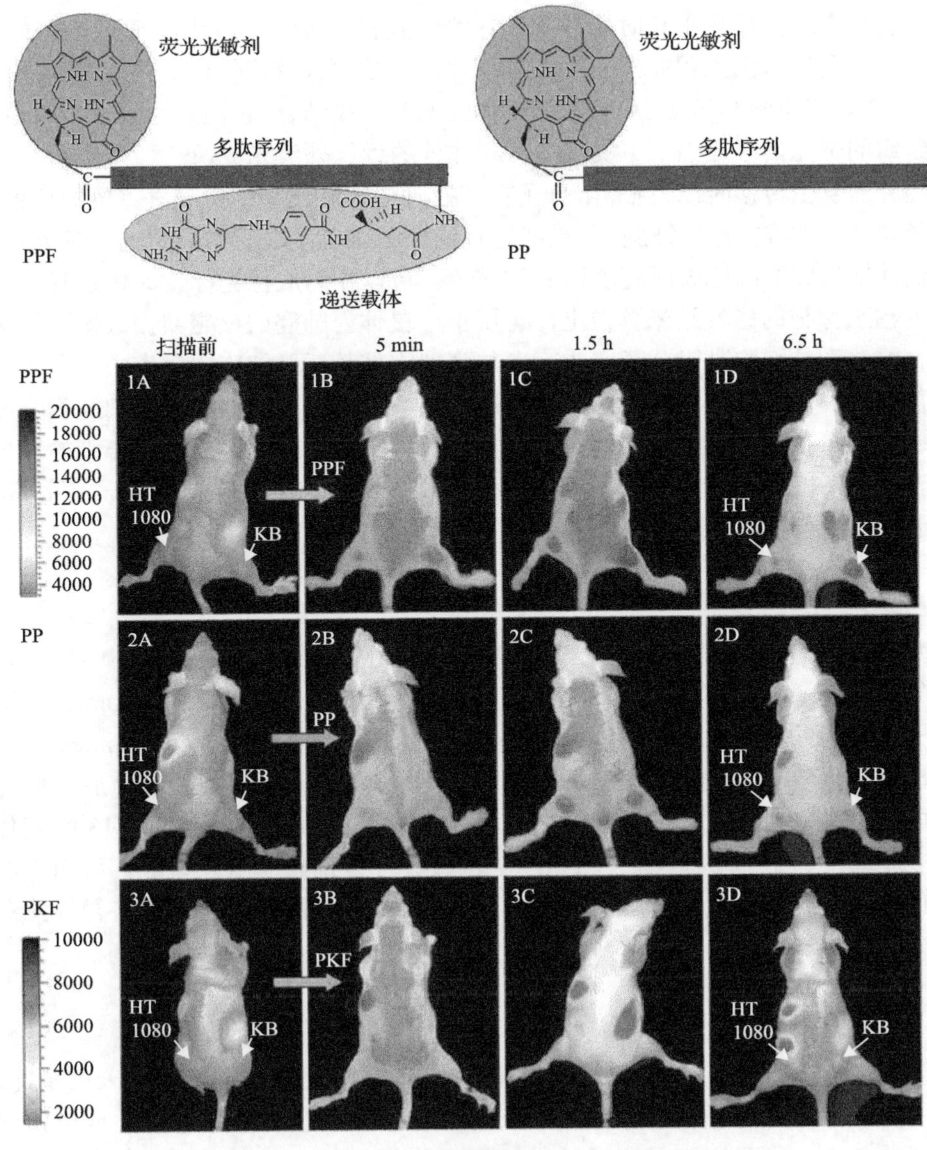

图 8-13 靶向叶酸受体成像探针(PPF)的体内成像结果

PP 为没有叶酸靶向分子的对照

8.5.2 肿瘤特异性标志物成像

癌胚抗原(CEA)是结肠癌、肺腺癌、乳腺癌和卵巢癌相关的特异性标志物，是肿瘤治疗和诊断非常重要的靶标。用荧光分子标记 CEA 抗体构建分子成像探针，探针可以被快速和选择性地摄取并聚集到肿瘤部位，实现原位结直肠癌肿瘤的体内成像和肿瘤生长监控。完整的抗体具有很高的肿瘤摄取和保留能力。但抗体通常也会在血液循环中长时间滞留，导致血液和正常组织内具有高背景的抗体信号。如果利用基因工程方法来制备抗体片段，就可以获得优化的体内药代动力学特性。将荧光染料与抗CEA单克隆抗体的Fab片段结合，在注射大约8小时后，肿瘤组织的荧光信号最强，可实现体内和体外的近红外荧光成像。

当肿瘤发生转移时，细胞黏附分子在调控肿瘤细胞迁移中扮演着重要的角色。E-选择素是促进嗜中性粒细胞、巨噬细胞和记忆T细胞在血管上黏附的关键分子。转移活动期的肿瘤细胞表面高表达E-选择素，可以作为成像靶标。将E-选择素结合到Cy5.5标记的磁性纳米颗粒上，可用于小鼠体内肺癌的核磁共振成像和光学成像。整合素是细胞黏附分子家族，参与到细胞外基质及细胞内反应中，与肿瘤血管再生相关。许多肿瘤类型都有表达，例如黑色素瘤、晚期胶质母细胞瘤、卵巢瘤、乳腺癌和前列腺癌。精氨酸-甘氨酸-天冬氨酸(RGD)为 $\alpha_v\beta_3$ 整合素的特异性结合多肽，以RDG为靶分子，可与多种成像分子结合，构成应用于不同成像模式的分子成像探针。

8.5.3　肿瘤细胞凋亡成像

凋亡是细胞的一种程序性死亡，发生在正常生理过程及许多疾病中。凋亡成像的策略包括靶向细胞膜上磷脂酰丝氨酸、细胞内caspase激活等。Annexin V作为一种磷脂结合蛋白，与磷脂酰丝氨酸有高度亲和力。Cy5.5标记的annexin V可在动物体内实现肿瘤细胞凋亡成像。当给予荷瘤小鼠环磷酰胺治疗后，肿瘤组织内的荧光信号明显增加，显示肿瘤细胞发生凋亡。此外，通过M13噬菌体展示多肽库筛选出的多肽CLSYYPSYC可特异性识别磷脂酰丝氨酸，可用于肿瘤凋亡的分子成像。依据凋亡细胞内高caspases酶活性，也可设计特异性酶激活性光学探针。

8.5.4　新生血管成像

血管生成，即新血管的形成，在生理学和病理学过程中都是一个关键事件。血管内皮生长因子(VEGF)与其受体VEGFR的相互作用在调节血管生成中扮演着重要的角色，也是研究最广泛的血管再生相关机制之一。创伤修复过程在很大程度上依赖于新生血管形成。在通常情况下，VEGF-VEGFR信号通路的活化会直接促进内皮细胞增殖和新生血管形成。为实时监控床上修复过程中VEGFR的在体表达，有研究者开发出了VEGFR2-萤光素酶转基因小鼠。在这种小鼠体内，萤光素酶的表达取决于VEGFR2，两个基因位于同一个启动区，从而使高表达VEGFR2的内皮细胞同时高表达萤光素酶。利用该转基因鼠研究了创伤后血管再生的情况，结果证实在创伤第7至10天时VEGFR2基因表达量达到峰值[13](图8-14)。

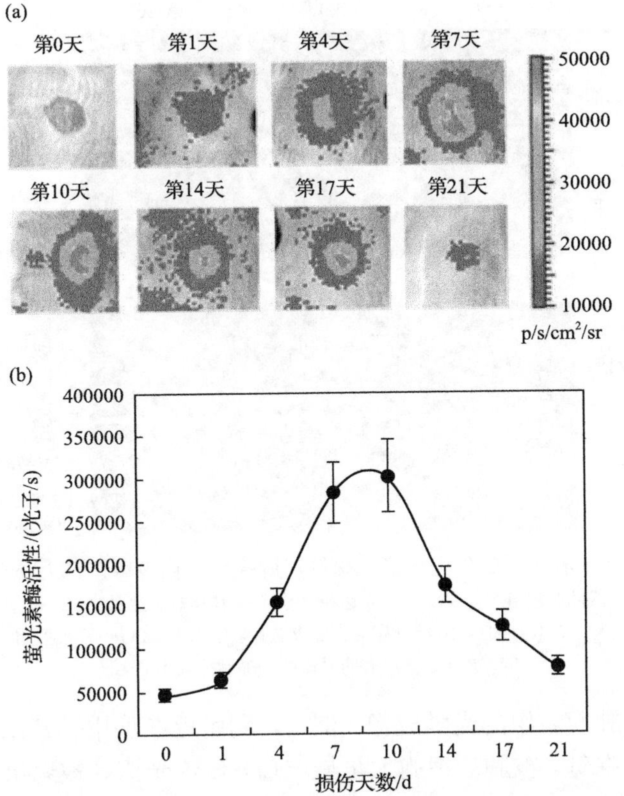

图 8-14　利用萤光素酶监测血管生长因子受体 2 在创伤修复过程中的表达。建立 VEGFR2-萤光素酶转基因小鼠穿孔损伤模型，直径约为 8 mm[13]

(a) 小鼠腹腔注射萤光素后，在损伤后不同时间点进行观察；(b) 萤光素酶活性的定量分析

很多肿瘤细胞高表达 VEGF，其表达程度与肿瘤的进展和预后不良密切相关。例如，随着 VEGF 水平和新生血管密度的增加，结肠癌恶性程度也逐渐增加。与此同时，VEGF 的表达也是结肠癌药物响应的重要标志物之一。有研究将近红外染料 Dye755-Ran 与抗 VEGF 抗体 Fab 片段结合，对体内结肠癌组织内的 VEGF 表达进行成像，用于评价西妥昔单抗治疗结肠癌的响应[14](图 8-15)。

8.5.5　代谢成像

肿瘤细胞的氧、糖和脂肪代谢与正常细胞不同，例如，胞内 ROS 水平明显偏高、高表达葡萄糖转运体(GLUT)和低密度脂蛋白受体(LDLr)，这些都是肿瘤诊断、分期和治疗监测的关键性靶点，针对这些靶点可发展分子成像探针。

目前肿瘤临床诊断的“金标准”^{18}F-FDG 就是基于肿瘤细胞大量摄取葡萄糖，GLUT 表达升高而成像的。基于这个特征，荧光标记的葡萄糖类似物也被广泛研

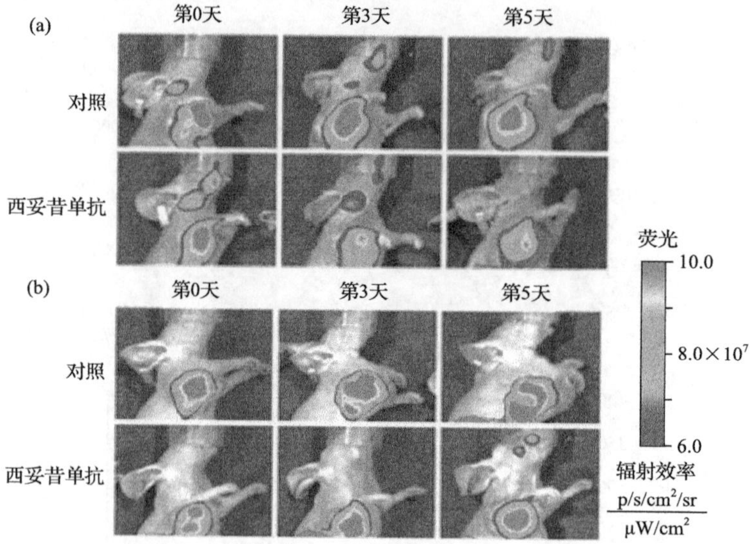

图 8-15　利用近红外光学成像探针对肿瘤组织内 VEGF 进行成像[14]

(a) HT-29 结肠癌细胞形成的肿瘤组织内 VEGF 高表达（颜色越红，其相对表达量越高），经西妥昔单抗治疗后肿瘤组织内 VEGF 表达显著降低；(b) HCT-116 结肠癌细胞形成的肿瘤组织内 VEGF 高表达，但是西妥昔单抗治疗对 VEGF 表达量没有明显影响，提示疗效不显著

究和开发，用于肿瘤组织的光学成像。例如，利用近红外甲基菁染料标记 2-脱氧-葡萄糖构建分子探针，被肿瘤细胞大量摄取后，该荧光探针被聚集到肿瘤细胞内，实现了对肿瘤生长的监测。另外，基于肿瘤特异的氧化还原环境，可设计激活性光学探针。例如，很多肿瘤细胞高表达生物素受体，某种近红外探针 P6 能够与生物素受体结合，从而被摄取到细胞内；在肿瘤细胞内高浓度谷胱甘肽的作用下，P6 被还原，转化成荧光 4 分子；后者的荧光显著强于 P6，从而可实现肿瘤细胞特异性成像(图 8-16)[15]。

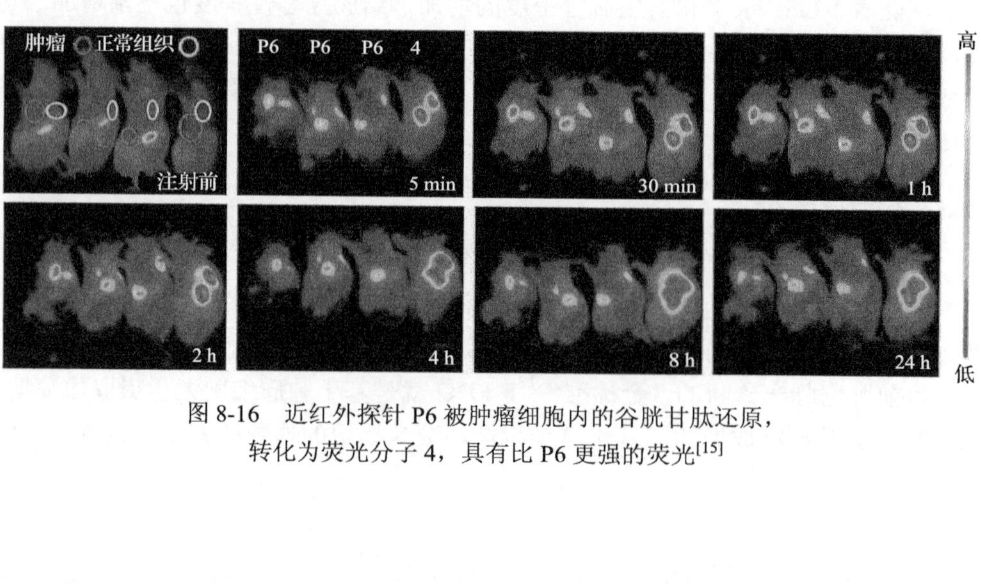

图 8-16　近红外探针 P6 被肿瘤细胞内的谷胱甘肽还原，转化为荧光分子 4，具有比 P6 更强的荧光[15]

综上所述，分子影像是连接分子生物学和临床医学的重要桥梁，可以为临床医学、药物、基础医学和生物学研究中提供重要的技术工具。与此同时，分子影像学迫切需要进行跨学科、多角度的交叉与合作：既需要生命科学从分子水平提出亟待解决的问题和发现新分子，也需要物理、化学、生物化学、信息学等学科发展适应分子影像学研究的理论与技术。

参 考 文 献

[1] Primus F J, Wang R H, Goldenberg D M, et al. Localization of human GW-39 tumors in hamsters by radiolabeled heterospecific antibody to carcinoembryonic antigen. Cancer Research, 1973, 33(11): 2977-2982.

[2] Reimer P, Weissleder R, Lee A S, et al. Receptor imaging: application to MR imaging of liver cancer. Radiology, 1990, 177(3): 729-734.

[3] Contag C H, Contag P R, Mullins J I, et al. Photonic detection of bacterial pathogens in living hosts. Molecular Microbiology, 1995, 18(4): 593-603.

[4] Tjuvajev J G, Stockhammer G, Desai R, et al. Imaging the expression of transfected genes *in vivo*. Cancer Research, 1995, 55(24): 6126-6132.

[5] Weissleder R, Moore A, Mahmood U, et al. *In vivo* magnetic resonance imaging of transgene expression. Nature Medicine, 2000, 6(3): 351-355.

[6] Mei J, Hong Y, Lam J W, et al. Aggregation-induced emission: the whole is more brilliant than the parts. Advanced Materials, 2014, 26(31): 5429-5479.

[7] Lee S, Cha E J, Park K, et al. A near-infrared-fluorescence-quenched gold-nanoparticle imaging probe for *in vivo* drug screening and protease activity determination. Angewandte Chemie International Edition, 2008, 47(15): 2804-2807.

[8] Chen L, Wu Y, Wu H, et al. Magnetic targeting combined withactive targeting of dual-ligand iron oxide nanoprobes to promote thepenetration depth in tumors for effective magnetic resonance imaging and hyperthermia. Acta Biomaterialia, 2019, 96: 491-504.

[9] Wang C, Wang Z, Zhao T, et al. Optical molecular imaging for tumor detection and image-guided surgery. Biomaterials, 2018, 157: 62-75.

[10] Chen Q Y, Xie J W, Zhong Q, et al. Safety and efficacy of indocyanine green tracer-guided lymph node dissection during laparoscopic radical gastrectomy in patients with gastric cancer: a randomized clinical trial. JAMA Surgery, 2020, 155(4): 300-311.

[11] Becker A, Hessenius C, Licha K, et al. Receptor-targeted optical imaging of tumors with near-infrared fluorescent ligands. Nature Biotechnology, 2001, 19(4): 327-331.

[12] Stefflova K, Li H, Chen J, et al. Peptide-based pharmacomodulation of a cancer-targeted optical imaging and photodynamic therapy agent. Bioconjugate Chemistry, 2007, 18(2): 379-388.

[13] Zhang N, Fang Z, Contag P R, et al. Tracking angiogenesis induced by skin wounding and contact hypersensitivity using a Vegfr2-luciferase transgenic mouse. Blood, 2004, 103(2): 617-626.

[14] Ma T, Liu H, Sun X, et al. Serial *in vivo* imaging using a fluorescence probe allows identification of tumor early response to cetuximab immunotherapy. Molecular Pharmaceutics, 2015, 12(1): 10-17.

[15] Guo R, Huang F, Zhang B, et al. GSH activated biotin-tagged near-infrared probe for efficient cancer imaging. Theranostics, 2019, 9(12): 3515-3525.

第 9 章　生物医学传感技术与信号检测

生命活动存在于从分子、细胞、组织、器官到系统的各个层次，生物医学传感器(biomedical sensors)是获取不同层次生理和病理信号的器件，对于检验、诊断、监护、控制、治疗和保健等都具有重要作用。生物医学传感器是生物医学信号检测的基础，是获取生命活动信息的关键技术手段；而生物医学信号检测也因为传感技术的发展和信号处理与分析方法的进步，越来越成为医学诊断与治疗，以及健康维护中不可或缺的技术支撑。

9.1　生物医学传感技术

9.1.1　生物医学传感器概述

生物医学传感器可定义为把人体生理活动的非电量信息(包括物理量、化学量、生物量等)按一定规律转换成与之有确定函数关系的另一种物理量的变换装置。非电量信号通常包括物理信号如温度、压力，以及化学信号如酸碱度、生物和化学物质。由于电信号是最适宜进行放大、处理和传输的信号形式，因此，一般情况下，会利用传感器把非电量生理信号转变成便于接收和处理的电信号。

传感器的主要用途包括：

提供医学诊断及基础研究所需的即时信号，常包括心音、心电、血压、血流、体温、呼吸、脉搏等。

对危重患者做连续监测，通过安置体温、脉搏、动脉压、静脉压、呼吸、心电等一系列传感器，用监护仪连续观察这些参数的变化。

利用化学传感器和生物传感器从人体的各种体液(如血液、尿液、唾液等)中获取诊断信息。

利用检测到的生理参数，控制人体的生理过程。例如电子假肢是用肌电信号控制人工肢体的运动；用同步呼吸器抢救患者时，需要检测患者的呼吸信号，以此来控制呼吸器的动作与人体呼吸同步。

随着生物医学传感器在微型化、植入检测、多参数检测等方面的发展，除基本的生物相容性、可靠性、安全性等，生物医学传感器的设计与应用需要更多考虑使用对象的特殊性及复杂性。主要体现在以下几个方面：

在对生物体内某部位进行就近直接检测时，由于生物体自身具有体内平衡(homeostasis)机能，一旦有外界扰乱因素出现，为补偿其带来的影响，生物体将产生各种应激反应，由此改变被测部位的状态而影响检测结果的真实性，还可能给被测者带来不适感和痛苦。因此，在进行人体信号检测时，应尽量避免传感器对人体产生扰动，甚至带来负担或痛苦，这样做有可能使测得的信号质量降低。

为减轻对被测生物体的侵扰，以非接触、无损伤或低损伤的传感器进行间接检测是生物医学传感器的常用方式，但也会导致信号中干扰成分较多，通常需要借助信号处理手段来改善信号的质量。

植入式或部分插入式传感器的发展，意在尽可能准确检测生物体内某个局部信息，同时减小对生物体的侵扰。此类传感器应充分考虑微型化、能量及信息传输方式、植入或插入材料的生物相容性及植入装置的安全性等特殊要求。

生物信号的特点是信号微弱、频率范围窄、背景噪声及干扰大、随机性强，不仅个体差异大，而且多种生理和生化过程同时进行，这些都增加了检测的难度。除了通过后续的信号处理外，高性能传感器的设计更为重要，应设法降低干扰，使传感器具有较高的灵敏度和较大的动态范围，尽可能对所测信号进行保真。

9.1.2　生物医学传感器的分类

生物医学传感器有多种分类方法，最基本方法是按检测原理分为物理传感器、化学传感器、生物传感器等三大类。

物理传感器：利用物理性质和物理效应制成的传感器，常用于检测血压、体温、血流量、血液黏度、生物组织对辐射的吸收、反射或散射以及生物磁场等。

化学传感器：利用功能性膜对特定成分进行选择性筛选，再利用电化学装置转化为电学量的传感器，常用于检测人体体液中离子的成分或浓度(如 Ca^{2+}, K^{+}, Na^{+}, Cl^{-} ……)、pH、氧分压及葡萄糖浓度等。

生物传感器：利用生物活性物质具有的选择性识别待测生物化学物质能力所制成的传感器件，常用于酶、抗原、抗体、递质、受体、激素、脱氧核糖核酸(DNA)、核糖核酸(RNA)等物质的检测。

1. 物理传感器

物理传感器按工作原理可分为应变式、电容式、电感式、压电式、磁电式、热电式和光电式等传感器；按被检测量可分为位移、压力、振动、流量、温度和光学等传感器。

1) 位移传感器

位移传感器通常用于检测物体或者介质的位置变化，常用于检测长度、压力或者作用力的变化，这些参量的变化可用于定量诊断生理功能的异常。例如，用于检测压力的压电式传感器、用于检测位移的电感式或电容式传感器、用于检测血流量的电磁式传感器、用于检测位置线性变化和角度变化的电阻式传感器，以及检测弹力和张力的力传感器等。

2) 压电传感器

压电传感器利用某些材料所特有的压电效应，检测心音和血压等各种生理参数。这些生理参数与作用力和加速度相关。压电效应可分为正压电效应和逆压电效应；前者指在压电晶体的某一轴向施加机械力时，在加压面的两侧会出现相反符号的电荷；后者指在晶体两侧施加一交变电压时，晶体会随交变电压产生厚薄变化。具有压电效应的典型材料是石英晶体，此外，钛酸钡和锆钛酸铅等许多陶瓷材料也会产生压电效应。压电传感器也是超声检测仪器中超声波的发生和接收装置。

3) 温度传感器

体温是日常生活中衡量人体健康状况的四大基本指标之一。人体深部温度非常稳定，健康人大约为 37℃，变化范围一般不超过±0.5℃。人体的体温通常在两个不同部位检测：体表如腋下，或者体腔内如口腔或者肛门等。下面介绍几种检测体温的传感器。

热敏电阻：热敏电阻(thermistor)是温度敏感传感器，它们用压缩烧结的镍、锰、钴等金属氧化物制成，其电阻值会随温度的变化而变化。

热电偶：热电偶(thermocouple)是由连接在一起的两种不同金属构成的温度传感器。热电偶传感的原理基于 1821 年 Seebeck 发现的热电动势效应，即当两种不同的导体或半导体 A 和 B 组成一个回路，其相互连接的两个端点分别置于不同温度时，这两个连接端点间会产生电压差，且差值的大小和方向在材料确定后取决于两端的温度差的大小和方向。热电偶在检测温度差方面性能优越，如用于检测某点的绝对温度值，则需将热电偶的一端置于恒定的参考温度下，另一端用于检测未知的温度。

鼓膜体温计：非接触式鼓膜体温计(tympanic thermometer)可以检测耳道鼓膜附近的温度，该处的温度与人体深部的温度之间保持 0.5～1.0℃的恒定温差。这种体温计的原理是将鼓膜发出的红外辐射，经具有高反射率镀金内表面的金属导波管传导给热敏探测器。热敏探测器可以是热电堆，也可以是热电传感器。探测器一般置于恒温环境中，以减少环境温度波动引起的误差。

2. 化学传感器

化学传感器可以把人体内某些化学成分及其浓度等转换成与之有确切关系的电学量，多是利用功能性膜对特定成分进行选择性筛选后，再利用电化学装置转化为电量。通常依据膜电极的响应机制、膜的组成和膜的结构进行分类，有离子选择性电极、气敏电极、湿敏电极、涂丝电极、聚合物基质电极、离子敏感场效应管和离子选择性电极薄片等。化学传感器常用于氧分压和二氧化碳分压等的测定。

3. 生物传感器

生物传感器是将生物敏感元件和传感器结合在一起的装置。所谓生物元件是指某些生物活性物质，具有选择性识别待测生物化学物质的能力，固定化的生物体成分(酶、抗原、抗体、激素)或生物体本身(组织、细胞、细胞器)都可作为敏感元件。依据敏感元件的不同，生物传感器可分为酶传感器、免疫传感器、微生物传感器、组织传感器和细胞传感器等；根据所用信号转换器的不同，又可将生物传感器分为电化学生物传感器、半导体生物传感器、测热型生物传感器、测光型生物传感器和测声型生物传感器等。为了更明确反映传感器的敏感特性和转换特性，实用的命名常将上述两种分类法综合，例如，酶传感器的命名中常写出其特定的敏感元件和转化方法，常见的有酶电极、酶热敏电阻、酶场效应管(FET)和酶光极等。下面介绍三种典型的生物传感器。

1) 酶传感器

基于酶的生物传感器(enzyme-based biosensor)利用了酶的催化性质。酶具有高度的专一性，在许多其他物质存在的情况下，也可以使用基于酶的生物传感器对待测物进行检测，而如果采用普通分析方法，则需要经过冗长的预处理过程。酶传感器一般使用固定化酶方法。对一种特定的酶，需要找到恰当的固定方法以保持酶的高活性和稳定性。基于酶的生物传感器可以用许多传感原理制成，包括电化学、光学、热学或重量检测等。应用电化学原理的基于酶的生物传感器称为酶电极。酶电极检测的是酶催化形成的产物或底物的消耗。

电流检测原理广泛用于酶电极。在酶电极中，用极谱法电极测定氧气的消耗或过氧化氢的形成。例如，葡萄糖经由葡萄糖氧化酶(GOD)的酶促氧化反应如下：

$$\text{Glucose} + O_2 \xrightarrow{\text{GOD}} \text{Gluconolactone} + H_2O_2$$

式中，Glucose 为葡萄糖，Gluconolactone 为葡萄糖酸内脂。将葡萄糖氧化酶(GOD)固定化并制成膜电极，通过检测氧气的消耗或者产物过氧化氢量的变化，可以得到葡萄糖浓度。

2) 免疫传感器

免疫传感器(immunosensor)是一类基于抗原-抗体反应实现高度特异和灵敏性的化学传感器，与免疫试验的分析技术相似。抗原(Ag)和抗体(Ab)形成抗原-抗体复合物(AbAg)：

$$\text{Ab} + \text{Ag} \rightleftharpoons \text{AbAg}$$

此反应是可逆的，所以，比率 K 定义为

$$K = [\mathrm{AbAg}]/[\mathrm{Ab}][\mathrm{Ag}]$$

式中，K 在平衡时是常数，称为亲和常数。当加入 Ag 而 Ab 量保持不变时，Ag 加入的量可以通过 AgAb 的增量来确定，AgAb 的形成将引起电极电位或质量的改变，用电化学传感器可以检测这些改变。

3) 微生物传感器

微生物传感器(microbial sensor)是一种由生物活体构成的化学传感器，被固化的微生物集合在一起，共同产生微生物催化反应。

微生物传感器有两种类型，呼吸检测型和代谢检测型。

呼吸检测型微生物传感器由固定的需氧型微生物和一个氧气电极组成。当氧饱和溶液包含可以被微生物代谢的底物时，将发生消耗溶解氧的代谢反应，从氧分压的降低便可测出底物。呼吸检测型微生物传感器可以借助不同的微生物实现对许多物质的选择性检测，如葡萄糖、醋酸、氨、乙醇。生化需氧量(BOD)也可以用此类型微生物传感器检测，这种技术已用于环境控制。

代谢检测型微生物传感器由固定化微生物和探测微生物催化反应的代谢产物的传感器组成。使用不同类型的气体和离子传感器检测不同的代谢物，可以间接检测多种物质。例如，用燃料电池电极探测 H_2 来检测蚁酸，用 CO_2 电极检测谷氨酸或赖氨酸，以及用 pH 电极检测头孢菌素和烟碱酸等。

9.1.3 生物医学用电极

电极的功能就是通过耦合输入或导出电流，将生物体产生的离子电位传出。通常用于生物电检测，电流的输入通常用于给一些组织或器官施加电刺激，不同的用途对于电极性能的要求是有明显差别的。

1) 记录用电极

在生物医学应用中，记录用电极主要用于生物电检测，常可分为体表电极、体内电极和微电极。

生物电本身属于弱信号，幅值低，对干扰信号很敏感。检测生物电必须使用高性能电极，尽可能减少运动伪迹，确保检测信号准确、稳定、无失真。由于人的体液对金属有很强的腐蚀性，并非任何金属都可用作体内电极，而且有些金属对活体组织有毒性。植入式电极通常用惰性金属制作，如不锈钢、金等贵金属，或者铂钨、铂铱、钛氮化物等合金。但这些电极的极化阻抗较大且不稳定，易造成干扰。体外监测电极的生物相容性要求较低，可以用银等非惰性金属制作，但是也存在皮肤界面阻抗大和干扰电位不稳定等问题。Ag/AgCl 电极是常用的体外

记录生物电电极，在减小极化电位、抗扰动等方面性能优越，但要限制工作电流不大于 10^{-9} A，并使用导电膏提供足够的 Cl^-。

2) 电刺激用电极

对生物体以适当的方式施加电刺激时，可以人为地使神经和肌肉组织等组织产生兴奋。利用电刺激兴奋所产生的生物反应可以控制和替代生物机能，达到治疗和康复的目的。除颤（体外除颤和体内除颤）、心脏起搏、脑起搏、康复和理疗等是常见的电刺激方式。尽管根据不同的目的，刺激参数(刺激电压的幅值、频率、脉宽等)的选择会有很大差异，但作为电刺激电极需要满足的基本要求有以下方面：用尽可能小的能量进行刺激；对生物体的兴奋组织不造成机械损伤和化学损伤；电极本身在机械上坚固，在化学上稳定；只对需兴奋的部位施加有选择性的刺激。此外，兴奋含有绝对不应期和相对不应期，刺激频率应小于兴奋组织相对不应期所决定的频率。

3) 微电极

微电极是具有极细锥形尖端的生物电记录电极，可以插入细胞内，在记录单细胞动作电位中起着重要作用，常用于神经生理学研究。为了避免损伤细胞，电极尖端必须比细胞小很多。此外，其尖端还必须具有足够的强度，能够刺穿细胞膜。常见的微电极有玻璃微电极、金属微电极和固态微电极阵列等三种。

9.1.4　生物芯片

生物芯片(biochip 或 bioarray)是以微机电系统技术和生物技术为依托，融微电子学、生物学、物理学、化学、计算机科学为一体的高度交叉的新技术，意在将生命科学研究中许多不连续过程(如样品制备、生化反应、检测等步骤)集成并移植到一块普通邮票大小的芯片上，使这些分散的过程连续化、微型化，以实现对大量生物信息的快速并行处理。

生物芯片通常可分为生物信息芯片和功能生物芯片(图 9-1)。生物信息芯片是指包埋在固相载体(如硅片、玻璃和塑料等)上的高密度 DNA、蛋白质、细胞等微阵列芯片。微阵列由生物活性物质以点阵的形式有序地固定在固相载体上形成。在一定条件下进行生化反应，将反应结果用化学荧光法、酶标法、电化学法显示，然后用专用的生物芯片扫描仪或电子信号检测仪采集数据，最后经专门的计算机软件进行数据分析。功能生物芯片中的微流体芯片把样品制备、反应、分离、检测等基本操作集成到一块微米尺度的芯片上，自动完成分析的全过程，其终极目标是构建芯片实验室(lab on a chip)，例如可以将样品的制备和 PCR 扩增反应同时完成于一块小小的芯片之上。这些微型集成化分析系统携带方便，可用于紧急场合、野外操作甚至放在航天器上。目前生物信息芯片的发展相对成熟，以下主要介绍该类芯片。

- 生物芯片
  - 生物信息芯片
    - 基因芯片
    - 蛋白质芯片
    - 组织芯片
  - 功能生物芯片
    - 微流体芯片
    - 芯片实验室

图 9-1　生物芯片的分类

1）基因芯片

基因芯片又称为 DNA 微阵列（DNA microarray），其测序原理是杂交测序方法，即通过与一组已知序列的核酸探针杂交进行核酸序列的测定。所谓基因探针只是一段人工合成的碱基序列，在探针上连接一些可检测的物质，根据碱基互补的原理，利用基因探针在基因混合物中识别特定基因。将大量探针分子固定于芯片上，然后与标记的样品进行杂交，通过检测杂交信号的强度及分布来进行分析。基因芯片通过应用平面微细加工技术和超分子自组装技术，把大量分子检测单元集成在一个微小的固体基片表面，可同时对大量的核酸和蛋白质等生物分子实现高效、快速、低成本的检测和分析。

基因芯片主要分为三种类型：第一种是固定在聚合物基片（尼龙膜，硝酸纤维膜等）表面上的核酸探针或 cDNA 片段，通常用同位素标记的靶基因与其杂交，通过放射显影技术进行检测。这种方法的优点是检测设备与目前分子生物学所用的放射显影技术相一致，相对比较成熟。但芯片上探针密度不高，样品和试剂的需求量大，定量检测存在较多问题。第二种是用点样法固定在玻璃板上的 DNA 探针阵列，通过与荧光标记的靶基因杂交进行检测。这种方法点阵密度可有较大的提高，各个探针在表面上的结合量也比较一致，但在标准化和批量化生产方面仍有不易克服的困难。第三种是在玻璃等硬质表面上直接合成的寡核苷酸探针阵列，与荧光标记的靶基因杂交进行检测。该方法把微电子光刻技术与 DNA 化学合成技术相结合，可以使基因芯片的探针密度大大提高，减少试剂的用量，实现标准化和批量化大规模生产。

基因芯片的应用主要包括以下方面。

基因表达水平检测：功能基因组学研究的是在特定组织中、发育的不同阶段或者是疾病的不同时期基因的表达情况，因此要求在同一时刻获得多个遗传学分析的结果。此外，任何一个细胞中都会有上千个基因在表达，而细胞间基因表达的差异往往能反映出这些细胞是正常发育还是在朝恶性肿瘤的方向发展。基于 DNA 矩阵的技术提供了相对简单的方法来同时检测生物体中的所有基因的差异表达，如在不同的细胞或组织样本中的 RNA 转录物的相对水平。用芯片技术并行化分析基因的表达，可以了解参与基因表达调节的细胞中的过程。

基因诊断：基因诊断是基因芯片中最具有商业化价值的应用。从正常人的基因组中分离出DNA与DNA芯片杂交就可以得出标准图谱，从患者的基因组中分离出DNA与DNA芯片杂交就可以得出病变图谱。通过比较分析这两种图谱，就可以得出病变的DNA信息。例如，把*p53*基因全长序列和已知突变的探针集成在芯片上，制成的*p53*基因芯片可在癌症早期诊断中发挥作用；再如，通过构建96个基因的cDNA微阵，检测分析风湿性关节炎(RA)相关基因，展示了DNA芯片在感染性疾病诊断方面的应用潜力。基因诊断还涉及其他如肝炎病毒检测诊断芯片、结核杆菌耐药性检测芯片和多种恶性肿瘤相关病毒基因芯片等。

个体化医疗：由于遗传学上存在差异(单核苷酸多态性，SNP)，导致患者对药物产生反应的差异很大。如果利用基因芯片对患者先进行诊断，再开处方，就可对患者实施个体优化治疗。例如，细胞色素P450酶与大约25%广泛使用的药物的代谢有关，大约5%～10%的高加索人缺乏该酶基因的活性。如果患者该酶的基因发生突变，降压药异喹胍就会对患者产生明显的副作用。再如，乙肝有较多亚型，HBV基因的多个位点如S、P及C基因区易发生变异。若用乙肝病毒基因多态性检测芯片对患者进行定期检测，对指导用药和及时发现乙肝病毒产生耐药性很有意义。

新药研发：高通量的DNA芯片可用于发现新基因和新的把分子，用于药物的设计。此外，基因芯片也有助于发现药物的新功能。例如在设计时设想某种药物的作用是针对某一特定靶标的，但在全基因或广范围筛选中却有可能发现该药对其他靶标有很强的抑制作用，从而可能开发成为另一种新药。

2)蛋白质芯片

蛋白质芯片是一种高通量蛋白功能分析技术，可用于蛋白质表达谱分析，研究蛋白质与蛋白质的相互作用，甚至DNA-蛋白质、RNA-蛋白质的相互作用，筛选药物作用的蛋白靶点等。顾名思义，蛋白芯片技术的研究对象是蛋白质，其原理是对固相载体进行特殊的化学处理，再将已知的蛋白分子产物固定其上(如酶、抗原、抗体、受体、配体、细胞因子等)，根据这些生物分子的特性，捕获能与之特异性结合的待测蛋白质(存在于血清、血浆、淋巴、间质液、尿液、渗出液、细胞溶解液、分泌液等)，经洗涤、纯化，再进行确认和生化分析。为获得重要生命信息(如未知蛋白质组分、序列、体内表达水平和生物学功能、与其他分子的相互调控关系、药物筛选、药物靶位的选择等)提供有力的技术支持。

蛋白质芯片的主要应用包括：基因表达的筛选、抗原抗体检测、生化反应的检测、药物筛选、疾病诊断等。

蛋白质芯片还有诸多技术为题有待解决，例如：①如何建立快速、廉价、高通量的蛋白质表达和纯化方法，高通量制备抗体并定义每种抗体的亲和特异性。

第一代蛋白质检测芯片主要依赖于抗体和其他大分子，用这些材料制备复杂的芯片，尤其是规模生产会存在很多实际问题，理想的解决办法是采用化学合成的方法大规模制备抗体。②如何改进基质材料的表面处理技术以减少蛋白质的非特异性结合。③如何提高芯片制作的点阵速度以及提供合适的温度和湿度以保持芯片表面蛋白质的稳定性及生物活性。④如何发展通用的高灵敏度、高分辨率检测方法，实现成像与数据分析一体化。

3）细胞芯片和组织芯片

组织芯片（tissue chip）又称组织微阵列（tissue microarray，TMA），是将数十至上千个小组织整齐地排列在一张载玻片上而制成的组织切片，是继基因芯片、蛋白质芯片之后出现的又一种重要的生物芯片，主要用于研究同一种基因或蛋白质分子在不同细胞或组织中表达的情况。该技术具有大规模、高通量、标准化等优点，最大的优势在于芯片上组织样本的实验条件完全一致，不仅有利于质量控制，而且可以节省时间和试剂。

TMA 的构建可以归纳为以下步骤：

选取待研究的组织。医学上常选取一些病变器官进行研究。迄今利用组织芯片技术对人体各组织均有研究，包括肝脏、前列腺、心脏、乳房等等，据相关数据显示，对大脑组织的应用最多。

经检测后标记出待研究的区域。组织微阵列的检测仪主要是高性能显微镜、荧光显微镜或共聚焦荧光显微镜。适用的检测技术有苏木精-HE 染色，免疫组织化学（IHC）染色、原位杂交（ISH）、荧光原位杂交（FISH）、原位 PCR、寡核苷酸启动的原位 DNA 合成（RINS）等。

使用组织芯片点样仪将标记好的组织按设计排列在空白蜡块上。首先要利用打孔机在已经标记好的靶位点上进行打孔，将组织芯转入蜡块孔中，重复操作可转入上千个样品组织芯。

使用切片机对阵列蜡块进行连续切片即获得组织芯片。从制作方法上分类，微阵列主要有石蜡包埋的组织微阵列和冰冻微阵列两种。

组织芯片与基因芯片配合使用，在寻找疾病基因中有很好的互补作用，在肿瘤研究中发挥着重要作用。例如将基因芯片筛选出的基因做成探针，再将探针与组织芯片中众多的肿瘤组织进行荧光原位杂交，可用于寻找肿瘤发生发展的相关因素。

组织芯片与基因芯片、蛋白质芯片、细胞芯片一起构成了生物信息芯片系列，使人们能够在基因组、转录组和蛋白质组三个水平上对成百上千份组织标本进行研究，被誉为医学、生物学领域的一次革命。组织芯片技术可以与其他很多常规技术如免疫组织化学（IHC）、核酸原位杂交（ISH）、荧光原位杂交（FISH）、原位 PCR 等结合应用，它的应用领域会不断拓展。

9.1.5　生物微机电系统

微机电系统(micro-electro-mechanical system，MEMS)是从集成电路(IC)产业发展而来的一项技术，其目标是融合传感和驱动功能，创造微型传感器和执行器。起初，这些半导体工艺和材料被用来建立电气和机械系统，现在已经扩大到生物、光学、流体、磁和其他系统[1]。

生物 MEMS(BioMEMS)是指在生物学领域中应用的微机电系统。BioMEMS 具有微米量级的特征尺寸，可以实现器件和系统的微型化，使生物医学的诊断和治疗可以快速、自动化、高通量、较小损伤地完成。BioMEMS 可通过快速和小样本检测得到大量的疾病诊断，如癌症扩散的早期鉴别、工程化人体复杂器官的功能再造以及可跨越动物试验和人体试验的药物研究等[2]。

以 BioMEMS 为基础的即时检验(point of care，POC)代表了一种以患者为中心的理念和方向，即在家里、在医生的办公室、在救护车上、在急救室、在病床边等地点完成检测。检测范围可以包括从体表或皮下检测生命体征和生理参数的皮肤贴设备、为标记物或疾病或靶细胞所做的体液的体外分析，以及在诊断实验室、医生办公室和医院的病床边使用的一次性设备。

如何尽早发现癌症扩散或复发是一个技术挑战。由于在外周血中的循环肿瘤细胞数量很少，约十亿个血细胞中有一个癌细胞，因此难以检测。捕捉循环肿瘤细胞需要高度敏感的技术，这正是 BioMEMS 要实现的目标之一。药物测试也是 BioMEMS 的应用领域。在通常情况下，开发一款候选药物需要花费大量的时间和资金进行临床前动物实验研究；如果一切顺利，再进入临床试验，又需要更多的时间和资金。如果临床试验结果不理想，则需从头再来。利用 BioMEMS 则有可能更高效而有效地进行大量的化学和药物测试，而且有可能消除动物实验这一环节。动物实验不仅是一项长期而昂贵的工作，而且其结果往往不可能完全转移到人，如老鼠对特定的化学物质具有与人类不同的行为。利用人造组织就可以同时测试大量候选药物，还可以消除试验动物和人体对药物反应的差异，而不需要价格高昂且有时不确定的动物试验。比如，可以构建工程化肿瘤组织来模拟人的肿瘤组织，然后在培养皿中测试不同药物对工程化肿瘤组织的作用，观察哪种药物效果最好。

组织工程学对 BioMEMS 的利用也充满活力和挑战。目前已经应用于临床的组织工程皮肤和软骨等产品并不具有血管系统。但是对于复杂器官，如心脏和肝脏等，在形成人造组织的过程中，不仅需要形成目标组织，而且需要在组织中形成毛细血管网。采用 BioMEMS 技术可将微流体通道构建成毛细血管网的形状，并将它们添加到工程化组织中，再使用干细胞和生物材料构建工程化组织，可以使其功能与自然组织接近[3]。

9.1.6 可穿戴传感技术

可穿戴技术在 20 世纪 60 年代由美国麻省理工学院媒体实验室提出，旨在把多媒体、传感器和无线通信等技术嵌入衣着中，形成能直接穿在身上或是整合进用户的衣服或配件的设备。随着人们对维护健康的日益重视，可穿戴健康设备是随着可穿戴设备的产生发展而逐渐衍生出的一个重要分支[4,5]。

传感技术是可穿戴设备的关键技术和基础，此外，可穿戴设备还涉及通信技术、芯片技术、柔性元件技术、交互模式、操作系统等技术，这些技术的均衡全面发展方可使可穿戴设备得到真正的应用。

1. 穿戴式传感器

穿戴式设备因其面向对象和应用场景的不同，需要不同类型的传感器，以实现其感知功能。传感器是可穿戴设备必不可少的核心部件。从功能方面，穿戴式传感器包括运动传感器、生物传感器、环境传感器。

加速度和角速度传感器、陀螺仪、地磁传感器等测定姿态、位置以及测定运动相关信息的传感器都可以称之为运动传感器。较为常见的是六轴传感器，包括陀螺仪和加速度的传感器；集成磁力计之后称之为九轴传感器。运动传感器广泛应用于可穿戴运动检测、导航、人机交互等方面，在康复、健身等应用中具有重要的价值。例如，提到步态检测时，可能会第一时间联想到在手臂和腿上放置一些传感器，但问题在于患者往往不愿意穿戴多个传感器。有研究发现，运动产生的来自下肢和躯干的高频或低频波可以经由骨骼传导到内耳。基于这一生物学范式，可设计一款置于耳后的传感器。由于这个位置是骨性的，信号不会被减弱，还可以产生高保真信号[6]。

血糖传感器、血压传感器、心电和肌电传感器、体温传感器等生命体征检测装置都可以纳入到穿戴式生物传感器的范畴，其主要应用场景为健康监控、病情预警。通过此类传感器收集到的数据可丰富医生的诊疗参考信息。

穿戴式环境传感器包括温度湿度传感器、气体传感器、pH 传感器、紫外线传感器、气压传感器等。基于此类传感器完成环境检测、天气预报、健康提醒等功能。

由于可穿戴设备的产品形状多与人体特定部位的形态相关，对长时间佩戴的触感、舒适度都有较高要求。贴近人体的外形设计和优良的柔软度是可穿戴产品的必备特性，形态如皮肤的功能性元件应该是柔性元件的终极目标。柔性电路板主要由绝缘薄膜(主要是聚酰亚胺或聚酯薄膜)、导体和黏结剂组成，传感器也整合其上。实现可穿戴产品的真正应用，主板的柔性化、体积的微型化、材料的耐折性等方面是关键，更为理想的情形是自我供电[7-9]。柔性绝缘材料制成的电路板可以自由弯曲、卷绕或者折叠，且有良好的散热性能。

2. 可穿戴健康设备的应用

智慧医疗是可穿戴设备最具有应用前景的领域之一，通过使用智能终端、移动通信及云计算等技术提供医疗服务。可穿戴设备技术在智慧医疗的应用和扩展中提供了重要的支持，其主要应用包括如下方面。

1) 生命体征监测

可穿戴医疗设备利用生物传感器采集获取人体的生理数据，数据通过各类通信方式与数据中心进行交互，在数据中心分包实现信息解读并反馈到个体，实现体征参数的智能监测。日常生活物品如眼镜、手表、手环、服饰，均可以贴身佩戴，作为实现体征参数感知的载体。

通过在人体上放置多种低功耗传感器可以监测如心电图(ECG)、温度和其他生理参数；将这些传感器连接到互联网，则可在任何时间、地点实时看到信息，形成一个完整的物联网医疗平台，可以一天 24 小时对患者进行监测，了解更多心脑血管疾病的信息。心电图信号是一个重要的生命体征参数，基于可穿戴心电图设备的心脏病监测应用已经有较为清晰的系统架构和技术模式。

在到达互联网前，数据必须先从可穿戴设备到达一个接收器(如监测站或智能手机)。确保医疗数据可靠传输的唯一途径是在传感器和接收器之间建立双向通信，可采用以低功耗、超带宽技术传输的传感器和使用低功耗、窄带宽技术的接收器。通过使用由传输传感器和提供反馈的接收器组成的“体域网”，可以消除来自多个传感器的数据间干扰，并且信息来源清晰。

2) 远程诊疗协助

在监测之外，可穿戴设备集成的电极、振动反馈等功能可以为医护人员提供远程治疗的技术支持。例如，可穿戴式心电监测作为一种新兴的主动健康监测技术，正在受到越来越多的关注，尽管某些核心技术尚未成熟，但其发展潜力和应用前景非常值得期待[10]。穿戴式心电仪入选创刊 120 周年的《麻省理工科技评论》“2019 全球十大突破性技术”，一定程度上预示着可穿戴式技术具有高度的发展前景[11]。对可穿戴心电监测更进一步的需求是能够提供急救或干预机制。比如，在感知电极传感器中加入除颤电极，当监测到异常时，报警器会通知医护人员进行除颤或者自动除颤，既实现了心电参数的监测，又为防止恶性事件的发生提供了干预手段，这就是穿戴式的除颤器，是可穿戴在智能医疗远程医疗中的重要发展方向。

3) 运动健身

可穿戴设备在健身领域的产品主要面向关注运动健身的人群，通过移动终端周边的可穿戴运动传感器及部分生物传感器，实时记录运动量、消耗热量、心率、睡眠状态等参数，特别适用于对健身目标的跟踪及监测。手表、手环类的产品是目前最为广泛应用的设备。这些产品可对日常健身运动中的基本体征监测及睡眠体征数据进行统计分析并给出建议。在肌肉锻炼跟踪、姿态管理、运动数据采集、运动风险评估、训练数据分析方面都有新的应用。

目前基于可穿戴检测的一些远程诊疗或体征检测模式仍存在难以回避的问题，主要是缺乏与智慧医疗相契合的特质，表现为人机交互界面不够友好、数据和信息的专业性高、数据安全保障不足等。可穿戴医疗设备的设计理念、应用手段、操作方法都应当保证穿戴的舒适性和操作便利性，才能保障设备的用户黏度，从而发挥其预警或诊疗的价值。此外，在监测数据的解读方面仍存在较多问题，只有专业医疗机构的介入才可能将数据充分与临床和健康结合起来。可穿戴使用环境的非封闭性可能导致的隐私问题也是应用中的隐患，涉及新技术的医学伦理问题。

9.2　生物医学信号检测

生物医学信号检测是以人体及其他生物体为对象，研究对各种生命现象、状态、性质和成分进行检测的原理和技术。现代生物医学的进步与生物医学信号检测与仪器的发展密不可分，而生物医学检测仪器的发展又是物理学、化学、信息科学和以电子技术为代表的各种高新技术与生物学和医学相结合的产物。

9.2.1　生物医学信号的生理基础

人体由海量的细胞构成，细胞总数多达 75 万亿个，而细胞是由无数结构各异的生物分子精巧构造而成的高度复杂体系，即使是最简单的红细胞也包含约 2000 种代谢反应。在长期进化中，人体的细胞已高度分化，具有多种不同的特殊结构和功能，由这些细胞组成的器官负责完成不同的活动，各种器官又组成了若干功能系统，如神经系统、循环系统、呼吸系统、泌尿系统、内分泌系统、消化系统和感觉系统等。

人体是由分子、细胞、器官和功能系统等各层次组成的复杂系统，依靠各层次功能上的有机配合，实现新陈代谢、兴奋性和生殖能力等基本功能，维持生命过程。因此，生物医学检测的范围包括对生物体分子水平、细胞水平、器官水平和系统水平各层次的信息的检测，生物体内的各种成分、性质、状态和功能等信息，均属生物医学检测的范围。

9.2.2　生物医学信号的种类

生物电信号：由细胞内部和细胞之间电化学变化而产生。当细胞受到阈上刺激，会产生由短促的细胞膜跨膜离子流形成的动作电位。大量细胞同时产生动作电位时会在细胞外形成一个电场通过生物组织传播，因此，这种胞外的电位变化可以在组织表面或者生物体表面用表面电极检测到。心电图(electrocardiogram，ECG)、胃电图(electrogastrogram，EGG)、脑电图(electroencephalogram，EEG)和肌电图(electromyogram，EMG)等均为生物电信号。

生物磁信号：心脏、大脑和肺等各种器官也会产生微弱的磁场，可利用磁传感器检测。生物磁学(biomagnetism)研究的就是与特定生理活动相关的磁信号。一般来说，磁场强度比相应的生物电信号要弱得多。这种磁信号通常都与特定的组织或器官所产生的电场具有密切的联系。利用精密的磁场传感器，如超导量子干涉计(superconducting quantum interference device，SQUID)，可以直接检测大脑、外周神经、胃直肠和心脏等的磁活动，得到脑磁图(magnetoencephalography，MEG)、神经磁图(magnetoneurography，MNG)，胃肠磁图(gastrointestinal tract，MGG)和心磁图(magnetocardiography，MCG)等。

生物化学信号：生物化学信号反映了体内各种化学物质浓度变化的信息。例如，体液中的电解质及微量元素含量、血液中的氧分压($p\text{o}_2$)、二氧化碳分压($p\text{co}_2$)和 pH、血糖、血脂及各种血浆蛋白浓度等。

生物力学信号：人体系统的力学参量，包括运动、位移、张力、压强和流量等，均属生物力学信号。与血液循环系统相关的血压、血流、脉搏等，与运动相关的各种受力和生长相关的应力，与呼吸系统相关的呼吸阻力等。力学环境几乎遍布人体每一系统。

生物声信号：生物声信号是涉及振动的一种特殊生物力学信号，很多生物现象会产生声音。例如，血液流过心脏瓣膜时会产生一种独特的声音，通过检测这种声音信号就可以判断心脏瓣膜的功能是否正常。此外，呼吸系统、关节和肌肉也都会产生声音信号，而且这种信号可以经过生物组织传播出来，通常使用放在皮肤表面的扩音器或者机械振动仪等声音传感器进行检测。

生物光信号：生物光信号是由生物系统的光学特性或者光诱导特性产生的，即这种信号可以是生物体自发产生的，也可以是为了检测某种生物参量由外界导入的光信号。例如，红外无接触测温就是通过检测与人体表面温度相关的红外辐射能量的大小及其波长的分布，间接测定体温。利用染料稀释法可以估计心输出量；向人体施加特定波长的红光或者红外光，通过检测皮肤组织对光的吸收和传播特性可以检测组织的血氧浓度、血糖浓度等。

9.2.3 生物医学信号检测的基本特点

人体信号分为物理量和化学量两大类，可以表征生物体各部分的结构、功能和状态。从这个意义上讲，生物医学检测与普通物理和化学参数的检测在本质上具有共同点和检测原理上的共同性。但是，生命体中的信号是极其丰富又紧密联系的，并且存在个体差异，也可能随时空变化，还有可能受自然及社会环境的影响。如何在不干扰和妨碍生命活动的情况下进行检测，是生物医学检测面临的挑战。生物医学检测的基本特点包括以下方面：

1. 属于弱信号检测

生物医学检测属于弱信号检测，这一点可以从两个方面体现出来：一是反映生物体生理和生化变化的信号或参量大多是微弱的；二是为了减少对正常生命活动的干扰或防止对人体造成伤害，检测中会尽可能减少取样数量，也使得被检测信号比较微弱。因此生物医学检测具有弱信号检测的共同特点，这就要求检测系统具有高灵敏度和分辨力，同时具有优秀的抑制噪声和抗干扰能力。这一特点在生物电和生物磁信号的检测中尤为突出。表 9-1 中所示常见生物电和生物磁信号幅度范围可体现其弱信号特征，其中生物磁信号的幅度远小于地磁信号（50～60 μT）的数量级。

表 9-1　常见生物电磁信号的幅值

被测信号	幅度范围
心电（皮肤电极）	50 μV～5 mV
脑电（头皮电极）	10～300 μV
肌电	20 μV～10 mV
细胞电位	100～200 μV
视网膜电位	0～1 mV
眼电	0.05～5 mV
肾电位	10 μV～80 mV
心磁	10^{-10} T 量级
脑磁	10^{-12} T 量级
眼磁	10^{-11} T 量级
肺磁	10^{-8} T 量级

2. 频率范围一般较低

由频谱分析可知，除声音信号（如心音）频谱成分较高外，其他电生理信号的频谱一般较低（表 9-2）。例如，心电的频谱为 0.01～35 Hz，脑电的频谱分布在 1～30 Hz 之间。在信号的获取、放大、处理时要充分考虑其频率响应特性。

表 9-2　部分常见生理信号的频率范围

生理信号	频率范围/Hz
心电	0.01～250
脑电	0～150
肌电	0～10000
眼电/视网膜电	0～50
胃电	0.05～20
血流量	0～30
动脉血压	0～100
静脉血压	0～50
脉搏波	0.1～50
心音	2～2000
呼吸率	0.1～10

3. 随机性强

生物医学信号是随机信号，一般不能用确定的数学函数来描述，其规律主要从大量统计结果中呈现出来，必须借助统计处理技术来检测、辨识随机信号和估计它的特征。此外，生物医学信号通常属于非平稳信号，即信号的统计特征(如均值、方差等)随时间而变。

4. 噪声背景强

噪声是指其他信号对所研究对象信号的干扰。在高度复杂的生命活动中，各种信号同时存在并且彼此相关，不可能为得到目标检测信号而使其他活动停止，而此时其他活动所产生的信号可视为噪声。通常情况下，噪声信号的幅值可能与被检信号相当，甚至可能强于被检信号，而且还有可能存在信号和噪声在频域上重叠。人体噪声及其复杂程度是生物医学检测中所特有的。此外，环境电场、磁场和高频电磁场的干扰，以及环境(外界)刺激的干扰等均可能产生噪声。如何从较强的噪声背景中有效地提取被测信号，是生物医学检测中的难题。

例如，在用体表电极提取人体心电信号时，同时可以提取到肌电信号，两者叠加在一起。因此，在检测中必须采取措施抑制肌电信号(肌电噪声)。在检测声、光刺激下的诱发脑电时，总是伴随着较强的自发脑电。从母腹取到的胎儿心电信号常被较强的母体心电所淹没。在检测血流和脉搏信号时，呼吸周期会对信号产生影响，应视为噪声。

在生物医学检测中，不仅要抑制仪器系统的噪声，更重要的是要充分认识人体噪声的性质和特点，采用一系列有效去除噪声的算法抑制噪声，从而提取有用信号。同时，应尽量减少干扰。根据具体需求采取必要的隔离措施，尽可能地使检测过程中的外界环境处于相对稳定状态，避免外界环境中异常声、光、温度、气味等对被测生物体的刺激，特别是对于人体，还应尽可能地使之处于较安静且无拘束的状态。

5. 多变性

为适应各种外环境的变化和差异，生命体内各种系统为了在内外环境间保持动态平衡，从细胞、组织、器官、功能各个层次乃至整体，其功能活动都在不停地变化和调整。此外，遗传因素也造成个体间各种功能和状态的差异。这些因素形成了生物医学信号的多变性。

生物医学信号的空间多变性表现在体外和体内两个方面。在地球和大气环境中，不同地区的环境温度、湿度、气压和地心引力等自然条件不同，则对同一对象在不同环境检测得到的同一生理参数如血压、呼吸、心率等，都会有一定的差异。生命体为适应外环境和完成不同的功能，不同体位上所测得的同一生理参数亦会有所不同，如身体不同部位检测的血压值、体温值、脉搏波形、生物电图形等。对生物化学信息的检测也同样存在类似的情况。因此，对生物医学参数或数据的检测和分析，必须考虑其空间多变性因素，同时为比较检测结果，应制定检测空间条件的标准。

生物医学信号还存在时间多变性。季节的变换，一昼夜中 24 小时的不同时刻，生物体，特别是人体，为适应外环境的变化和满足新陈代新的需要，各种功能活动都会有相应变化，许多生理参数表现出“生物钟”节律，如血压、体温、血糖浓度、血氧饱和度等。因此，必须认识各种生物医学信息时间变化的规律，或者测定不同时间的数据作为诊断、监护和控制的依据，或者取不同时间的检测数据平均处理，作为实际检测的结果，以供比较、评价。

此外，不同种族和种系、不同性别、不同年龄、不同体重和身高，乃至不同个体，对同一生物医学参数的检测结果都会存在一定差异。在生物医学检测中，不论检测方法还是对检测结果的评价，都必须意识到这种多变性，防止检测中的盲目性和随意性，这也是生物医学检测有别于其他检测的重要特点。

9.2.4 生物医学信号检测的常用方法

生物医学信号检测中，根据检测对象、检测条件和检测结果的表达形式，可对检测方法做不同的分类。常见的分类方法有 3 种：依据被检测对象，可分为离体检测与在体检测；依据检测条件，可分为无创、有创和微创检测（图 9-2）；依据检测结果表达形式，可分为一维信息和多维信息检测。

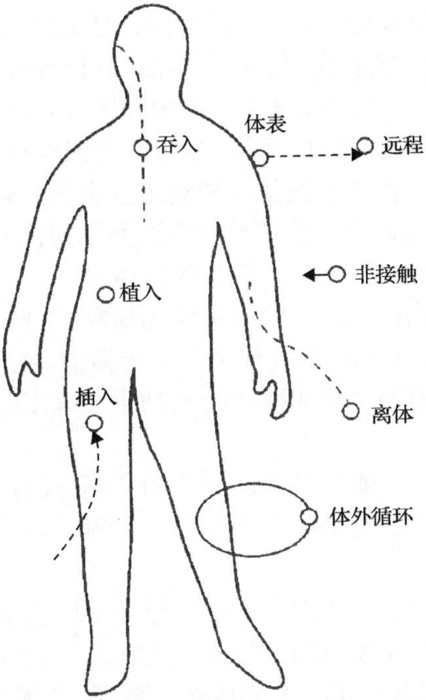

图 9-2　各种检测方式示意图

1. 离体检测与在体检测

离体(*in vitro*)检测主要用于病理检查和生化分析中，通常是指对脱离人体的血、尿、活体组织或病理标本之类的生物样品所进行的检测，其特点是在检测过程中需要保持生物标本具有在体内时的活性特征，还应尽可能地使离体样本处在接近体内环境(如温度)的条件下进行检测。为减少对被测人体的损伤，离体检测的标本应尽量微量化。离体检测条件比较稳定和易于控制，准确性高，但一般不适于生物体各种活动功能的检测和连续动态观察。

在体检测(*in vivo*)检测指在活体上对组织结构和功能状态进行检测，其特点是在检测过程中保持被测生物体的自然生理状态，能实时反映生物体各种被测参数，特别是反映生物信息随时间和空间的动态变化，因而广泛用于生理检查、患者监护以及治疗和康复过程中的实时反馈和控制。在体检测中，需尽量避免检测系统与生物体相耦合时对被测生理状态的扰动，防止被测信号失真；需注意防止和抑制体内噪声和外界环境干扰对检测的影响，以确保检测的稳定性和可靠性；同时，需特别注意检测的安全性，防止对被测造成损伤甚至产生致命危险。

2. 无创检测、有创检测与微创检测

无创检测又称为非侵入式检测，其检测系统的探测部分不侵入人体，不造成机体损伤，易为被测对象接受，便于广泛应用，是生物医学检测的致力发展方向。体表生物电检测、常规生理参数(血压、体温、脉搏等)的测量是经典的无创检测方式，医学成像技术(X 射线摄像、CT、超声成像、PET、核素成像、磁共振成像、近红外辐射热成像、生物电阻抗成像等)为人体无创检测提供了更加丰富的手段。无创检测多为间接检测，待检量在体内传输过程中受到较多因素影响，容易产生失真，保证检测的准确性和稳定性是无创检测面临的挑战，需要对检测原理、检测机制和检测算法进行深入的研究和不断的探讨。

有创检测又称侵入式检测，其检测系统的探测部分需植入到体内。连续的有创检测一般用于手术中、手术后或其他危重患者监测。有创检测一般是直接检测，被测信号的失真较小，检测原理明确，检测结果准确度和可靠性也较高，同时对安全性的要求也更高。

微创检测在一定程度上兼顾了无创检测和有创检测两种方法的长处，而尽量规避两者的短处。微创检测越来越受到重视，比较具有代表性的是植入式检测和内窥镜检查技术。

植入式检测是将检测系统的部分或全部经手术埋植于机体内，具有有创检测方法的优点，多用于长期连续检测人体的功能状态、替代或控制人体功能，如植入式心律转复除颤、心脏起搏器、人工耳蜗等装置，以及某些自动输药系统(如胰岛素泵)。由于实际检测过程中手术创面已经痊愈，因此对检测对象无明显影响，安全性和可接受性均好于有创检测。

内窥镜检查技术已在临床检查中大量应用，如胃镜、直肠镜、膀胱镜等，基本不损伤机体的组织，但有可能引起轻微的组织擦伤和不适。由于直接观测体腔内的形态，或经体腔而接近被测部位，因而信息失真小，信号强，检测准确。

9.2.5 生物医学信号检测仪器

生物医学信号检测仪器按用途主要分为生理检查与记录仪器、生化检查仪器、医学影像仪器和临床监护仪器等四大类。生物医学检测仪器既与其他领域的检测仪器在设计原理上有相同或相近之处，又在其具体结构和技术上有自身特点。在生物医学检测仪器的设计、制造和使用上，必须充分体现和理解生物医学检测的基本特点。

1. 生物医学信号检测系统的基本组成

生物医学信号检测系统涉及被测对象、检测仪器与检测环境等部分，其基本组成包括信号获取、信号处理与分析与显示三大部分，如图 9-3 所示。

信号获取通常采用电极或传感器来实现，是检测系统与生物体相耦合的界面，其功能在于感知被测信息(一般为物理量或化学量)，并使之转换成为易于检测和加工的电信号或其他性质的信号。

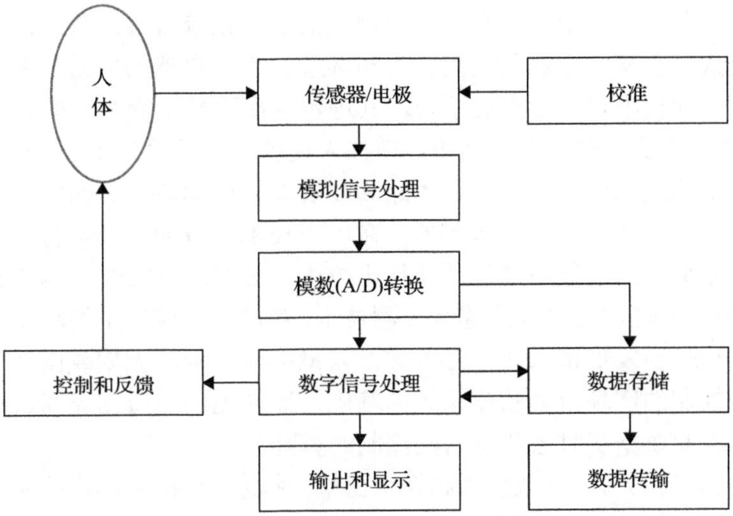

图 9-3　生物医学仪器的基本构成

信号处理与分析部分首先对经电极或传感器获取的信号做放大和硬件滤波等模拟处理，再输入至模数转换器(A/D，模拟信号到数字信号转换)，在对数字信号进行处理、分析、识别、存储等步骤后，进行信号显示与传输等。

基于计算机技术发展出了各种适用的数字信号处理与分析方法，主要包括如何突出信号本身、抑制或除去噪声、对不同信号的特征进行提取及临床应用、各种成像算法等。数字信号处理与分析算法灵活，运算精确，可以实现复杂的运算，且在速度上有保证，同时便于减小设备尺寸和大规模集成。总之，有利于增强仪器的整体功能。

2. 生物医学信号检测仪器的主要技术指标

生物医学信号检测仪器检测的主要是物理量和化学量，其技术性能指标与普通检测仪器指标的含义类似，但因检测对象是有生命体，因而有一些特殊的要求，在技术指标的重要程度、数据范围等方面有着显著特点。在普通检测仪器的通用技术指标中，对于生物医学检测仪器较重要的技术指标有灵敏度、频率特性、精密度、非线性度、准确度、分辨力、温度漂移、时间漂移、输入和输出阻抗、漏电流等。对于那些人体是检测回路一部分的仪器，对于电气安全有非常严苛的要求。

9.2.6 生物医学信号检测的发展趋势

生物医学检测的发展离不开检测技术的进步，而检测技术的进步与高新技术的发展紧密相连，其发展趋势可以概括为以下方面：

(1) 不断加深对生命活动的定量化和模型化研究。将人作为一个输入与输出系统，研究人与环境的通信，并在微观生理、器官与系统等多层次上，研究其内在联系，研究人与疾病、生命与运动、人与环境、人与自然的关系。在进行这些研究中，定量化和模型化是必要的手段，其进步也离不开生物医学检测的发展。

(2)生物体自身功能的仿生研究。模拟人类视觉、听觉、嗅觉、味觉与触觉等功能，提出检测技术的新方法、新思路和发展新的检测原理。例如，通过新的生物传感原理的研究，开发仿生传感器。微电子技术、微加工技术将会促进生物医学传感器的微型化，进行高通量、并行化检测，实现高可靠性、多参数的检测。

(3)发展无创性和微创性的连续检测技术。对已有成像技术的深化和探索新型成像技术，进一步发展植入式、吞入式及内镜检测技术。无创或微创信号检测也是实现按需控制的闭环自动治疗系统的基础，比如无创或微创连续血压和血糖测量是实现血压和血糖实时监测与给药控制的基础。

(4)发展无拘束的可穿戴技术和轻负荷检测技术。无拘束形式的检测不仅可以减少检测对于人体的扰动，还可以实现在日常生活中对人体的连续监测移动健康将提高人们对生理变异性的认识，有助于疾病的及早发现。算力的增强和移动网络的普及为移动健康奠定了基础，将有可能使临床研究和健康维护的模式发生革命性的变化。

(5)仪器的智能化。医学人工智能期望实现智能诊断和治疗，使之替代医生及护士的重复劳动，辅助医生的诊疗工作，其基础在于检测信号的多层次性、多样性和准确性，对生物医学检测提出了更高的要求。大数据时代的来临伴随计算机技术的高速发展，使人工智能掀起第三次浪潮。算力、数据、算法是人工智能的三大基石，包括不断提升的计算机运算能力。因此，需要在海量数据的基础上建立准确完整、结构化机器可读的数据；同时，针对不同类型的数据，不断探索适宜的算法。

参 考 文 献

[1] Panescu D. MEMS in medicine and biology. IEEE Engineering in Medicine and Biology Magazine, 2006, 25(5): 19-28.

[2] Seker E, Sung J H, Shuler L, et al. Solving medical problems with BioMEMS. IEEE Pulse, 2011, 2(6): 51-59.

[3] Borenstein J T, Vunjak-Novakovic G. Engineering tissue with BioMEMS. IEEE Pulse, 2011, 2(6): 28-34.

[4] 颜延, 邹浩, 周林, 等. 可穿戴技术的发展. 中国生物医学工程学报, 2015, 34: 644-653.

[5] Steinhubl S R, Muse E D, Topol E J. The emerging field of mobile health. Science Translational Medicine, 2015, 7: 283rv3.

[6] Mertz L. Convergence revolution comes to wearables. IEEE Pulse, 2016, 7(1): 13-17.

[7] Gao W, Emaminejad S, Nyein H Y Y, et al. Fully integrated wearable sensor arrays for multiplexed in situ perspiration analysis. Nature, 2016, 529: 509-514.

[8] Zhang S, Cicoira F. Flexible self-powered biosensors. Nature, 2018, 561: 466-467.

[9] Park S, Heo S W, Lee W. Self-powered ultra-flexible electronics *via* nano-grating-patterned organic photovoltaics. Nature, 2018, 561: 516-521.

[10] 刘澄玉, 杨美程, 邸佳楠, 等. 穿戴式心电: 发展历程、核心技术与未来挑战. 中国生物医学工程学报, 2019, 38(6): 641-652.

[11] Gates B. MIT technology review partners with Bill Gates to present 10 breakthrough technologies of 2019[EB/OL]. https: //www.technologyreview.com / lists / technologies /2019. 2019-02-27 /2020-07-24.

第 10 章　纳米生物医学检测

生物医学检测是指运用工程学的方法测量生物体的形态、生理功能及其他状态变化的生理参数。纳米技术(纳米科技)是指应用科学知识操纵和控制纳米尺度的物质以利用与单个原子、分子或块体材料性质显著不同的、与尺寸和结构相关的性质和现象。纳米生物医学检测将纳米科技与传统的生物医学检测技术相融合，尤其是纳米技术与常规传感技术的深度融合，为生物医学检测提供了新手段和强大工具，有力推动了生物医学检测技术的发展与进步，并展现出诱人的临床应用前景。

本章概要讲解生物医学检测的原理，在此基础上，以若干典型纳米颗粒在生物医学检测中的应用研究为例，简要介绍纳米生物医学检测技术。

10.1　生物医学检测常用反应与原理

检测是利用探针(即敏感元件)对靶分子(待测对象)的特异识别作用，对作用后改变量的测量。生物医学检测中的敏感元件主要是来源于生物体中的生物活性物质，包括酶、抗原、抗体、其他各种功能蛋白质分子、核酸、细胞、细胞器、微生物、动植物组织等。生物医学检测涉及反应主要包括酶反应、微生物反应、免疫反应及核酸反应等。

10.1.1　酶反应

酶反应又称为酶促反应、酶催化或酵素催化作用，指的是由酶作为催化剂进行催化的化学反应。

酶是一种具有特异性的高效生物催化剂。酶的催化条件温和，在常温、常压下即可进行。酶促反应动力学简称酶动力学，主要研究酶促反应的速度与底物(即反应物)浓度以及其他因素的关系。在底物浓度很低时，酶促反应是一级反应；当底物浓度处于中间范围时，是混合级反应；当底物浓度增加时，则向零级反应过渡。了解酶促反应的规律，有利于检测中的定量。

酶催化具有以下特点：

(1)高度专一性，也称特异性。一般情况下，一种酶只催化一种反应，作用于特定的底物或化学键。

(2)催化效率高。酶分子的转化数是指单位时间(如每秒)内每一催化中心(或活性中心)所能转化的底物分子数，或每摩尔酶活性中心单位时间转换底物的摩尔数。酶的催化效率通常是其他催化剂的 10^3～10^7 倍。

(3) 反应条件温和。酶催化一般在温和条件下进行；极端环境下(如高温、酸碱)会在很大程度上影响酶活性，尤其是对于蛋白质类的酶，可能导致其失活。

(4) 有些酶需要辅酶或辅基。有些酶(如脱氢酶)需要在辅酶或辅基存在时才能发挥活性，若从酶蛋白分子中除去辅助成分，则其不表现催化活性。

(5) 酶在体内的活力常受多种方式调控，包括基因水平调控、反馈调节、激素控制、酶原激活等。

(6) 酶促反应产生的信息变化可以用多种形式反映出来，如热、光、电、离子化学等。

酶的高效催化特性为生物医学检测奠定了高特异性、高灵敏度的基础。

10.1.2　微生物反应

微生物反应是利用微生物中特定的酶系进行的复杂生化反应过程。在微生物反应过程中，每一个微生物细胞犹如一个微小的生化反应器，原料基质分子即细胞营养物质，透过细胞壁和细胞膜进入细胞内，在复杂酶系作用下，一方面将基质转化为细胞自身的组成物质，供细胞生长与繁殖；另一方面，部分细胞组成物质，不断地分解成代谢产物，随后透过细胞膜和细胞壁排出。

微生物反应过程中会消耗营养物质，产生代谢物，这期间涉及可检测指标的改变，如氧气、电活性物质，通过研究各种环境因素与微生物代谢活动之间相互作用的变化规律，检测反应消耗或产物产生的改变量，可实现生物医学的检测。

与酶反应相比，微生物反应最大的特点是反应过程的主体为微生物，本质上是复杂的酶催化反应体系。在检测中涉及的改变量可参考酶反应体系。

10.1.3　免疫反应

免疫是指机体对病原生物感染的抵抗能力，包括天然免疫和获得性免疫。天然免疫系统是非特异性的，能抵抗多种病原微生物的损害，如完整的皮肤、黏膜、吞噬细胞、补体、溶菌酶、干扰素等；获得性免疫一般是特异性的，在微生物等抗原物质刺激后才形成(免疫球蛋白等)，并能与该抗原发生特异性反应。

抗原(antigen，Ag)是指能引起抗体生成的物质，是任何可诱发免疫反应的物质。抗原物质具备两个重要特性：免疫原性(immunogenicity)和免疫反应性(immunoreactivity)。免疫原性即指抗原诱导机体发生特异性免疫应答，产生抗体和/或致敏淋巴细胞的能力；免疫反应性是指能与相应的免疫效应物质(抗体或致敏淋巴细胞)在体内外发生特异性结合反应的能力。抗体(antibody，Ab)是指机体由于抗原的刺激而产生的具有保护作用的蛋白质，又称免疫球蛋白(immunoglobulin，

Ig)。人类免疫球蛋白有五类，包括 IgG、IgM、IgA、IgD 和 IgE。

在生物医学检测中涉及的免疫反应通常指抗原-抗体反应。抗原-抗体结合时会发生凝聚、沉淀、溶解反应或促进吞噬抗原颗粒的作用。在溶液中，抗原和抗体两个分子的表面电荷会与介质中的离子形成双层离子云，内层和外层之间的电荷密度差形成静电位和分子间引力。由于这种引力只在近距离上发生作用，因此抗原与抗体分子的结合非常精确，这为生物医学检测提供了特异性和灵敏度。此外，抗原与抗体的结合非常稳固，但并不是不可逆的，通过调节溶液酸碱度、离子强度可调节反应的可逆性，因此，在检测中利用抗体与抗原的作用来识别待测物，对检测环境的优化也是非常必要的。

10.1.4 核酸反应

核酸是脱氧核糖核酸(deoxyribonucleic acid，DNA)和核糖核酸(ribonucleic acid，RNA)的总称，是由许多核苷酸单体聚合成的生物大分子化合物。核酸由核苷酸组成，而核苷酸由五碳糖、磷酸基和含氮碱基组成。核酸是所有生命体的遗传信息分子，核酸中的核苷酸序列组成密码，储存、复制和传递遗传信息，指导各类蛋白质合成。

核苷酸由三部分组成：

(1)嘧啶和嘌呤，通常简称碱基。嘧啶有三种，尿嘧啶(U)、胸腺嘧啶(T)和胞嘧啶(C)；嘌呤有两种，腺嘌呤(A)和鸟嘌呤(G)。

(2)五碳糖(脱氧核糖和核糖)。

(3)1～3 个磷酸基团。

核苷之间通过磷酸彼此连接成聚合物，为骨架链。DNA 链含有脱氧核糖和 A、T、C、G 四种碱基，RNA 含有核糖和 A、U、C、G 四种碱基。核酸反应是基于核酸分子杂交的反应。分子杂交利用分子间的互补性对靶分子进行鉴别，具有序列特异性或形态特异性。核酸分子杂交遵循 A 与 T(U)，C 与 G 识别的原则进行配对，从而实现对待测核酸的序列检测。

10.2 纳米科技概述

纳米(nanometer，nm)是一种长度的度量单位。1 纳米等于 10^{-9} 米，约为人头发直径的十万分之一。纳米尺度一般指处于 1～100 nm 之间的尺寸范围，被认为是一种介观尺寸，既不同于宏观尺寸也不同于单个分子或者原子。纳米技术(nanotechnology)是研究结构尺寸在 1～100 nm 范围内材料的性质和应用的一种技术。在生物体系中，纳米技术研究范围通常不局限在 100 nm 内，几百纳米也会有所涉猎。

现代意义的纳米科技的提出可追溯到诺贝尔物理学奖获得者费曼(Richard P. Feynman)在 1959 年美国物理学会年会上的著名演讲。费曼在当年发表了题为“There is plenty of room at the bottom”的演讲，其中提到：“我们为什么不能把 24 卷《大英百科全书》全部写到一个针尖上呢？”他做出了肯定的猜测。此外，他还讲到：“如果人们可以按自己的意志来重组原子，物质将会产生怎样的特性呢？”这一演讲在后来被公认为纳米技术的思想起源。

1974 年，日本科学家 Taniguchi 正式提出了“nanotechnology”一词。1982 年，IBM 公司苏黎世实验室的 Gerd Bining 博士和 Heinrich Rohrer 博士成功研制出扫描隧道显微镜(scanning tunneling microscope，STM)，标志着人类进入了直接观察原子、操纵原子的新时代，使得人类在原子和分子水平设计、修饰、加工、创造新的物质结构与特性的梦想成为可能。

1990 年 7 月，在美国巴尔的摩召开了第一届国际纳米科学技术会议，在会议上纳米科技被分为：纳米电子学、纳米机械学、纳米生物学和纳米材料学。1996 年，第四届国际纳米科学技术会议在中国召开。如今，纳米科技已经融入多个学科的基础与应用研究，成为一门多学科多层级交叉的学科，包括纳米物理学、纳米化学、纳米材料学、纳米医学、纳米电子学、纳米生物学、纳米加工学以及纳米力学等。

10.2.1　纳米材料的定义和纳米效应

纳米生物医学检测属于纳米医学的研究范畴，纳米材料的应用是其中的核心要素。

纳米材料是纳米科学技术研究和发展的基本要素。广义上讲，纳米材料指在三维空间中至少有一维处于纳米尺度范围内或者是以它们为基本单元构成的材料。按维数划分，纳米材料可分为：①零维纳米材料，是指材料的三维尺度均在纳米尺度范围内；②一维纳米材料，是指材料的三维尺度中有两维处在纳米尺度范围内；③二维纳米材料，是指材料的三维尺度中有一维处在纳米尺度范围内。

由于纳米材料的尺寸已经接近电子的相干波长，它的性质往往不同于该物质在宏观尺寸时的性质。其独特性质主要包括：

(1)小尺寸效应：当纳米粒子尺寸与光波波长，传导电子的德布罗意波长及超导态的相干长度、透射深度等物理特征尺寸相当或更小时，它的周期性边界被破坏，从而使其声、光、电、磁，热力学等性能呈现出“新奇”的现象。

(2)表面效应：由于纳米粒子直径减少，表面原子数量增多而引起的效应。

(3)量子尺寸效应：当粒子尺寸达到纳米量级时，费米能级附近的电子能级由连续态分裂成分立能级。当能级间距大于热能、磁能、静电能、静磁能、光子能或超导态的凝聚能时，会出现纳米材料的量子效应，从而使其磁、光、声、热、电、超导电性能变化。

(4) 宏观量子隧道效应：微观粒子具有贯穿势垒的能力称为隧道效应。纳米粒子的磁化强度等也有隧道效应，它们可以穿过宏观系统的势垒而产生变化，这种被称为纳米粒子的宏观量子隧道效应。

在生物医学检测中应用比较多而广的典型纳米材料主要有金纳米颗粒、碳纳米管、磁性纳米颗粒及量子点等。

10.2.2　生物医学检测中常用的纳米材料

1. 金纳米颗粒

金属材料在人类社会的发展历程中扮演着非常重要的角色，其中贵金属材料，特别是在纳米尺度下的贵金属纳米颗粒由于其小尺寸效应而表现出良好的电学、光学、热导、催化等性质[1-5]。

早在公元前 5 世纪的中国和古埃及已有金溶液的记载，那时主要用于制作一些装饰品和陶器着色等，至今仍在使用。最为著名的例子当属公元前 4 世纪古罗马时期的莱克格斯酒杯[6]。贵金属纳米颗粒的性质强烈依赖于颗粒的尺寸、形貌、结构和组分。目前应用最为广泛的贵金属是金纳米颗粒。

金纳米颗粒溶液是一种分散相粒子直径在 1～150 nm 之间的金溶胶，属于多相不均匀体系，颜色呈橘红色到紫红色。金纳米颗粒具有独特的光学、热学、电学、磁学以及化学方面的性质，这些性质与其尺度密切相关，表现为等离激元共振吸收(surface plasmon resonance，SPR)性质、拉曼散射(raman scattering，RS)性质、催化活性和生物相容性等。这些特性使得金纳米颗粒在催化、生物传感、生物医学检测等方面具有重要应用价值。

在纳米生物医学检测中，主要使用到金纳米颗粒以下特性：

(1) 表面吸附特性：金纳米颗粒因为小尺寸，对许多生物大分子都有很强的吸附作用，而且吸附后不会使生物分子变性。

(2) 光谱特性：金纳米颗粒具有良好的光学性质。随着金纳米颗粒的尺寸、形貌的变化，其胶体溶液具有特有的吸收峰，比如直径约为 13 nm 的金纳米球形颗粒在 520 nm 处具有明显的吸收峰；棒状的金纳米颗粒的吸收光谱会因长径比(长与直径之比)的改变而有所不同，溶液呈现不同颜色。金属纳米颗粒在不同的聚集状态也会呈现出不同的颜色，可通过比色仪检测甚至肉眼进行观察，其优越的敏感性和特异性使得金纳米颗粒成为比色检测中较最常用的纳米材料。

(3) 导电性：金作为良好的导体，其纳米颗粒也具有良好的导电性能，能较好地传递电流，因此可通过导电率的变化来进行生物检测。

金纳米颗粒还具有较好的生物相容性，表面易于修饰，随生物分子类型及分析检测方法的不同，修饰方法也有所区别。比如，如果在金纳米颗粒上修饰蛋白质分子，方法主要有两种：一是直接偶联，即利用蛋白质分子中半胱氨酸残基上的巯基，通过共价键与免疫球蛋白(IgG)、血清白蛋白等与金纳米颗粒相连，或调节体系 pH，使蛋白质分子带正电，通过静电吸附与表面带负电的金纳米颗粒相连接；二是间接偶联，即通过化学方法使蛋白质分子衍生出巯基基团，再与金纳米颗粒偶联，或者对金纳米颗粒表面进行改性，再用偶联剂实现蛋白质与金纳米颗粒的连接。

2. 碳纳米管

碳纳米管是由碳原子形成的石墨层绕中心轴按照一定的螺旋角卷曲而成的无缝中空管体，可分为单壁和多壁两种，前者由单层石墨层形成，直径通常为 0.4～5 nm；后者由多层石墨层形成，一般直径不超过 50 nm。

碳纳米管有以下主要特性：①具有巨大的比表面积，因此许多有机或无机分子可以通过共价或非共价键与碳纳米管表面结合，因此易进行各种检测前的修饰处理；②具有独特的结构和物理化学性质，如低密度、高比模量、高强度、良好导电性和温度传导性能等。在检测中涉及的检测量多样时，可通过不同方法进行测量。

碳纳米管不溶于任何溶剂，可通过表面修饰或功能化来提高其在溶剂中的分散性。碳纳米管的功能化主要分为两类：一是非共价结合表面活性剂、核酸、多肽、蛋白质分子；这种方法可较为完好地保存碳纳米管表面的 sp^2 杂化结构，从而保护其电学特性不会发生显著变化。另一种是碳纳米管的共价功能化，利用浓酸氧化处理在碳纳米管表面的缺陷部位形成羧基，再利用羧基与氨基之间的酰化反应或羧酸盐-铵盐的离子间作用力把目的分子连接到碳纳米管表面。

3. 磁性纳米颗粒

磁性纳米颗粒(magnetic nanoparticles，MNPs)是纳米级的颗粒，一般由铁、钴、镍等金属氧化物组成的磁性内核及包裹在磁性内核外的高分子聚合物/硅/羟基磷灰石壳层组成。最常见的核层由具有超顺磁或铁磁性质的 Fe_3O_4 或 γ-Fe_2O_3 制成，具有磁导向性(靶向性)，在外加磁场作用下，可实现定向移动，方便定位和与介质分离。最常见的壳层由高分子聚合物组成，壳层上偶联的活性基团可与多种生物分子结合，如蛋白质、酶、抗原、抗体、核酸等，从而实现其功能化。

铁磁性(ferromagnetism)是指物质中相邻原子或离子的磁矩由于它们的相互作用而在某些区域中大致按同一方向排列，当所施加的磁场强度增大时，这些区域的合磁矩定向排列程度会随之增加到某一极限值的现象。顺磁性(paramagnetism)是指材料对磁场响应很弱的磁性。超顺磁性(superparamagnetism)是指颗粒小于临界尺寸时具有单畴结构的铁磁物质，在温度低于居里温度且高于转变温度(block temperature，即临界温度)时，表现为顺磁性特点，但在外磁场作用下其顺磁性磁化率远高于一般顺磁材料的磁化率的性质。

MNPs 的基本结构是以氧化铁纳米颗粒(Fe_3O_4、Fe_2O_3 或其他不溶的铁酸盐)为核芯，外包葡聚糖、淀粉、肝磷脂或蛋白质等。MNPs 的尺寸不同将影响其体内分布和磁化特性。MNPs 在体内的分布具有明显的差异性。这主要是由于人体的网状内皮系统具有十分丰富的吞噬细胞，这些吞噬细胞是人体细胞免疫系统的组成部分。当 MNPs 通过静脉注射进入人体后，与血浆蛋白结合，并在调理素作用下被网状内皮系统识别，吞噬细胞就会把 MNPs 作为异物而摄取，从而使 MNPs 集中在网状内皮细胞丰富的组织和器官中。吞噬细胞吞噬 MNPs 而使相应区域的核磁共振信号降低，所以 MNPs 是一种网状内皮系统的造影对比剂，可用于肝、脾、淋巴结、骨髓等富含网状内皮细胞的组织和器官的核磁共振(MR)增强。

磁性纳米颗粒还具有以下特性：①磁响应性。在外加磁场作用下，磁性纳米颗粒可以定向移动、定位，用于富集分离。②良好的生物相容性。氧化铁磁铁(Fe_3O_4)存在于地球上的天然矿物中，铁元素是人体内的正常成分，因此磁性纳米颗粒具有良好的生物相容性。③磁性纳米颗粒可影响弛豫时间，因此可以利用弛豫时间的改变来进行检测。④磁性纳米颗粒(比如 Fe_3O_4)还具有类似天然酶的催化特性[7]，可以在温和的条件下高效地催化天然酶的底物反应，为其在纳米生物医学检测中的应用打开了新途径。

磁性纳米颗粒的表面修饰主要有两种途径：一是通过化学键在颗粒表面结合修饰材料，通常用这种方法连接一些有机小分子化合物；二是用有机或无机材料直接包裹磁性纳米颗粒，主要包括表面活性剂、高分子、贵金属和二氧化硅等。对磁性纳米颗粒进行表面修饰的目的可以归纳为以下几个方面：增强磁性纳米颗粒的稳定性、提高其在水溶液中的分散性、改善生物相容性、赋予靶向性、阻止蛋白质分子的非特异性吸附、延长其在血液循环中的时间。

4. 量子点

量子点是金属或半导体纳米晶体，粒径通常在 2～10 nm 左右，由Ⅱ～Ⅵ族或Ⅲ～Ⅴ族元素组成，稳定且溶于水或多种有机溶剂。当半导体材料减小到纳米尺寸时，会出现与大块材料截然不同的独特的光学性质。通常在半导体材料中，绝大部分电子填充在价带，只有少数电子填充在导带。当受到加热、加电压或者光照等外界刺激时，一些电子会从价带跃迁到导带，使价带中形成空穴(通常被认为是带有一个正电荷的离子)。电子和空穴通过库仑力互相“键合”，形成准粒子，称为“激子”。由于量子点的粒径小于或者接近激子半径，其带隙随着量子点尺寸的变化而变化。随着量子点粒径的减小，带隙逐渐增大，伴随着激子吸收峰的位置发生蓝移，其荧光发射光谱也会发生蓝移。

与传统荧光染料相比，荧光量子点具有极其优良的光谱特性，包括：①可以通过改变量子点的尺寸大小来控制量子点的发射光谱，因此可根据实际需求选择不同的量子点。②量子点具有很好的光稳定性，相比常用的荧光分子，其光稳定持续时间相对较长。③量子点具有宽的激发谱和窄的发射谱，使得其可能具有较好的分辨率。④量子点具有较大的斯托克斯位移。斯托克斯位移是指荧光光谱较相应的吸收光谱红移。由于斯托克斯位移的产生，荧光发射波长总是大于激发光波长，位移大，说明吸收峰和发射峰的相隔较远，重叠程度就越小。

10.3　纳米生物医学检测原理与实例

医学起源于诊断，没有很好的诊断就不可能有很好的预防和治疗，而生物医学检测是做出诊断的基础。随着纳米科技的发展，生物医学检测得到了前所未有的发展。

纳米生物医学检测是指基于纳米科技发展多种生物检测与传感的方法与技术，并将其应用于生物医学领域，主要涉及纳米材料的标记、基于标记构建的探针及相应的检测方法等。纳米生物医学检测能显著提升检测的灵敏度、特异性、准确度等性能，并且可以使相关仪器设备实现小型化、便携式和低成本。

纳米生物医学检测有三个元素：首先是“纳米”，即应用纳米材料作为检测的载体或工具；其次是“生物医学”，即被测对象与生物医学相关，如细胞、蛋白质、核酸等具有生物活性的物质；最后是“检测”，即获取被测对象的真实信息(从客观事物中取得有关信息的过程)，这其中仍然涉及纳米技术的应用。检测是广义上的测量，测量由测量系统来完成，测量系统包括敏感原件(传感器)、信号转换和调理、信号记录和显示等部分。本节着重介绍如何在生物医学检测中应用纳米材料性质。

10.3.1　金纳米颗粒的应用

金纳米颗粒的最大吸收波长依赖于颗粒之间的距离和聚集体的大小。金纳米颗粒在不同的聚集状态时，其溶液会呈现出不同的颜色，通过金纳米颗粒表面的物理化学作用，改变其聚集状态，聚集时所伴随的颜色变化可以在固相载体上显示出来，由此可得到可视化的结果，因此在可视化检测领域得以广泛应用。比如将金纳米颗粒与抗体结合制得金纳米颗粒-抗体复合体，当该复合体捕捉到抗原而发生抗原-抗体反应时，金纳米颗粒会发生聚集，溶液的颜色发生明显的改变，由此可实现对抗原的快速检测；也可通过与金纳米颗粒标记的二抗结合的方法(即“抗原-抗体-二抗-金纳米颗粒”夹心法)，多次放大信号，实现更高灵敏度。

纳米颗粒表面修饰的分子与溶液中待检测分子间的特异性识别包括 DNA 互补链之间的识别作用、抗原抗体间的特异性识别作用、金属离子和配体分子间的螯合作用等。通过设计纳米颗粒及其表面，可实现核酸、蛋白质、金属离子等多种物质的检测[8]。该方法需要设计纳米颗粒表面修饰分子与溶液中待检测分子间的特异性识别，特异性识别后对纳米颗粒的性质产生影响，通过对这种改变进行测量可实现对待测物的检测(图 10-1)。

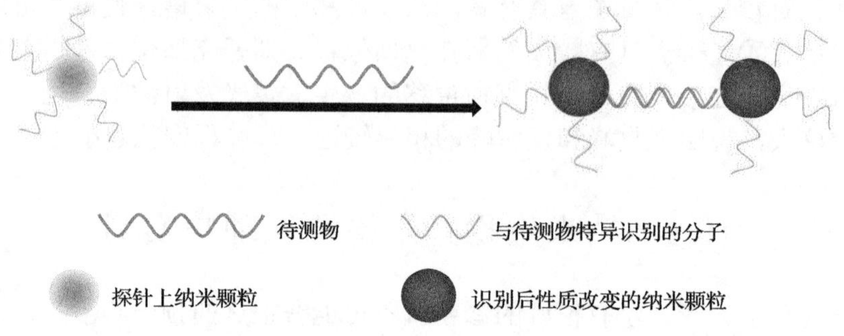

图 10-1　生物分子识别诱导纳米颗粒组装的检测方法示意图

比如，将烷巯基化的寡核苷酸探针与金纳米颗粒偶联，单分散的金纳米颗粒和标记有寡核苷酸探针的金纳米颗粒呈红色，而当 DNA 靶序列与金纳米颗粒标寡核苷酸探针杂交后，通过 DNA 片段的相互联结，金纳米颗粒会形成延伸的三维网状结构，于是体系的吸收峰发生红移，颜色变为紫红色，随着聚集程度的继续增大，该体系最终变为蓝色，基于此，金纳米颗粒标寡核苷酸探针-DNA 杂交体系可用于 DNA 靶序列的检测。这种方法检测过程快速、简便，无须特殊、昂贵的仪器设备；具有高选择性，可检测出 10^{-14} mol/L 的 DNA 靶片段[9]。

胸腺嘧啶脱氧核苷酸与汞离子(Hg^{2+})形成的配合物具有更低的解链温度。据此，可在金纳米颗粒表面修饰上不同的 DNA 片段，加入 Hg^{2+}可使两种修饰有不同 DNA 片段的金纳米颗粒相互作用，拉近颗粒间距离，造成金纳米颗粒的聚集，溶液颜色由红向蓝紫色变化。当升高温度时，颜色由蓝紫色变回红色，通过颜色的变化可以检测 Hg 离子(图 10-2)[10]。

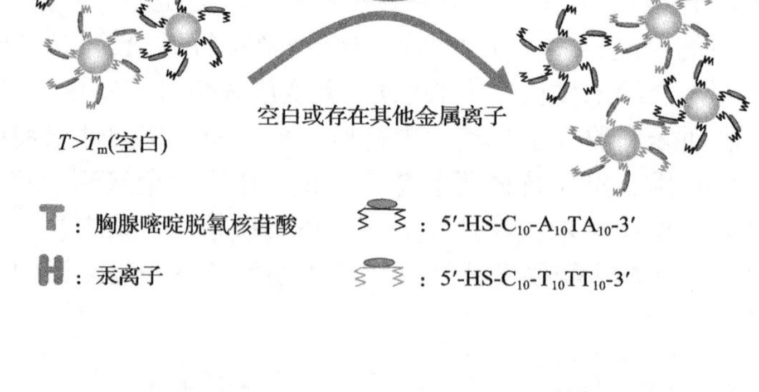

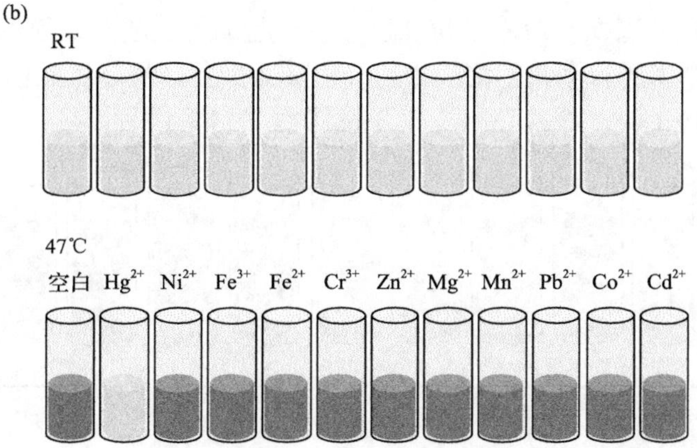

图 10-2　基于 DNA 修饰的金纳米颗粒对汞离子的检测[10]

(a)原理示意图；(b)不同金属离子存在时，聚集体在室温(RT)和 47℃时的颜色变化示意图

通过对单核苷酸多态性组合进行区分和编码，可研究 DNA 序列上的核苷酸突变，对临床诊断和治疗具有重要意义。比如，对 α-肿瘤坏死因子(TNF-α)有关的 DNA 探针的所有可能突变形式进行编码，将其修饰在金纳米颗粒表面。当不同碱基对的配对时，可以得到不同的电化学信号，由此可判断单核苷酸多态性的存在及突变碱基的类型(图 10-3)[11]。

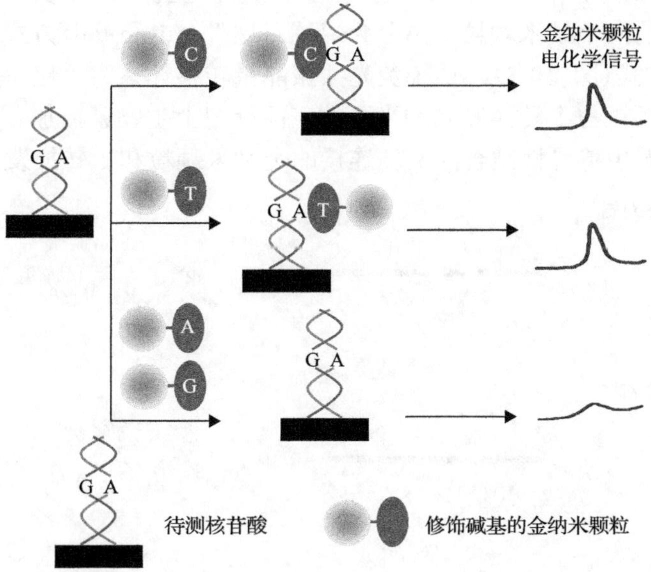

图 10-3　单碱基修饰的金纳米颗粒用于电化学识别单核苷酸多态性示意图

细胞色素 c 的溶液 pH 为 10.1，当 pH 从 10.1 下降到 4.0 时，细胞色素 c 的构象由折叠变成展开，基于这种蛋白质构象变化可检测溶液的 pH。比如将胞色素 c

吸附到金纳米颗粒表面，溶液呈粉红色，若不断加入盐酸，细胞色素 c 的构象改变，可诱导金纳米颗粒聚集，溶液由粉红色变为紫色，最终浅蓝色；相反，当 pH 从 4.0 上升到 10.1 时，浅蓝色再次变为粉红色(图 10-4)[12]。

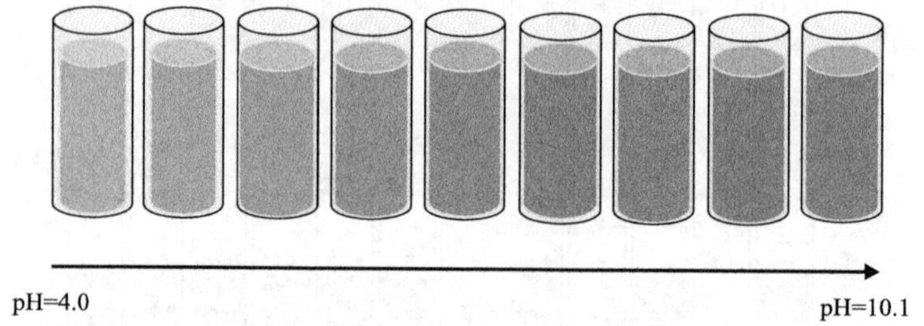

图 10-4　表面连接了细胞色素 c 的金纳米颗粒不同 pH 下的颜色变化示意图，从左到右 pH 为 4.0，5.0，5.5，6.2，6.7，7.2，8.3，9.2 和 10.1。细胞色素 c 结构的变化导致溶液呈现出不同的颜色[12]

上转换发光，即反斯托克斯(anti-Stokes)发光，指的是材料受到低能量的光激发，发射出高能量的光，即经长波长、低频率的光激发，材料发射出短波长、高频率的光。金纳米颗粒在可见光区具有很强的吸收，是一种优良的能量受体。当金纳米颗粒与具有上转换发光性质的纳米颗粒之间距离较近时，就会发生荧光共振能量转移(FRET)，生物传感器可利用此效应检测生物分子。荧光共振能量转移可以根据连接的两个纳米颗粒距离分为“尾对尾”(tail-to-tail)方式和“头对尾”(head-to-tail)方式(图 10-5)。传统荧光共振能量转移体系为“尾对尾”方式，比如，将金纳米颗粒与上转换发光纳米颗粒表面标记上生物素，加入亲和素后，生物素与亲和素发生特异性结合，两端连接的金纳米颗粒和上转换发光纳米颗粒之

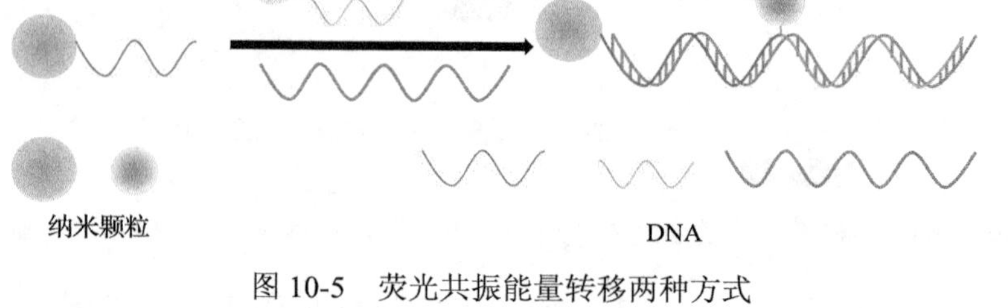

图 10-5　荧光共振能量转移两种方式

(a)“尾对尾”(tail-to-tail)方式；(b)“头对尾”(head-to-tail)方式

间发生荧光共振能量转移，影响整个体系的发光，该体系中的发光强度与体系中亲和素浓度呈线性关系，因此可通过检测发光来定量检测亲和素[13]。

由于供体与受体之间距离的限制，传统的“尾对尾”方式无法检测到长链目标物，如长链 DNA，而长链 DNA 序列具有较高的选择性，对许多重大疾病的诊断具有重要意义。利用“头对尾”方式，有望实现对长链 DNA 的检测。比如，利用 $NaYF_4$:Yb, Er 纳米颗粒作为能量供体，金纳米颗粒作为受体，通过核苷酸序列设计“头对尾”的结构，将捕获寡核苷酸链的 5'端共价连接到纳米颗粒表面。在靶向 HIV-DNA(52bp) 存在下，“头尾”夹心杂交后，将含有金纳米颗粒与 NaYF4:Yb, Er 纳米颗粒拉近，从而产生有效的荧光共振能量转移，根据发光强度可高选择性、高灵敏度检测纳摩尔级别的长链 DNA[14]。

疱疹病毒是移植受者和免疫抑制者体内的一种重要病原体，是导致全世界先天性感染的最常见原因。人巨细胞病毒(human cytomegalovirus，HCMV)是疱疹病毒家族中基因组最大的成员，对其 DNA 序列进行检测，具有重要意义。比如，利用金纳米颗粒的电化学性质可检测人巨细胞病毒 DNA 序列。在金纳米颗粒表面修饰与靶人巨细胞病毒 DNA 互补的核苷酸序列，将其与含有扩增人巨细胞病毒 DNA 的序列杂交，金属原子被锚定在该杂化物上；通过氧化属溶解金，释放锚定在杂化物上的金原子；通过阳极溶出伏安法间接测定溶解的金离子，从而获得人巨细胞病毒 DNA 含量(图 10-6)。该方法可以实现 5 pM 扩增的人巨细胞病毒 DNA 片段检测[15]。

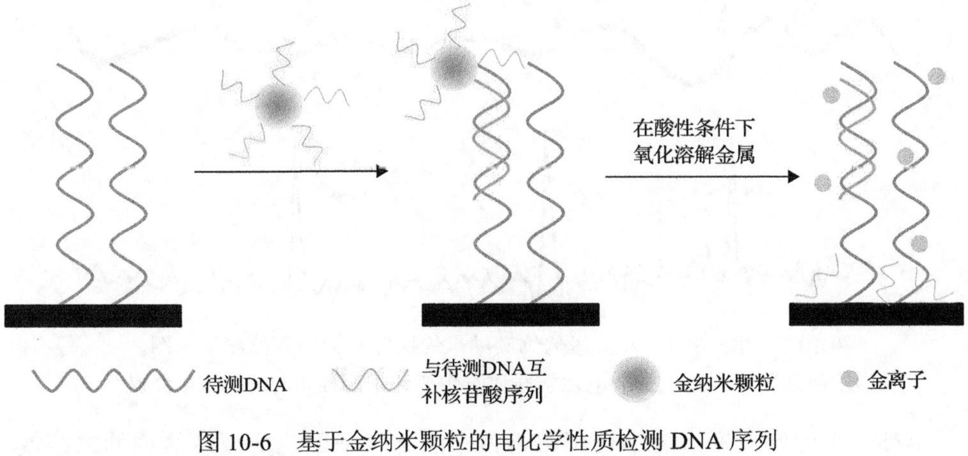

图 10-6　基于金纳米颗粒的电化学性质检测 DNA 序列

10.3.2　碳纳米管的应用

碳纳米管具有独特的一维结构，其表面可键合多种化学基团来增强其在溶剂中的分散性，也可以通过共价或非共价的方式连接各种靶向性分子；其管腔内部还可以包埋离子及小分子。因此，在药物递送、分子影像、基因治疗等方面均具有良好的应用潜力。

在生物医学检测方面，碳纳米管的高比模量、高强度和良好的导电性使其成为原子力显微镜的理想探针：碳纳米管呈圆柱形，用于深部结构的成像时具有极好的保真度；碳纳米管在临界力以上可弹性屈曲，可防止探针成像时对精密的有机和生物样品的损坏；单根碳纳米管的直径非常小(单壁碳纳米管的直径通常为 1 nm)，可有效改善成像横向分辨率。此外，由于碳纳米管的中空结构可作为管道输送物质，因此碳纳米管还可以作为微型注射器对细胞进行直接注射，将纳米颗粒、DNA、RNA 等物质直接送入细胞中[16]。此外，还可通过表面功能化将碳纳米管用作电化学传感器的电极材料[17]。比如，利用单壁碳纳米管原子力显微镜可对 DNA 序列中单核苷酸多态性(SNPs)进行检测和标记。单核苷酸多态性(SNPs)是指在基因组水平上由单个核苷酸的变异所引起的 DNA 序列多态性。SNPs 是一种二态的标记，由单个碱基的转换或颠换所引起，也可由碱基的插入或缺失所致。对单核苷酸多态性(SNPs)进行分类，有助于更好地理解遗传因素对常见疾病(如癌症和心脏病)风险的影响。对 SNPs 作图，是对其进行分类的一个关键因素。首先，在碳纳米管探针上修饰与靶序列互补的 DNA 片段，当探针沿着 DNA 分子检测到靶序列时，其电化学性质会发生改变，导致原子力显微镜图像的变化(图 10-7 中箭头所指)，由此可实现对 SNPs 的标记(图 10-7)[17]。

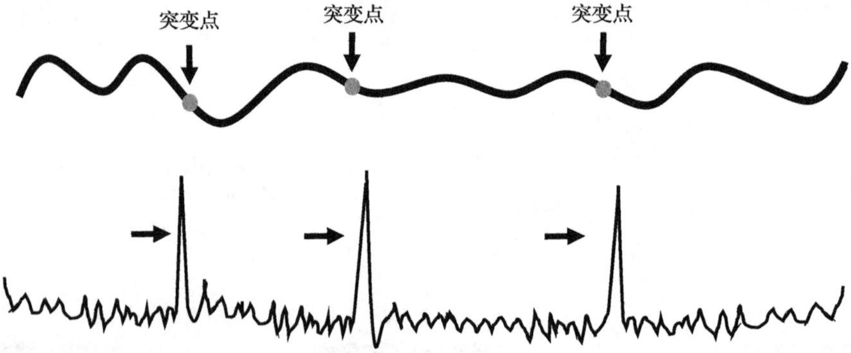

图 10-7　用互补 DNA 片段修饰碳纳米管探针对靶序列检测示意图。
当检测到靶序列时，探针电化学性质发生变化，因此可标记 DNA 位置[17]

另外一个实例：通过静电作用将带正电的高分子聚乙烯亚胺修饰的二茂铁与负电性的碳纳米管层层交叉组装在巯基丙酸修饰的金电极表面，形成信号放大基底，再在碳纳米管层上连接叶酸，通过叶酸去检测叶酸受体过表达的 HeLa 细胞。当 HeLa 细胞存在时，金电极的电化学信号改变，通过测量电化学信号可实现对 HeLa 细胞的检测，检测限可达每毫升 10 个细胞[18]。

10.3.3　磁性纳米颗粒的应用

磁性纳米颗粒的磁学性质与金纳米颗粒的光学性质类似，也受其聚集态和大小的影响。利用不同聚集状态下磁性纳米颗粒对核磁共振影像(MRI)磁弛豫率的影响，可以检测样品中的目标分子。比如，将与待测分子互补配对的分子修饰在磁性纳米颗粒表面，然后加入到测试样品中；如果样品中有待测分子存在，那么磁性纳米颗粒就会通过待测分子与互补配对分子的作用而发生聚集，组装成网络状聚集体，改变 MRI 的 T_2 弛豫时间，此时通过临床用 MRI 检测 T_2 信号的变化，就可以确定样品中是否存在待测分子[19,20]。

研究实例：在磁性纳米颗粒表面修饰核酸适配体构建磁性纳米探针[20]。在磁性纳米颗粒表面修饰核酸适配体，颗粒能很好地分散于溶液中，导致纳米探针周围质子的自旋-自旋或横向弛豫时间 T_2 较长；当溶液中有靶细胞存在时，颗粒表面的核酸适配体会与靶细胞特异性结合，磁性纳米颗粒由此而在细胞表面聚集，在局部产生一个很强的磁场，导致磁场不均匀和周围氢质子迅速失去相位，使横向弛豫时间 T_2 缩短。该方法通过磁性纳米探针诱导周围质子横向弛豫时间的改变，实现在 250 μL 的样品中检测低至 10 个肿瘤细胞(图 10-8)。

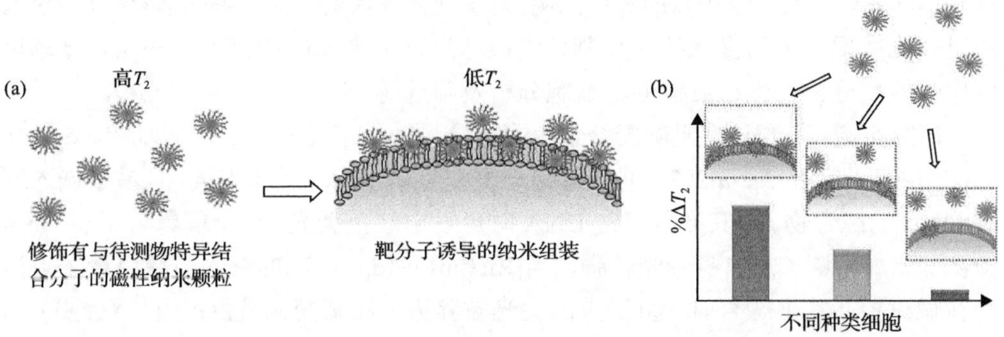

图 10-8　通过检测磁性纳米颗粒导致的弛豫时间变化检测肿瘤细胞[20]

(a)磁性纳米颗粒状态与弛豫时间关系示意图；(b)不同肿瘤细胞弛豫时间改变示意图

Fe_3O_4 磁性纳米颗粒具有类似过氧化物酶的活性，即以过氧化物为电子受体催化底物氧化的性质。因此，可以将其与试纸条技术结合，替代传统的辣根过氧化物酶，制成用于快速检测的试纸条。这种方法类似于金试纸检验，只不过代之以 Fe_3O_4 磁性纳米颗粒，通过其类过氧化物酶活性来增强输出信号。比如，在基底上连接抗埃博拉病毒(EBOV)的抗体，当样品中存在相应抗原时，由于抗体-抗原的识别作用，抗原被捕获到试纸条上；此时再通过磁性纳米颗粒催化底物反应，在试纸条上产生颜色变化。结果显示其灵敏度是标准免疫层析 ELISA 金试纸检验的

100 倍，能检测的 EBOV 糖蛋白的浓度下限为 1 ng/mL。另外，由于磁性纳米颗粒的超顺磁性，在浓缩样本中的病毒颗粒时，只需将试管底放在一块磁铁上，大大降低了成本。该方法操作简便、快捷、检测精度高，为纳米颗粒在检测中的实际应用迈出了重要一步[21]。

10.3.4　量子点的应用

量子点的光谱受其种类和尺寸的变化而多样，因此可将不同粒径(荧光颜色)的量子点进行多元编码，用于高通量分析诊断。比如，将量子点按照不同浓度比例(荧光强度)包埋在聚苯乙烯微球中。通过改变微球内不同尺寸量子点的比例，可设计出相当大数目的独特颜色和光强编码。理论上，以 6 种不同颜色量子点，每种量子点荧光强度分为 10 个强度进行组合，可实现 100 万种光学编码[22]。

近年来，基于微流控芯片的微球制备技术受到人们广泛关注，该技术不仅可制备出单分散性好、尺寸均一的微球颗粒，还能通过芯片结构的设计及流体参数的设置来实现微球粒径、形状及球内组分的有效控制，因此被广泛用于制备量子点纳米颗粒。比如，通过分散相之间的流速比进行调节，可在海藻酸凝胶微球中得到不同发射波长的量子点的数量比例，可实现微球内荧光光谱编码信息的调控[23]。通过荧光成像，可为微流控芯片制备的微球进行荧光编码微粒。这些编码微球可应用于核酸分析、蛋白质检测、细胞分析及筛选等。

研究实例：钌(Ⅱ)多吡啶配合物$[Ru(bpy)_2(dppx)]^{2+}$(bpy = 2,2′-联吡啶，dppx = 7,8-二甲基吡啶并[3,2-*a*:2′,3′-*c*]吩嗪)是一类在水溶液中几乎不发光，且易于嵌入双链 DNA 的配合物。当其嵌入双链 DNA 时可发出红色荧光，这个现象可用于 DNA 检测。比如，量子点自身荧光较强，当$[Ru(bpy)_2(dppx)]^{2+}$的液滴与绿色量子点液滴在微流控芯片上融合时，量子点的荧光被猝灭，液滴变成暗色；当与双链 DNA 液滴融合时，$[Ru(bpy)_2(dppx)]^{2+}$优先嵌入双链 DNA，发出红色荧光，同时绿色量子点的荧光得到恢复，液滴变为亮混合色。通过观测液滴颜色变化，就可以定量检测样品中的双链 DNA[24]。

由于量子点具有一元激发、多元发射的特性，用不同的抗体标记不同颜色的量子点，可对多组分同时进行测定。比如，用绿色荧光量子点标记 EV71 病毒，用橙色荧光量子点标记 CVB3 病毒，抗体和抗原进行识别时，可获得不同比例的荧光组分，通过检测荧光可识别两种病毒，同时检测 EV71 和 CVB3 两种病毒(如图 10-9)。这种方法检测 EV71 和 CVB3 病毒的线性范围分别为 1～14 ng/mL 和 1～19 ng/mL，检出限分别可达 0.42 ng/mL 和 0.39 ng/mL[25]。

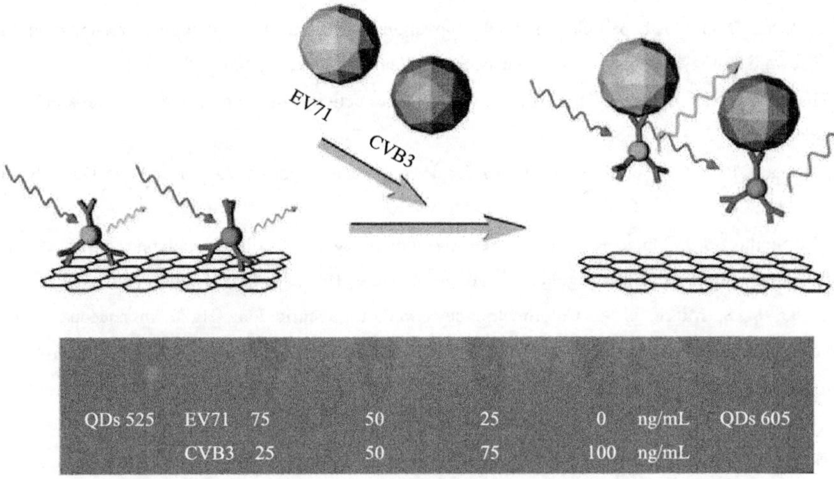

图 10-9 基于量子点的多病毒同时检测原理示意图及可视化检测结果[25]

10.4 小 结

纳米材料或纳米结构是生物医学检测的理想候选材料。纳米材料在生物医学检测中的应用不仅仅取决于材料的组成、结构和本征性质，更取决于其与生物体作用时所涉及的整个复杂体系。纳米材料结构和性质的精确控制及批量制备一直是应用中涉及的一大难题，尽管随着技术的迅速发展，现在许多单一纳米材料的尺寸、形状甚至性质等几乎可以被完美地加以控制，但并不能保证每一个纳米颗粒完全一致。另一方面，生物体及人体是一个复杂的体系，其本身遇到和需要解决的问题层出不穷，当纳米技术与生物医学相结合时，其复杂性更加突显。随着技术的发展和科学的研究，我们有理由相信那些可能遇到的问题和困难将会被逐步简化并解决，纳米技术将在生物医学检测领域做出更多的贡献。

参 考 文 献

[1] Paramasivam G, Kayambu N, Rabel A M, et al. Anisotropic noble metal nanoparticles: synthesis, surface functionalization and applications in biosensing, bioimaging, drug delivery and theranostics. Acta Biomaterialia, 2017, 49: 45-65.

[2] Zhao X, Zhao H, Yan L, et al. Recent developments in detection using noble metal nanoparticles. Critical Reviews of Analytical Chemistry, 2020, 50(2): 97-110.

[3] Doria G, Conde J, Veigas B, et al. Noble metal nanoparticles for biosensing applications. Sensors (Basel), 2012, 12(2): 1657-1687.

[4] Ma X, He S, Qiu B, et al. Noble metal nanoparticle-based multicolor immunoassays: an approach toward visual quantification of the analytes with the naked eye. ACS Sensors, 2019, 4(4): 782-791.

[5] Zhou C, Zhang L, Sun T, et al. Activatable NIR-II plasmonic nanotheranostics for efficient photoacoustic imaging and photothermal cancer therapy. Advanced Materials, 2020: e2006532.

[6] Daniel M C, Astruc D. Gold nanoparticles: assembly, supramolecular chemistry, quantum-size-related properties, and applications toward biology, catalysis, and nanotechnology. Chemical Reviews, 2004, 104 (1): 293-346.

[7] Gao L, Zhuang J, Nie L, et al. Intrinsic peroxidase-like activity of ferromagnetic nanoparticles. Nature Nanotechnology, 2007, 2 (9): 577-583.

[8] Agasti S S, Rana S, Park M H, et al. Nanoparticles for detection and diagnosis. Advanced Drug Delivery Reviews, 2010, 62 (3): 316-328.

[9] Elghanian R, Storhoff J J, Mucic R C, et al. Selective colorimetric detection of polynucleotides based on the distance-dependent optical properties of gold nanoparticles. Science, 1997, 277 (5329): 1078-1081.

[10] Lee J S, Han M S, Mirkin C A. Colorimetric detection of mercuric ion (Hg^{2+}) in aqueous media using DNA-functionalized gold nanoparticles. Angewandte Chemie International edition, 2007, 46 (22): 4093-4096.

[11] Kerman K, Saito M, Morita Y, et al. Electrochemical coding of single-nucleotide polymorphisms by monobase-modified gold nanoparticles. Analytical Chemistry, 2004, 76 (7): 1877-1884.

[12] Chah S, Hammond M R, Zare R N. Gold nanoparticles as a colorimetric sensor for protein conformational changes. Chemistry & Biology, 2005, 12 (3): 323-328.

[13] Wang L, Yan R, Huo Z, et al. Fluorescence resonant energy transfer biosensor based on upconversion-luminescent nanoparticles. Angewandte Chemie International edition. 2005, 44 (37): 6054-6057.

[14] Liu Z, Shang C, Ma H, et al. An upconversion nanoparticle-based photostable FRET system for long-chain DNA sequence detection. Nanotechnology, 2020, 31 (23): 235501.

[15] Authier L, Grossiord C, Brossier P. Gold nanoparticle-based quantitative electrochemical detection of amplified human cytomegalovirus DNA using disposable microband electrodes. Analytical Chemistry, 2001, 73 (18): 4450-4456.

[16] Chen X, Kis A, Zettl A, et al. A cell nanoinjector based on carbon nanotubes. Proceedings of the National Academy of Science of the United States of America, 2007, 104 (20): 8218-8122.

[17] Woolley A T, Guillemette C, Li Cheung C, et al. Direct haplotyping of kilobase-size DNA using carbon nanotube probes. Nature Biotechnology, 2000, 18 (7): 760-763.

[18] Liu J, Qin Y, Li D,et al. Highly sensitive and selective detection of cancer cell with a label-free electrochemical cytosensor. Biosensors & Bioelectronics, 2013, 41: 436-441.

[19] Taktak S, Sosnovik D, Cima M J, et al. Multiparameter magnetic relaxation switch assays. Analytical Chemistry, 2007, 79 (23): 8863-8869.

[20] Bamrungsap S, Chen T, Shukoor MI, et al. Pattern recognition of cancer cells using aptamer-conjugated magnetic nanoparticles. ACS Nano, 2012, 6 (5): 3974-3981.

[21] Duan D, Fan K, Zhang D, et al. Nanozyme-strip for rapid local diagnosis of Ebola. Biosensors & Bioelectronics, 2015, 74: 134-141.

[22] Han M, Gao X, Su J Z, et al. Quantum-dot-tagged microbeads for multiplexed optical coding of biomolecules. Nature Biotechnology, 2001, 19 (7): 631-635.

[23] Ji X H, Cheng W, Guo F, et al. On-demand preparation of quantum dot-encoded microparticles using a droplet microfluidic system. Lab on a Chip, 2011, 11 (15): 2561-2568.

[24] Xiang X, Chen L, Zhuang Q, et al. Real-time luminescence-based colorimetric determination of double-strand DNA in droplet on demand. Biosensors & Bioelectronics, 2012, 32 (1): 43-49.

[25] Chen L, Zhang X, Zhou G, et al. Simultaneous determination of human Enterovirus 71 and Coxsackievirus B3 by dual-color quantum dots and homogeneous immunoassay. Analytical Chemistry, 2012, 84 (7): 3200-3207.

第 11 章　人体的电特性和电子医学

细胞主要由有机化合物和水组成，是生命活动的基本单元。碳水化合物、脂类、蛋白质和核酸等细胞合成的有机化合物分子是维持生命的基础，这些分子具有存储能量、传递遗传信息、提供结构材料以及完成代谢等功能。任何细胞都由细胞膜包围着，使其与外界环境分开，但内外环境之间并不是绝对的隔离。细胞内液和外液包含有大量的离子和带电粒子，并且存在跨膜交换，是决定细胞膜和人体电特性的物质基础。

11.1　细胞膜的电特性

细胞是人体能够在适合的环境下生存并且完成自我复制的最小解剖单元和生理单元。细胞膜将细胞内的微环境与细胞的外界环境隔离开，维持了细胞的独立性。细胞膜承担着细胞内外和细胞之间的物质交换、能量转换、信息传递和外界信号识别等功能。同时，细胞膜也是生物电产生的基础。

11.1.1　细胞膜的组成和结构

细胞膜又称为质膜(plasma membrane)，厚约 5～10 nm，主要由脂类、蛋白质和糖类分子组成。脂类是膜的骨架，蛋白质是膜功能的实现者，糖类则参与信号识别和细胞黏附等过程。对于不同种类的细胞，这三种成分所占比例是有区别的，大概而言，脂类约占总量的 50%，蛋白质占 40%，而糖类占 2%～10%。功能复杂的细胞膜，其蛋白质的含量和种类都会增加。

细胞膜由双亲性脂类分子层构成，双亲性分子的非极性端头-头相对，紧靠在一起，在双分子层的中间形成疏水层，双亲性分子的极性端则形成两个亲水表面，一面朝向细胞内，另一面朝向细胞外。细胞膜的脂类成分主要是磷脂(phospholipid)、糖脂(glycolipid)和固醇类(stecol)，其中磷脂占膜脂总量的 50%以上。非极性小分子(如水、氧、二氧化碳等)和一些不带电的极性小分子可以自由通过脂类双分子层。但是，带电离子和较大的分子(如葡萄糖、氨基酸等)不能依靠扩散作用穿过脂类双分子层，只能通过特定的蛋白质通道，才能从细胞膜一侧转移到另一侧。

1972 年，Singer 和 Nicolson 提出了至今为止被普遍接受的膜的“流动镶嵌模型”。该模型表明：组成细胞膜的脂类分子和蛋白质分子都具有流动性，它们的位置不是固定不变的；蛋白质分子与脂类分子之间是镶嵌关系，而不是蛋白质分子浮在脂类分子层的表面；细胞膜中各种化学成分是高度不对称的。

流动镶嵌模型可以较好地描述和解释细胞膜蛋白质实现各种生理功能的机制。此后，人们在此模型基础上提出了许多改进，例如，1977 年，Jain 和 White 对流动镶嵌模型作了重要补充，提出膜的“板块镶嵌模型”，认为生物膜是由具有不同流动性的“板块”镶嵌而成的动态结构。1997 年，Simons 等又提出了“细胞膜中的功能筏”的概念，指出液态脂双层中存在着运动的“筏”，参与细胞内的蛋白质分选与囊泡输运，还参与膜的信号传导过程。这些补充不断完善着细胞膜的流动镶嵌概念。

11.1.2 细胞膜的阻容特性

细胞膜的组成和结构决定了其基本的电特性，即电阻特性和电容特性。

1. 细胞膜电阻

细胞膜的脂类双分子层几乎是绝缘性的，电阻率高达 $10^{13}\sim10^{15}\ \Omega\cdot\text{m}$，与其相比较，细胞外溶液的电阻率仅为 $60\sim80\ \Omega\cdot\text{m}$，可见膜的电阻率远大于其周围细胞液的电阻率。而且，细胞膜电阻的大小并不是固定不变的，与细胞环境、生理状态、代谢水平和功能特性等有关。细胞在静息和兴奋活动时，其膜电阻的变化范围可达 2～3 个数量级。

一般用电阻率 ρ 来表示物体电阻 R 的大小，其定义为

$$R=\rho\frac{l}{s} \tag{11-1}$$

式中，l 为物体长度；s 为截面面积；电阻率 ρ 的单位是 $\Omega\cdot\text{m}$。

膜电阻 R 的倒数是膜电导 G，单位是西门子(Siemens, S)。细胞膜对于某种带电离子的通透性常用该离子的电导来表示。

2. 细胞膜电容

细胞膜的脂类双分子层相当于绝缘层，细胞内液和外液分布在其两侧。由于含有电解质，内、外液的电阻率要低得多，因此，细胞膜具有电容特性，其脂分子层和内、外液组成了一个平行板电容器。平行板电容器的电容正比于板间介质的介电常数，也正比于板的面积，而与板间距离的大小成反比。

膜的比电容可表示为

$$C=\frac{\varepsilon}{4\pi\cdot\Delta x} \tag{11-2}$$

式中，ε 为膜的介电常数；Δx 为膜的脂类双分子层厚度；C 的单位是μF/cm^2。

细胞膜的介电常数为 3~5，甚至高于制作普通电容器常用的塑料薄膜聚丙烯的介电常数 2.25，细胞膜厚仅为 5~10 nm，所以膜电容较大，其比电容(单位面积电容)约为 1 μF/cm^2。

膜电容的数值比较稳定，静息与兴奋状态时变化不明显，而且不同种类细胞的比电容数值都比较接近。跨膜电压发生变化时，会在膜电容上产生充放电电流。

总之，细胞膜既有电阻成分，又有电容成分，可等效为电阻和电容的并联。

11.2　人体的电特性

人体是由组织构成的，而组织又是由细胞构成的，所以人体的阻抗也呈阻容特性。占人体体重 60%左右的是含有多种离子的水分，所以人体又是一个良好的导体。人体电阻主要集中在皮肤表面的角化层。角化层电阻随皮肤的湿度及个体差异而不同，一般为 1～500 kΩ。

11.2.1　电的生理效应

当电流流过生理组织时，一般会产生三种效应：组织的电阻性发热、易兴奋组织(神经和肌肉)的电兴奋、电化学烧伤(对于直流电)。当电产生生理效应时，人体变成了电路的一部分，电流必然从一点进入身体而从另外一点流出。电流的幅度等于外加电压除以两个接触面之间的身体阻抗和两界面的阻抗。

当电流增加时，对于人类所产生的心理和生理效应的顺序如图 11-1 所示，该

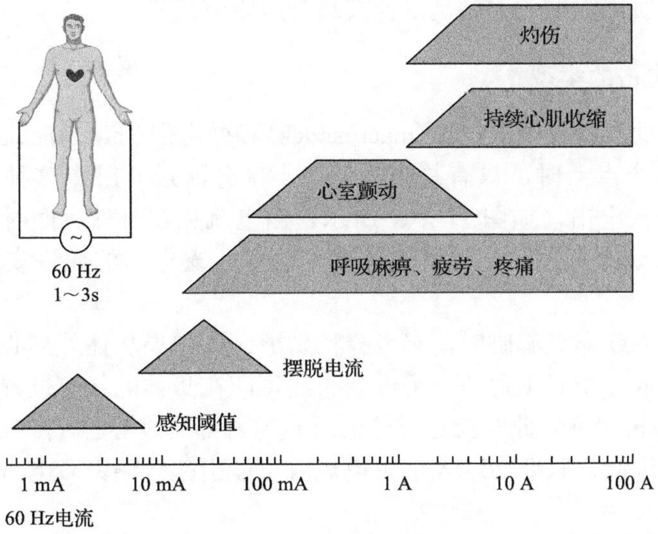

图 11-1　电的生理效应

图总结了当 60 Hz 的交流电经过体重 70 kg 的人紧握两条铜线的双手时，在 1～3 s 内产生各种效应的电流有效值近似范围。

感觉阈(threshold of perception)是指一个人所能感觉到的最小电流。当局部电流密度大到足以刺激皮肤上的神经末梢时，人体会感到刺痛。感觉阈存在个体差异，并且受各种因素影响。比如，当用湿的双手紧握细铜线时，感觉阈对于 60 Hz 的交流电约是 0.5 mA，对于直流电为 2～10 mA。

脱开电流(let-go current)是指人体能随意脱离的最大电流。如果电流高于此值，会强烈刺激神经和肌肉，最后引起疼痛和疲劳。人体受到任何高于阈值的电流时，其肌肉会产生不随意收缩或反射缩回，人体不能随意脱离，可能引起继发的身体损伤。人体的脱开电流阈值约为 9.5 mA。

呼吸麻痹、疼痛和疲劳：比脱开电流更大的电流会引起呼吸肌的不随意收缩，如果不切断电流，会严重到引起窒息。电流为 18～22 mA 时可造成呼吸停止。剧烈的肌肉不随意收缩和剧烈的神经兴奋会产生疼痛，并且随时间延长会引起疲劳。

心室纤颤(ventricular fibrillation)：心脏对于特殊路径的电流非常敏感。如果电流流过心脏，电流幅度只要大到足以兴奋心肌细胞，那么心肌电活动性的正常传播就会被破坏，导致心室的电活动失去同步，引起心室纤颤，在数分钟之内就会引起死亡。心室纤颤是电击引起死亡的主要原因。

迄今对于超过 10 A 的电流造成烧伤和身体损伤的影响尚知之甚少，特别是对于短持续电流的影响更缺乏了解。由于皮肤组织的电阻大，所以一般在皮肤的进入点上，会因为电阻性发热而产生烧伤。高于 240 V 的电压能把皮肤击穿。当强电流流过大脑和其他神经组织时，都会使其失去所有的正常兴奋性。而且过大的电流可能强迫肌肉收缩，大到足以使其离开所附着的骨头。

11.2.2 人体电击的类型

人体电击的类型分为宏电击(macroshock)和微电击(microshock)。当电流加在身体表面的两个点上时，只有总电流的一小部分流过心脏，这种电流从体表流过的形式称作宏电击，如图 11-2(a)所示。当电流加在身体表面时，使心脏纤颤所需的电流值远比直接加到心脏上时要大得多。宏电击的允许安全极限一般是 10 mA。

当器件放入或靠近心脏时，患者会特别敏感。如果从体外到心脏上或到心脏内的一点上形成一个导电通路，另一条引线可能在身体的任何位置上，此谓微电击，如图 11-2(b)所示。此时流过导管的所有电流都流过心脏，接触点上的电流密度可能很高，因此，只要 20 μA 的总电流就可能引起纤颤。微电击的允许安全极限一般是 10 μA。

日常生活中经常发生的多为宏电击，很少有微电击；而在治疗或手术中，微电击则是常见的，它所造成的危险电流强度只是宏电击的千分之一，对于安全性要求非常之高。

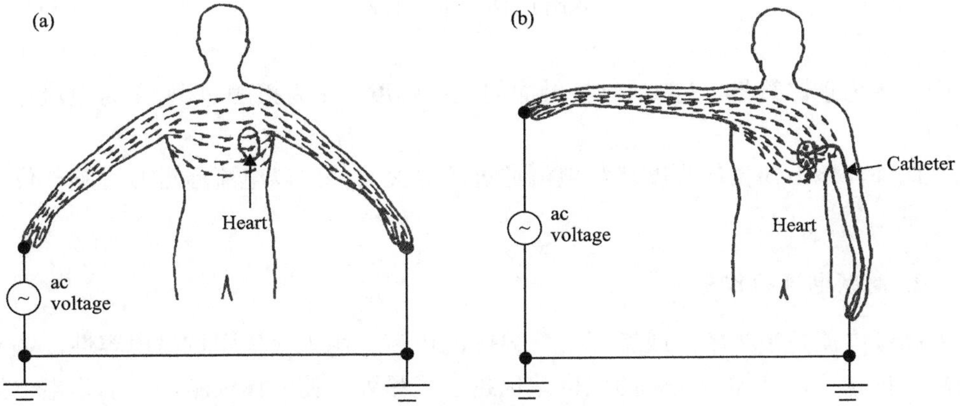

图 11-2　电击类型示意图

(a) 宏电击；(b) 微电击

11.2.3　电流频率的影响

由于人体阻抗呈电容性，电容的容抗随频率增高而减小，所以通过人体的电流频率越高，电容的旁路作用越明显，对人体的刺激强度也越小。

1. 低频电流的作用

低频电流是指频率小于 1 kHz 的电流，大多数电击都是由低频电流引起的。低频电流引起如下效应。

热效应：低频电流通过人体会使组织温度升高，造成组织烧伤和炭化。由于深层组织散热较差，烧伤往往更加严重，容易造成厌氧菌的感染。

刺激效应：低频电流可以改变细胞的兴奋性，甚至产生动作电位，造成肌肉不随意收缩、强直，导致肌肉劳损和身体损伤。通常所谓被电“吸住”或“打出”就是由于肌肉不自主的收缩造成的。当电流通过心脏时，会改变心肌兴奋的传导，破坏原有的节律，造成心室颤动。对中枢神经的刺激可以造成心跳和呼吸骤停。另外，电击产生的疼痛感觉还会导致精神紧张和心理刺激。

化学效应：使离子和大分子的振动、运动和取向发生改变，组织液内的离子将分别向异性电极方向移动，在电极处形成酸类或碱类腐蚀性新物质。大分子在电场作用下会改变排列方向。这些都可以改变局部的新陈代谢和渗透压。

引起电击和人体损伤的直接原因是电流而不是电压，高电压只是容易引起大电流而造成电击。人在高压带电作业时，只要没有电流通过人体，就不会导致电击。如式(11-3)所示，电流密度(I/A)与电击损伤程度密切相关，电流作用时间也是重要的影响因素。

$$电击损伤 \propto \left(\frac{I}{A}\right)^2 t \tag{11-3}$$

式中，∝为正比符号；I 为通过接触面的电流强度；A 为接触面积；t 为电流作用时间。

此外，电击损伤的程度还与电流通过的途径有关，以电流通过心、脑部位最为严重。

2. 高频电流的作用

高频电流是指频率大或者等于 1 kHz 的电流。由于人体阻抗呈电容性，频率越高容抗越小，施加于人体的电位差也越小。另外，使人体细胞产生动作电位的电刺激除了有幅度阈值外，还有时间阈值。如果电刺激持续时间很短，细胞液中的离子只能移动很小距离，甚至来不及移动，离子浓度基本没有改变，也不可能激发动作电位。实验证明，刺激效应随电流频率的升高而减弱，当电流频率达到 1 MHz 时，刺激作用消失，只产生热效应。刺激作用最强的电流频率为 50～60 Hz，低于 50 Hz 的刺激叠加效应减弱，因而刺激作用也有所减弱。

11.2.4 电气安全措施

随着电子学和计算机技术的飞速发展，医用电子仪器的种类不断增多，应用日趋广泛。医用电子仪器的发展和应用为临床提供了先进的诊断和治疗手段，同时，也带来了一个需要认真对待的问题，那就是为了患者和医务人员的生命安全，必须保证医用仪器的安全性。

20 世纪的 70 年代，随着医用电子仪器的普及，由于仪器所引起的安全性医疗事故也不断增加，尤其是致命性电击的发生，一些医用电子仪器应用较早的发达国家开始制定医用电子仪器的安全标准，如美国的 UL544 标准、日本的“医用电子仪器暂定安全标准”等。1978 年，国际电工技术委员会(International Electrotechnical Commission, IEC)制定了国际上统一的医用仪器安全标准“IEC 医用电子仪器安全通则”。随后，各国参照 IEC 安全通则，结合本国的实际情况，陆续制定或修改了各自的安全标准。

基本的电气安全措施包括：

基本绝缘：基本绝缘(basic insulation)是在带电部件上对电击起基本防护作用的绝缘。医用电子仪器都具有基本绝缘。

双重保护：在基本绝缘基础上，增加至少一种附加保护措施。医用电子仪器都必须有双重保护，根据采用附加保护措施的种类分成Ⅰ、Ⅱ、Ⅲ类设备。

附加保护措施有以下三种：

第一，保护接地(protective earth)，将电气设备可能的漏电流通过地线导入大地，采用这种附加保护措施的电气设备称为Ⅰ类设备。接地方法必须满足下列条件之一：①采用永久接地，即接地线安装好后不再拆卸或移动。②接地线是电源插头的一个插脚，可以保证接通电源的同时也接通了地线。临时接地线或将地线用夹子夹到自来水管上的做法是不符合安全规定的。

第二，双重绝缘(double insulation)，由基本绝缘和辅助绝缘共同组成的绝缘，如果绝缘不能实施双层的部件采用增强绝缘。采用这种附加保护措施的电气设备称为Ⅱ类设备。

第三，采用不超过医用安全幅值的特低压电源。按照中国的安全标准，医用安全特低压(medical safety extra-low voltage)是交流电压≤25 V，直流电压≤60 V。医用安全特低压可采用电池或变压器降压得到。如采用变压器降压，则必须用医用隔离变压器(medical isolating transformer)。医用隔离变压器初级和次级之间具有双重绝缘和很小的分布电容。采用这种附加保护措施的电气设备称为Ⅲ类设备。

基本绝缘和附加保护措施构成了双重保护，但两者必须是相互独立的，即一种保护措施失效不会影响另一种保护措施。

应用部分的隔离：仪器与患者直接接触的部分称为应用部分(applied part)。为了进一步保证患者的安全，医用电子仪器的应用部分往往也加有隔离措施，如光电耦合、电磁波耦合等，根据应用部分的隔离程度，医用电子仪器分成 B、BF 和 CF 型。

B 型：应用部分没有隔离。

BF 型：应用部分浮地隔离，可用于体外和体内，但不能直接用于心脏。

CF 型：应用部分浮地隔离，对电击有高度防护，可直接用于心脏。

11.3　电 子 医 学

一切基本的生命过程，如细胞分裂、分化、迁移和死亡都与生物电有关，特别是神经传导、肌肉运动、能量代谢和细胞分泌活动等必须依靠生物电实现。电子医学(electroceuticals)是通过电刺激来替代、影响或修饰机体功能的医学方法。电子医学的本质是通过身体自身的改变来纠正疾病问题，在保证效果的同时还有可能减少副作用。

药物治疗是通过化学分子去影响蛋白质和细胞功能。由于电活动在人体功能中具有关键作用，利用电刺激调节细胞的功能，不仅可以实现化学药物的作用，而且有可能产生一些化学药物无法实现的作用。传统的电子医学主要是通过电刺激神经解决肌肉运动的问题，最典型的是心脏起搏器和除颤器。近年来利用电刺激开展慢性疾病的治疗已成为电子医学的重点方向，例如临床上已经使用的人工耳蜗、深部脑刺激、脊髓刺激器、植入式除颤器以及用于治疗类风湿关节炎和结肠炎的迷走神经刺激器均属于该范畴。

11.3.1　细胞外刺激

临床上常用的电刺激需要同时激活大量神经细胞或者组织细胞，而不是单个细胞。因此，在体刺激的方法是把一对电极放置在刺激目标附近，形成电流回路，通过细胞外电极的形式施加刺激电流。

按照两个电极放置方式的不同，刺激可分为三种模式：

双极刺激：两个电极都靠近刺激目标。

单极刺激：其中一个电极(一般是阴极)放置在刺激目标附近，而另一个电极(即阳极)远离刺激目标，其大小和精确位置与刺激作用无关。

电场刺激：两个电极都远离刺激目标。

双极和单极的刺激效果相似，但是在单极刺激模式下，刺激电流会流过非刺激目标，可能使非刺激目标产生兴奋。电场刺激通过非侵入式的皮肤表面电极施加刺激，虽然效率较低，但因其具有无创的特点而常被用作施加电刺激的首选方法。

刺激必须具有足够的强度并保持足够的持续时间才能够诱发出生物组织的响应。如果刺激时间太短促，那么即使脉冲很强也没有作用。在某个给定的持续时间下，刺激的阈值定义为兴奋目标组织所需的最小刺激强度，可以用电压(单位为 V)或者电流(电流为 mA)来表示。把不同的持续时间所对应的刺激强度阈值绘制在同一张图上，就可以得到刺激强度-持续时间曲线(图 11-3)。利用这条曲线可

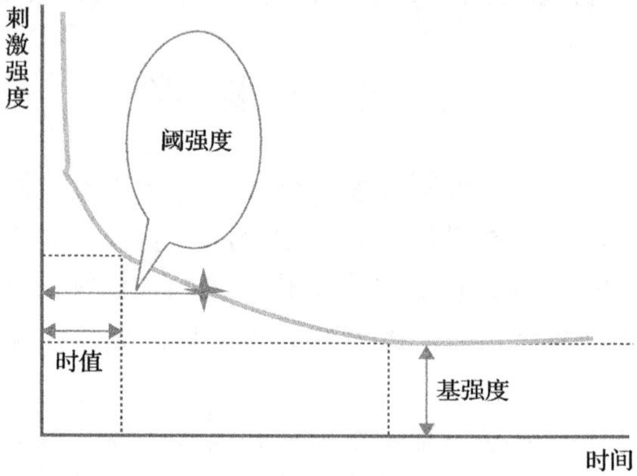

图 11-3　电刺激的强度-持续时间曲线

以快速确定某个刺激是否有效，落在曲线上方的刺激都可以兴奋目标组织，阈强度是指在刺激时间一定时，能引起组织兴奋的最小刺激强度。通常用“基强度”和“时值”两个数值来表征这种刺激强度-持续时间曲线。其中，基强度可以用电压或者电流表示，时值是指刺激强度为基强度的两倍时刚好能够引起组织兴奋所需的最小刺激持续时间(单位为 ms)，时值越小，表明组织兴奋性越高。在较长的刺激持续时间下，实际的可兴奋组织的刺激强度-持续时间曲线会变平坦，变成所谓的基强度渐近线，不再下降。当刺激强度小于基强度时，无论刺激持续时间多长，刺激都不会起作用。

刺激强度-持续时间曲线的具体数值与被刺激生物组织的类型密切相关。例如，对于时值，人体运动神经约为 0.01 ms，痛觉感受器约为 0.25 ms，而哺乳动物心肌细胞约为 2 ms。实际应用中很少使用接近强度-持续时间曲线的数值。如果刺激强度仅仅略高于阈值，那么组织兴奋性的微小变动就可能导致所施加的刺激无效。因此，在需要可靠刺激的应用中，刺激参数通常设定为至少是阈值的两倍。

11.3.2　电刺激治疗的应用

临床上的电刺激治疗通常是直接对人体施加电流，以恢复人体功能或者治疗疾病。电刺激时，流经导线的电子电流转变为组织中流动的离子电流，从而能够引起可兴奋组织的细胞膜上的跨膜电荷传输，使目标组织去极化并达到兴奋的阈值电压。

以下介绍临床上常见的电刺激治疗方法。

1. 心脏起搏(cardiac pacing)

以节律性电脉冲来刺激心脏的腔室，以缓解或者消除心动过缓症状，满足人体各器官的氧需求。起搏器由刺激电极和脉冲发生器构成。电极植入时需要经静脉放置到心内膜，并在胸部皮下制作囊袋放置脉冲发生器(起搏器)，与放置在静脉内的电极导线相连接。2017 年问世的无导线起搏器具备了单腔心室起搏功能，其体积和质量约为传统起搏器的十分之一，质量仅 2 g，使用寿命为 8～10 年。手术时无需经静脉植入心内膜导线，而是将脉冲发生器与起搏电极合为一体，以“微缩胶囊”的形式直接将起搏器植入患者心腔内部，无须皮下切口和囊袋。不再有导线损伤和起搏器囊袋感染的可能，可通过程控经体外调整工作参数。

2. 心脏除颤(cardiac defibrillation)

用电击的方式对心脏施加高能量电刺激可以终止心动过速，从而使心脏节律恢复窦性心律。该设备主要由除颤充/放电电路、心电信号检测、控制电路、除颤电流施加电极等组成，是目前临床上广泛使用的抢救设备之一，分为体外除颤和体内除颤两大类。

体外除颤器将刺激电极放置于胸壁上，隔着胸壁向心脏施加电刺激，所以需要较高能量。通常使用的直流除颤是将几千伏的高压电储存在大容量的耐高压电容中，然后通过放电控制器，在瞬间通过胸壁的电极向心脏放电，使颤动的心脏全部除极，以恢复正常的窦性心律。

体内除颤器又称为埋藏式心律转复除颤器(implanted cardiac defibrillator，ICD)，是将电极放置在胸内，需要时电极直接接触心肌进行除颤，可随时终止严重心律失常。心脏病患者的死亡中，大约一半属于猝死。造成猝死的最常见原因是严重的室性心律失常，如心室纤颤及室性心动过速等，而且发生前常无预兆，药物也不能完全预防其发生。大量研究表明，ICD 植入要较药物治疗有效得多，可随时检测出并判断患者所发生的严重室性心律失常的类型并给予不同的处理，从而达到终止心律失常、挽救患者生命的目的[1]。

3. 深部脑刺激

深部脑刺激(deep brain stimulation, DBS)又称脑起搏器，目前主要用于治疗和缓解帕金森综合征，近年来对其他适应证的临床研究也正在进行。DBS 是在脑内特定的神经核团附近植入电极，释放高频电刺激，抑制因多巴胺能神经元减少而导致的神经元过度兴奋，从而减轻疾病症状。其方法是将多通道电极植入丘脑的腹中核，然后将电极的引线连接到植入在胸部上方皮肤下的脉冲发生器上。脉冲发生器持续发出高频脉冲电刺激，通过皮下导线传递到脑内电极，抑制异常的脑核团放电，治疗帕金森氏症的丘脑底核过度兴奋状态。可根据病情选择不同的刺激触点、频率、强度及脉宽等刺激参数，通过体外电脑程控调节，以达到最佳刺激效果[2]。患者可自控或者通过电脑设置自控，入睡后关机，起床时开机。这项技术的开发与应用获得了 2014 年拉斯克奖(Lasker Awards)的临床医学研究奖(The Clinical Medical Research Award)。

4. 恢复视力

有关电刺激视网膜、视神经和视皮层的研究正在快速发展，特别是用于恢复盲人视力功能的植入式器械正致力于商品化。在盲人的视网膜上植入集成电路芯片，可以恢复视网膜色素变性患者的功能性视力。该芯片用一组光敏元器件阵列替代视网膜成像，用另一组微型刺激器电极阵列将图像转换为相应的电信号。这样的装置可替代盲人受损的感光细胞，直接对视神经细胞发出刺激。对于视神经受损的致盲患者，有可能通过微电极阵列直接电刺激视皮层，诱发视觉效应，在大脑中形成相关的图像[3]。

5. 恢复听力

声音由空气中传播的声压波动构成，包括言语或音乐在内的复杂声音是由很多不同频率的波动组成。耳的功能是分析每个频率的声强，这个分析过程是在耳蜗中完成的。耳蜗是一个螺旋状的物体，嵌在颞骨中。沿着这个螺旋线布满了神经细胞，不同的频率被耳蜗中不同位置处的神经细胞所感受，这些位置对应的频率是按照耳蜗的长度进行排列的，在两端之间感受从低到高的中间频率。

人工耳蜗包括两个部分。一部分带在耳朵上：包括麦克风、电池、信号处理器、射频发射器、能量发射器等；另一部分通过手术植入到颅骨中：包括能量接收器、射频接收器和电极系列，每个电极放置在耳蜗的不同位置上。体外部分的信号处理器将接收到的声音分解为不同的频率成分，通过编码将语言转换为各种不同的刺激波形，并将信息传送到植入部分的接收器上，然后刺激对应的电极。耳蜗(听神经)是按照频率分布的，所以每个电极刺激一簇神经细胞，大脑再将这些信号解释成不同的声音。实际应用中，人工耳蜗植入者大多需要一段时间的训练，以使其大脑学习适应这种新的且相对粗糙的声音刺激。人工耳蜗可以替代丧失功能的声波感受细胞(毛细胞)，刺激听神经的蜗柱神经节细胞，将声音信息传递到大脑的神经细胞，从而恢复某些类型失聪患者的听力。这项技术获得了 2013 年拉斯克临床医学奖。

6. 电刺激通气(electroventilation)

通过电刺激膈神经横膈膜肌肉，从而产生呼吸通气。这种呼吸起搏技术可用于需要长期呼吸支持的脊髓损伤的患者、患有睡眠呼吸中止症等通气驱动减弱的患者、顽固性打嗝患者(长期持续打嗝会使人严重消瘦、疲劳并且危及生命)及膈神经损伤患者。这种技术所提供的生理性呼吸功能远好于机械呼吸机所能提供的功能，因其保留了自然情况下通过肌肉系统将空气吸入肺部，而不是利用机械压力将空气压入胸腔。

7. 神经和肌肉的电刺激诊断

神经传导测试常用于评估外周神经的功能。其方法是电刺激某根神经，然后测量该神经周围的肌肉所产生的肌电信号(EMG)。通过计算神经的传导速度，可确定神经传导是否被阻断或者该神经与哪部分肌肉存在连接。同理，在腕关节或者膝关节后方施加电刺激，可诱发感觉输入引起的大脑响应。利用脑电图(EEG)的相干平均可以检测到这种体感诱发电位。分析这种诱发电位可以确定通往大脑的传导途径是否存在延迟、是否在某点存在阻断等。神经刺激还有一种常用的诊断功能是监测患者服用肌肉松弛药物之后的神经阻断的程度，如用于服用拮抗剂患者手术前后的监测等。

8. 缓解疼痛

通过对脊髓或者外周神经施加电流刺激来缓解疼痛的方法被称为电刺激镇痛(electroanalgesia)[4]，该方法利用了神经信号传递的门控原理，促进麻觉信号的传输，由此阻止痛觉信号的传递。在临床上常用于治疗慢性疼痛患者，其刺激装置分永久植入式和非植入式两种。

9. 受损神经功能的恢复

功能性电刺激(functional electrical stimulation, FFS)是一种康复技术，也称为功能性神经肌肉刺激(functional neuromuscular stimulation, FNS)。通过对支配瘫痪肌肉的神经直接施加电流刺激，使肢体能够产生功能性活动，如站立或者迈步等[5,6]。FNS 系统可使用皮肤表面电极或植入式电极。除了电极外，系统还有一个控制部件和一个刺激发生器。控制部件用于从传感器接收运动信息。

10. 电休克疗法(electroconvulsive therapy, ECT)

ECT 是一种能够有效治疗严重抑郁症且痛苦相对较少的方法。这种方法通过头皮电极对患者施加一串短时受控电脉冲，持续时间为 1 min 左右，使患者产生全身性癫痫发作。发作所造成的生理变化被认为会改变大脑的化学物质，而这些化学物质的变化被认为是灰度大脑正常功能的关键。由于 ECT 治疗时患者处于麻醉状态，并且用了肌肉松弛剂，因此患者既不会发生抽搐，也不会感到刺激电流。治疗中刺激电流是否足以产生所需要的临床效果，取决于电流通路上人体组织的阻抗大小、电极的面积和位置、刺激参数以及刺激的目标组织的电化学特性等因素。

11. 迷走神经刺激

迷走神经刺激(vagus nerve stimulation, VNS)是指通过安装在颈部的植入装置，对迷走神经施加周期性的温和电刺激。这种刺激类似于“电子药物”，可以沿着神经纤维传递信号，刺激神经元产生有如药物功效的神经递质。由于该“药物”是机体自己合成的，因此能在特定时间准确地把合适剂量的“药物”传送到特定组织，还可以避免副作用，因而有着独特的临床应用优势。研究显示，VNS 可缓解如癫痫、心力衰竭、慢性炎症、抑郁症和焦虑等症状。

癫痫发作的控制：当抗癫痫药物效力不够，或者药物的副作用太大，或者无法进行神经外科手术时，临床的应用结果已经证明，VNS 可以有效控制某些癫痫病症，在某些情况下，VNS 还能够有效地终止癫痫发作。与许多药物不同，VNS 对于患者的智力、认知、行为或者情感似乎没有明显的副作用。在美国，VNS 现在已经成为第二常用的癫痫治疗方法，而且对于癫痫的控制效果可以与抗癫痫新药相媲美。

心力衰竭的治疗：在心力衰竭中，自主神经失调表现为肾上腺素活性增加和迷走神经活性降低。实验数据表明，刺激迷走神经能够反转心力衰竭造成的心室重构。通过一个专门设计的刺激系统，增加的迷走神经活性，进行超过 12 个月的跟踪显示，心力衰竭的症状有效减弱，射血分数增加，心室容量增加。对于已经采用最佳药物而效果有限的严重心力衰竭的患者，VNS 有望提供一个新的治疗方法，其治疗效果需要经更多的临床试验验证[7]。

慢性炎症的治疗：20 世纪 90 年代末，美国 Kevin J. Tracey 的研究团队发现、提出并验证了炎症神经反射回路的存在[8]。他们在研究中发现，大脑中微量的 CNI-1493 分子可以阻断全身器官中肿瘤坏死因子(tumor necrosis factor，TNF)的合成过程。切除大鼠的脑垂体并重复上述实验，发现向大鼠大脑注射 CNI-1493 仍然能抑制 TNF 的合成，说明并不是脑垂体通过激素传递信息阻断的 TNF 合成。结合其他团队的研究结果，Tracey 教授提出假设：身体组织产生的炎症分子也会刺激迷走神经，通过其发出信号传递到大脑，然后大脑通过运动神经使相应组织停止合成 TNF 和其他炎症分子，中断炎症反应。Tracey 教授认为神经元也参与免疫反应，而迷走神经传来的中断炎症信号就是大脑和免疫系统之间的反射神经回路中的最后一步，他将此神经回路称为炎症神经反射回路(图 11-4)。

Tracey 教授团队利用麻醉大鼠对炎症神经反射回路进行了验证。首先在不同位置切断迷走神经，然后向大脑注射 CNI-1493，再检测 TNF 在脑、脾脏和其他器官中的水平，发现只有迷走神经在整个传导路径中都保持完整，关闭 TNF 合成的回路才能正常行使功能。再使用手持式神经刺激电极刺激麻醉大鼠的迷走神经，发现各个器官中的 TNF 合成过程都被阻断，证明迷走神经传递的电信号能够调控免疫系统中 TNF 的合成过程，同时还研究证实了炎症反射回路的生理学和分子生物学基础。当某种感染或损伤使机体的生化过程失衡时，相应的信息会传递到大脑中的运动神经元，而运动神经元随后会向受到影响的组织发送反馈信号，调控 TNF 等能引发全身炎症反应的分子在组织和血液中的释放。目前已经获得的研究结果表明，刺激炎症反射回路有助于治疗风湿性关节炎、炎症性肠道疾病、多发性硬化症等疾病。

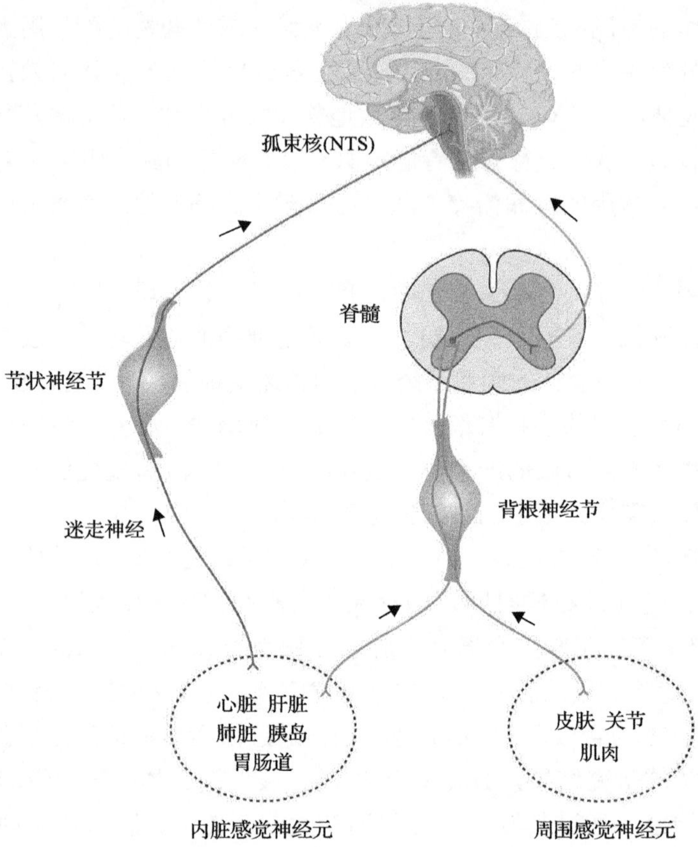

图 11-4 神经-免疫相互作用中的感觉神经元结构图。背根神经节感觉神经元包括支配皮肤、关节和肌肉的外周感觉神经元和支配胃肠道、胰腺、肝、肺、心和其他器官内脏感觉神经元。这些感觉神经元的传入神经在后角汇入到脊髓中，末端与中间神经元形成突触。神经信号通过接力传输到脑干和其他脑区域。迷走神经元起源于节神经节(大鼠和人在解剖上分为颈神经节和节神经节两部分)和内脏器官，包括胃肠道、胰腺、肝、肺、心和其他器官。孤束核(NTS)是大多数内脏感觉神经元的中央轴突的中继核团，进而投射到脑干和前脑区。通过这些神经通路，感觉和内脏神经元收集的外周信息被汇集道中枢神经系统。炎症和自身免疫条件会影响这些神经支配的感觉和内脏区域[8]

11.3.3 其他形式的刺激

1. 超声刺激

多数电刺激治疗需要手术植入长期刺激电极，尽管具有较高的靶向性，但属于侵入性治疗。超声波可以通过生物组织进行传播，在组织上施加机械压力，调控周围和中枢神经回路的电活动。研究发现，跨颅超声神经刺激可以以非侵入方式激活和抑制神经元。高强度超声通过破坏中枢突触的超微结构和神经元突触间的联系进而抑制神经元电活动，而聚焦超声的热效应可以暂时或永久性地阻断神经传导。海马椎体神经元能被超声激活产生动作电位，动作电位发放的频率随着超声强度的增加而相应提高。超声刺激的机械效应还能直接增强神经元钠离子内流，显著提高神经元兴奋性[9]。另外，超声刺激可改变钠离子通道的生物动力学特性，从而提高通道开放效率，表现在通道激活过程中显著降低通道激活阈值，在通道失活过程中显著加快通道失活速率，在通道恢复过程中显著降低通道回复时间[10]。

超声神经调控可能用来治疗神经疾病，比如慢性疼痛、帕金森病、癫痫、强迫症及精神或活动障碍性疾病，有可能在实现无创的同时产生最小的副作用。确定超声神经调控的参数对于探索其机制至关重要，发现超声敏感离子通道或受体，实现特异性神经调控具有重要意义。

2. 光遗传学技术

光遗传学起源于神经科学。光遗传学技术是光学与遗传学相结合，通过光激活或抑制单个突触和神经元，控制细胞的生物学功能。光遗传学方法可以达到毫秒级分辨率。光遗传学技术主要由光敏蛋白、载体以及光刺激系统等三部分组成，首先应用病毒类载体将光敏蛋白的基因导入到靶细胞中，使其表达于细胞膜上，再通过光照来对细胞功能进行调控。目前光遗传学技术处于基础性研究阶段，主要是针对神经环路相关疾病治疗的基础研究，通过机制研究为临床应用提供依据。最有希望进入临床的是利用光遗传学治疗失明，已有治疗视网膜色素变性的临床前试验[11]。利用光遗传学还有可能开发出治疗慢性疼痛的新疗法。例如，将编码靶蛋白的腺病毒注射到小鼠坐骨神经，记录黄光刺激对被根神经节中神经元活动的影响。研究发现，一定的光强可使小鼠的机械痛敏阈值升高；而较弱强度的黄光照射可使小鼠的热痛敏感潜伏期延长几乎一倍[12]。

光遗传学技术还面临诸多挑战，例如，光敏蛋白基因重组病毒的制备过程复杂，耗时价高，敏感性、效率、稳定感染能力和示踪效果等方面有待改进；此外涉及生物安全性防护问题。此外，病毒载体的远期效果及潜在副作用等有待观察。脑功能的兴奋和抑制往往是综合效应，涉及不同核团及通路的兴奋性/抑制性神经元、神经胶质细胞乃至神经基质功能的改变，单纯通过调控某些核团、通路以及某 1～2 类神经元的活动，对生理和病理功能的调制效果难以预期[13]。近年来有研究团队报道了外源闪烁光刺激对于改善认知功能并逆转与阿尔茨海默病（AD）相关的神经变性方面的研究结果[14,15]。在连续 7 天的时间里，每天给 AD 模型小鼠 40 Hz 闪烁光刺激 1 h，被试小鼠脑中 β-淀粉样蛋白和 tau 蛋白明显减少，而大

脑视觉皮层的 γ 波频率显著提高。机制研究表明，外源性光刺激可使 AD 模型小鼠显示与突触功能和 DNA 修复相关的基因的神经元表达增加。在小胶质细胞中，大脑的免疫细胞与炎症相关的基因减少，提示闪烁光治疗可以诱导大脑活动，既增强小胶质细胞抵抗炎症的能力，又使神经元得到更好的保护和修复。进一步的研究指出，无论是光线还是声波，只要以 40 Hz 的频率刺激机体，均可诱发大脑产生更为强烈的 γ 脑电波，激活可以治疗该疾病的免疫细胞，从而可能使机体恢复认知和记忆能力。这些研究为未来利用光学技术开展临床治疗提供了新的思路。

参 考 文 献

[1] Lau C P, Siu C W, Tse H F. Future of implantable devices for cardiac rhythm management. Circulation, 2014, 129: 811-822.

[2] Deisseroth K. Circuit dynamics of adaptive and maladaptive behavior. Nature, 2014, 505: 309-317.

[3] Mertz L. Sight restoration comes into focus. IEEE Pulse, 2012, 3 (5) : 10-16.

[4] Panescu D. Implantable neurostimulation devices. IEEE Engineering in Medicine and Biology Magazine, 2008, 27: 100-113.

[5] Wagner F B, Mignardot J B, Courtine G, et al. Targeted neurotechnology restores walking in humans with spinal cord injury. Nature, 2018, 563: 65-71.

[6] Angeli C A, Boakye M, Morton R A, et al. Recovery of over ground walking after chronic motor complete spinal cord injury. New England Journal of Medicine, 2018, 379: 1244-1250.

[7] Schwartz P J. Vagal stimulation for heart diseases: From animals to men vagal: an example of translational cardiology. Circulation Journal, 2011, 75: 20-27.

[8] Chavan S S, Pavlov V A, Tracey K J. Mechanisms and therapeutic relevance of neuro-immune communication. Immunity, 2017, 46 (6) : 927-942.

[9] Kubanek J. Neuromodulation with transcranial focused ultrasound. Neurosurg Focus, 2018, 44 (2) : E14.

[10] Lin Z, Zhou W, Huang X, et al. On-chip ultrasound modulation of pyramidal neuronal activity in hippocampal slices. Advanced Biosystems, 2018, 2 (8) : 1800041.

[11] Francis P J, Mansfield B, Rose S. Proceedings of the first international optogenetic therapies for vision symposium. Translational Vision Science & Technology, 2013, 2 (7) : 4.

[12] Iyer SM, Montgomery KL, Towne C, et al. Virally mediated optogenetic excitation and inhibition of pain in freely moving nontransgenic mice. Nature Biotechnology, 2014, 32 (3) : 274-278.

[13] Karl Deisseroth. Optogenetics: 10 years of microbial opsins in neuroscience. Nature Neuroscience, 2015, 18 (9) : 1213-1225.

[14] Iaccarino HF, Singer AC, Martorell AJ, et al. Gamma frequency entrainment attenuates amyloid load and modifies microglia. Nature, 2016, 540 (7632) : 230-235.

[15] Adaikkan C, Middleton SJ, Marco A, et al. Gamma entrainment binds higher order brain regions and offer neuroprotection. Neuron, 2019, 102 (5) : 929-943.

第12章 生物力学

生物力学(biomechanics)是研究生命体运动和变形的科学。通过对生命过程中的力学因素及其作用进行定量分析，结合生物学与力学的原理和方法，得以认识生命过程的规律，解决生命与健康相关的科学问题。

12.1 生物力学概述

12.1.1 生物力学的定义和研究特点

生物力学是应用力学原理和方法对生物体中的力学问题进行定量研究的科学，研究的重点是与生理学、医学有关的力学问题，研究范围从整个生物体到系统、器官(包括血液、体液、脏器、骨骼等)。生物力学的基础是能量守恒、动量守恒、质量守恒等三大守恒定律，加上描写物性的本构方程。

生物力学的研究需要同时从力学和组织学、生理学、医学等方面进行，即将宏观力学性质与微观组织结构联系起来。因此，生物力学的研究范式包括以下步骤：首先要了解所研究生物体的形态学、解剖学、组织结构和超微结构，并了解其几何构型；进而测定所涉及的生物材料或组织的力学性质，建立本构方程；根据物理学基本定律和材料的本构方程，推导控制微分方程或积分方程；在了解器官工作环境的基础上，得到有意义的边界条件；用解析法或数值法求解边界值问题；进行力学模型实验，对前述边界值问题的解进行验证，确定理论中的假设是否合理；进行动物实验，并将实验结果与相应的理论结果相比较，以获得相关生命运动的定量规律；最后，探讨理论和实验结果的实际应用。特别需要指出的是，作为实验对象的生物材料，有在体和离体之分。在体生物材料一般处于受力状态，一旦被游离出动物体，则处于自由状态，即非生理状态，例如血管、肌肉一旦游离，当即明显收缩变短。两种状态下材料的实验结果差异较大。

12.1.2 生物力学的研究范畴

生物力学可分为生物固体力学、生物流体力学和运动生物力学等。

1. 生物固体力学

生物固体力学是利用材料力学、弹塑性理论、断裂力学的基本理论和方法，研究生物组织和器官中与之相关的力学问题。在近似分析中，人与动物骨头的压缩、拉伸、断裂的强度理论及其状态参数都可应用材料力学的标准公式。

生物固体力学中关于骨的研究可以追溯到19世纪，大量的研究者对骨组织进行了研究。骨是一种复合材料，它的强度不仅与骨的构造有关，也与材料本身相关，体现了以最少的结构材料来承受最大外力的功能适应性。骨由骨胶原纤维和无机晶体组成，骨板由纵向纤维和环向纤维构成，骨质中的无机晶体使骨强度大大提高。19世纪末，Wolff提出了著名的Wolff's Law，认为骨组织是一种自优化的组织，其结构会随着外载荷的变化而逐渐变化，达到最优的状态。此后基于此定律提出了不少的理论及数学模型。20世纪70年代以来，对骨骼的力学性质已有许多理论与实践研究，如组合杆假设、二相假设等，有限元法、断裂力学以及应力套方法和先测弹力法等检测技术都已应用于骨力学研究。

2. 生物流体力学

生物流体力学是研究生物体心血管系统、消化呼吸系统、泌尿系统等以及游泳、飞行等与水动力学、空气动力学、边界层理论和流变学有关的力学问题。

人和动物体内血液的流动与流体力学中的层流、湍流、渗流和两相流等流动形式相近。在分析血液力学性质时，可将大血管流动的血液看作均质流体；由于微血管直径与红细胞直径相当，在微循环分析时，则可将血液看作两相流体。人体内血液的流动大都属于层流，在血液流速很快时，或在血管较粗的部位容易产生湍流。在主动脉中，血液以峰值速度运动，勉强处于层流状态，但在许多情况下会转变成湍流。通过毛细血管壁的物质交换则是一种渗流。尿道中的尿流往往是湍流。

3. 运动生物力学

运动生物力学是运用静力学、运动学和动力学的基本原理，结合解剖学、生理学来研究人体运动的科学。在人体运动中，应用层动力学和动力学的基本原理分析计算运动员跑、跳、投掷等多种运动项目的极限能力，其结果与奥林匹克运动会的记录非常相近。在创伤生物力学方面，以动力学的观点应用有限元法，计算头部和颈部受冲击时的频率响应并建立创伤模型，可改进头部和颈部的防护并可加快创伤的康复进程。

12.2 有限元分析概述和示例

12.2.1 有限元分析概述

有限元分析(finite element analysis, FEA)是利用数学近似的方法对真实物理系统(几何和载荷工况)进行模拟。利用简单而又相互作用的元素(即单元)，就可以用有限数量的未知量去逼近具有无限未知量的真实系统。

对于大多数的工程技术问题，由于物体的几何形状和载荷作用方式很复杂，除了方程性质比较简单且几何边界相当规则的少数问题可用解析法求解外，其他求解过程是非常困难的，有些甚至是不可能的，唯一的途径是应用数值法求得问题的近似解。有限元法是工程技术中对连续物理系统进行分析、设计、试验的一种高效、常用的数值计算方法，特别适合于求解几何、物理条件比较复杂的问题。

有限元分析是用较简单的问题代替复杂问题后再求解。它将求解域看成是由许多称为有限元的小的互连子域组成，对每一单元假定一个合适的(较简单的)近似解，然后推导求解该域总的满足条件(如结构的平衡条件)，从而得到问题的解。由于实际问题被较简单的问题所代替，因此所求得的只是近似解。有限元不仅计算精度高，而且能适应各种复杂形状，因而逐渐成为行之有效的工程分析手段。

有限元分析的核心思想是结构的离散化，即将实际结构假想地离散为有限数目的规则单元组合体，实际结构的物理性能可以通过对离散体进行分析，得出满足工程精度的近似结果，以替代对实际结构的分析，这样可以解决很多实际工程需要解决而理论分析又无法解决的复杂问题。

有限元分析通常包括以下的基本步骤。

步骤 1　前处理。根据实际问题定义求解模型，包括：

定义问题及求解域：根据实际问题近似确定求解域的物理性质和几何区域；

求解域离散化(网格划分)：定义单元类型；

定义单元的材料属性；

定义单元的几何属性，如长度、面积等；

定义单元的连通性；

定义单元的基函数；

定义边界条件；

定义载荷；

确定状态变量及控制方法。

步骤 2　总装求解。将单元总装成整个离散的总矩阵方程(联合方程组)。总装是在相邻单元结点进行。状态变量及其导数(如果可能)连续性建立在结点处。联立方程组的求解可用直接法、迭代法。求解结果是单元结点处状态变量的近似值。

步骤 3　后处理。对所求出的解根据有关准则进行分析和评价。后处理使用户能简便提取信息，了解计算结果，进行结果解释。

12.2.2　有限元分析应用示例

有限元分析是现代脊柱生物力学研究的重要方法之一，可以根据需求模拟脊柱的各种状态并计算该状态下各组分间的应力和应变分布，探究其力学原理、损伤机制和治疗效果。此外，在脊柱病理状态的研究中，有限元分析主要被用于了解病变位置的力学机制和评估不同治疗手段的作用，协助完成治疗方式的选择与改善，为脊柱相关病变的康复提供理论基础。有限元分析还可以更有针对性地为病患脊柱的矫正、手术和个性化植入物设计服务。在应用于植入物的设计和性能评估时，需注意个体差异和完善评价体系。

近年来，计算流体力学(computational fluid dynamics, CFD)作为生物流体力学的有限元分析方法，被广泛应用于心脑血管相关的基础和临床研究中，如在脑动脉瘤研究中，涉及动脉瘤的形成、生长机制和动脉瘤破裂的血流动力学危险因素；通过建立患者个性化模型，评估弹簧圈和支架置入后动脉瘤内流场的变化来评价血管内治疗的效果；从计算流体力学模型的建立、评估动脉瘤破裂风险的形态和血流动力学参数来评估动脉瘤治疗的手术效果。在与心脏相关的血流动力学研究中，涉及心脏辅助装置的流场分析，用以优化血泵设计，减少血栓的发生概率；冠状动脉粥样硬化斑块的发生和发展机制以及对冠状循环的影响。

如何建立与真实情况更为贴近的模型一直是人体有限元研究的重点与难点。尽管有限元法能够较好地模拟复杂的工况条件，但也需要综合运用影像学、统计学、运动学等多种手段，提高模型的真实性和对群体的共享性。

以下示例是应用三维有限元方法分析人体足部生物力学的基础研究[1]。

该研究建立了一个基于健康人体的、系统的、具有高度几何相似性的足部三维有限元模型，并用此模型静态地分析人体双足站立相时的足部内部的生物力学特性，量化足部内部的应力/应变状况、足部内侧纵弓变化等。

基于一位男性志愿者(身高 176 cm、体重 65 kg)右足的三维 CT 层切数据对足踝系统相关组织进行几何重建及网格划分。每块骨骼和整个软组织外轮廓的点云数据运用 Medgraphic 软件从每层 CT 图片上提取出来并被导入 ANSYS 分析系统，利用其有限元前处理功能建立三维实体模型，再被网格化，形成有限元模型。整个骨组织、外部软组织、关节软骨组织用 ANSYS 中的 10 节点四面体单元 Solid 92 网格化，形成了 34260 个四面体单元；韧带和跖腱膜被定义和网格化，形成 83 个只受拉不受压的线单元 Link10。为计算静态下站立位时足底压力和应力分布，建立了双层平板以仿真足部与足底支持平面之间的相互作用。此平板通过用 ANSYS 中的 Brick 185 单元进行网格化，形成了 648 个六面体单元。为了简化计算，目前所有的组织都被理想化为均匀的、各向同性的线弹性单元。由此建立了完整的有限元模型(图 12-1)，可对人体站立状态进行静态模拟。

模型的验证是通过对比有限元计算结果和实验测量结果。将实测得到的受试者平衡站立时的足底应力与利用足踝模型模拟平衡站立状态得到的足底应力分布

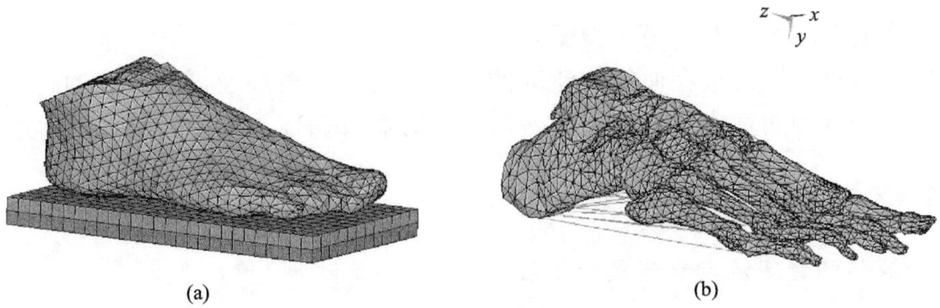

图 12-1 足部三维有限元模型[1]
(a)软组织与平板支持结构；(b)骨组织和韧带、跖腱膜

相比较，两者的一致性较高，说明所建模型的有效性有保证，利用该模型分析各部分受力时能保证可靠性。

利用该研究建立的人体双足站立状态有限元模型可用于预测足内部的应力应变数据，量化人体足部生物力学特性。通过仿真人体肌骨系统预测内部骨组织及软组织的应力分布变化，可以辅助了解足部的生物力学特性，如站立姿态下的足底表面接触压力分布、内部软组织应力分布以及内侧足弓的变形等。这些无法通过直接测量得到的数据对于理解足部力学机理具有重要的指导意义。通过三维有限元模型的不断改进和完善，可更多更好地了解足部生物力学特性，对于认识足部疾病的发病机理、确定临床手术方案、设计足部假体假肢和鞋类等均具有指导作用。

12.3 血液循环动力学

心脏和血管组成人体循环系统，血液在此系统中按一定方向循环流动，输运人体所需的各种物质以及新陈代谢过程中产生的废物。血液循环动力学是以力学的观点和方法来研究、分析血液循环的特点。心肌的收缩，主要是心室肌的收缩，是维持血液循环的能量来源，压强梯度是推动血液流动的动力，各瓣膜的单向启动性为血液循环方向的单一性提供了必要条件。把心脏视为具有泵血功能的“肌肉泵”，将血管视为外接管道，由此力学模型发展起来的一系列力学理论已被广泛接受。

血液循环分为肺循环和体循环。肺循环是指从右心室射出的血液经肺动脉以及肺部的各血管分支与肺泡进行 O_2 和 CO_2 交换后，由肺静脉返回左心房的过程。体循环是指左心室射出的血液经主动脉和全身血管与组织进行 CO_2 和 O_2 以及各种物质交换后，由腔静脉返回右心房的过程。从时间顺序看，两个过程几乎是同步进行的，射血过程的力学原理也很相似，所不同的是在一个心动周期中右心室内压变化的幅度要比左心室小得多。

本节重点介绍血液在血管中流动的若干特性，主要涉及循环系统的解剖生理特点、流体运动的基本规律、与血液流动和心血管循环系统相关的力学问题。

12.3.1　流体运动的基本规律

1. 液体的稳定流动和连续性方程

理想流体：实际流体的运动是很复杂的，为了使问题简化，就像用刚体来代替固体一样，可以用一个理想化的流体模型来代替实际流体进行分析。理想流体必须具备两个特点：一是绝对不可能被压缩；二为没有内摩擦。

稳定流动：在流场中设想的有向曲线族称为流线，曲线上任一点的切线方向为液体在该点流速的方向。稳定流动指流体中流线上各点的速度都不随时间而变，这样的流动就叫做稳定流动。

流管：如果在稳定流动的流体中划出一个小截面 S_1，并且通过它的周边各点作许多流线，由这些流线所组成的管状体叫流管。在稳定流动的流体中，一个点只有一个速度，流线是不可能相交的。流管外面的流线不可能进入流管里面，流管里面的流线也不可能穿出流管外面。也就是说流管外面的流体不会流到流管里面来，流管里面的流体也不会流到流管外面去。流动的流体可以看成是由许多流管组成的，只要知晓流体在流管中的流动规律，就可了解流动的一般情况。

连续性方程：在研究稳定流动时，设想液体完全充盈于一个流管，根据质量守恒的原则，它的一端流入多少液体，就一定有等量的液体从流管的另一端流出。即在稳定流动中，同一流管中任一截面处的流体密度、该截面面积和流速的乘积为一常数，即ρSv =常量，这就是稳定流动时的连续性方程。即 $Q_1 = Q_2$，Q_1 为单位时间内流入流管的液体量，Q_2 为单位时间内流出流管的液体量。

对于不可压缩的流体来说，不仅质量流量守恒，体积流量也守恒。

实际液体的可压缩性是非常小的，例如标准状态下，当压强增大到 1000 个大气压时，水的体积仅压缩了 5%，所以连续性方程具有较大的实用价值。

2. 伯努利方程

理想流体在流管中作稳定流动时，每单位体积的动能和重力势能以及该点的压强之和为一常量，称为伯努利方程。

$$p + \frac{1}{2}\rho v^2 + \rho gh = \text{常量} \tag{12-1}$$

式中，p 为流体的压强；v 为流体的速度；ρ 为流体的密度；h 微流体所在的高度。

该式左边的三项都具有压强的量纲，其中与流速 v 直接相关的项常称之为动压强，其余不含 v 的两项和称之为静压强。

3. 黏性流体的流动

实际液体在流动时总有内摩擦，表现出黏性。这种黏性流体不同于理想流体，它在流动过程中有非保守力做功，消耗能量(机械能)，因此前述的伯努利方程不足以说明黏性流体的流动规律，需要建立新的概念和公式。

甘油是一种典型的黏性流体。如果在一支滴定管中倒入无色甘油，在上面再加上一段着色的甘油，然后打开管下端的活塞让甘油流出。从上面着色甘油层的形状变化可以看出，甘油流动的速度并不是完全一致的，愈靠近管壁，液体的流动速度愈慢；与管壁接触的液滴附着在管壁上，速度为零。在中央轴线上的液滴速度最大，这种现象说明管内的液体是分层流动的，称为层流。

作层流时，相邻两层液体作相对滑动，两层之间存在着切向的相互作用力，称为内摩擦力或黏滞力。内摩擦力来自分子间的相互作用力。在层流中，内摩擦力的大小与从一层到另一层流速变化的快慢程度有关。实验证明，内摩擦力 F 的大小是和两层的接触面积 S 以及被考虑地点的速度梯度 $\mathrm{d}v/\mathrm{d}x$(亦称切变率)成正比的。即

$$F = \eta S \frac{\mathrm{d}v}{\mathrm{d}x} \tag{12-2}$$

式中，比例常数 η 称为黏滞系数或内摩擦系数。其值取决于液体的性质，并和温度有关。此式又叫做牛顿的层流关系式。凡是服从这一关系式的流体就叫做牛顿流体，否则就叫做非牛顿流体。水和血浆都是牛顿流体。血液因包含有血细胞，严格说来不是牛顿流体，其黏滞系数也不是常数，但在正常生理条件下该值变化不大。

当流体流动的速度超过一定数值时，流体将不再保持分层流动。外层的流体粒子不断卷入内层，形成旋涡。整个流动显得杂乱而不稳定，称为湍流。

影响湍流出现的因素除速度 v 外，还有流体的密度 ρ、黏滞系数 η 以及管子的半径 r。可把这些因素写成

$$\frac{\rho v r}{\eta} = Re \tag{12-3}$$

式中，Re 称为雷诺数，它是一个无量纲的数。实验结果表明，当 $Re<2000$ 时，流体作层流；$Re>3000$ 时，流体作湍流；$2000<Re<3000$ 时，流动不稳定(可以由层流变为湍流，或相反)。心内科医生听诊时如果听到心脏杂音，就是患者心脏

的器质性病变(如房间隔和室间隔缺损等)造成血液湍流所发出的声音。

4. 泊肃叶定律

黏性流体在流动过程中需要克服内摩擦力做功。从动力学角度看，要使管内的液体作匀速流动，必须有一个外力来抵消内摩擦力。这个外力就是来自管子两端的压强差。实验表明，在水平细管内作层流的黏性流体，它的体积流量 Q 是和管子两端的压强差 Δp 成正比的

$$Q = \frac{\pi r_0^4 \Delta p}{8\eta l} \tag{12-4}$$

式中，r_0 为流管的半径；η 为黏滞系数；l 为管子的长度。此式即为泊肃叶定律。需要注意的是，泊肃叶定律不适用于管道入口处或流速过大的情况，因为这些条件下的流动都是不稳定的。

泊肃叶定律还可以写成如下形式：

$$Q = \frac{\Delta p}{R}\left(\text{其中}R = \frac{8\eta l}{\pi r_0^4}\right) \tag{12-5}$$

对长度和半径的一定管子以及黏滞系数一定的流体，R 是定值，此时当黏性流体流过一个水平均匀细管时，体积流量 Q 与管子两端的压强差 Δp 成正比。从式(14-5)也可以看出，如果在 Q 一定的时候，流阻 R 越大，则需要的 Δp 也越大。当各种原因造成流阻 R 增大时，机体为维持生命活动的需要，要保持一定的心输出量(即尽量保持 Q 不变)，此时必然导致血压升高。如果降低流阻，血压就会回落。流阻 R 与管径的 4 次方成反比，说明扩张血管可以有效降低流阻，这也是扩张血管(或者说抑制血管紧张)的药物可以治疗高血压的原因。

人体的循环系统是一个多层次和高度分枝化的血管网络，一方面可以把动脉管系统看成是不同层次的血管串联而成，如对体循环而言，按血管先后顺序，途经主动脉、中动脉、小动脉、毛细血管、小静脉和腔静脉，属于流阻的串联；另一方面，可以把同一层次的血管看成是由许多血管并联而成的。如按各段血管的若干分支或全部体循环的六大分支(头、上肢、下肢、躯干、肝和脾、肾)来看，又属于流阻的并联。表 12-1 为循环系统中血液流动的阻力分布，可见阻力主要集中在动脉系统，而在动脉系统中阻力主要产生于小动脉。

泊肃叶公式在循环系统中的应用条件如下：

流体均匀，所有的切变率相同；

流体在管壁上不滑移；

流速是定常的，不受加速或减速的影响；

表 12-1　循环系统中血液流动的阻力分布

动脉血管	流阻百分比/%	静脉血管	流阻百分比/%
主动脉	4	小静脉	4
大动脉	5	末梢静脉	0.3
主要动脉分支	10	主要静脉分支	0.7
末梢分支	16	大静脉	0.5
小动脉	41	腔静脉	1.5
毛细血管	17		
合计	93		7

流动为层流，即所有各点液体的流动都与管壁平行；

管子入口处的影响：入口长度内不能用泊肃叶公式；

管子是刚性的，其内径不随内压而变化。血管是弹性的，流量不单由流管两端的压差决定。但在小血管中，这种可扩张性很小，这时可用泊肃叶公式。

从以上可以看出，在活体循环中，泊肃叶公式只能近似使用。但应用泊肃叶公式对血液作一些定性的判断还是十分有用的。尽管泊肃叶公式仅适用于牛顿流体做稳定流动的情况，但是在下面的讨论中，将会看到在大血管中流动的血液的流动公式具有和泊肃叶公式十分相似的形式。

12.3.2　血液的流动

在应用力学原理来说明血液流动时，必须考虑到生物系统的复杂性。例如，血液虽然可以说是黏性流体，但是它和一般均匀的黏性流体不同，血液中悬浮着许多比任何分子都大得多的红细胞、白细胞和血小板，因此是非牛顿流体。血管具有弹性，和刚性管腔不同。同时血管的口径和弹性还可以受神经系统的控制而发生变化。

1. 血液在大血管中的流动

把微动脉—毛细血管—微静脉区的血液流动视为纯负载讨论，在体循环中由于血管管径显著大于红细胞的线度，可将血液视为均匀连续介质。就流体力学的观点来看，这一循环相当于在心肌收缩力驱动下血液在封闭管道中的流动。正常生理条件下，各类血管的总的血流量应该是相等的，都等于心输出量。根据连续性方程，各段血管中血液的流速应与该部分血管的总截面积成反比。因此，主动脉中血液的平均流速最大，随着血管分支增加，血管总截面积扩大，流速将逐渐减小，毛细血管中流速应最小。当血液由各级静脉汇合时，平均流速将随总截面积的减小而增大。

牛顿流体在管中做层流时，在管长为 dx，压强差为 dp 的管道中，距管道中心 r 处的流速可表示为

$$v=\frac{1}{4\eta}(R^2-r^2)\frac{\mathrm{d}p}{\mathrm{d}x} \tag{12-6}$$

由此可以求出管中 a 处的切变率

$$\dot{\gamma}=\frac{\mathrm{d}v}{\mathrm{d}r}\Big|_{r=a}=-\frac{a}{2\eta}\frac{\mathrm{d}p}{\mathrm{d}x} \tag{12-7}$$

相应的切应力

$$\tau=\eta\dot{\gamma}=-\frac{a}{2}\frac{\mathrm{d}p}{\mathrm{d}x} \tag{12-8}$$

已知在生理范围内，大、小动脉流近管壁处的切变率约为 100～2000 s^{-1}，大、小静脉流近管壁处的切变率约为 20～200 s^{-1}，这样高的切变率足以把这部分血液视为牛顿流体。但在血管轴线附近，切变率趋于零，这部分血液的非牛顿性又很明显。

2. *血液在微血管中的流动*

血液由微动脉到毛细血管再到微静脉的流动叫做微循环。这些血管的管径在 1 mm 以下，血液在这些血管中流动时出现一系列在大血管中流动时没有的现象。

近壁血浆层的出现：实验发现，当血液在小血管中流动时，管壁附近存在着一个基本上没有血细胞只有血浆的区域，该血浆层的边界随时间变动，它实际上是一个统计学上的“贫血细胞”区，其产生原因是红细胞在随血液流动的同时出现径向迁移。血浆层的出现使血液的表观黏度和阻力减小(血浆的黏度小于血液的黏度)，血浆层的厚度与血液的平均流速、血管的直径以及血细胞的比积有关。流速增大、管径减小或血细胞比积减小均可使血浆层增厚，从而使流阻减小，这是与大、中血管中流阻随管径的缩小而显著增加不同的。

Fahraeus 效应(F 效应)：当血液从较大的容器流进较小的管道时，容器内血细胞比积不变，而管内血细胞比积随管径减小而降低，此现象称为 Fahraeus 效应。血细胞比积降低的原因如下：

由母管流向支管的血液中，有相当一部分来自母管壁的“贫血细胞”区血浆层，所以流进支管的血液中血细胞比积实际低于母管；支管越小，这部分的比例越高，支管中血细胞比积就愈低。

血液流动时，红细胞相对于主流方向有一定的方位，当管径与血细胞大小可

比拟时，这种取向与支管分叉处的几何状况相结合，影响了进入支管的红细胞数量。例如红细胞主轴与支管轴线平行时，红细胞比较容易进入支管；如果是互相垂直，就难以进入。

红细胞和血浆间的相对运动：设支管中红细胞运动的平均速度为 V_C，血流平均速度为 V_M，母管与支管接口处的截面积为 A，母管中的血细胞比积为 H_F，支管中的血细胞比积为 H_T，根据血细胞守恒可知：

$$V_M A H_F = V_C A H_T \tag{12-9}$$

则

$$H_T = H_F \frac{V_M}{V_C} \tag{12-10}$$

血液在小血管中流动时，一般血细胞的运动速度大于血液的流动速度，所以支管中血细胞的比积要减少。

Fahraeus-Lindqvist 效应(F-L 效应)：测量血液在玻璃圆柱管内流动时的表观黏度时可发现，当管径大于 1 mm 时，测得的表观黏度与管径大小无关；当管径小于 1 mm 时，表观黏度随管径变小而降低。当管径小至 29 μm 时，上述趋势仍无改变。这个现象叫做 F-L 效应。F 效应是导致 F-L 效应的原因之一，这是因为血液的表观黏度随血球比积降低而变小。此外，壁面血浆层减小流阻的作用也是导致该效应的原因。

F-L 效应逆转：当血管的管径小于红血球直径时，血液的表观黏度随管径的减小而升高的现象叫做逆 F-L 效应。

出现逆 F-L 效应的原因是当红细胞直径和毛细血管直径相当或更小些时，红细胞往往孤立地或成串地排着队从毛细血管中挤过去，细胞在进口截面附近与小管壁的相互作用一方面增大了血流的摩擦阻力，另一方面使红细胞受压、弯曲、变形，因而进入支管的红细胞数目增多，血细胞压积增高，从而增大了血液的表观黏度。

血液在毛细血管中流动时，变形的红细胞与管壁之间形成了一个变动的血浆层，血细胞之间也被血浆间隙隔开，血浆相对于血球作环流运动，这种运动称为团流。团流对流动阻力有显著影响。此外，毛细血管壁与血细胞的作用、血细胞之间的作用都是不可忽视的因素，特别是当血细胞的间距小于或等于血细胞直径时，红细胞在剪应力的作用下会变成扁椭球形，如坦克履带式运动。

综上，总结血液的流动特性如下：

管径大于 1 mm 时，在低切变率情况下，血液可以看作均质非牛顿流体。

管径大于 1 mm 时，切变率高于 100 s^{-1}，血液可近似看作牛顿流体。

管径小于 1 mm 时，血液不能看作均质流体，而应考虑细胞对宏观运动的影响。

12.3.3　血液黏度的影响因素

血液有三个特点，一是高浓度的悬浮液，红细胞体积可占 45%，红细胞间，极易发生相互作用；二是悬浮的红细胞不是刚体，而是黏弹性圆盘体；三是悬浮液溶剂不是均质的，血浆对血液的集合和黏弹性有重大影响，不是一般的非牛顿流体。

图 12-2 为血液黏度的影响因素，于文后分述。

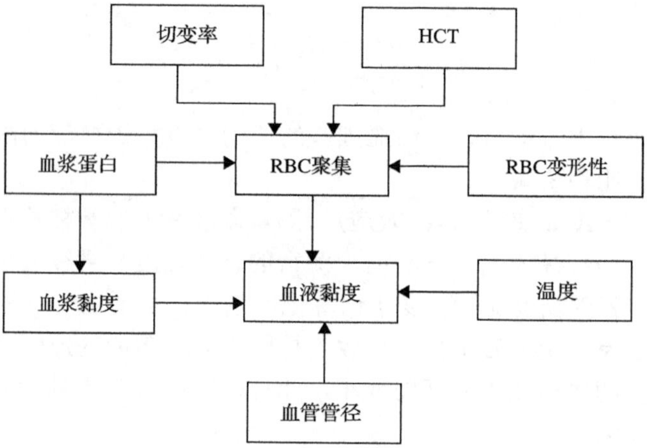

图 12-2　血液黏度的影响因素

1. 基本概念

(1)
$$红细胞比容=\frac{红细胞容积}{血液总容积}（HCT） \tag{12-11}$$

(2)表观黏度：血液随不同流动情况(即不同切变率)及其他条件而表现出的黏度。它不是恒定数。

(3)相对黏度：溶液或悬浮液相对于溶剂或悬浮剂的黏度比值。

运用泊肃叶公式可以计算牛顿液体的黏度：

$$\eta=\frac{\pi r^4}{8}\frac{1}{Q}\frac{\Delta p}{\Delta l} \tag{12-12}$$

通过实验测出某段血管的长度 Δl、血管两端的压强差 Δp，根据该血管的流量 Q 及该血管的管径 r 可以计算出对应的黏度，这个黏度就叫做血液的表观黏度，

记作 η_a。血液的表观黏度与血浆黏度 η_p 的比值称为该段血管内血液的相对黏度，记作 η_r。

$$\eta_r = \frac{\eta_a}{\eta_p} \tag{12-13}$$

血液的表观黏度和相对黏度随流动条件而变，不是血液的固有属性。

2. 红细胞的聚集

红细胞聚集有两个必要条件：一为红细胞有正常的变形性，即红细胞在体内能根据流场的情况和血管的粗细来改变自己的形状；二为血浆中高分子量蛋白质，特别是纤维蛋白原的存在。红细胞的聚集性受 HCT 和切变率的影响。

实验证明，血管在管径大于 1 mm 的管道中流动时，管径对血液黏度的影响不大，血液的黏度主要取决于血细胞的比积和切应变率 $\dot{\gamma}$ 的大小。在低切变条件下，血液的切应力 τ 与切应变率 $\dot{\gamma}$ 的关系满足 Casson 方程：

$$\sqrt{\tau} = \sqrt{\eta \cdot \dot{\gamma}} + \sqrt{\tau_y} \tag{12-14}$$

$$\sqrt{\eta} = \frac{\sqrt{\tau} - \sqrt{\tau_y}}{\sqrt{\dot{\gamma}}} \tag{12-15}$$

式中，τ_y 为一常数。由 Casson 方程可见，要使血液流动，即 $\dot{\gamma} > 0$，$\tau > \tau_y$，当 $\dot{\gamma} = 0$ 时，$\tau = \tau_y$，τ_y 是导致血液流动的最小切应力，叫做屈服应力。方程还表明，当 $\tau > \tau_y$ 时，血液开始流动后切应变率 $\dot{\gamma}$ 增大，黏度 η 将减小，$\dot{\gamma}$ 减小，η 将增大。但是，当切应变率 $\dot{\gamma} < 1\ \mathrm{s}^{-1}$ 时，Casson 方程不适用。

为什么血液黏度会具有 Casson 方程表征的特性呢？国际著名生物力学专家冯元桢认为这可能与红细胞的聚集作用有关。红细胞是血液中的主要悬浮物，单个红血球呈凹蝶形，直径约为 8 μm，厚度约为 2.8 μm。在血浆中的纤维蛋白原和球蛋白的作用下，它们常三五成串地聚集在一起排列成线状，或二三十个聚集在一起形成分枝状或网络状的排列。血液通常是作层流的，速度沿径向变化。沿径向具有一定大小的颗粒在流动时必定还同时产生旋转和扭曲运动，使流场扰动并消耗能量，这是影响血液黏度的主要因素。几个红细胞聚集成串发生旋转对血液流动的阻扰比起单个孤立的红细胞要大得多，因此红细胞的聚集程度显著影响了血液的黏度。在其他条件不变的情况下，切应变率愈低，聚集作用就愈强，血液的黏度也就越大。可以想象，当切应变率趋于零时，红细胞就变成一个巨大的凝聚体，其行为类似于固体。对于固体来说，必须有一定的切应力才能使它流动，这就是屈服应力 τ_y 的起因。

随着切应变率的增高，聚集体被旋转、扭曲并逐渐裂解，血液的黏度随之减小，切应变率进一步增大，红细胞发生明显的变形，逐渐地愈来愈多的红细胞顺着流线方向被拉长，从而使黏度进一步减小。

图 12-3 为三种不同情况下的相对黏度-切应变率关系的对数曲线。液体中红细胞比积比为 45%，介质黏度为 1.2 cP(室温下的血浆黏度)。图中 NP 代表正常血液的相对黏度-切应变率关系；NA 代表红细胞在白蛋白-Ringer 溶液中的悬浮液的实验曲线，这种溶液不含纤维蛋白和球蛋白，因而在这种溶液中，红细胞不会聚集；HA 代表用戊二醛固化后的红细胞在同样的白蛋白-Ringer 溶液中形成的悬浮液的实验曲线；由于红细胞已被固化，所以在切变率增大时，这种溶液中的红细胞是不会变形的。实验表明，当切变率小时，正常血液的黏度远高于 NA 曲线中的相对黏度，这显然是正常血液中红细胞聚集效应所致。当切变率逐渐增大时，正常血液黏度减小并逐渐与 NA 曲线靠近，可以认为这是红细胞逐渐解体的影响。在高切应变率区域，NP、NA 曲线上的实验值显著低于 HA 曲线上的对应值，这是由于红细胞变形引起的。

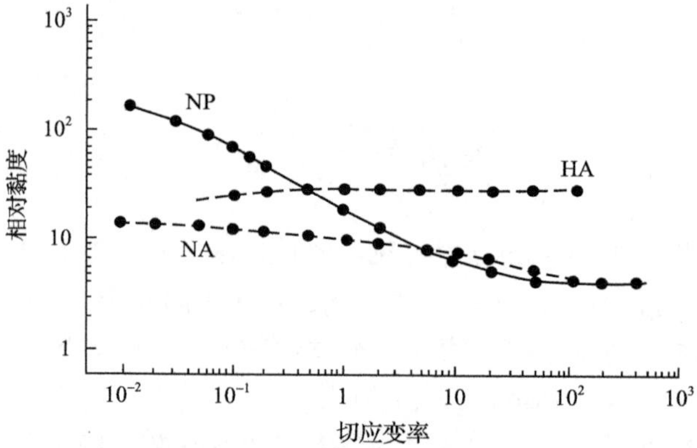

图 12-3　三种不同情况下的相对黏度-切应变率关系的对数曲线

血液的流变异常表现为黏度 η 有切变率依赖性。当黏度与切变率无关时，血液为牛顿流体；如果血液在低切变率时黏度变化很大，此时血液为非牛顿流体；如果在高切变率时黏度与切变率无关，此时血液为牛顿流体，黏度趋于常数。在正常生理条件下，η 约等于 3.0 cP。红细胞在生理盐水中只有物理结合，而在血浆中，红细胞之间通过纤维蛋白原形成弱键，所以在血浆中的黏度大于生理盐水中的黏度。

根据泊肃叶公式，牛顿流体在所有的切变率中黏性系数均为常数。对于大多数各向同性的液体来说，这是很好的近似。但液体中有悬浮粒子时就不是这样，特别是当粒子与流经的管子之直径比相当大时，这种异常的特性会变得极为明显。血液是血浆中的红细胞悬浮液，显示出异常的流动性(红细胞聚集)。虽然血浆也是悬浮液，却显示出牛顿流体特性，这是因为其中最大的粒子，即纤维蛋白原的尺寸远远小于血管管径的缘故。

3. 温度对血液黏度的影响

血液温度的变化对血液黏度的影响较复杂。温度降低，血浆黏度升高，会直接影响全血黏度，使全血表观黏度增高。温度升高将导致红细胞聚集增多，使低切变率下全血黏度升高，但血浆黏度和高切变率下的全血黏度则降低。

周围环境温度的改变对人体血液黏度的影响也十分复杂。环境温度突然下降，使四肢血液温度降低，血液黏度增高，同时寒冷性利尿使水分丢失，HCT 增高。另一方面，若环境温度突然升高，使机体温度调节系统超负荷而大量出汗，也导致 HCT 增高，红细胞聚集增多，红细胞内黏度与血浆黏度之比加大，进一步使血液黏度增高。

4. 血管管径对血液黏度的影响

管径大于 1 mm 时，血液黏度基本与管径无关，血液可以看作匀质连续的流体。当管径小于 1 mm 时，就不能把血液当作匀质连续的流体处理。血细胞自身的运动、细胞之间以及细胞与管壁之间的相互作用将直接影响血液的流动。存在“高切变”“细管子”效应，即高切变率时，黏度随管子变细而逐渐减小的现象。此现象从管径约为大多数细胞直径 100 倍起即可检出。而在 0.1～0.2 mm 的血管里变得更明显。

12.3.4 心脏的功

从能量的观点来看，心脏是维持血液循环的能源。由伯努利方程可知，血液的能量有动能、重力势能、压强能三种形式，在循环过程中，这三种形式的能量是怎样变化的呢？

血液循环是在封闭回路中进行的，由连续性方程可知，流速的变化只能取决于截面积的变化，所以，循环过程中动能的变化与血管总截面积之比的平方成反比。而重力势能的情况就不同了，尽管在循环过程中重力势能有变化，但就循环的始末来看，由于左心室与右心房几乎在同一高度，所以势能的变化可以认为是零。由此可见，在循环过程中为克服流阻而消耗的能量应该是血液的压强能。

血压是指血管内血液对于血管壁的侧压，也即单位体积血液所具有的压强能。医学上血压常用计示压强值表示，即高出大气压的 mmHg 值表示。

各级血管中的血压分布呈现以下特点：

(1) 在动脉中血压具有波动性，愈到小动脉波动性愈差，这是心脏射血引起的压力扰动。左心室射血期，主动脉内压强的最大值，称为收缩压。正常人约 120 mmHg。

当左心室舒张，主动脉回缩将血液继续逐渐注入分支血管时，血压下降，降到的最低值称为舒张压，正常人舒张压值约为 80 mmHg。

(2) 血压在小动脉中下降最快，这是小动脉中流阻最大造成的。在小动脉中一方面由于管径减小，直接影响了流阻的大小；另一方面，根据前面讨论的血液流变规律，在管径大于 1 mm 的血管中，血液的黏度随管径的减小将显著增大，当管径进一步减小时，表观黏度将随之减小，所以出现了在小动脉中血压显著降低的现象。

(3) 在近心脏的腔静脉附近，压强降至的最小值低于大气压。

综上所述，在循环过程中压强能是逐渐减小的，在小动脉中，血液的压强能减小得最快。血液循环能够维持，是由于不断消耗血液的能量克服流阻和其他耗能因子而实现的，血液的能量无疑是由心脏做功而获得的。

在一个心动周期内心脏做的功用下式计算：

$$W=\int p_V \mathrm{d}V \tag{12-16}$$

式中，p_V 为心室内压强；$\mathrm{d}V$ 为心室射出的血液体元，习惯上常用主动脉压强 p_a 代替心室内压 p_V，有

$$W=\int\left(p_\mathrm{a}+\frac{1}{2}\rho v^2\right)\mathrm{d}V \tag{12-17}$$

如果用心室内压或主动脉压对心输出量的平均值来进行计算，那么可表示为

$$W=\overline{p}_V\cdot\Delta V \tag{12-18}$$

或

$$W=\left(\overline{p}_\mathrm{a}+\frac{1}{2}\rho\overline{v}^2\right)\cdot\Delta V \tag{12-19}$$

式中，ΔV 为心脏每搏输出量(Stroke volume, SV)，平均每射出单位体积血液心脏所做的功为

$$W=\overline{p}_\mathrm{a}+\frac{1}{2}\rho\overline{v}^2 \tag{12-20}$$

如果把体循环和肺循环一起计算，心脏每射出 1 单位体积的血液平均做功为

$$W=W_1+W_2=\overline{p}_\mathrm{a1}+\frac{1}{2}\rho\overline{v}_1^{\,2}+\overline{p}_\mathrm{a2}+\frac{1}{2}\rho\overline{v}_2^{\,2} \tag{12-21}$$

由于肺动脉平均压 p_a2 约为主动脉平均压 p_a1 的 1/6，而它们近心端的血流速

度大致相等，所以

$$W = \frac{7}{6}\overline{p}_{a1} + \rho\overline{v_1}^2 \tag{12-22}$$

如果主动脉平均压以 100 mmHg 计，流速按 40 cm/s 计，ρ 以 1 g/cm^3 计

$$W = 1.55 \times 10^{-2}(\text{焦耳}) \tag{12-23}$$

心脏做功的功率应为

$$p = \left(\frac{7}{6}\overline{p}_{a1} + \rho\overline{v_1}^2\right)K \tag{12-24}$$

式中，K 为心输出量(可以心脏每搏输出量或每分钟输出量表示)，设通过主动脉的平均血流速度为 v，主动脉的横截面积为 A，则 $v=K/A$，又 v_1^2 和 v^2 间近似有 $v_1^2=3.5v^2$，因此

$$W = \left(\frac{7}{6}\overline{p}_{a1} + 3.5\rho\overline{v}^2\right)K = \frac{7}{6}\overline{p}_{a1}K + \frac{3.5\rho K^3}{A^2} \tag{12-25}$$

上式中的前一项代表心脏做功维持主动脉内一定的压强以推动血液流动，式中的第二项是决定血流动能大小的因子。

主动脉直径平均为 2.5 cm，按 100 mmHg 计，静息时每分钟搏出量 K=5 L/min，代入上式得

$$p_{\text{静息}} = 1.30\text{W}(\text{保持血流的}\Delta p) + 0.84 \times 10^{-2}\,\text{W}(\text{动能}) \tag{12-26}$$

由此可见，静息状态心脏做功主要用于增加血液的压强能。剧烈运动时，K 可达 35 L/min，此时心脏的功率为

$$p_{\text{剧烈运动}} = 9.03\text{W}(\text{保持血流的}\Delta p) + 2.87\text{W}(\text{动能}) \tag{12-27}$$

从上述数值可见，处于静息状态时，心脏功率中的动能可以忽略，而在剧烈运动时，动能项的明显增加不可忽略。此外，心脏的泵动作只发生在心动周期的三分之一时间内，因此在搏血期的功率要比上述计算结果大得多(约 3 倍左右)。

12.3.5 血管的弹性

血管是弹性体，心脏每次射血均会造成血液流动以及压力的扰动，这种扰动会以机械波的形式沿血管壁和血液传播，在动脉中这种现象尤为明显。中医的“切脉”就是通过医生的手指感知到挠动脉波的波动。

血管壁一般可分为内层、中层和外层。血管壁的力学性质主要取决于中层所含胶原纤维、弹性纤维和平滑肌的性质、含量及空间结构。

图 12-4 为一段圆柱形动脉，p_V 为血管内血液给予管壁的静压强，p_T 为周围组织液对管壁的压强，p_V–p_T 叫做血管的跨壁压 p_{TM}，这个压力使血管扩张并被血管的弹性恢复力所平衡。

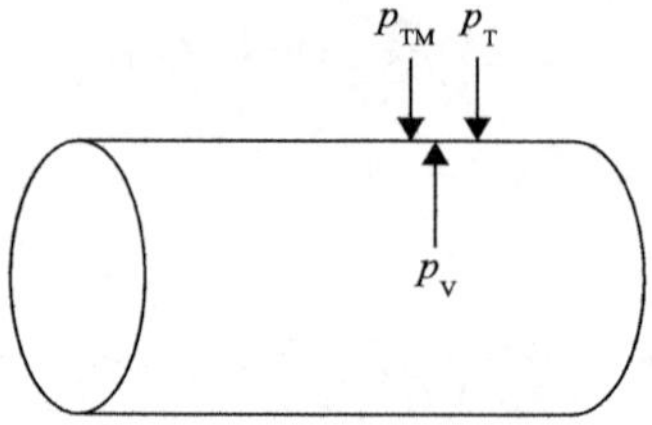

图 12-4　跨壁压差示意图

假设由于血管扩张使单位长血管产生的周向张力为 T，单位面积管壁的纵向和横向曲率半径，也即血管的半径和血管轴线的曲率半径分别为 R_1 和 R_2，由拉普拉斯公式可知，由弹性恢复力产生的附加压强为

$$p = T\left(\frac{1}{R_1} + \frac{1}{R_2}\right) = p_{TM} \tag{12-28}$$

对于类似图 14-4 中血管，$R_2 \to \infty$，如不考虑血管的厚度，R_1 可用血管内、外半径的平均值 r 来表示，公式可简化为

$$p = \frac{T}{r} = p_{TM} \tag{12-29}$$

需要说明的是，张力系数 T 不是恒量，它是弹性张力与平滑肌产生的主动张力的综合效应。当应力比较低时，主要是弹性纤维和平滑肌起作用。在高应力时，则主要靠胶原纤维起作用。

随着血管的扩张，血管壁周向张力系数增大。如果计算 p_{TM} 与管径之间的关系，需考虑血管壁的厚度。为此，假设血管壁的弹性模量为 E，血管壁的厚度为 h，血管未扩张时平均管径为 r_0，当管径由 r_0 扩张到平均管径 r 时，假设血管壁周向单位长度上的张力为 T，那么血管壁内周向应力为

$$\sigma = \frac{T}{h} = E \cdot \frac{\Delta l}{l_0} \tag{12-30}$$

式中，l 为血管壁周长，即 $l_0 = 2\pi r_0, \Delta l = 2\pi\Delta r$

$$\frac{T}{h} = E\frac{2\pi(r - r_0)}{2\pi r_0} = E\frac{r - r_0}{r_0} \tag{12-31}$$

$$T=\frac{Eh(r-r_0)}{r_0} \tag{12-32}$$

$$p_{\mathrm{TM}}=\frac{T}{r}=\frac{Eh(r-r_0)}{rr_0} \approx \frac{Eh(r-r_0)}{r_0^2} \tag{12-33}$$

计算表明，当血管的平均半径一定时，血管的弹性恢复压强与血管壁的厚度、血管半径的增量成正比。

血管的体膨胀系数定义为

$$B=\frac{\Delta V/V_0}{\Delta p_{\mathrm{TM}}} \tag{12-34}$$

实验证明静脉的 B 约为动脉的 6～10 倍，这就使得静脉可在较小的跨壁压下有较大的容血量。

在生理学上常用血管的顺应性 C(或称柔量)来描述血管的弹性，血管的顺应性 C 在数值上等于增加一个单位跨膜压强所引起的血管容积的增量。

$$C=\frac{\Delta V}{\Delta p_{\mathrm{TM}}} \tag{12-35}$$

显然 $C=B\cdot V_0$。

一般说来，静脉的容积约为动脉容积的 3 倍。如果以静脉的膨胀系数 B 为动脉的 8 倍来计算，则

$$C_{静脉}\approx 24C_{动脉} \tag{12-36}$$

12.3.6 脉搏波的形成和传播

图 12-5 为脉搏波示意图。脉搏波是心脏脉冲式射血导致的血管壁的应力波，它以一定的速度沿血管壁传播。通常脉搏图包括 4 个部分。

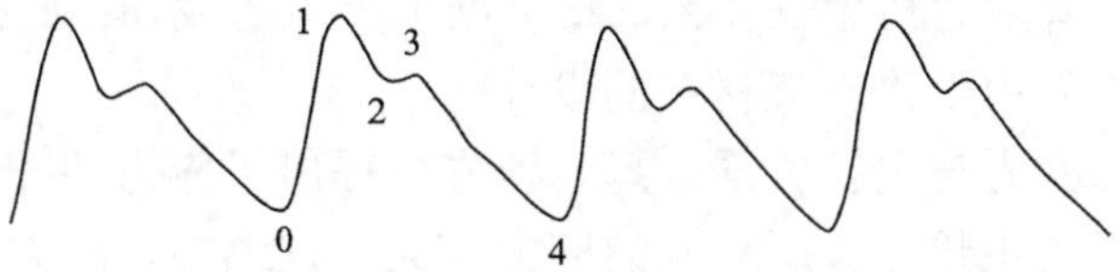

图 12-5 脉搏波示意图

0～1：心室快速射血期，动脉血压快速上升，血管壁扩张；1～2：心室射血后期，射血速度减慢，进入动脉的血量少于流至外周的血量，被扩张的大动脉开始回缩，动脉血压逐渐降低，后心室舒张，主动脉内血液返流形成降中峡“2”；2～3：主动脉内返流的血液受到关闭的主动脉瓣的阻挡并使主动脉根部扩张，因此出现一个短暂的压力增高的“降中波”；3～4：在主动脉弹性恢复力作用下血液继续向外周流去，血管的压力、容积按指数规律衰减

为了分析血管中弹性波的传播特性，讨论一种最简单的情况，设血管中的液体是无黏滞性的、不可压缩的，并忽略纵向的形变，考虑在脉冲射血过程中血管幅度极小的径向波动。

根据 Moens-Korteweg 方程：

$$v^2 = \frac{Eh}{2r\rho} \tag{12-37}$$

式中，v 为脉搏波传播速度。式(12-37)表明，脉搏波沿血管壁的传播速度与管壁的杨氏模量、血管壁厚度、血液密度以及血管的半径等因素有关。脉搏波在主动脉的传播速度最慢，约 3～5 m/s，在大动脉的传播速度约为 7～10 m/s，到小动脉段可加快到 15～35 m/s。在大静脉波速为 0.05～0.5 m/s。老年人主动脉管壁的可扩张性减小，脉搏波的传播速度可增加到大约 10 m/s。可见，当血管不够柔顺，即弹性模量增大时，脉搏波的传播速度增快；C 不同于血流速度，在正常情况下，约为血流速度的 10 倍；由于弹性模量和血管内压强有关，血管内压强增加时，管壁弹性模量增大，C 也增大；一般说来，血流压力脉动会引起血管壁内多种应力脉动，从而产生多种应力波，并伴以各种形式的壁动，血管的脉搏波就是这些波的复合波。

12.4 组织的应力与生长

12.4.1 应力-生长法则

应力-生长法则指组织的重建与组织中的应力或应变是相互关联的，应力和应变决定组织和器官的生长。人体内的细胞能感受其所受到的应力应变刺激并作出响应，以适应机体的改变并维持功能的发挥。在生物组织中，生物体的结构和功能决定了其力学特性，而生物组织中应力的变化也会调节生物体的结构和功能，使其发生适应性改变。应力-生长关系在组织修复和再生医学中具有重要的指导作用，包括组织器官力学微环境的变化对组织损伤和功能重建的影响，比如在修复和外科手术时，了解应力与生长关系，将有助于手术的成功；此外，应力-生长关系可以指导组织修复用生物支架材料的设计[2]。

为描述组织的应力与生长关系，冯元桢先生提出了应力-生长曲线(图 12-6)。该曲线表示了组织的生长与其所受到的应力有关。在图中，应力有 A、B、C 等 3 个平衡点，对应生长率为零。在 A 点，应力增加引起生长，应力减少引起吸收；而在 B 点或 C 点，应力增加引起吸收，应力减少引起生长。

把 A、B、C 等 3 个平衡点的变化趋势用平滑的曲线连接起来，则与生长曲线对应的数学公式可表示为

$$\dot{m} = C(s-a)^{k_1}(b-s)^{k_2}(s-c)^{k_3} \tag{12-38}$$

式中，$\dot{m}$ 为生长速率；s 为应力；C，k_1，k_2，k_3，a，b，c 为常数，分别与生长因子、物理、化学和生物刺激等相关。若 k_1，k_2，k_3 小于 1，则曲线在 A，B，C 这三个点的变化相对平缓；若 k_1，k_2，k_3 大于 1，则曲线在 A，B，C 这三个点的变化相对比较陡；应力不同，组织的生长存在差异。

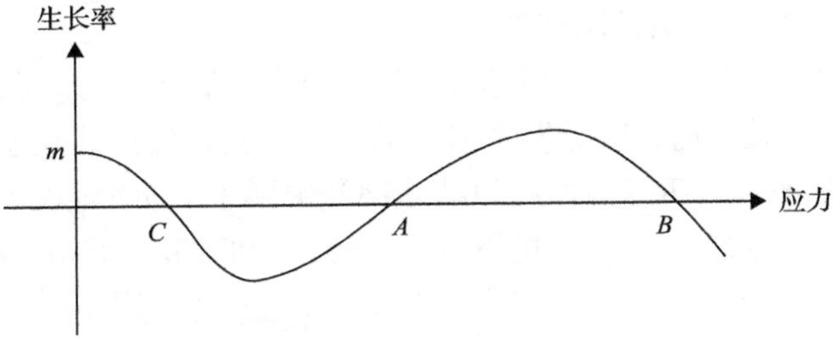

图 12-6　应力-生长曲线

总体来说，组织的超应力或应力不足都会引起再吸收，而应力水平的变化，也会引起器官结构再造，或生长，或吸收。因此，应力-生长关系与组织、器官的安全、生长、再造及病变都密切相关。例如，血管的正常生理状态可用 A 点来表征，应力和生长达到平衡，血管形态和功能保持相对稳定；高血压时，这种平衡关系被打破，应力 s 增长，则 $\dot{m}$ 增大，引起血管增生，与 A 点右边的情况一致。又如，宇航员在太空处于失重状态，其应力与生长关系类似 A 点左边的状态，表现为肌肉萎缩。再如，对骨折部位进行固定时，拧入骨内的金属螺钉可能使应力达到 B 点的状态，即过紧/松的载荷引起吸收/生长，引起恢复上的差异，甚至起反作用。

12.4.2　软组织的应力与生长

血管是典型的软组织，在生长、发育、衰老和疾病等进程中，为适应体内外环境的变化会发生形态结构和功能等方面的重建。血管壁的机械应力在很大程度上是由血压决定的。在心脏收缩期，血管受到纵向和周向牵张，此时大动脉大约产生 5%～10%的周向应变[3]，而在高血压状态下可达到 14%～20%[4]，此时会发生动脉重建，器官水平表现为动脉管壁增厚、管腔缩小、壁腔比增大，以及随之而来的血管功能改变；细胞水平表现为动脉中膜平滑肌细胞的增殖、肥大、凋亡、迁移或重排。同时，细胞外基质增加也是高血压状态下动脉重建的主要方式，是引起血管壁增厚的主要原因，所导致的血管阻力是高血压进一步发展和恶化的形态学基础，不可逆转的动脉重建是影响高血压患者生存质量的重要因素。长期的动脉高压可导致动脉硬化程度增高，导致应力对血管壁的直接作用增加，从而改变血管的通透性，使血液某些成分进入血管壁，促使动脉粥样硬化斑块的形成。

有学者也对低血压或低压力条件下的动脉重建进行了动物实验研究。制作低血压大鼠动物模型，观察血管在低压力条件下 21 天的变化情况。与对照组相比，平滑肌细胞、胶原纤维和弹性纤维都呈现“负增长”，不同组织出现“负增长”峰值的时间点不同。无论在低血压还是高血压状态，较之胶原纤维和弹性纤维，平滑肌细胞对压力变化更敏感，肌性动脉比弹性动脉更易发生适应性的结构改变[5]。研究结果印证了“应力-生长法则”。

有研究利用血管体外应力培养系统，对比观察了低切应力对血管重建的影响。结果表明，切应力减小时，动脉发生显著的结构重建，包括管径缩小、管壁增厚、壁厚/内径比增加等。低切应力作用使动脉部分中膜平滑肌细胞由收缩表型转变为合成表型，表现为 α 肌动蛋白含量下降[6]；而且，低切应力作用下平滑肌细胞的凋亡率先上升后下降[7]。进一步的研究显示，低切应力作用 1 h，血管平滑肌细胞的 *c-fos* 和 *c-myc* 基因被激活，调节转录，从而调节切应力-血管平滑肌细胞的信号转导通路，进而影响细胞的增殖和凋亡[8]。这些研究结果从整体—器官—细胞—蛋白质—基因不同层次探讨了“应力-生长”关系，提示切应力变化导致血管平滑肌细胞增殖和凋亡之间的失衡是动脉粥样硬化等发生的基础。

医学影像技术的不断发展使得血管壁剪切应力(wall shear stress，WSS)的测定更容易实现，血流速度测量技术主要包括基于磁共振、计算机断层扫描(CT)、血管内超声、传统超声、超声向量血流成像和超声粒子流技术[9]。例如，对切应力对动脉粥样硬化斑块的影响进行在体跟踪观察[10]，进行为时 6 个月的对比实验，研究低 WSS、中等 WSS 和高 WSS 力学环境下，斑块面积和成分的变化。利用双平面冠状动脉造影和血管内超声多模态影像，对冠状动脉血管、血管腔和动脉粥样硬化斑块进行三维重建，并利用所测入口和出口血流速度输入到有限元分析软件中的计算流体动力学(computational fluid dynamics，CFD)模型，进行 WSS 估算。研究发现，相比于中等 WSS，低 WSS 使斑块面积和其中的坏死中心扩大，高 WSS 却促使斑块坏死中心扩大和钙化成分增多，纤维和纤维脂肪组织退化，使斑块更易破裂。利用类似的无创方法，多模态影像有可能识别具有危险性的病灶冠脉段，并指导改变血流动力学环境，以避免严重的病理后果发生。目前 WSS 的影响仍然还处于基础性的研究，其结论对于疾病的预防作用大于诊断作用。在体 WSS 的测量处于间接推算方式，测量结果难以通过体内实验进行验证，其稳定性、可重复性、准确性等有待提高，而且不同方法的一致性也需要关注。

软组织的愈合伴随着新组织的生长和强度增加，显示了组织的结构与力学特性的关系。损伤后动脉的愈合很慢，要使最大拉伸应力达到正常状态，需要 12 个月。术后伤口的愈合过程中，足够的应力刺激是必需的。在伤口愈合过程中胶原纤维合成含量与强度之间有相关性。

12.4.3 骨组织的应力与生长

应力与骨组织之间存在着生理平衡，即骨对生理应力刺激的反应处于动态平衡状态；应力越大，骨组织增生和骨皮质增厚越明显。在平衡状态，骨组织中的成骨细胞和破骨细胞的活性是相同的。当应力增大时，成骨细胞活跃，引起骨质增生，承载面积增大，使应力下降，达到新的平衡；当应力下降时，破骨细胞活跃，骨组织量减少，使应力增加。因此，骨组织能够通过改变其大小、形状和结构来适应力学功能的需要，符合前述的 Wolff 定律，即骨组织在需要处多生长，而在不需要处多吸收，进而达到骨组织量与应力成比例。瘫痪患者的骨骼长期缺乏来自肌肉运动的应力刺激，因此骨吸收加快，易发生骨质疏松。另外，失重也可造成骨钙丢失。制动或活动减少时，骨缺乏应力刺激而出现骨膜下骨质吸收，骨的强度降低。相反，反复承受高应力的作用，可引起骨膜下的骨质增生。

总之，应力与生长的关系帮助人们认识自然，也是假肢修补、康复、组织工程与再生医学、创伤防护与健康的工程学基础。

参考文献

[1] 陶凯, 王冬梅, 王成焘, 等. 基于三维有限元静态分析的人体足部生物力学研究. 中国生物医学工程学报, 2007, 26: 763-780.

[2] 杨力. 应力-生长关系与组织修复——贺冯元桢先生百岁华诞. 医用生物力学, 2018, 33(增刊): 48-52.

[3] O'Rourke M. Mechanical principles in arterial disease. Hypertension, 1995, 26(1): 2-9.

[4] Lehoux S, Castier Y, Tedgui A. Molecular mechanisms of the vascular responses to haemodynamics. Journal of Internal Medicine, 2006, 259(4): 381-392.

[5] 刘波, 李洪海, 姜宗来, 等. 实验性低血压大鼠肌性动脉的形态结构重建. 第二军医大学学报，2002, 23(1): 48-50.

[6] 刘波，姜宗来，严志强, 等. 低切应力对体外培养动脉形态学重建的影响. 解剖学报，2004, 35(3): 298-301.

[7] 刘艳春, 姜宗来, 刘波, 等. 低切应力对体外培养动脉的平滑肌细胞. 医用生物力学, 2002, 17(4): 198-202.

[8] 刘艳春, 刘波, 张炎, 等. 低切应力对体外培养血管中膜平滑肌细胞原癌基因 *c-Fos* 和 *c-Myc* 表达的影响. 生物物理学报, 2004, 20(6): 434 - 438.

[9] 杜宜纲, 刘德杰, 沈莹莹, 等. 血管壁面剪切应力的测量及其临床研究进展. 中国生物医学工程学报, 2018, 37(5): 593-605.

[10] Samady H, Eshtehardi P, McDaniel M C. Coronary artery wall shear stress is associated with progression and transformation of atherosclerotic plaque and arterial remodeling in patients with coronary artery disease. Circulation, 2011, 124:779-788.

第 13 章　力学生物学

13.1　力学生物学概述

在生物有机体内，细胞和组织除了感受生物化学信号外，还可以感受机械力并对力学信号做出响应。理论上，所有的细胞时刻处于不同的力学信号环境当中，这些力学信号可以来是自于个体所承受的地球引力和运动时产生的力、血液流经血管时产生的流体剪切力，也可以是来自于细胞自身、细胞外基质或者相邻细胞的力学信号[1-3]，主要包括细胞膜表面张力、细胞外基质硬度、细胞外的静液压和细胞间机械应力等(表 13-1)。力学生物学(mechanobiology)正是研究组织与细胞感知和响应外部力学信号，并将这些机械力信号转变为生物化学信号的生物学过程，其中机械力信号的感知或接收过程称为力学感应。细胞将这些机械力信号转变生物化学信号，进一步引起信号通路和相关生理活动的改变，称为机械力信号转导(mechanotransduction)[4]。机体中细胞除了感受外部施加的力学信号之外，同样可以向其接触的细胞外基质或相邻细胞施加机械力。比如肌肉细胞收缩的同时，可以通过细胞间连接和细胞外基质向相邻细胞施加作用力。Harris 等发现当心脏成纤维细胞培养在超薄的软硅胶薄膜上时，细胞的收缩导致施加在硅胶薄膜上的力呈现为“皱纹”的形式，其褶皱的程度代表着细胞产生的机械力大小[5]。这种

表 13-1　力学生物学中主要涉及的机械力信号

力学类型	常见英文描述	典型例子	单位
拉力	tension，traction	外界或相邻细胞施加在细胞上的拉力，可以拉伸细胞	牛顿(N)
压缩力	compression	施加在细胞或组织上的挤压力或细胞穿过窄的孔隙时受到的压缩力	牛顿(N)
剪切力	shear	血液或其他体液流经细胞和组织时产生的流体剪切力	牛顿(N)
压强	press, pressure	细胞处于体液环境中感受到的液体压力，包括渗透压和流体静压力等	毫米汞柱(mmHg)
表面张力	surface tension, membrane tension	细胞膜表面张力，如细胞大小改变时，膜表面张力的变化	牛顿每米(N/m)
硬度	stiffness, rigidity, hardness	细胞外基质和细胞自身的软硬度或细胞培养时基底的软硬度	帕斯卡(Pa)
弹性模量	elasticity	细胞外基质和细胞自身的黏弹性或细胞培养时基底的黏弹性	帕斯卡(Pa)

细胞自身收缩的力学行为，对细胞的生命活动具有重要的生物学意义，比如介导肿瘤细胞的迁移和侵袭[1,6]。事实上即使是非肌肉类细胞也可以产生收缩力，这不仅体现在细胞的迁移运动，同时包括了细胞分裂时染色体的分离，以及干细胞的分化和自我更新等。因此力学生物学不仅研究细胞怎样感受机械力和对外部的力学信号进行响应，同时也关注细胞自身对外界施加的机械力信号的影响。目前已知机械力信号转导大量参了个体发育、器官发生、机体生理活动和疾病的发生发展等过程[7,8]，已成为近年来研究的热点之一。

早在一百多年前，科学家们就意识到了机械力可以影响器官发育与组织重塑等生命活动。1892 年，德国外科医生 Julius Wolff 观察到，骨小梁是沿着日常运动中肌肉产生的对骨组织的应力方向排列的，进而提出骨组织在承受机械应力的同时，可以适应外界的机械力环境，即为著名的 Wolff 定律[9]。与此同时，科学家们也注意到，在胚胎发育过程中机械力可以介导组织分化和器官的形成。但由于当时在细胞和组织水平的机械力分析与检测技术有限，这些假说均停留在了理论阶段，未能在实验上进行验证。伴随着分子生物学的兴起，现代生物医药技术的快速进步和先进的生物力学分析与检测手段的出现，力学生物学在近年来得到了磅礴的发展。针对细胞或者单个蛋白质的力学测量与操控的实现，使得力学生物学与机械力信号转导的理解也深入到了细胞与分子生物学水平。越来越多的研究表明，细胞的整个生命活动包括细胞生长、增殖、分化与死亡等均受到力学信号的调控。力学生物学不仅与个体的发育和生理活动息息相关，同时也参与了肿瘤、心血管疾病与炎症等病理过程[4]；比如机械应力可以促进细胞增殖相关信号通路的激活，诱导 TGF-β 和 IGF-1 等生长因子的合成[10]。血液流体剪切力的异常，可以引起血管内皮细胞中单核细胞趋化蛋白-1(MCP-1)的表达变化，进而引起炎症反应，促进动脉粥样硬化的发生[11]。对这些异常机械力信号通路的揭示，毫无疑问将有助于寻找更好的药物作用靶点，以用于疾病的治疗。力学生物治疗(mechanotherapy)主要是基于力学生物学的原理，对疾病进行治疗或帮助患者康复。从力学生物学角度来看，传统的物理治疗可以通过恢复或重建正常的力学信号来实现治疗的目的[12]。近年来基于干预机械力信号通路的力学生物治疗也已经出现[12,13]，这种治疗策略的应用将有助于实现更为科学和高效的疾病治疗，推进力学生物学的医学应用。

13.2　力学生物学中的力学测量手段

力学的测量通常依赖于物体的形变或运动。但是当测量需要在细胞或单分子水平进行时，就成为极具挑战的问题。20 世纪 80 年代，Harris 等通过对单个成纤维细胞所引起的基质产生的褶皱来描述细胞产生的力，从此开启了细胞力学的定量测量[5]。与上述测量类似，目前的生物力学测量主要通过将机械力信号转变为其他可测量的变量，如形变和荧光信号等，具体方法包括牵引力显微镜(traction force microscopy)、原子力显微镜(atomic force microscopy)、光镊(optical tweezers)、微柱阵列型结构基底(micropillars)、基于荧光的分子探针(fluorescence-based molecular probe)、基于植入物的力学测量(inserts-based force measurements)等。

13.2.1 牵引力显微镜

将细胞培养在含有荧光微球的透明基质上，细胞的生理活动如迁移等过程产生的力可以导致基质发生位移或形变。通过对基质中荧光微球的位移变化进行定量来反映细胞产生的牵引力大小[3]。细胞培养的基质可分为单层基质膜或者三维水凝胶，可以实现细胞在二维和三维空间的机械力分析。作为最早用来定量单个细胞力学特性的显微镜技术，牵引力显微镜也是目前最为常见的细胞力学测量方法，主要用于评价细胞的收缩、迁移和分裂等生命活动中的机械力信息，在细胞发育、癌症和心血管等疾病的机理研究和药物筛选过程中发挥着重要的作用。

13.2.2 原子力显微镜

原子力显微镜主要依赖于一种对于微弱作用力敏感的悬臂。悬臂一端固定，另一端为针尖探针。当针尖靠近样品表面时，可以通过原子间的相互作用力如范德华力与静电力等引起悬臂的形变或偏移。原子力显微镜除了可以获得样品的表面形貌信息之外，还可以获得样品的力学信息分布情况，在力学生物学中得到了广泛的应用。原子力显微镜在提供原子级分辨率的同时，可以在常压甚至是液体环境中进行测量，不仅可以实现生物大分子包括 DNA 与蛋白质的力学测量，还可以对细胞器、细胞与组织的力学信号进行表征，已成为常用的力学生物学测量手段之一[14]。目前，原子力显微镜的应用包括对细胞(基质)硬度、黏弹性以及细胞受体与配体间相互作用的测量，为研究病毒与细菌感染、肿瘤、干细胞和神经等生物学问题提供了强有力的工具。

13.2.3 光镊

1986 年 Ashkin 等发明了光镊技术，将其应用在亚细胞器与细胞的力学操控方面，该技术于 2018 年获得诺贝尔物理学奖[15]。与宏观的镊子操控物体类似，光镊利用强聚焦激光束所产生的力来操控微小颗粒物，整个过程可以实现非接触式的操控，具有非侵入性的特点。光镊应用涉及的颗粒物尺寸通常在 0.1～1 μm，刚好可以实现对生物大分子、细胞器和细胞等生命有机体的力学操控与测量。此外，光镊技术可以与大多数的光学显微镜平台结合，实现对单个蛋白质折叠过程、细胞膜的机械强度、细胞质的黏弹性等力学信号进行测量[16]，在胚胎发育、肿瘤发生发展以及神经发育研究等领域具有广阔的应用前景。

13.2.4　微柱阵列型结构基底

主要由具有弹性的微米级柱状阵列基底构成，当细胞在基底上生长时，其产生的机械力如牵引力，可以引起微柱的形变。通过定量这些微柱的形变，可以实现对单个细胞牵引力的表征[17]。微柱阵列型结构基底测量的细胞机械力主要与微柱材料的弹性系数、尺寸和分布等相关。该方法通常可用于测量细胞或细胞群在基底上的黏附、伸展与迁移时中产生的力，在伤口修复模型、肿瘤生物学和干细胞生物学研究中应用广泛。

13.2.5　基于荧光的分子探针

该类生物力学表征主要依赖于分子探针和荧光能量共振转移(Förster resonance energy transfer，FRET)的应用。在 FRET 中，当两个荧光分子距离足够近且其中一个荧光分子(供体)的发射光谱与另一个荧光分子(受体)的激发光谱重叠时，供体荧光分子经激发后发射的光子可以直接激发受体荧光分子[18]。FRET 的荧光能量转移效率与供体-受体荧光分子间距离的 6 次方成反比关系。构建生物力学测量的分子探针时，分子探针由具有力学响应能力的连接分子(多肽或 DNA 等)与探针两端的荧光基团(荧光蛋白或荧光小分子等)构成。细胞或组织产生的机械力引起连接分子的形变，即改变分子探针中两个荧光基团的距离，进而影响 FRET 效率，可间接反映出机械力的大小。目前，基于荧光标记的分子探针可以实现单分子水平的生物力学表征，包括膜蛋白、细胞外基质与细胞膜表面张力等的力学测量。该方法的局限性是主要依赖于荧光基团间的物理距离变化，并不能提供机械力的作用方向等信息，而且操作相对复杂。

13.2.6　基于植入物的力学测量

该方法是将植入物嵌入到组织中，通过测量植入物发生的形变来对机体中的机械力进行间接定量。与牵引力显微镜不同的是，这种方法检测的是发生力学形变的植入物，比如微颗粒等，因此可以实现体内水平的力学测量。比如，将聚丙烯酰胺水凝胶组成的微颗粒植入肿瘤细胞球中，可以定量检测肿瘤细胞球所受到的流体剪切力和多细胞球内的压力[19]。

13.3　机械力信号转导

经典的细胞信号转导过程中，配体与细胞膜受体或者信号分子与胞内受体之间的结合，可以起动细胞信号通路，细胞由此对所接收的生化信号进行响应，如改变细胞的基因表达等。这一过程主要依赖于细胞对信号分子的直接识别，信号经细胞处理后以级联响应的方式传递下去，从而实现生化信号从胞外向胞内的传递。比如，胰岛素与其膜受体的结合，可以激活 PI3K/AKT 等信号通路，引起细胞中葡萄糖摄入的增加。与此生化反应不同的是，机械力信号转导过程中，细胞需要感知机械力信号并将其转变为生化信号再进行传递，最终细胞做出相应的响应。由于这些机械力信号转导的作用，内皮细胞可以沿着所处环境中的流体方向进行排列，而肌肉与骨骼发育可以根据运动过程中的力学信号进行调整。在机械力信号转导过程中，细胞中的机械力信号转换元件(mechanotransducer)主要负责感应和接收机械力信号并将其转变为生化信号[20]。目前发现的机械力信号转换元件主要为蛋白质，称为机械力响应蛋白。这些蛋白质分子对机械力的响应行为因细胞局部环境而异，主要包括蛋白质结构变化、解聚和形成团簇等。这些变化可启动蛋白质相互作用、改变细胞物质运输和引起蛋白质修饰变化等过程，进而启动一系列相关的信号通路[20]。与生化信号类似，机械力信号主要通过细胞骨架系统包括细胞膜、细胞质骨架与核骨架等在细胞内进行传递。细胞骨架除了维持细胞的形态和介导细胞的运动等功能外，也负责了机械力信号在细胞内的传递。已有研究报道，机械力可以沿细胞骨架蛋白质以 30 μm/s 的速度传播，这是通常细胞内生化信号分子被动扩散速度的 12.5 倍[21]。当力学信号由胞外向胞内的传递时，可以在细胞的不同部位使机械力响应蛋白质活化，以实现相应的机械力信号转导。随着对机体、组织和细胞的力学测量工具的增加和完善，越来越多的机械力响应蛋白及其所介导的信号通路被发现。根据机械力的作用和细胞中机械力响应蛋白的位置不同，机械力信号转导可以分为机械力作用在细胞膜、细胞质和细胞核途径(图 13-1)。

在生物体内，细胞膜通常处于与细胞外基质或者其他细胞相互作用的环境中，是最先感应外界机械力的细胞组分。在机械力依赖的信号转导过程中，施加在细胞膜或细胞外周的机械力可以引起细胞膜上机械力响应蛋白的结构变化，将机械力信号转变为生化信号。产生的生化信号可以在胞内进行传递并引起信号通路变化[图 13-1(b)]，如引起细胞核中转录因子的激活或抑制，调控相关基因的表达。其中，代表性的信号转导过程之一为机械力敏感离子通道介导的信号通路[22]。典型例子为机械门控 Piezo1 离子通道，其结构为三叶螺旋桨状。当机械力施加在细胞膜上时，导致 Piezo1 蛋白的构象变化，蛋白质内孔道打开，Na^+、K^+和 Ca^{2+}等离子得以通过[23,24]。这一过程将机械力信号转变为电化学信号，通过内流的离子引起相关信号通路或基因表达的改变。另外一种典型的机械力信号转导为细胞黏附相关的激酶信号通路，如整合素介导的机械力信号转导[25,26]。整合素是细胞黏着斑中的关键蛋白质，通过接头蛋白如踝蛋白(talin)等与细胞骨架蛋白相连，构成了细胞外基质与细胞之间的力学感应与传递体系。这种细胞外基质—整合素—接头蛋白—细胞骨架蛋白的细胞力学传递体系，不仅可以将胞外的力学信号传递至胞

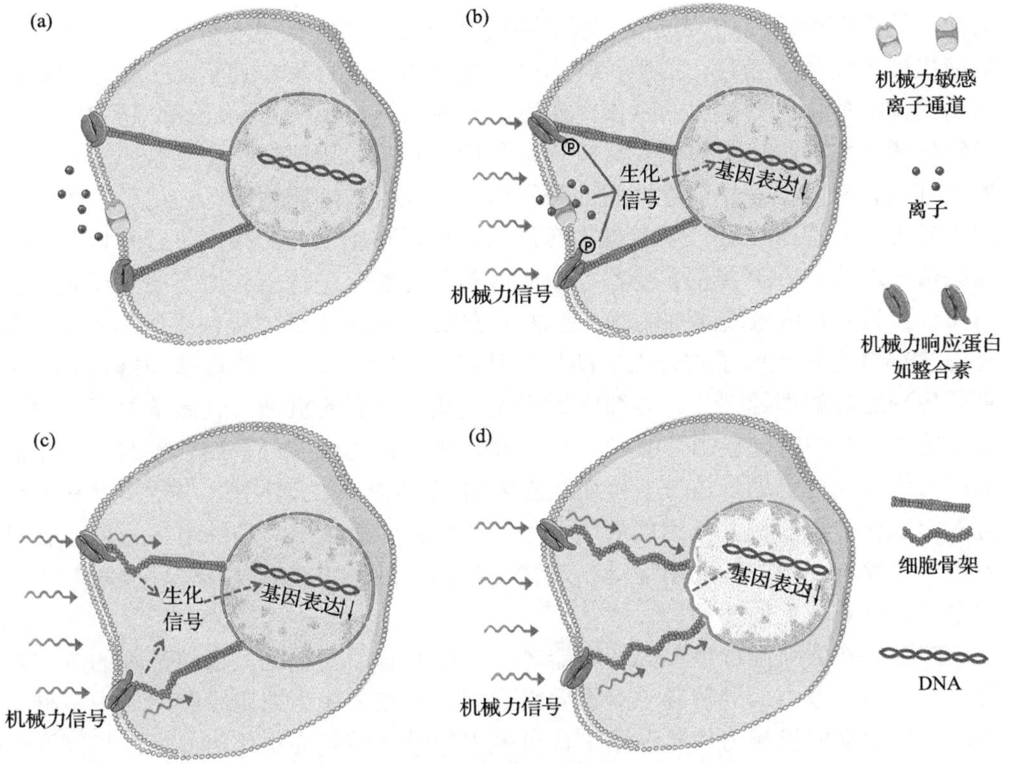

图 13-1　机械力信号转导的基本作用模式

(a)未受到机械力刺激的细胞；(b)机械力信号在细胞膜上激活相应的机械力响应蛋白，引起信号通路的启动；(c)机械力信号传递至细胞质，在细胞质引起信号通路的启动；(d)机械力信号传递至细胞核，引起细胞核的形变，进而启动信号通路

内，同时可以将胞内产生的机械力传递至细胞外。近年来通过 FRET 探针等单分子力学表征技术发现[25,27,28]，活细胞中的单个整合素通常处于 1～100 pN 的力学环境中。在机械力信号转导过程中，机械力可以影响整合素的蛋白质构象、整合素与其配体的结合动力学以及整合素在细胞膜的扩散行为。当整合素蛋白处于弯曲构象时，与其配体的结合强度较低；当细胞外施加的力使整合素的构象发生改变(伸直)时，可以提高整合素与其配体的结合力，促使黏着斑激酶(focal adhesion kinase, FAK)磷酸化，进一步激活下游信号通路[20,29]，导致细胞黏附和运动行为的变化。此外，机械力可以促使细胞膜上的整合素分子形成团簇，启动其他信号通路。鉴于细胞膜为细胞与外界进行信息交换的屏障，这种作用在细胞膜上的机械力信号转导方式广泛参与了有机体的各项生命活动，包括神经细胞对触觉与听觉的感知、干细胞分化和胚胎发育等过程。

细胞外的机械力作用在细胞膜上的同时，其力学信号可以通过细胞骨架向细胞内部进行传递，通过活化胞质中的机械力响应蛋白，启动相关信号通路[图 13-1(c)]。

例如，处于细胞膜内的踝蛋白，除了连接整合素与细胞骨架蛋白外，自身也可以响应机械力信号。当存在细胞拉伸力时，机械力由整合素传递至踝蛋白，引起踝蛋白的构象变化。变构后的踝蛋白暴露出其疏水结构域，与 vinculin 蛋白结合，导致后者自我抑制状态的解除[20]；而活化的 vinculin 可以进一步结合肌动蛋白，增加细胞骨架的强度，促进细胞的黏附作用。此外，细胞内还存在另外一类重要的机械力响应蛋白 YAP，受机械力激活后，可以在胞质与胞核间进行穿梭，介导相关信号通路。YAP 蛋白自身参与 Hippo 信号通路，是该信号通路的重要效应蛋白质。当 Hippo 信号通路抑制时，胞质中的 YAP 发生去磷酸化并进入细胞核，通过与 TEAD 等转录因子结合而启动相关基因的表达，参与细胞增殖与器官大小等重要生理过程的调控[30,31]。当细胞处于没有或者微弱的机械力刺激条件下，如软的细胞外基质中时，YAP 主要位于细胞质当中。而当细胞外基质较硬时，产生的机械力信号通过肌动蛋白骨架传递至胞内引起 YAP 的去磷酸化，导致 YAP 迁移进入细胞核，激活相关基因的表达[32,33]。此类在胞质当中启动的机械力信号转导方式广泛参与了细胞的黏附运动、迁移与分化等过程，在器官发生、肿瘤与干细胞中具有重要的生物学意义[25,33,34]。

细胞核作为细胞最重要的细胞器之一，控制着细胞中绝大多数基因的时空表达，是参与机械力信号转导中的重要组成部分。在上述由细胞膜和胞质中机械力响应蛋白启动的机械力信号通路中，机械力信号在转变为生化信号后，仍需要生化信号迁移进入细胞核，调控相关的基因表达。近年来的研究发现，机械力信号也可由外向内经细胞骨架传递至细胞核，直接影响细胞核内的机械力响应蛋白，启动相关基因的表达[图 13-1(d)]。细胞核中的核膜、核孔复合物、核纤层、核骨架蛋白以及染色质等关键结构均可以参与到机械力信号转导当中。在机械力由胞外传递至胞核的过程中，细胞质骨架与核骨架连接复合体(linker of the nucleoskeleton and cytoskeleton，LINC)起着关键的作用。LINC 复合体整体横跨核膜，主要包含 SUN 与 KASH 结构域蛋白，连接着细胞骨架蛋白与细胞核纤层蛋白，负责机械力信号在细胞质骨架与核骨架间的传递[35,36]。与作用在细胞膜上类似，机械力信号经细胞质骨架传递至核膜时，位于核膜上的离子通道蛋白也可以感应机械力信号并发生构象变化，介导钙离子等进入细胞核，增强 CREB 等转录因子的表达，进而调控相关基因的转录[36]。同时，核膜的形变也可以引起核孔复合物的孔径变大，促进 YAP 蛋白进入细胞核，与 TEAD 等转录因子结合，进而启动相关基因的表达[37]。当机械力信号作用在核膜内侧的核纤层蛋白时，会引起核纤层蛋白的部分解聚，暴露出新的蛋白质结合位点；而机械力引起的核纤层蛋白磷酸化则介导了相关激酶信号通路的活化[36,38]。另外，机械力信号经细胞骨架传递至细胞核时，也可以直接影响染色质的结构并调控相关基因的转录。当存在细胞核的拉伸力时，染色质结构可以打开，暴露出 DNA 结合区域或者组蛋白修饰位点，进而介导转录因子与 DNA 的结合，启动相关基因的表达[39]。由于细胞核是细胞生命与遗传的主要基础，这种作用在细胞核的机械力信号转导也广泛参与了细胞的各项生命活动，包括细胞运动、生长和分化等过程。

鉴于生命有机体中细胞所处的复杂环境，机械力信号转导并不只是单独存在，也不是以某一种方式单独进行。通常细胞可以同时接收生化信号与机械力信号，并做出响应。细胞中的机械力响应蛋白在感知和传递力学信号的同时，同样可以对生化信号分子进行响应。当机械力作用在细胞上时，可以同时启动上述不同的机械力信号转导通路(图 13-1)。以经典的整合素信号通路为例，整合素与其配体结合的同时，可以感受来自于细胞外基质的机械力信号，启动下游信号通路[26]。在力学信号传递过程中，整合素与踝蛋白、细胞骨架蛋白、LINC 复合体和核骨架一起将机械力信号从胞外传递至胞内，这也可以启动胞质以及核内的机械力信号转导。总体来说，与经典的生化信号引起的信号转导相似，机械力信号转导也是具有级联效应的。同时机械力信号也具有信号转导网络，与生化信号一起协同作用，构成了生命有机体复杂的信号转导体系[40,41]。

13.4 发育以及生理活动中的力学生物学

与基因调控和生化信号转导一样，机械力信号转导广泛参与了个体的发育、器官发生和正常生理过程。胚胎发育可以简略地看成是细胞生长与分化，也就是细胞数目和种类逐渐增加的过程。在个体由受精卵发育成胚胎的过程中，除了需要基因的遗传因素以及发育环境中生化信号的调控以外，也离不开多种多样的机械力信号的参与，例如，细胞生长时细胞自身骨架延展产生的细胞张力、细胞增殖时与相邻细胞之间的挤压力、细胞与细胞外基质之间的相互作用力[7]。这些力学信号可以引起不同的机械力信号通路的活化，参与调控细胞的最终命运，包括细胞生长、迁移、分裂、分化和死亡等。

在受精卵形成过程中，由 ATP 驱动的马达蛋白产生的力可以介导精子鞭毛的运动，完成精子与卵细胞的结合。在早期胚胎的发育过程中，细胞骨架产生的机械力可以影响有丝分裂纺锤体的胞内定位，在对称与非对称的细胞分裂过程中发挥着重要的作用。其中，非对称细胞分裂意味着新的细胞群体的形成，有助于实现发育过程中的细胞多样化。随着胚胎发育形成囊胚，在其继续发育过程中，如果一端(动物极)细胞生长较快，另一端(植物极)细胞生长较慢，导致生长较快的一端细胞向下包裹生长较慢的细胞，从而形成内外两个胚层，即所谓的外包(epiboly)。在外包过程中，细胞自身的黏附力和胚层细胞间的张力保证了细胞的黏着、延伸和扩展，从而形成不同的胚层。同时，伴随着细胞外基质的形成，更多的机械力信号包括细胞外基质的硬度等参与到胚胎发育当中。比如，细胞外基质提供的机械力微环境可以在胚胎发育过程中活化 YAP，通过 Hippo 信号通路调控细胞的分化[33]。细胞生长导致细胞数目增加，而分化则导致细胞种类的多样化。细胞在机械力信号调控下，展现出不同的细胞形态结构，形成高度有序的三维器官组织。在这一过程中，胚胎中局部微环境中(包括细胞自身产生的机械力在内)的力学信号可以由细胞外基质以及细胞-细胞连接传递至相邻的细胞，在时间和空间的维度上与生化信号一起协同调控整个胚胎的发育过程。例如，在神经管的闭合过程中，细胞需要迁移、重排和分化，这些都是在局部机械力信号调控的参与下进行，最终实现含脑脊液(cerebrospinal fluid，CSF)的管腔的闭合，并发育形成中枢神经系统[42]。在肺部的发育过程中，胎儿在子宫内的呼吸样运动可以导致羊水流动，从而产生机械力。这种机械力参与调控肺组织细胞的生长与分化，使其最终发育成具有呼吸功能的肺[43]。与此类似，造血系统、骨骼系统以及血管、心脏、肢体等器官的发生过程等均大量涉及了力学生物学的参与[7,8]。但需要指出的是，在发育与正常生理过程中，机械力信号的调控需要同时与生化信号以及遗传基因等因素协同作用，才能实现高度有序的个体发育与正常生理活动的维持。

13.5　力学生物学与疾病治疗

正常的力学信号与机械力微环境对个体发育以及维持生命体的正常生理活动具有重要的意义，而异常的机械力刺激或局部机械力微环境的紊乱则可以引起机械力信号转导的异常，导致疾病的发生和发展。从理论上说，利用相关的药物或者疾病治疗手段，可以对异常的力学生物学行为进行干预，实现疾病治疗或缓解的目的。例如，通过干预机械力信号通路下游的关键靶点可以缓解相关疾病的进程；通过医疗器械或手术纠正异常的机械力信号，也可以有效治疗相关疾病[12,13]。由于机械力信号转导中涉及的机械力响应蛋白广泛存在于不同的细胞和组织，通常这些蛋白质除了处理机械力信号之外，还可以对生化信号进行响应，因此大多数的疾病均会涉及力学生物学的参与。目前已发现机械力信号广泛参与了心血管类、肿瘤、骨骼以及皮肤与伤口愈合等疾病进程，以下将以几类常见的疾病及其涉及的力学生物学问题为例进行阐述。

13.5.1　心血管疾病

心血管疾病形成过程中的机械力信号及其参与的相关信号通路是目前最受关注的力学生物学问题之一。这主要是因为心血管疾病已成为威胁人类健康的头号杀手之一。此外，体内的心血管细胞与组织无时无刻不感受着来自血液流动的机械力刺激信号，包括流体剪切力、血压作用力以及轴向的拉伸力等等。这些心血管相关的机械力信号均具有明显的力学生物学效应。血管在正常状态和病理条件下均会发生血管重建，主要涉及血管的微结构、局部环境以及功能随着生理条件或病理进程的改变而进行调整，用以对新的生理条件进行适应。在血管重建过程中，一方面血管细胞如内皮细胞、平滑肌细胞和成纤维细胞等会通过感应异常的机械力信号并做出响应，包括细胞增殖、死亡与分化等，与此同时，在炎性因子等生化信号的参与下，免疫细胞浸润至血管组织引起相应病理改变；另一方面细胞外基质在相应机械力信号和生化信号的作用下，在血管组织中合成或者降解[44]。这种细胞及其细胞外基质的重建，可以导致血管的硬化、扩张或是狭窄，参与了高血压、动脉粥样硬化和脑卒中等心血管疾病的发生发展。

血管重建是一个复杂而有序的生理过程，目前研究已明确表明机械力信号的参与是必要的，其与生化信号一起，影响着心血管疾病的发生与发展。例如，血管内皮细胞是血管的营养物质交换和保护屏障，同时还可以调控血压和组织灌注，是血管组织感受机械力信号并做出响应的主要细胞类型之一。血管内皮细胞可以通过整合素、离子通道蛋白和钙黏蛋白等机械力响应蛋白，对外界的机械力信号进行响应。比如，血管内皮细胞受不同的血液流体剪切力的刺激，可以做出不同的生理响应。在血液流体剪切力过高或过低时，经血管内皮细胞感应流体剪切力的变化，可以引起血管舒张剂一氧化氮或血管收缩剂血管内皮素-1（Endothelin-1，ET-1）的释放。这些信号分子可以促使血管平滑肌的收缩或舒张，控制血压或外周血的组织灌注，最终实现血管组织对机械力变化的响应。因此，阻断血管内异常的力学信号及其介导的机械力信号通路，可以用于心血管类疾病的治疗。比如，通过手术和物理干预的方法，将血液流体力学正常化，可以恢复血管内正常的机械力信号，有助于缓解心血管类疾病的症状[13]。

13.5.2　恶性肿瘤

肿瘤是一类细胞异常增殖且高度异质性的疾病，在受遗传因素和生化信号影响的同时，越来越多的研究表明肿瘤的发生发展也受不同机械力信号的调控。与正常细胞相比，肿瘤细胞的特点包括：具有更快的增殖速度、更少的细胞凋亡、可诱导新生血管的生成、可诱导免疫抑制微环境的形成以及具有更强的转移和侵袭能力等。这一系列的异常生物学特征的调控过程均涉及力学生物学的参与。由于肿瘤微环境中细胞的快速增殖以及细胞外基质的异常，导致了肿瘤组织通常具有更高的硬度以及间质液压。例如，肿瘤部位的缺氧环境和 TGF-β 等信号分子的存在促进了细胞外基质的异常累积，导致肿瘤组织的硬度增加。以乳腺癌为例，正常的乳房组织其弹性模量在 500～1000 kPa，而多数的乳腺癌肿瘤的弹性模量通常大于 1000 kPa[45]。这些异常的机械力信号可以激活肿瘤细胞中的机械力响应蛋白，使其转变成胞内的生化信号，促进肿瘤的发生发展。研究表明，硬的细胞外基质可通过整合素和 YAP 等介导的机械力信号通路，促进细胞骨架的组装、细胞增殖和转移等。此外，肿瘤内部的异常间质液压可以导致肿瘤细胞的机械拉伸，同样可以激活 YAP 蛋白相关的信号通路，促进肿瘤细胞的生长与增殖[33]。除了肿瘤局部的机械力信号外，当肿瘤细胞从原位肿瘤脱落而进入循环血液时，血液流体剪切力可以激活肿瘤细胞的促存活信号通路，帮助肿瘤细胞到达远端器官，形成新的转移灶[6]。由于肿瘤组织的复杂与异质性环境，肿瘤内同时也包含了大量的肿瘤基质细胞，如肿瘤相关成纤维细胞、免疫细胞和血管内皮细胞等。除直接作用在肿瘤细胞以外，机械力信号也会影响这些肿瘤基质细胞，间接地促进肿瘤的生长。研究表明，肿瘤内的间质液压也可以通过活化整合素介导的机械力信号通路来调控肿瘤相关巨噬细胞的表型，帮助维持肿瘤的免疫抑制微环境，促进肿瘤的生长生存[46]。

考虑到肿瘤发生发展过程中涉及大量的机械力信号的参与，在肿瘤治疗过程中可以通过干预肿瘤的机械力信号通路来提高肿瘤治疗效率。其中，阻断肿瘤细胞感应细胞外基质硬度的机械力信号通路可以作为一种新的抗肿瘤策略。比如，多肽或抗体药物可以抑制整合素等蛋白质的机械力响应，进而阻断肿瘤组织中的异常机械力信号通路，抑制肿瘤的生长。通常在药物治疗的过程中，肿瘤的高间质液压不利于药物进入肿瘤内部，限制了药物的治疗效率。通过引入金属蛋白酶和透明质酸酶作为药物，诱导细胞外基质中胶原和透明质酸的降解，可以降低肿瘤细胞外基质的硬度和交联度。随着细胞外基质的降解，肿瘤内部的间质液压降低，有利于药物向肿瘤深部扩散，从而提高抗肿瘤药物的治疗效果[45]。随着对肿瘤力学生物学的深入了解，相信在未来将会有越来越多的力学生物治疗策略用于肿瘤的防治。

13.5.3 细胞治疗

细胞治疗是将来自于自体或异体的治疗性细胞回输或移植进入患者体内，达到治疗疾病的目的。常用的细胞治疗方法包括：免疫细胞用于肿瘤治疗、干细胞用于组织修复等[47,48]。细胞治疗通常需要先将目的细胞进行分离，在体外进行扩增、分化或功能改造，形成足够数量的治疗性细胞。当细胞回输至患者体内后，回输的细胞需要在体内存活或分化成具有生物功能的细胞，并最终在疾病部位发挥治疗效应。目前研究表明，这一系列的过程中均涉及力学生物学的应用。常见的细胞培养方式主要为细胞生长在二维的器皿底部，而在体内原位组织中的细胞通常处于三维的生长环境中，同时受相邻细胞或细胞外基质的机械力信号的影响。因此，在细胞培养的过程中应引入流体剪切力、流体静压力、拉伸力等机械力信号。这一过程可以模拟体内细胞所处的力学微环境，促进细胞的生长与分化。治疗用细胞的生产过程需遵守药品生产质量管理规范(good manufacturing practice, GMP)。典型的例子为生物反应器，细胞的扩大培养大量涉及生物反应器的应用，可以在短时间内快速获得足够数量的细胞，用于回输给患者。在生物反应器的应用过程中通过引入机械力信号，可以实现细胞的动态和智能化培养[49]。同样，将细胞培养在三维的水凝胶生物材料当中，可以模拟体内情况下细胞外基质给予细胞的机械力刺激，进而调控细胞的分化。例如，当间充质干细胞培养在较硬的三维水凝胶中时，在整合素蛋白介导的机械力信号通路的作用下，干细胞将倾向于向成骨细胞的分化[50]。此外，在细胞治疗过程中，多数情况下细胞需要进行功能改造，例如，对细胞进行基因修饰用于构建嵌合抗原受体(chimeric antigen receptor，CAR)T 细胞，以用于肿瘤的免疫治疗。有研究表明，微弱的挤压力可以使细胞膜发生形变，增加细胞膜的通透性，促进外源基因进入细胞[51,52]。该过程中只涉及生物力学的应用，而不需要传统基因转染载体的使用，提供了一种新的在体外修饰细胞的方法，在免疫治疗的细胞改造方面有着良好的应用潜力。当治疗性细胞经不同注射途径回输给患者后，细胞需要在体内存活并迁移到达疾病部位，这一系列过程也会涉及机械力信号的参与。血液中的流体剪切力可以诱导间充质干细胞的分化，而迁移过程中的细胞的变形也可以引起干细胞的机械力信号通路的改变。这些因素都可以参与决定治疗性细胞在体内的分布和治疗效率[53]。随着干细胞移植以及肿瘤免疫治疗的兴起，细胞治疗技术将应用于更多种类的疾病治疗。充分理解治疗性细胞自身的力学生物学特征，毫无疑问将有助于在体外对该细胞进行培养、扩增和改造，以最大限度模拟细胞在体内的生存环境的同时，达到降低细胞治疗成本和提高治疗效率的目的。

13.6　小　　结

力学生物学是在生物力学的基础上产生的新兴学科，主要涉及生物学、物理学和工程学等交叉学科的应用。从个体水平来看，生命体在日常活动中无时无刻不在感受和适应着机械力信号；在组织细胞水平上，细胞处于一个复杂而有序的力学微环境当中，与相邻细胞以及细胞外基质之间进行着机械力信号的“交流和通信”。从分子水平上来看，机械力引起的组织或细胞的物理形变可以在细胞内传递，最终导致机械力响应蛋白的结构变化，完成将机械力信号转换为胞内生化信号，继续进行传递或引起相关的信号通路的改变。机体内丰富多样的机械力信号转导参与了细胞的生长、增殖、分化和死亡等过程，调控着个体的发育和正常生理学过程。机械力信号转导的异常将引起疾病的发生或加剧疾病的进程。通过药物干预疾病过程中的机械力信号转导或矫正异常的机械力信号，将有助于治疗心血管和肿瘤等力学生物学相关的疾病。

总之，与遗传因素和生化信号通路一样，机械力信号通路同样具有重要的生物学意义，它们一起相互协调并且高度有序地参与了有机体的生命活动，维持着机体的生理平衡。随着新兴交叉学科的发展，越来越多的表征技术和手段可以用来对机体和细胞中的机械力信号进行描述和定量，更多的力学生物学的相关分子机理也被揭示。同时，新的研究手段可以在细胞和分子水平实现对机械力的操控，从而使得研究力学生物学更为方便。基于这些力学生物学的发现，在未来新的力学生物治疗方法将会越来越多，这无疑将极大地促进人类卫生健康水平的发展。

参考文献

[1] Eyckmans J, Boudou T, Yu X, et al. A hitchhiker's guide to mechanobiology. Developmental cell, 2011, 21(1): 35-47.

[2] Najrana T, Sanchez-Esteban J. Mechanotransduction as an adaptation to gravity. Frontiers in Pediatrics, 2016, 4: 140.

[3] Polacheck W J, Chen C S. Measuring cell-generated forces: a guide to the available tools. Nature Methods, 2016, 13(5): 415-423.

[4] Wang N. Review of cellular mechanotransduction. Journal of Physics D: Applied Physics, 2017, 50(23): 233002.

[5] Harris A K, Wild P, Stopak D. Silicone rubber substrata: a new wrinkle in the study of cell locomotion. Science, 1980, 208(4440): 177-179.

[6] Chaudhuri P K, Low B C, Lim C T. Mechanobiology of tumor growth. Chemical Reviews, 2018, 118(14): 6499-6515.

[7] Mammoto T, Mammoto A, Ingber D E. Mechanobiology and developmental control. Annual Review of Cell and Developmental Biology, 2013, 29: 27-61.

[8] Gleghorn J P, Killian M L. Mechanobiology throughout development. Mechanobiology in Health and Disease, 2018: 77-98.

[9] Wall M, Butler D, El Haj A,et al. Key developments that impacted the field of mechanobiology and mechanotransduction. Journal of Orthopaedic Research, 2018, 36(2): 605-619.

[10] Raabcullen D M, Thiede M A, Petersen D N, et al. Mechanical loading stimulates rapid changes in periosteal gene-expression. Calcified Tissue International, 1994, 55(6): 473-478.

[11] Shyy Y J , Hsieh H J , Usami S, et al. Fluid shear stress induces a biphasic response of human monocyte chemotactic protein 1 gene expression in vascular endothelium. Proceedings of the National Academy of Sciences, 1994, 91(11): 4678-4682.

[12] Huang C, Holfeld J, Schaden W, et al. Mechanotherapy: revisiting physical therapy and recruiting mechanobiology for a new era in medicine. Trends in Molecular Medicine, 2013, 19(9): 555-564.

[13] Atkins S K, Andrew M N, Philippe S. Mechanobiology in cardiovascular disease management: potential strategies and current needs. Frontiers in Bioengineering and Biotechnology, 2016, 4:79.

[14] Krieg M, Flaschner G, Alsteens D, et al. Atomic force microscopy-based mechanobiology. Nature Reviews Physics, 2019, 1(1): 41-57.

[15] Killian J L, Ye F, Wang M D. Optical tweezers: a force to be reckoned with. Cell, 2018, 175(6) :1445-1448.

[16] Bustamante C, Alexander L, Maciuba K, et al. Single-molecule studies of protein folding with optical tweezers. Annual Review of Biochemistry, 2020, 89: 443-470.

[17] Matellan C, Hernandez A E D. Where no hand has gone before: probing mechanobiology at the cellular level. ACS Biomaterials Science & Engineering, 2019, 5(8): 3703-3719.

[18] Liu L, He F, Yu Y, et al. Application of FRET biosensors in mechanobiology and mechanopharmacological screening. Fronties in Bioengineering and Biotechnology, 2020, 8: 595497.

[19] Dolega M E, Delarue M, Ingremeau F, et al. Cell-like pressure sensors reveal increase of mechanical stress towards the core of multicellular spheroids under compression. Nature Communication, 2017, 8: 14056.

[20] Martino F, Perestrelo A R, Vinarský V, et al. Cellular mechanotransduction: from tension to function. Frontiers in Physiology, 2018, 9: 824.

[21] Wang N, Tytell J D, Ingber D E. Mechanotransduction at a distance: mechanically coupling the extracellular matrix with the nucleus. Nature Reviews Molecular Cell Biology, 2009, 10(1): 75-82.

[22] Jin P, Jan L Y, Jan Y N. Mechanosensitive ion channels: structural features relevant to mechanotransduction mechanisms. Annual Review of Neuroscience, 2020, 43: 207-229.

[23] Ge J, Li W, Zhao Q, et al. Architecture of the mammalian mechanosensitive Piezo1 channel. Nature, 2015, 527(7576): 64-69.

[24] Lin Y C, Guo Y R, Miyagi A, et al. Force-induced conformational changes in PIEZO1. Nature, 2019, 573(7773): 230-234.

[25] Kechagia J Z, Ivaska J, Roca-Cusachs P. Integrins as biomechanical sensors of the microenvironment. Nature Reviews Molecular Cell Biology, 2019, 20(8): 457-473.

[26] Humphrey J D, Dufresne E R, Schwartz M A. Mechanotransduction and extracellular matrix homeostasis. Nature Reviews Molecular Cell Biology, 2014, 15(12): 802-812.

[27] Morimatsu M, Mekhdjian A H, Adhikari A S, et al. Molecular tension sensors report forces generated by single integrin molecules in living cells. Nano Letters, 2013, 13(9): 3985-3989.

[28] Galior K, Liu Y, Yehl K, et al. Titin-based nanoparticle tension sensors map high-magnitude integrin forces within focal adhesions. Nano Letters, 2016, 16(1): 341-348.

[29] Chen Y, Lee H, Tong H, et al. Force regulated conformational change of integrin αVβ3. Matrix Biology, 2017, 60-61: 70-85.

[30] Dasgupta I, McCollum D. Control of cellular responses to mechanical cues through YAP/TAZ regulation. The Journal of Biological Chemistry, 2019, 294(46): 17693-17706.

[31] Rausch V, Hansen C G. The hippo pathway, YAP/TAZ, and the plasma membrane. Trends in Cell Biology, 2020, 30(1): 32-48.

[32] Dupont S, Morsut L, Aragona M, et al. Role of YAP/TAZ in mechanotransduction. Nature, 2011, 474(7350): 179-183.

[33] Panciera T, Azzolin L, Cordenonsi M, et al. Mechanobiology of YAP and TAZ in physiology and disease. Nature Reviews Molecular Cell Biology, 2017, 18(12): 758-770.

[34] Totaro A, Panciera T, Piccolo S. YAP/TAZ upstream signals and downstream responses. Nature Cell Biology, 2018, 20(8): 888-899.

[35] Crisp M, Liu Q, Roux K, et al. Coupling of the nucleus and cytoplasm: role of the LINC complex. The Journal of Cell Biology, 2006, 172(1): 41-53.

[36] Maurer M, Lammerding J. The driving force: nuclear mechanotransduction in cellular function, fate, and disease. Annual Review of Biomedical Engineering, 2019, 21: 443-468.

[37] Elosegui-Artola A, Andreu I, Beedle AEM, et al. Force triggers YAP nuclear entry by regulating transport across nuclear pores. Cell, 2017, 171(6): 1397-1410.

[38] Janota C S, Calero-Cuenca F J, Gomes E R. The role of the cell nucleus in mechanotransduction. Current Opinion in Cell Biology, 2020, 63: 204-211.

[39] Nemec S, Kilian K A. Materials control of the epigenetics underlying cell plasticity. Nature Reviews Materials, 2021, 6(1): 69-83.

[40] DuFort C C, Paszek M J, Weaver V M. Balancing forces: architectural control of mechanotransduction. Nature Reviews Molecular Cell Biology, 2011, 12(5): 308-319.

[41] Romani P, Valcarcel-Jimenez L, Frezza C, et al. Crosstalk between mechanotransduction and metabolism. Nature Reviews Molecular Cell Biology, 2021, 22(1): 22-38.

[42] Abuwarda H, Pathak M M. Mechanobiology of neural development. Current Opinion in Cell Biology, 2020, 66: 104-111.

[43] Inanlou M R, Baguma-Nibasheka M, Kablar B. The role of fetal breathing-like movements in lung organogenesis. Histology and Histopathology, 2005, 20(4): 1261-1266.

[44] Caulk A W, Tellides G, Humphrey J D. Vascular mechanobiology, immunobiology, and arterial growth and remodeling. Mechanobiology in Health and Disease, 2018: 215-248.

[45] Mohammadi H, Sahai E. Mechanisms and impact of altered tumour mechanics. Nature Cell Biology, 2018, 20(7): 766-774.

[46] Zhang X, Kim T H, Thauland T J, et al. Unraveling the mechanobiology of immune cells. Current Opinion in Biotechnology, 2020, 66: 236-245.

[47] Wang X, Rivière I. Clinical manufacturing of CAR T cells: foundation of a promising therapy. Molecular Therapy Oncolytics, 2016, 3: 16015.

[48] Blau H M, Daley G Q. Stem cells in the treatment of disease. The New England Journal of Medicine, 2019, 380(18):1748.

[49] Henstock J R, El Haj A J.Bioreactors: recreating the biomechanical environment *in vitro*. Mechanobiology: Exploitation for Medical Benefit, 2017: 275-296.

[50] Zonderland J, Moroni L. Steering cell behavior through mechanobiology in 3D: a regenerative medicine perspective. Biomaterials, 2021, 268: 120572.

[51] Sharei A, Zoldan J, Adamo A, et al. A vector-free microfluidic platform for intracellular delivery. Proceedings of the National Academy of Sciences of the United States of America, 2013, 110(6): 2082-2087.

[52] Ding X, Stewart M, Sharei A, et al. High-throughput nuclear delivery and rapid expression of dna *via* mechanical and electrical cell-membrane disruption. Nature Biomedical Engineering, 2017, 1: 0039.

[53] Shin J W, Mooney D J. Improving stem cell therapeutics with mechanobiology. Cell Stem Cell, 2016, 18(1): 16-19.

第14章　生物信息学

14.1　生物信息学概述

生物信息学是分子生物学与信息学交汇形成的一个快速发展的领域。根据美国国立健康研究院(National Institutes of Health, NIH)的定义，生物信息学是研究、开发或应用计算机工具和方法来拓展生物、医学、行为学和健康领域数据应用的学科，这些应用包括了数据的获取、存储、管理、组织、分析和可视化①。简而言之，生物信息学是利用数学、统计以及信息学方法，以计算机为工具，来理解生物医学领域的数据，解决生物医学问题的学科，是一个高度交叉的学科。在实际应用中，大家更习惯于认为生物信息学研究面向的对象侧重于生物科学数据，而它的姊妹学科临床信息学(clinical informatics)侧重于卫生医疗保健相关的数据的管理与应用，但两者之间的联系超乎寻常地密切。一方面，生物信息学与临床信息学在方法学上有很多的相同之处，对于一个领域的理解必然会促进对另一领域的理解。同时，随着基因组学技术和数据分析方法的成熟，如何将这些数据与临床医学数据有效整合应用，解决具体的医疗实践问题成为这两个领域共同的目标。近十余年来，组学技术的发展与广泛应用催生了以个体化医疗为目的的精准医学的发展，转化生物信息学(translational bioinformatics, TBI)作为两者的交叉，特指通过发展生物信息学的工具和方法，促进生物医学数据和基因组等高通量数据应用于具有主动性的(proactive)、早期预警(prodictive)、早期预防(preventive)及患者参与(participatory)四个特征的医疗活动[1]。

生物信息学的孕育和诞生是20世纪生命科学和计算机科学迅速进步、共同推动的结果。20世纪50年代开始，随着Fred Sanger蛋白质测序方法的应用，蛋白质序列数据增加，这使得手工进行序列比对变得越来越不现实。Margaret Dayhoff意识到生物序列数据积累对于未来生物学发展的重要性，于1965年建立了第一个蛋白质序列数据库“Atlas of Protein Sequence and Structure”，该数据库以书籍形式出版。随后，她又花费近十年时间建立了可以衡量蛋白质进化过程中氨基酸变化的矩阵模型PAM (Percent Accepted Mutation)，该模型为序列比较提供了计算评价的基础，广泛应用于序列相似性比对工具中。随着生物序列的增加，利用序列

---

① NIH Working Definition of Bioinformatics and Computational BIOLOGY. http://www.binf.gmu.edu/jafri/math6390-bioinformatics/workingdef.pdf.

比对的方法进行快速、实时数据库搜索的需求不断增加，以 BLAST 为代表的“启发式”生物序列数据库搜索工具得到广泛应用。直到目前，BLAST 仍然是最重要的生物信息工具。

20 世纪 70 年代开始，基因克隆技术和基因测序技术发展并走向成熟。微型计算机的出现使自动化核酸序列分析工具获得广泛应用，于 1979 年建立的核酸序列数据库 GenBank 也提供数字化的 CD-ROM 版本。1987 年，国际上三个重要的核酸序列数据库 GenBank、欧洲分子生物学实验室（European Molecular Biology Laboratory, EMBL）核酸序列数据库和日本 DNA 数据库（DNA Data Bank of Japan）组成了国际核酸序列数据联盟（International Nucleotide Sequence Database Collaboration, INSDC）。该数据联盟不仅在国际范围内实现了核酸序列的数据同步，而且进行了生物序列数据命名规则、格式、最小信息标准等的制定，促进了序列数据交换和共享[2]。INSDC 还建立了生物序列数据公开共享的规范和数据建设国际合作方式，这种方式在其他生物医学数据领域，例如蛋白质结构、蛋白质组学等得到了继承和发展，对于促进生物信息科学数据的规范化和自由共享具有重要的意义。随着 20 世纪 90 年代以来互联网技术的蓬勃发展，生物信息数据库的数据服务也走向网络化，数据库间开始相互链接，逐步形成了基于网络的生物医学研究知识支撑体系。

21 世纪以来，以新一代测序（new generation sequencing）为代表的高通量技术广泛应用，积累了大量数据。从 2008 年开始，生物序列数据的增长速度已经超越了 Moore 定律，2015 年 Genbank 中存储的全基因组测序数据（whole genome shotgun）的核酸序列条目数已经超越了传统方法获取的序列数；2018 年国际生命科学研究社群产生的数据量已经达到 EB（exabyte, 10^{18}）级[3]。实现这些大数据有效存储和管理，保障持续、稳定和便捷地数据获取和使用，需要完善的数据标准、高效的软硬件构架以及流程化高性能的分析工具的开发与实施。数据的积累也促进了整体研究（holistic research）模式在生物医学领域的发展。在整合不同层次不同尺度数据基础上，利用数学模型，形成对细胞、组织、器官，乃至生物个体整体功能和动态行为的认知。在这个研究过程中，通过高通量技术产生的组学数据成为系统研究的基石。精准医学的崛起，提出了将病患个体组学数据与临床电子病历数据进行实时无缝对接的需求，依据基因组等组学数据分析结果纳入到临床决策过程中，数据也成为整合基础与临床的“黏合剂”。

可以预见，生物信息学在未来的一段时间内仍将保持高速增长，这主要是因为以基因组学为代表的高通量技术产生了大量数据，导致对信息存储、获取和分析需求的持续增加。同时，生物信息学也将更加深刻地融入生命科学的各个领域，成为构建生物科学知识体系的重要手段之一。历史已经证明，基础科学的发展到其转化为临床医疗中的应用，大约有十年的延迟。我们正在见证近二十年来基础研究中累积的各种新兴类型的数据，这也快速改变着医疗卫生工作中应用的技术与数据形式。

14.2　数据驱动的现代生物学

伴随着数据的大量产生，目前公认生物学是数据密集(data intensive)的科学领域。在生命科学研究的不同领域使用的先进的实验手段，产生了类型各异的数据，例如核酸测序、微阵列芯片(micorarray)、药物的自动化高通量筛选(high-throughput screening robots)、X 射线晶体成像、核磁共振光谱和蛋白质组学质谱等实验技术。这些数据给基础研究者带来了新的问题：如何合理保存、分析和传播这些数据？

在过去二十年中，公开数据库中保存的多种类型数据一直在惊人地增长。目前在 GenBank 数据库中保存有超过 2.17 亿条的序列，数据体量超过 4278 亿字节。PubMed 包含超过 3000 万文献引用，蛋白质结构数据库 PDB 存储了超过 16 万个蛋白质三维结构，Gene Expression Omnibus(GEO)包含超过 400 万基因表达的样本数据。这些数据对生物学至关重要，在接下来的部分我们将介绍和总结序列数据、生物大分子结构数据、基因表达和系统生物学数据，以及计算分析方法对生物医学的重要性。

14.2.1　生物学中的序列数据

序列数据是生物信息学中最经典的数据类型。生物序列包括 DNA 序列、RNA 序列和蛋白质序列。DNA、RNA 和蛋白质这些分子均可以表示为一组由基本单元构成的序列，DNA 和 RNA 的基本单元是碱基，蛋白质的基本单元是氨基酸残基。用具有特定含义的字符来表示这些基本单元，生物序列在计算机系统中可以表示为由这些字符构成的有序字符串，然后进行进一步的分析处理，挖掘其中真正的生物学含义。

近二十年来，生物序列数据迅速增加的关键是基因测序技术的进步。传统的测序方法 Sanger 测序适用于序列长度 300～1000 个核苷酸，是非高通量的方法。2003 年，利用 Sanger 测序方法的自动化测序仪，历时十五年完成了第一例人类的全基因组测序工作——人类基因组计划(Human Genome Project)。为了进一步推广测序的应用，增加测序通量并降低测序成本，从 21 世纪初以来，多种大规模 DNA 并行测序的方法被相继提出，包括 454 焦磷酸测序、SOLiD 和 Solexa(如今的 Illumina)测序，其典型特点是测序长度远远短于 Sanger 测序序列，但是能利用复杂的序列拼接算法，获得生物体全基因组的数据[4]。这些测序方法也被称为下一代测序(next-generation sequencing，NGS)。目前，一个人的全基因组测序只需几天时间，价格已经接近具有标志性意义的1000美元，该技术已经开始在临床诊断上得到应用。与此同时，通量更高、单分子的、更准确且更低成本的三代测序技术正在出现。宏基因组成为一个新兴的研究领域，通过 DNA 测序研究微生物生态系统，包括研究人类肠道菌群与人类疾病表型的关联。

生物序列比对(sequence alignment)是最经典的生物信息学问题，可以通过不同类别、不同层次的序列比对，识别序列之间相同或相似的区域，从而判别生物序列之间的关系，用于解决不同的生物学问题。例如，通过 DNA 和蛋白质序列的比对，可以在基因或蛋白质水平来审视物种之间差别，寻找同源序列之间的共有特征(序列模式，sequence pattern)。通过不同个体或物种之间基因组序列的比对，可以追溯基因在邻近物种之间的变化特征、识别同一物种不同个体之间的突变位点、与疾病关联的变异特征等。针对不同的生物学问题，生物信息学家相继开发了多种序列比对的算法和工具。

14.2.2 生物学中的结构数据

生物学中的结构信息涉及不同尺度的生物实体，从单一分子、分子复合物、细胞器、细胞、组织器官、生物体以至于种群。在生物信息学中所涉及的结构数据多是指蛋白质、RNA、DNA、各类配体以及它们所构成的复合物。到目前为止，获得这些大分子结构数据的最普及的实验方法依次为：X 射线晶体衍射(X-ray crystallography)、核磁共振波谱法(NMR-spectroscopy)和电子显微镜(electron microscopy)。通过这些方法获得的原始数据记录了生物大分子结构中原子的笛卡儿坐标。蛋白质结构数据库 Protein Data Bank 是记录这些数据的最重要的数据库。目前，PDB 数据库中记录的各类大分子的结构超过了 16 万，其中大部分是蛋白质结构。

这些生物大分子的结构模型数据是深入了解它们结构特点、功能和动力学特征的宝贵资源。但是目前，获取大分子或者分子复合物结构的方法依然比较复杂，而且价格昂贵。人类获取的分子结构的数目还远远落后于数据库中记录的生物序列的数目。单一分子结构提供的信息量与不同生物体或者多种功能复合体进行跨物种的结构比较，所能提供的信息量差别还是很大的。另一方面，目前研究证实，生物体内蛋白质分子的基本的折叠模式(fold)的数目是非常有限的。为了解决目前生物大分子结构模型数目远远落后于蛋白质序列数目的问题，结构基因组学的研究目标是确定在自然界中发现的蛋白质所共有的折叠模式，从而尽可能增加已知结构的数量。从最基本的原理来讲，是分子间的物理相互作用决定了细胞内发生了什么。因此，蛋白质三维结构模型的图谱越完整，我们对蛋白质功能的理解就越深入，也为药物研发提供依据。

在结构生物信息学研究中，亟待解决的关键问题有以下几个方面：一是如何通过分析分子结构来了解其相关的功能？目前，人们尝试利用分子模拟、对重要功能的关联结构特征进行统计分析等方法来了解结构与功能之间的关系。二是如何进行蛋白质结构的预测，现在常用的方法是使用序列数据库中记录的、来自不同物种的密切相关(或在同一生物体内，但执行一个稍微不同的功能)的蛋白质的信息，利用蛋白质序列-结构关系的知识，进行蛋白质结构的预测。第三个关键问题是蛋白质结构应该如何分类？如何综合考虑大分子的功能、结构和进化信息，构建一个适合的分类体系？SCOP(Structural Classification of Proteins)数据库就是根据蛋白质的结构特点和进化关系，建立了蛋白质的系统分类系统。

14.2.3　生物学中的基因表达数据

基因表达是一个受时间、遗传和环境等因素调节的生物学过程。基因表达谱是在某一时刻，某种组织(或细胞)中成千上万基因的 mRNA 转录本水平的快照。目前，高通量的基因表达数据主要来源于两种有力的实验手段——基因芯片(microarray)和基于下一代测序的转录组测序(RNA-seq)。两种方法，都需要从目标组织中提取 RNA 样本，然后比较不同状态(例如，不同发育阶段、不同组织或不同干预措施等)下基因表达差异状况。

对于基因芯片来说，RNA 样本首先被转换成互补 DNA(cDNA)等稳定形式，然后实验组和对照组分别被红色和绿色荧光分子标记，最后这些被标记的分子竞争性地与包含数千(甚至数百万)个预先设计的 DNA 探针的芯片进行杂交。通过共聚焦扫描显微镜和荧光发射器激发 cDNA 的染料分子，各位点的红色和绿色荧光的量可以被测定。各位点红绿色荧光的比例可以评估实验组和对照组相应基因产物的表达比例。这个比例可以评价一个基因在实验组中是否被下调或者上调。

RNA-seq 的实验流程中，RNA 首先被转换为 cDNA，然后制备测序文库，最后通过二代测序技术来获取数百万个短的核酸序列。原始测序的结果需要进行复杂的数据分析，首先利用生物信息学分析软件将测序读段(read)回帖到参考基因组上，再进行转录组的组装并计算转录本的丰度。与基因芯片相比较，RNA-seq 具有以下优势：①它几乎测量了所有的 RNA 转录本，而不限于基因芯片中预先选定的若干转录基因；②它测定的表达水平有一个更广泛的动态范围，具有更高的灵敏度和准确度；③可以发现未见报道的转录本和可变剪接转录本，并对选择性剪接转录本进行定量。

无论基因芯片数据还是 RNA-seq 数据，数据分析都面临着巨大挑战。两种实验方法都是对成千上万的基因表达水平进行测定，但是通常只会涉及较少的样本，且一般不进行技术性重复。如何能确定真正具有生物学意义的基因表达差异，仍然是具有挑战性的工作。此外，不同的数据分析工具和分析流程对于同一测序数据分析结果具有较大的波动，以及如何进一步对基因表达数据进行功能注释，将实验发现转化为对生物学机制的理解仍然需要更先进的生物信息工具的开发。

高通量的基因表达研究的成本较高，为了促进数据的重利用，科学界积极促进数据的公开与共享。目前，主要的数据库包括 NCBI 的 GEO(Gene Expression Omnibus) 和 SRA(Sequence Read Archive) 以及 EBI(European Bioinformatics Institute，欧洲生物信息中心) 的 ArrayExpress 等数据库。

14.2.4 生物学中的表观遗传学数据

表观遗传学是指在基因组序列不变的情况下，可以决定基因是否表达并可以稳定遗传的其他调控机制。这些调控机制包括组蛋白的修饰、DNA 的修饰和 RNA 干扰等，它们在不改变基因组 DNA 的情况下，通过多种途径影响基因转录和翻译的过程。这些表观遗传效应呈现连续、动态和组织特异性等特点。目前研究表明，表观遗传效应与多种重大疾病或者致病风险相关。

近些年，一些针对表观遗传学特定机制的高通量研究方法得到广泛应用，研究人员可以利用多种下一代测序技术和基因芯片方法，在群体水平进行全基因组表观遗传谱的研究，产生了大量复杂的高维数据。这些数据一方面包含与疾病和治疗关联的信息，另一方面也是遗传和环境因素共同的复杂作用结果。如何解释和可视化这些数据，对于表观遗传学研究仍是一个巨大挑战[5]。

14.2.5 生物学中的系统生物学数据

生命科学研究中的高通量技术，已经可提供从基因组、转录组、蛋白质组到表观遗传组、药物基因组、宏基因组和代谢组的宏大的数据谱。系统生物学就是利用这些数据，在设定对象系统的粒度和边界基础上，研究系统整体的特性，而不是系统内部独立组分特性的简单加和。系统生物学通过整合不同生物、化学、数学、物理和计算机领域的信息和知识，提供对生物学知识的整体的认知。在早期，系统生物的研究聚焦于建模和仿真，但是由于缺乏足够的实验数据，建立可靠模型的难度很大。随着不同水平的研究数据的积累，更多的系统研究方法，例如信息论、统计推断、概率模型、图论和网络分析等方法开始应用于生物信息的多组学数据[6]。

通过系统生物学的研究，包括多组学数据在内的多来源、多水平和多尺度的人类健康数据资源，将有助于建立一个综合的、网络化的人类系统模型(human system)(图 14-1)。通过这样的系统网络模型，生物网络中的相互作用被阐明，将有助于基因型-表型关系的理解，从而为生物标志物(biomarker)和药物的发现提供更多的信息；也有助于预测在某些特定的扰动下，相关的系统行为，帮助我们理解系统故障时哪里出了问题、应如何干预，从而使系统恢复正常。

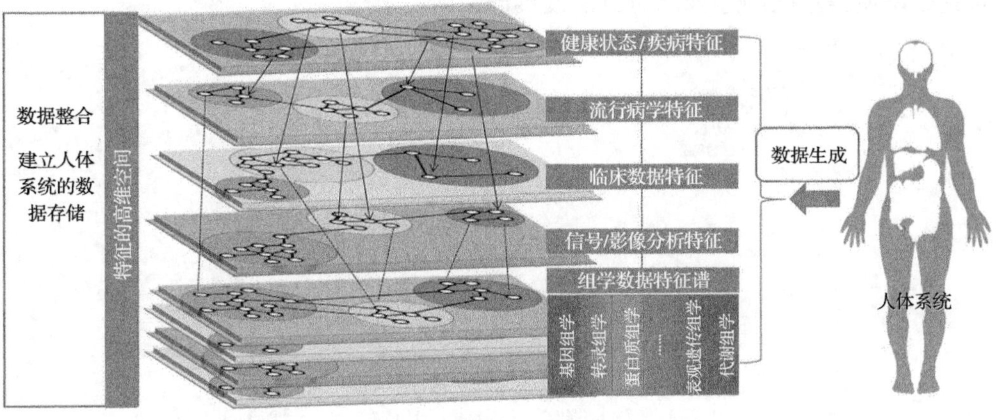

图 14-1　人体系统的整合网络

人体的多来源、多水平和多尺度的数据整合，以网络形式呈现。这样的网络可以进一步深入分析，构成一个综合的、反映人体系统特征的超级网络

https://doi.org/10.1093/bib/bbx151

14.3　关键生物信息学算法概述

生物信息学在发展的过程中，产生了许多适用于不同场景的算法。特别是近些年，随着多种高通量研究方法的广泛应用，生物信息学数据的分析方法越来越多。在此仅总结生物信息学中一些通用的算法，例如序列比对、基因表达分析和经典的聚类和分类预测方法。

14.3.1　生物序列比对分析

生物序列比对分析方法是最经典的生物信息学分析方法，它的应用非常广泛，用于许多具体生物学问题的解答。通过序列比对(sequence alignment)可以呈现出序列之间的最大相同程度，并显示每个残基位点之间变化(图 14-2)。我们根据序列分析的结果，可以判断两条序列在生物学上是否具有同源性(homology)，并进一步判断它们在结构和功能上的关联；判断一组生物序列之间是否具有共同的结构域(domains)或者模体(motif)；判断是否存在选择性剪切。在基因组数据的分析和注释的过程中，生物序列比对也是非常重要手段。

目前，许多统计推断和机器学习的方法都应用于序列比对中。在 20 世纪中期，科学家解析到的生物序列的数目还非常有限，他们需要一个有效的方法能找到两个或多个序列之间的最佳比对结果。随着序列数据库中序列条目数的增加，如何从数据库中快速、灵敏并且准确地找到同源的生物序列成为一个很大问题。基因组测序数据的增加，推动了基因组的拼接和组装方法的发展。生物信息学中需求的变更，使得不同的序列比对方法发展起来。

```
#=======================================
#
# Aligned_sequences: 2
# 1: NP_000508.1
# 2: NP_067080.1
# Matrix: EBLOSUM62
# Gap_penalty: 10.0
# Extend_penalty: 0.5
#
# Length: 134
# Identity:      34/134 (25.4%)
# Similarity:    54/134 (40.3%)
# Gaps:          13/134 ( 9.7%)
# Score: 80.5
#
#
#=======================================

NP_000508.1       11 VKAAWGKVGAHAGEYGAEALERMFLSFPTTKTYF---------PHFDLSH     51
                     ::.:|..|.....|:|.....|:|...|.....|         |...||
NP_067080.1        9 IRQSWRAVSRSPLEHGTVLFARLFALEPDLLPLFQYNCRQFSSPEDCLS-     57

NP_000508.1       52 GSAQVKGHGKKVADALTNAVAHVDDMPNALSALSDL-HAHK-LRVDPVNF     99
                      |.:...|.:||...:..||.:|:|:.:....|:.| ..|: :.|...:|
NP_067080.1       58 -SPEFLDHIRKVMLVIDAAVTNVEDLSSLEEYLASLGRKHRAVGVKLSSF    106

NP_000508.1      100 KLLSHCLLVTLAAHLPAEFTPAVHASLDKFLASV    133
                     ..:...||..|...|...||||..|:..:...:|
NP_067080.1      107 STVGESLLYMLEKCLGPAFTPATRAAWSQLYGAV    140
```

图 14-2　利用 Smith-Waterman 算法比较人的 hemoglobin subunit alpha（NP_000508）和 neuroglobin（NP_067080）。Smith-Waterman 算法是局部比对方法，产生的比对结果覆盖了两条序列相同程度高的区域。序列比对工具为 EBI 网站 EMBOSS 软件包的成对序列比对工具 Water（https://www.ebi.ac.uk/Tools/psa/emboss_water/）

1. 成对序列比对与动态规划算法

成对序列比对（pairwise sequences alignment）是比较两个生物序列，找到体现它们之间最大相同性的序列排列。这个过程涉及两个核心问题，一是如何量化评价比对中每一个位点出现的各种现象——匹配（match）、错配（mismatch）和插入删除（indels）（图 14-2）；另一个问题是通过何种方法能找到这个排列。建立一个评分系统来评价序列之间的变化规律并不是一件容易的事情，特别是对于残基组成丰富的蛋白质序列。Margaret Dayhoff 提供了一个可用于衡量蛋白质中进化变化发生的模型 PAM（Point Accepted Mutation）矩阵系列[7]。Dayhoff 等观察了 71 个蛋白质家族中关系紧密成员之间的 1572 种变化，他们首先构建了体现这些序列进化规律的系统发生树，然后在系统发生树的指导下计算了能够被进化所接受的氨基酸变化频率，在此基础上建立“可接受点突变”的概率矩阵，并经过一定的数字转化后构建了对数优势比（log-odds）矩阵。另外一个广泛应用的评分矩阵系列是出现较晚的 BLOSUM（Block substitution matrix）矩阵系统；图 14-3 显示的是在多种序列分析软件种常用的 BLOSUM 矩阵。目前，这两组矩阵在各种序列分析方法中应用广泛。

Ala	4																			
Arg	−1	5																		
Asn	−2	0	6																	
Asp	−2	−2	1	6																
Cys	0	−3	−3	−3	9															
Gln	−1	1	0	0	−3	5														
Glu	−1	0	0	2	−4	2	5													
Gly	0	−2	0	−1	−3	−2	−2	6												
His	−2	0	1	−1	−3	0	0	−2	8											
Ile	−1	−3	−3	−3	−1	−3	−3	−4	−3	4										
Leu	−1	−2	−3	−4	−1	−2	−3	−4	−3	2	4									
Lys	−1	2	0	−1	−3	1	1	−2	−1	−3	−2	5								
Met	−1	−1	−2	−3	−1	0	−2	−3	−2	1	2	−1	5							
Phe	−2	−3	−3	−3	−2	−3	−3	−3	−1	0	0	−3	0	6						
Pro	−1	−2	−2	−1	−3	−1	−1	−2	−2	−3	−3	−1	−2	−4	7					
Ser	1	−1	1	0	−1	0	0	0	−1	−2	−2	0	−1	−2	−1	4				
Thr	0	−1	0	−1	−1	−1	−1	−2	−2	−1	−1	−1	−1	−2	−1	1	5			
Trp	−3	−3	−4	−4	−2	−2	−3	−2	−2	−3	−2	−3	−1	1	−4	−3	−2	11		
Tyr	−2	−2	−2	−3	−2	−1	−2	−3	2	−1	−1	−2	−1	3	−3	−2	−2	2	7	
Val	0	−3	−3	−3	−1	−2	−2	−3	−3	3	1	−2	1	−1	−2	−2	0	−3	−1	4
	Ala	Arg	Asn	Asp	Cys	Gln	Glu	Gly	His	Ile	Leu	Lys	Met	Phe	Pro	Ser	Thr	Trp	Tyr	Val

图 14-3　BLOSUM62 矩阵。BLOSUM 矩阵是生物序列搜索工具，例如 BLAST 中最常用的蛋白质评分矩阵

Needleman-Wunsch 的方法是最早也是最重要的序列比对方法之一。它在比对的过程中允许空位的引入，也能保证产生的蛋白质或核酸序列比对结果是最优比对结果。它使用了一种被称为“动态规划算法”(dynamic programming algorithm)的方法，首先建立一个比对矩阵列表，进行序列中逐个残基的比对(利用评分矩阵和空位罚分系统)；然后通过回溯法确定贯穿两条序列全长的最佳比对结果。因此，Needleman-Wunsch 的方法也被称为全局比对方法(global pairwise alignment)。

另一个重要成对序列比对方法是 Smith-Waterman 的方法，它的基本计算过程与 Needleman-Wunsch 类似，通过对 Needleman-Wunsch 方法进行修改，能够找到两条序列中相似程度高的区域并形成多个短的比对结果，所以此方法也被称为局部比对方法(local pairwise alignment)。Smith-Waterman 方法对于识别蛋白质序列中保守的结构域或序列模体有很大的帮助。以上述两种方法为代表的成对序列比对方法是后续不断发展的多序列比对(multiple sequences alignment)的基础，也是诸多生物信息分析流程(例如蛋白质结构预测)的重要组成步骤。

2. 生物序列数据库检索与局部比对检索基本工具 BLAST

随着生物序列数据库中累积的序列数目不断增加，利用数据库的搜索来揭示一个蛋白质或基因在相同或者不同的物种中有哪些相关的序列，成为了解该蛋白

质(或基因)的最基本的方法。这个搜索过程的实质就是查询序列与数据库中的每一条序列，进行成对比较，并返回最相关的结果。尽管基于动态规划算法的局部比对方法可以确保找到最优的双序列比对结果，但是随着数据库的增大，双序列比对计算的时间复杂度迅速增加，不适合应用于数据库的搜索。

目前，以 BLAST(Basic Local Alignment Search Tool)为代表的“启发式”算法，广泛应用于多类生物数据库的序列检索中。简而言之，在 BLAST 中，它首先将查询序列分解成很多短的片段，然后在数据库中寻找与这些短片段相似程度高而且没有空位的匹配片段。然后以这些短匹配片段作为“种子”，进行比对的延伸。最终将符合阈值的结果作为最终的数据库搜索结果。通过“种子”的寻找，BLAST 避免了在数据库检索时，进行查询序列与数据库中所有序列进行逐一残基的比较，大大缩减了搜库时间。从后续的应用效果来看，BLAST 兼顾了计算速度和灵敏度，成为到目前为止用户最多的生物信息学工具。

为了满足日益增长的生物学问题的多样性，以 BLAST 为基础的新的序列相似性搜索工具不断涌现。例如 PSI-BLAST 和 Delta-BLAST，此搜索工具在比对的过程中可以使用不断优化的位置特异性矩阵(position-specific scoring matrix)，有助于发现序列相似程度低但有生物学上关联的蛋白质序列。在核酸序列方面，为了支持长的基因组序列的检索，BLAT、MegaBLAST 等工具相继开发出来。此外，隐马尔可夫模型(Hidden Markov Model, HMM)也广泛应用于序列比对和数据库检索中。

3. 下一代测序数据分析中的序列比对

下一代测序流程大体可以分为实验室阶段和生物信息分析阶段。图 14-4 显示了下一代测序的分析流程。在实验室中完成了样本制备、文库准备、扩增和测序流程后，得到了电子化的测序结果。在不同的测序平台，测序原始数据的读段(reads)长度差别很大，从 35 到 10000 左右碱基的序列，在对其进行质量评价并滤除低质量的读段后，就要解决测序数据分析中一个核心的计算问题——这些短的序列来自于其原初基因组的位置。

将读段映射到参考基因组的过程是一个序列比对的过程，确定读段最有可能的基因组的位置，从而形成一个以参考基因组为坐标的个体基因组的共有序列。在这个比对过程中，需要考虑匹配和错配的情况，也需要考虑计算速度和占用计算资源问题。针对这类特定比对的工具和软件包不断涌现，目前主要有两类基本的方法应用于读段的参考基因组映射中，一种方法是基于哈希表(Hash table)的比对，另一种方法是基于 Burrows-Wheeler 转换的比对[8]。比对完成后，可以依据读段所在的参考基因组的位置，进行进一步生物学问题的分析，例如突变的识别等。

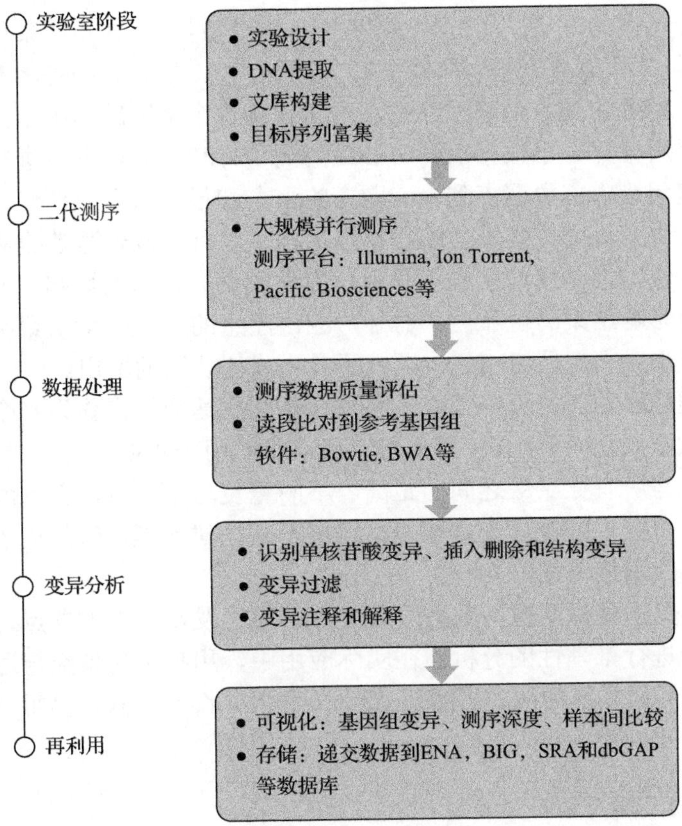

图 14-4　下一代测序实验流程：从实验设计到数据分析

14.3.2　基因表达数据的聚类

基因表达研究一次可以测定不同实验条件下的大量基因表达信息。研究者关注的不仅是具体某个基因(转录本)表达丰度的改变，也关心这些基因在不同条件下、不同样本中的基因表达模式的改变，从而进一步挖掘基因表达数据中所蕴含的生物学意义。聚类分析是一种将表达模式相似的基因聚合成组的探索性研究方法[9]，属于非监督机器学习方法的一种。

在聚类分析中，首先要明确基因表达数据点之间距离的计算。在数学上有很多计算距离的方法，例如欧氏距离(Euclidean distance)、曼哈顿距离(Manhattan distance)等测度，也可以使用数据点之间的相似性指标 Pearson 相关系数或者夹角余弦等指标表示。聚类算法很多，在基因表达数据分析中，应用比较多的是 *K* 均值聚类(*K*-means clustering)和层次聚类(hierarchical clustering)方法。

K 均值聚类的目的是根据基因表达模式(在不同条件下基因表达丰度形成的向量)将待分析的基因划分到 *k* 个基因簇中，并使得类内的聚类平方和最小。*K* 均

值聚类是一种迭代的方法。首先，它随机选择 k 个数据点(在不同条件下基因表达量形成的向量)来代表 k 个基因簇的中心(“质心”)，把剩余的基因表达数据点根据最短距离原则分配到各个基因簇中，重新计算各个基因簇的中心；然后进行下一步迭代，重新计算每个数据点到中心距离的平方和，对数据点进行重新划分，以保证每个基因簇内部数据点到中心距离的平方和最小。重复迭代，直到基因簇的中心不再发生变化，这时每个簇内部都包含了具有相似表达谱的基因。K 均值聚类收敛速度快，但是簇的结构不稳定，容易收到离群值的影响。而且，初始 k 值的选择也会影响结果的可靠性。另外，应该注意的是，K 均值聚类在计算的过程中，并没有形成一个层级结构，因此不会生成树状图的输出。

层次聚类采取的类的划分策略是将每个基因表达数据点作为一个初始簇，然后成对计算数据点之间的距离；然后将距离最小的两个数据点合并成为一个新簇，重新计算新簇与所有原始簇之间的距离。不断重复这个步骤，直到所有的数据点都包含在同一个簇中。在这个过程中，通过不断构建新簇，就形成了反映数据点之间关系的层次系统树图。

尽管聚类是一种探索性的数据分析方法，用于发现高维数据点之间的关联关系，但是不能进行推理性的分析。在实际应用中，用户多将聚类与适当的可视化方法相结合，例如系统树图、热图(heatmap)和散点图等方式，以帮助理解高维数据的特征。

14.3.3　分类和预测

分类和预测也是在生物信息学领域经常遇到的问题，从蛋白质二级结构的预测、利用基因表达数据实现癌症亚型的分类、生物标志物的识别到患者预后的预测等等，多种有监督机器学习的方法被应用于这个领域。(本节仅对这类方法做简要介绍，读者可阅读领域内专业参考资料了解更多细节。)

K 最邻近法(*K*-nearest-neighbor, KNN)是一种非常简单且容易理解的分类方法。它的基本思想是在某个特征空间中，如果一个样本的 K 个最相似(即特征空间中最邻近)的样本中的大多数属于某一个类别，则该样本也属于这个类别。然而，KNN 不适用于组学数据这类高维数据。在数据维度很高的情况下，KNN 的计算量会非常大，而且 KNN 的分类对于特征空间局部的数据结构很敏感，容易导致预测结果不稳定。

统计学习的方法也广泛应用于分类器的构建。这类方法中，采用了函数逼近(function approximation)和估计。首先要找到反映输入和输出之间真实关系的一个有用的近似函数 $f(x)$；然后，利用一个估计这个近似函数准确性的量度，例如残差平方和(residual sum of squares)，来优化这个模型对训练集数据的拟合程度。支持向量机(support vector machine)、贝叶斯模型(Bayesian modeling)和 Logistic 回归都是利用统计学习的方法来构建分类器。

还有一类基于规则的分类器。这种类型的分类器可被看作是一系列规则的组合，每个规则都是基于某一特征将实例数据进行类的划分。不同的分类算法采用了不同方法进行规则的建立，也采用了不同的方法来提升分类器的性能。决策树(decision tree)和随机森林(random forests)就是这类分类器的代表。

采用哪种分类预测方法取决于数据的性质和遇到的问题，可能需要根据具体的生物医学问题来决定是优先考虑分类器的敏感性还是特异性。此外，数值型数据或者分类数据、数据噪声状况、缺失值、特征的关联性以及特征的非线性相互作用等都会影响分类方法的选择。在许多情况下，最好的方法实际上是尝试一些不同分类方法，并做出比较。目前很多自由获取的软件包，例如 R/Bioconductor 和 Weka①都支持多种分类方法的应用。

14.3.4　维数灾难

在后基因组时代，数据缺乏的情况已经很少见。相反，许多研究人员认为他们拥有比预想的还多的数据。然而，在生物医学领域，数据的丰富更多体现在数据的维度，而不是样本的数量。这种错位可能会对实验设计和统计分析造成挑战。第一类错误——不恰当地拒绝无效假设并认为结果有统计意义，容易在分析高维数据时被放大。这是所谓的“维数诅咒”(curse of dimensionality)的一个特点。假如我们进行如下分析：利用 20000 个基因的表达数据来预测某种结局；在样本数量方面，有 30 个随机抽样的样本——从进行单次假设检验来说这个样本量是合理的；通过分析识别出一些与该结局相关的基因。但是，应该注意的是，在基因表达数据分析中这样的一次分析并不是只进行了一次假设检验，而是同时进行了 20000 次假设检验！我们必须对多重假设检验进行校正。

Bonferroni 校正是一种常用且直观的多重假设检验校正方法。该方法将通常的统计显著性阈值(通常为 0.05)除以假设检验的次数，作为多重假设检验的统计显著性标准。所以，对于前面例子中的 20000 个基因的分析，关联基因的统计学显著性标准，将会调整至 2.5×10^{-6}。通常情况下，对基因表达数据这类的高维数据，分析结果很难满足如此严格的统计学显著性标准，所以就需要有更多的样本来增加统计效能(statistical power)。

另一种方法是使用错误发现率(false discovery rate, FDR)，也被称为 Q 值，用以代替传统的统计指标 P 值。这种方法计算了在错误地拒绝了无效假设的情况下的假阳性率的期望值[10]。此统计指标与报告的阳性结果中假阳性的比例近似。我们再考虑上面的包含 20000 个基因的基因表达数据，我们想知道基因 X 是否在实

① The workbench for machine learning. https://www.cs.waikato.ac.nz/~ml/weka/index.html.

验组和对照组中的表达存在差异。设定一个 P 值的阈值，例如 0.05，这意味着每 20 次假设就有 1 次，我们错误地拒绝了无效假设，产生一个假阳性的结果。通过统计检验返回了 2000 个阳性预测结果，例如 2000 个基因在实验组和对照组中的表达是具有显著性差异的，以 1/20 的假阳性率为标准，则有[20 000×(1/20)=1 000]或者近半数的结果是假阳性的。如果 FDR 的阈值设定为 0.05，意味着预测阳性的结果中有 5%是错误预测的，也就是 2000 个预测阳性结果中仅有 100 个是假阳性。FDR 校正没有 Bonferroni 校正严格，在目前组学研究中比传统的 P 值和 Bonferroni 校正的应用更广泛。

分析高维数据集的另一种方法是降维，例如特征选择或特征提取。特征选择意味着只抽取一部分特征构建一个子集，进行后续分析。在前述的基因表达数据中，我们可以选取表达水平变化最大的部分基因，或者选取某些被认为与结局关联度最高的基因，用于后续的分类预测研究。特征提取则是创建一个新的、更少特征的子集，该子集能够捕捉到原来数据集的本质特征。主成分分析(PCA)就是这样一种方法，它能够把高维数据降维到二维或三维，并进行可视化。PCA 的基本思想是把数量很多的特征转化为数量很少且不相关的特征(主成分)。

14.4　生物信息学数据管理与数据库

生命科学领域已经成为信息密集、数据密集的学科。对科学研究产出的数据进行高质量管理，进而推进数据的再利用，促进数据—信息—知识的转化，也成为生物信息学研究和实践中重要的任务。通过几十年的发展，伴随着生物科学技术进步，生物信息数据库已经覆盖了生命科学的广泛领域，在这个过程中发展起来的数据审编(curation)规范、生物医学数据标准和数据共享规范，其影响力甚至已经超越生命科学领域。

14.4.1　FAIR 准则与数据标准

2016 年，科学数据管理领域提出为了更好地利用数据，科学数据的建设和管理应该以 FAIR 为目标——科学数据应该是可查询(findable)、可获取(accessible)、可互操作(interoperable) 和可重利用(reusable)的。FAIR 准则实质是要求通过数据建设和数据管理，应该不仅保证数据是可以被人所理解，还应该以机器可操作目标，机器可以自动查询到数据并且利用之[11]。FAIR 准则的实施将为进一步提升数据驱动的知识发现提供保证。

FAIR 准则的实施，既需要科学社群共同努力建立相应的文化基础，也需要建立该准则能够实施的技术支持环境。这首先应当有一个相对完备的数据标准体系。生物信息学内容层面的数据标准主要涉及三类，主要包括数据的格式标准、最小信息标准和数据语义层面的术语标准三个层次。

格式标准是不同机构之间共享数据或软件程序之间交换数据的统一格式，既包括文件的格式，也包括数据模型。例如在基因组测序领域，记录原始测序的 FASTQ 格式的文件到记录基因序列突变信息的 VCF 格式文件，均是被学界和产业界广为接受的数据标准格式，成为数据交换的基础。

最小信息标准通常也称为数据内容标准或报告指南，是指要理解一个数据对象及其背景所必需的说明信息。现在生物医学研究中，以组学数据为代表的实验数据均是由复杂的研究系统产生，整个流程包括实验设计、样本准备、实验实施、样本检测和数据分析等诸多环节。通过翔实的元数据充分记录这些信息，是此类实验数据能否被广泛认可、使用、整合以及再利用的关键要素。对于数据的再利用者来说，尽可能丰富的元数据有助于对数据的正确理解，然而过于冗长的元数据不仅会对实验人员造成较大负担，也会对数据的存储造成困难。因此需要有针对性地制定特定领域的关于元数据的最小信息标准，使其能够被各利益相关方接受并付诸实施。如今许多专业领域开始从事最小信息标准的制定——即理解或者重利用复杂体系产生的数据所需的最小元数据项。微阵列实验最小信息标准(minimum information about a microarray experiment，MIAME)是最早出现的元数据标准，并获得较广泛的应用。目前，诸多的实验方法都建立了自己的最小信息标准[12]。

术语标准规范了客观物件或者概念的名称、定义并提供明确的标识，从而为实现机器间“语义”交流建立基础。术语标准的存在形式有多种，从可控词表、术语表、分类词表、叙词表到本体，其形式化程度逐渐增强，功能逐步丰富，复杂度也大幅度提升。本体(ontology)是当代计算机科学与信息科学催生的一种新的知识组织方式，其核心作用在于用人和计算机都可以理解的术语(terms)及关系(relations)描述某一领域内的实体(cntitics)以及实体之间的相互关系，从而提供一个对此领域事物本质的统一认识。通过本体中的标准化术语，不同数据集合的元数据可以被注释并进行术语的统一，进而消除异质性，实现数据的整合。本体作为生物医学数据标准化的一种重要手段，在大数据整合与复用的过程中发挥着日益重要的作用[13]。

上述三类标准互相组合、互相支撑，构成了一个领域内数据互兼容、互操作的内容标准系统。以 2002 年创立的人类蛋白质组组织(Human Proteome Organisation)的分支机构蛋白质组学标准计划(Proteomics Standards Initiative，PSI)为例，它通过科学社群合作方式建立了成体系的蛋白质组学数据标准。在最小信息标准层面，PSI 建立了蛋白质组学实验最小信息标准(Minimum Information about a Proteomics Experiment，MIAPE)。该信息标准又包含若干模块，针对蛋白质组学研究的不同实验方法或者步骤规定了进行数据描述时必须包含的信息，主要包括用于样品分离色谱分析的 MIAPE-CC、质谱分析的 MIAPE-MS、后续信息学分析的 MIAPE-MSI 和定量蛋白质组学分析（quantitative components）的 MIAPE-Quant 标准。在语义标准层面，PSI 相继建立了针对质谱分析流程中所涉及的仪器、软件、参数等方面术语标准的 PSI-MI CV 和描述分子相互作用相关术语的控制术语集 PSI-MI CV。在文件格式层次，PSI 利用可扩展标记语言（extensible markup language，XML）建立了描述质谱仪产生的原始谱图数据的 mzML 以及其他类型实验数据的文件格式。目前，无论是 PRIDE 和 iPROX 等蛋白质组学数据公开平台，还是多种商用或者自由使用的数据分析工具，均支持上述数据标准。这为蛋白质组学数据的再利用提供了有力支持。

14.4.2 生物信息数据库

通过生物信息数据库的建设实现生物医学数据的规范化收集、持久保存、合理审编、结构化组织，并提供适当的工具进行高效数据检索和获取、数据库可视化和整合分析，不仅是生物信息学研究的重要内容，也是核心产出之一。根据核酸研究（NAR）杂志 2020 年度的数据库专刊收录，目前重要的生物信息学数据库 1637 个，这些数据库互引互链，形成了反映目前生物医学研究最新成果的知识网络；同时，这些数据库也支持诸多软件和自动化工作流的数据获取和分析，是进一步知识发现的基础性支撑资源。用户可以通过 http://www. oxfordjournals.org/nar/database/c 网页获取 NAR 杂志收录的这些生物信息数据库的分类列表。

生物信息数据库的类型多种多样，存储的数据类型各异、数据来源不同、覆盖学科范围和物种也各具特色。根据数据库中数据类型的差别，可以分为序列数据库、结构数据库、基因组数据库、基因表达谱数据库等；每一类数据库内部，还可以进一步细分，例如根据其数据来源，是通过实验室产生的数据，还是通过生物计算推算得到的数据，其反映客观世界的真实性是有很大差别的。此外，围绕特定的物种或者生物学问题，还有很多专业的数据库，这些数据库往往横跨多种数据类型，并提供更为丰富和复杂的数据注释，为特定的领域提供全面的数据服务。例如，FlyBase 和 WormBase 就是针对模式生物果蝇（*Drosophila*）和秀丽隐杆线虫（*C. elegans*）的数据库，整合了多种类型数据，包括基因、基因组、突变、表达、表型以及基于本体的数据注释等信息的数据库，为对该物种感兴趣的研究人员提供综合的数据和知识服务。

生物信息学数据库还可以依据数据审编（curation）的程度，分为一级数据库（primary database）和二级数据库（secondary database）。一级数据库，也称为档案数据库（archive database），数据主要内容由科研人员提交的实验结果构成，仅包含较少的数据基本说明。数据一旦提交和获得登录号（accession number）后，提交和后续修改记录将永久保存，它们构成了科学记录的一部分。例如，PDB 数据库和 GenBank 数据库就是此类数据库，数据由科研人员直接提交，数据库审编者仅进行简单的注释和格式审查。一级数据库中，往往会包含较多的数据冗余并可能存在一些错误。二级数据库，也被称为审编数据库(curated database)或知识库(knowledgebase)。这类数据库是在一级数据库基础上，进行了大量深入的数据审编工作——包括术语标准化，利用文献进行数据注释，建立数据库内部和跨数据库的关联整合、利用数据分析和挖掘的工具进行知识的抽提等。数据审编的过程是一个数据价值提升的过程，这类数据库往往成为生物领域科学家的重要的参考资源。UniProt KnowledgeBase 是一个典型的二级数据库[14]，该数据库包含了超过六千万条蛋白质序列，其中的 50 余万条序列经过专家进行基于文献的数据审编，在进行严格的数据审核和预测分析基础上进行数据注释，数据注释的内容包括蛋白质序列特征、突变信息、翻译后修饰以及与表型和疾病的关系等诸多方面。这部分构成了 UniProt Knowledge Base 中核心的部分。其余的蛋白质序列，进行了基于规则的自动化注释，这些规则的建立也是来源于专家审编的知识库。

在国际上，大规模的生物信息数据中心是本领域数据、信息和知识资源的权威的集聚枢纽。这些数据中心往往具有生物信息资源服务(service)与生物信息学研究(research)的双重功能。美国国家生物信息中心(National Center for Biotechnology Information，NCBI，https://www.ncbi.nlm.nih.gov/)隶属于美国国家医学图书馆(National Library of Medicine, NLM)，是国际上最知名的生物信息资源中心。PubMed、GenBank、BLAST、dbSNP 和 GEO(Gene Expression Omnibus Database)等一系列影响深远的数据库和工具均由 NCBI 维护。读者可以利用 NCBI 数据库介绍页面(https://www.ncbi.nlm.nih.gov/guide/all/)了解其全部资源、工具和服务。另外一个重要的生物信息中是欧洲分子生物学实验室(European Molecular Biology Laboratory, EMBL)下设的欧洲生物信息中心(European Bioinformatics Institute, EBI，https://www.ebi.ac.uk/)，Ensembl、UniProt、Pfam 和 PRIDE 等数据库都是该中心的特色资源。用户可以在 https://www.ebi.ac.uk/services/all 页面获得其全部工具和数据库的介绍信息。

14.5　转化生物信息学

转化医学的关键是打破基础医学、药物研究、临床医学之间的屏障，加强研究与应用之间的结合，在它们之间建立起一个双向转化的桥梁。一方面从实验台到病旁(from bench to bedside)，把基础科学的研究成果快速转化到临床应用领域(包括医疗、预防、护理等)，为疾病的诊断和治疗提供更先进的理念、手段、工具和方法，提高临床疾病的预防和诊治水平；另一方面，临床研究者在转化成果的应用中及时反馈，并进一步转入相应的基础领域以进行深入研究(from bedside to bench)，使缺陷和不足得以及时修正，从而也促进了基础研究的发展。在这个过程当中，生物信息学、影像信息学、临床信息学和公共健康信息学的信息资源贯穿于转化医学的各个阶段，扮演着整合不同阶段研究的重要的“黏合剂”的角色。

转化生物信息学在推动实验室的研究向临床应用转化的过程中，面临着两个层面的挑战。一是在科学层面，传统基础医学研究多是建立在“还原论”的基础上，研究往往从单一基因、单一靶点或者孤立的条件出发，用线性关系表示病因、表型与疾病之间的关联，这类模型无法体现人类疾病的复杂性，是导致实验室研究成果向临床应用转化效率低下的一个重要原因。目前，基础研究中的高通量方法、临床中各类实时人体健康指标的监测与收集以及电子病历系统的普及，使得建立反映患者遗传-环境等诸多健康影响因素的“全数据”成为可能。转化生物信息学需要建立与之相应的数据分析和知识挖掘的方法，综合地探索疾病影响因素的相互关系，并在此基础上建立有效的、个体化的诊断和治疗方案。在技术层面，如何将不同领域的数据实现有效整合；通过提升数据管理手段和实施高性能计算，将组学分析和系统生物学计算应用于临床信息支持；建立符合临床需要的实时监测、反馈和决策系统，是转化医学应用过程中需要解决的技术性问题。

1. *药物研发与临床应用*

转化生物信息学可以深入到药物的研发与应用的诸多环节，提升药物研发的效率。在药物研发阶段，系统生物学的研究策略，包括高通量的实验方法结合转化生物信息学分析，有助于阐明细胞内分子间相互作用机制，帮助寻找更有效的药物靶点；整合多组学数据、表型信息以及药物化合物相互作用数据，进行药效和毒性的预测；分析不同物种间的分子变异，探讨动物模型与人类之间的差异，有指导地进行进一步的人体研究。

在临床研究阶段，可以利用药物基因组信息和生物标志物进行治疗方案的优化。药物基因组学是研究个体的基因型会如何影响患者对药物的反应性，这是属于精准医学的一部分。在整合基因组、来自于电子病历数据的表型组和药理学数据基础上，进行个体的药效和安全性的评价。通过药物基因组的信息，可以有目标地筛选特定基因型的目标人群，进行药物治疗，从而保证最小的药物副作用。同时，还可以利用生物标志物(具体见下一节)，作为药物在体内生理和药理学效果的监测手段。

获得上市批准的药物仍需要进行药物的安全性和药物不良反应(adverse drug reactions, ADRs)的监测。此类监测所需的数据，可以从电子病历系统、医保报销系统以及疾病监测系统中获取并构建药物警戒系统。这些数据，还有助于发现已上市药物的新治疗指证。例如，正敏乐啶(Minoxidil)是一种已经上市的抗高血压药物，监测发现其具有导致毛发增多的副作用。这被认为可能具有其他的治疗作用，并用于秃发的控制。利用转化生物信息学方法，可以促进药物的重利用，主要思路是分析不同疾病中药物分子干扰基因表达的相似性，再依据药物分子可能影响的蛋白质相互作用、蛋白质-药物分子相互作用、通路，来寻找该上市药物可能的新的靶点，探索新的治疗应用。

2. 发现新的生物标志物

生物标志物(biomarker)是一种可客观检测和评价的、可作为正常生物学过程、病理过程或治疗干预药理学反应的指示因子[15]。发现新的生物标志物，是转化医学研究中一项重要任务，有助于在精准医疗中对个体诊断和治疗进行更准确的定性和定量评价。

由于疾病过程的动态变化，病理过程和治疗的复杂性，发现和证实有效的生物标志物是非常有挑战性的一项工作。目前，系统生物学的方法，结合转化生物信息分析和各种“组学”策略已被应用到生物标志物发现过程中。例如，使用数据建模的方法，可以从基因多态性、病因多样性到环境影响的不同层次探究影响疾病的复杂因素，综合分析疾病亚型。系统生物学的生物标志物更关注于分子、细胞、组织、人群、微环境和宏观环境的相互作用，具备动态特性，有助于区分正常到疾病的不同发展阶段，建立患者的精准分型。此外，有监督机器学习方法也广泛应用于生物标志物的识别。

3. 转化生物信息学数据标准化、整合与再利用

在转化生物信息学研究和应用中，一个重要的前提是将不同来源、不同类型数据整合在同一个逻辑一致的数据模型，以帮助阐明复杂疾病的特征，并进一步应用。这个过程中的一个重点是将临床数据与以基因组数据为代表的各类实验室数据整合。这将使得在广泛临床数据的前提下，理解人类基因组，建立完整和准确的基因型-表型关系成为可能。另一方面，这也将促进转化医学研究中所发现的知识能够快速应用到临床决策中，指导人体的疾病预防、诊断和治疗。

整合临床数据和实验室数据会面临巨大的挑战，这是因为这两个方面数据存在多样性和异质性。长期以来形成的领域的壁垒、数据标准的不到位和不一致以及数据管理模式的差别，都是未来建立转化医学数据整合需要跨越的障碍。

利用标准化的术语标准进行转化医学相关数据记录是实现数据整合的重要一步。SNOMED-CT(Systematized Nomenclature of Medicine Clinical Terms)是全球电子病历系统中使用最广泛的本体术语集。SNOMED-CT 提供一套系统的框架来组织临床术语，提供相应编码、同义词和定义，使用描述逻辑(description logics)表示术语及其复杂的关系。OBO Foundry(可直译为开放性生物与生物医学本体铸造工厂)是致力建设统一标准的生物医学本体的组织，旨在开发一系列具有可互操作

性、逻辑性、科学性和准确性的本体。目前广泛使用的人类表型本体(Human Phenotype Ontology，HPO)、基因本体(Gene Ontology，GO)、生物医学调查本体(Ontology for Biomedical Investigations，OBI)等均由 OBO Foundry 开发和维护。SNOMED-CT 也提供与人类罕见病本体 ORDO 和 HPO 之间的映射，帮助跨本体的术语整合。我们可以利用自然语言处理等方法，利用本体术语进行电子病历的标注、实验数据的语义标准化与元数据标准化，实现基于本体的标准化来消除语义异质性，实现数据的整合、注释与分析。此外，基于本体所构建的知识网络，也有助于精准医学研究中建立患者的精准分型。

电子病历数据(EHR)驱动的人群基因组研究是转化医学研究中的一项重要策略。例如全基因组关联研究(genome wide association studies，GWAS)，用于在全基因组水平上探索常见疾病(common disease)中单核苷酸多态性(SNP)与某一表型的关联。由于在常见疾病中，疾病的发生与多个基因改变相关，单一核苷酸改变对于表型的影响非常弱。GWAS 研究为了获得足够的统计效能，需要有成千甚至于上万的研究对象。利用电子病历系统进行受试者的招募和表型信息的抽提，可以大大降低研究成本。为了促进 EHR 数据与基因组数据的整合研究，美国建立了 eMERGE(Electronic Medical Records and Genomics Network)网络，将受试者的生物样本与电子病历数据关联。eMERGE 不仅支持了 GWAS 的研究，还在对该网络中电子病历数据中的表型信息进行 ICD-9 CM 和 ICD-10 标注基础上，开展了全表型组关联研究(Phenome-wide association studies, PheWAS)。该网络还支持自然语言处理(natural language process)工具开发，以帮助电子病历系统中大量文本信息的再利用[16]。英国的 UK BioBank 计划是一项前瞻的队列研究。该计划已经收集英国 50 万人健康相关数据。受试者在国民医疗服务体系 (United Kingdom National Health Service)中的电子健康档案作为随访数据整合在该数据库中。同时，每名受试者均提供全基因组范围的基因型数据。UK BioBank 现在已经成为支持转化医学研究的重要资源，基于 UK BioBank 的 GWAS、PheWAS 等多种研究相继展开。Albert Tenesa 等系统研究了该数据库中超过四十五万欧洲后裔的 778 种表型，利用 GWAS 的方法找到了近 90 万个有统计学意义($p<10^{-8}$)的基因型与表型的关系对[17]。

14.6 小 结

经过几十年的发展，生物信息学已经成为现代生物医学研究的重要组成部分。生物信息学提供的方法，使得科学家能够以更加系统的视角去观察生物体内不同组分之间在不同水平的相互关系和动态变化过程。这种整体的观念，对于催生更加精准的人类疾病的诊断和治疗是至关重要的。同时，生物信息学也提供了当代生命科学研究开展所必需的信息技术支持，从大数据管理到数据分析工作流的整合，从知识挖掘到决策系统的建设。可以预见，生物信息学在未来将进一步与临床信息学以及生物医学工程其他子领域融合，建立实时高效的健康数据采集、分析和反馈系统，服务于人类健康水平的提升。

参 考 文 献

[1] Butte A J. Translational bioinformatics: coming of age. Journal of the American Medical Informatics Association, 2008, 15(6): 709-714.

[2] Karsch-Mizrachi I, Takagi T, Cochrane G, et al. The international nucleotide sequence database collaboration. Nucleic Acids Research, 2018, 46(D1): D48-D51.

[3] Gauthier J, Vincent A T, Charette S J, et al. A brief history of bioinformatics. Briefings in Bioinformatics, 2019, 20(6): 1981-1996.

[4] Goodwin S, McPherson J D, McCombie W R. Coming of age: ten years of next-generation sequencing technologies. Nature Review Genetics, 2016, 17(6): 333-351.

[5] Cazaly E, Saad J, Wang W, et al. Making sense of the epigenome using data integration approaches. Frontiers in Pharmacology, 2019, 10: 126.

[6] Oulas A, Minadakis G, Zachariou M, et al. Systems bioinformatics: increasing precision of computational diagnostics and therapeutics through network-based approaches. Briefings in Bioinformatics, 2019, 20(3): 806-824.

[7] Dayhoff M, Schwartz R, Orcutt B. A model of evolutionary change in proteins. Atlas of Protein Sequence and Structure, 1978, 5: 345-352.

[8] Flicek P, Birney E. Sense from sequence reads: methods for alignment and assembly. Nature Methods, 2009, 6(11 Suppl): S6-S12.

[9] Koch C M, Chiu S F, Akbarpour M, et al. A beginner's guide to analysis of rna sequencing data. American Journal of Respiratory Cell and Molecular Biology, 2018, 59(2): 145-157.

[10] Rouam S. False discovery rate (FDR)//Dubitzky W, Wolkenhauer O, Cho KH, Yokota H, eds. Encyclopedia of Systems Biology. New York: Springer, 2013: 731-732.

[11] Wilkinson M D, Dumontier M, Aalbersberg I J, et al. The FAIR guiding principles for scientific data management and stewardship. Scientific Data, 2016, 3: 160018.

[12] Taylor C F, Field D, Sansone S A, et al. Promoting coherent minimum reporting guidelines for biological and biomedical investigations: the MIBBI project. Nature Biotechnology, 2008, 26(8): 889-896.

[13] 何勇群, ZHENG Jie, 朱伟民,等. 本体:生物医学大数据与精准医学研究的基础. 生物信息学, 2018, 16(1): 7-14.

[14] UniProt Consortium T. UniProt: the universal protein knowledgebase. Nucleic Acids Research, 2018, 46(5): 2699.

[15] Yan Q. Toward the integration of personalized and systems medicine: challenges, opportunities and approaches. Personalized Medicine, 2011, 8(1): 1-4.

[16] Kirby J C, Speltz P, Rasmussen L V, et al. PheKB: a catalog and workflow for creating electronic phenotype algorithms for transportability. Journal of the American Medical Informatics Association, 2016, 23(6): 1046-1052.

[17] Canela-Xandri O, Rawlik K, Tenesa A. An atlas of genetic associations in UK Biobank. Nature Genetics, 2018, 50(11): 1593-1599.

第 15 章　生命系统数学模型的建立与仿真

计算机仿真作为一种定量分析方法，已经广泛地应用于各类系统的研究中，被称为除理论推导和科学试验之外人类认识和改造自然的第三种手段。迄今为止，人们对生命系统这一最为复杂的动态系统仍知之甚少，关于生命系统的计算机仿真始终是研究的热点和难点。

15.1　模型与实体

15.1.1　模型与实体的概念

实体：一切客观存在的事物及其运动形态统称为实体。

模型：模型是对实体的特征及其变化规律的一种表示或抽象，而且往往是对实体中那些所要研究的特定的特征定量的抽象。

15.1.2　模型与实体的关系

(1) 模型不是实体，与实体本身也不等同。

地图、工程图、相片、航模等属于物理模型；信号流图、各种数学关系式则属于抽象的数学模型。它们都不是真正的实物。

立体影像中人物会说话，有表情，但不可能反映出体温，也没有反映如酗酒后的酒味等。各种模型只是将客观事物的主要特征表达出来。任何事物都有数不清的层次和特征，能反映出实体的一切特征和运动规律的东西，只能是实体本身。

(2) 模型通过在所要研究的主要范围内描述实体的特征，实现对实体认识的深化。

正确建立的模型能表达出实体的主要特征，特别是表达出最需要知道的那些特征，从而达到对实体的抽象，能够对实体进行抽象，反映了人们对实体认识的深化。从这个意义上讲，模型更优于实体，因为模型能够更加深刻、更加集中地反映客观事物的主要特征和规律。

(3) 模型的有效性须通过对实体的考察来决定。

模型是否真正反映了实体的主要特征，只能通过对实体的考察来回答。只有参与考察客观事物的实体过程，并对模型进行具体研究和分析，才能鉴别模型的质量。模型代表着在这个领域中当前人们对被模型化对象所具有的知识水平，而认识的过程是一个不断接近真理的过程，对模型也需要逐步完善和改进。

15.2 系 统 模 型

15.2.1 系统和系统模型

系统是指一类实体的集合，包括实体、属性和活动等三个要素。实体是组成一个系统的各个部分，它们之间既具有相对的独立性，又互相联系成为一个整体；属性指对系统中实体特性的描述，用特征参数和特征变量表示；活动是系统中实体行为的进程。

系统是人们根据研究目的从周围环境中提取出来的，也就是说系统边界的划分是相对的。例如，在研究心血管循环力学时，心脏和动脉、静脉分别作为实体共同组成心血管系统；但是在研究心脏力学时，心脏的各个腔室是组成心脏系统的各个实体，而动脉和静脉则是心脏系统的外界环境。

同时，系统是从实际研究对象中抽象和简化出来的。对于同一个对象，人们根据关心的问题，选择与研究目的有关的特性组成系统的属性，忽略其他属性。因此同一个对象可以被抽象为不同的系统。

研究系统的目的是了解系统各个组成部分之间的关系，以及系统与外界环境的关系。研究系统有两个可能的途径：其一是对真实系统进行试验，但是这种方法有时是不可能完全实现的；而第二个途径就是建立系统的模型。

系统模型是对系统中各个部分的内在联系以及系统与外界关系的描述。建立系统模型的基础是相似性原理，这里的相似是指模型的类别。因此，经常可以用同一类别的模型来模仿若干个不同的系统，虽然这些系统的实体有差异，但却表现出几乎同样的行为。例如，细菌的繁殖、人口增长、银行中本息总额的增加等，都符合指数增长的规律，也即具有同样的行为。所以，可以用同一类模型模拟具有同样行为的不同系统。

系统可以根据其状态，分为连续系统和离散事件系统。连续系统是指其状态随时间连续变化；离散事件系统的特点是指其状态的变化只在离散的时间点上发生，且发生时刻往往是随机的，系统的状态变化由随机事件驱动。

生命系统基本以连续状态为特征，因此本章只讨论连续系统的建模与仿真。

15.2.2 模型的分类

模型分类的方法很多，根据模型的表示方式可以分成物理模型和数学模型。

1. 物理模型

物理模型建立在物理属性相似基础上，是与实际系统在尺寸、结构和属性上的相似体。例如，房屋模型、心脏瓣膜血液流动模型等。物理模型广泛应用于土木水利工程、船舶、飞机、火箭制造和生物模拟等方面，本章不涉及此部分内容。

2. 数学模型

数学模型是应用数学形式来描述实际系统的模型。描述一个真实系统的内在联系及其与外界环境的关系，通常是很复杂的。一般来说，系统模型只能近似地描述真实系统。将系统的内在联系及其与外界的关系抽象为数学模型，是目前使用最广泛的模型。在连续系统的数学模型中，根据不同的研究关注点，可以进一步分类，例如连续时间和离散时间模型，线性和非线性模型，静态和动态模型等。

15.3 建模与仿真

建立和利用数学模型的分析方法已成为生命科学和医学研究的重要手段。由于人体生理和病理现象的极端复杂性，现代医学研究可借助工程技术对某一系统建立一个可能和它在物理及化学本质上极不相同，但在行为和功能上却表现出某种相似的模型。通过对模型的分析逐步掌握系统的规律，从而使所研究的问题得以简化，并使研究本身易于进行。

生命系统建模与仿真包括定义系统(即概念模型的建立)，建立系统数学模型，数据准备，将数学模型转换为仿真模型，进行计算机仿真，通过仿真结果对模型进行检验和修正等过程。图 15-1 为建模与仿真的流程，主要涉及：①概念模型和数学模型的建立；②实际数据和仿真数据的对比；③从实际生理系统出发再回到实际生理系统。

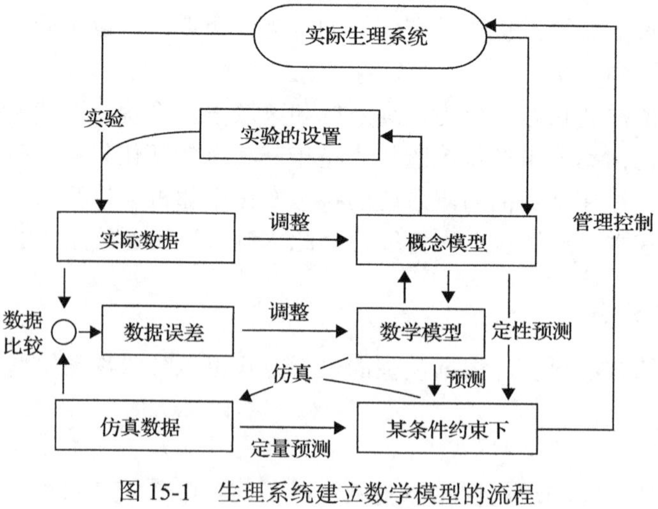

图 15-1 生理系统建立数学模型的流程

15.3.1　建模过程

在建立数学模型的过程中，概念模型的建立虽然是一个定性的过程，但却是关键的一步，不仅涉及很多研究领域相关的知识(解剖、生理学、物理学等)，还涉及关键的假设。通常在这一步中生命科学家和建模者之间的对话最为明显，是背景知识转换为要求制定的开始。

人体组织各不同层次的内在机制十分复杂，有很多我们不知晓的地方。通常会相应地在模型中导入一些假设，而把根据这些模型从理论上所做的推论与实验结果相比较，从而有助于进一步理解内在机制。

所有的模型都是建立在一些假设之上的，而且为了加深对现实的理解而简化了现实。假设可以使复杂的世界简单化，可以使解释这个世界变得更为容易。正因为如此，科学思考的艺术就是决定做出什么样的假设，用不同的假设回答不同的问题。这是建模过程中非常关键的步骤，涉及一个微妙的平衡：简化程度不足，模型可能难以建立，或者计算过于复杂且耗时，甚至难以求解；简化过多，模型又不能保证在所有的条件下真实反映系统。

在概念模型基础上建立数学模型，主要通过两种途径：

一为演绎法。利用人们已有的关于系统的知识，通过对系统本身机理的分析来确定模型的结构(也可能确定某些参数)，从理论上推导出系统的数学模型。在这个过程中，要用到一些与系统有关的基本定律、系统本身的物理结构和参数。二为归纳法。根据对一个已经存在的系统的观察、测量所得到的大量输入、输出数据，推断出被研究系统的数学模型。利用归纳法得出的数学模型为经验模型，其依据是在一定的输入激励条件下，系统的初态行为必然体现在它的输入和输出数据之中。

实际工作中，往往是将演绎法和归纳法结合起来，尽量利用对被研究系统的已知规律或原理，采用演绎法确定系统模型的数学结构，然后利用实测数据，对系统模型中尚未知道的部分(如模型参数)进行辨识。

一般来说，模型的建立首先是应用与被辨识对象有关的基本规律，这些规律是确定系统或部件的一般特性的基本规律。在物理系统中，这些定律通常是一些守恒性和连续性原理的表达式，如物质不灭定律、能量守恒定律、热量平衡、基尔霍夫电路定律等。应用这类定律，就能够推导出描述被研究对象的数学模型，例如建立常微分方程、代数方程等。

对结构和功能都很清楚的生物系统，只要根据该系统的物理、化学过程以及生物学知识，用分析的方法，即可推导出该系统的数学模型，也即所谓的演绎法。例如，心血管系统某些过程的数学模型就可以通过理论分析得到。如果对于系统的原理一无所知，则可利用归纳法，即所谓的“黑箱方法”。黑箱是指所研究的对象其内部构造和机理还不太清楚。生物领域中黑箱是普遍存在的，指有某种功能，但还不知内部构造的系统。事实上，没有永恒的黑箱，多种技术研究可以逐渐解开黑箱内部的奥秘。

因此，所建立的模型可分为白箱模型、灰箱模型和黑箱模型。白箱模型的参数是已知的，并涉及物理常数或可测量的量。灰箱模型的一些参数可能需要估计，这样的方法可以分为两大类：一种方法是通过搜索文献找到特定的结构或进程的模型参数值，并对不同的人甚至动物种群，这些参数可能被缩放；另一种方法是将剩下的未知参数作为一个黑箱模型处理，并应用标准参数估计方法。

15.3.2 计算机仿真

1. 系统仿真的分类

根据模型类型分类，系统仿真分为物理仿真、数学仿真和物理-数学仿真。

构造系统的物理模型，应用物理模型进行仿真试验，称为物理仿真；构造系统的数学模型，在计算机上进行仿真试验，称为数学仿真；对系统模型的一部分建立数学模型，而对另一部分则构造物理模型，将它们连接成数学-物理模型进行仿真试验，称为物理-数学仿真。

物理仿真的优点是直观形象，但建模费用高。例如建立人工心脏瓣膜检测和脉搏波实验台，可以模拟有关循环系统的动态过程，可以应用这个模型仿真人工心脏瓣膜的参量，给人工心脏瓣膜的设计提供仿真试验支持。数学仿真优于物理仿真，主要表现在三个方面：一是费用较低、易于实现物理仿真难以实现的各种试验；二是有些系统的模型难以用一般的数学模型表达，有的虽然能用数学模型表达，但不能解析求解，或者解析求解过于复杂，数学仿真则可以用各种形式的模型实现仿真；三是在真实系统中要实现完全相同条件下的重复试验是很困难的，而在计算机仿真试验中则较容易实现。

目前有许多用于非线性系统仿真的计算工具，例如 MATLAB 中的 Simulink 工具箱，它可以仿真线性和非线性系统、连续和离散的动态系统。Simulink 仿真是基于系统的结构图发展的计算机仿真技术，适于仿真非线性微分方程模型的近似解。

2. 计算机仿真要素

系统仿真的基础是相似性原理，即在建立与真实系统相似模型的基础上，进行模型的计算机仿真试验，得到仿真结果。模型与真实系统相似性愈大，仿真结果的可靠性愈高。随着计算机技术的发展，计算机求解复杂系统数学模型的功能也越来越强，应用计算机对系统进行仿真成为主要的仿真技术。

计算机仿真包括三个要素，即系统、模型和计算机。联系这三个要素的有三个基本活动：系统模型的建立、仿真模型的建立和计算机仿真试验，如图 15-2 所示。须注意，系统模型和仿真模型是两个不同概念的模型。系统模型是对实际系统进行抽象和简化后的近似模型；仿真模型是将系统模型进行时间离散处理，转化为可以用计算机处理的模型。计算机仿真就是将系统的仿真模型在计算机上运行的过程。

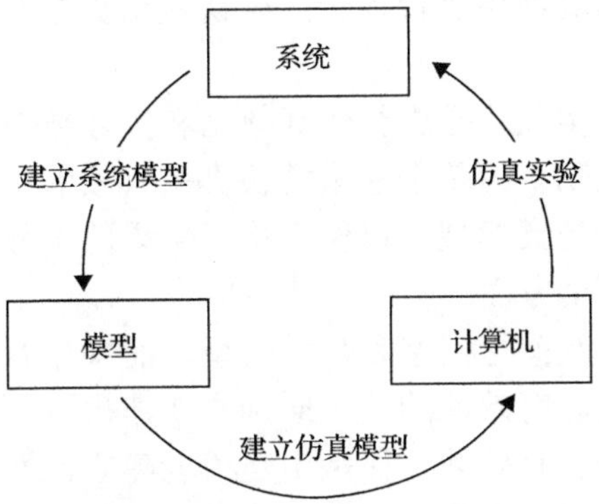

图 15-2 计算机仿真三要素

3. 计算机仿真流程

1) 数学模型转换为仿真模型

将连续时间数学模型转换为可以在计算机上运行的离散时间仿真模型。例如，应用数值积分法将微分方程模型转换为差分方程。仿真时应用程序设计语言编写计算机程序时，需要在计算机高级语言和专用仿真语言之间做出选择。专用仿真语言的优点是运行程序的操作方便，具有面向进程的仿真程序结构，仿真功能强；但是编制专用仿真语言程序专业性强、难度大。应用计算机高级语言编制仿真程序易于被非计算机专业人员掌握。

2) 模型仿真的进行

根据仿真研究的系统对象分类，分为连续系统仿真和离散事件系统仿真。本章的示例中只介绍连续系统仿真。

计算机仿真就是应用计算机对数学模型转换后的仿真模型进行仿真实验，主要解决两个问题，一是建立计算机能处理的仿真模型；二是提供在计算机上运行计算和进行仿真的方法。通过运行模型，可以了解和预测被研究系统运行的仿真结果，特别是预测在系统输入或决策规则变化时输出响应的变动。通过模型的反复试验运行，得到充足的仿真数据。例如，在本章示例 1 中描述动作电位产生的 H-H 方程，就可以在 Simulink 平台上进行计算机仿真。在 H-H 方程中，为了研究可兴奋细胞膜电位，模型由微分方程组和代数方程组构成。由于系统是非线性的，不可能求得解析解，只能通过计算机仿真得到 H-H 非线性系统的近似解。

4. 仿真有效性的确认

由于仿真结果中可能包括了建立数学模型时因对实际系统的抽象和简化而造成的误差甚至偏差，也可能包括了从数学模型转换为仿真模型时各种类型的误差或偏差，因此必须对仿真结果进行评价，确认从仿真中获得的系统信息是否正确和充分。

仿真有效性确认的实质就是进行仿真数据和实际数据之间的比较，两者如果满足一定的相符条件，则认为基于建模的仿真是有效的。如果仿真结果不合格，就要修改数学模型或者仿真模型，以保证仿真结果的可靠性。评价过程包括概念有效性和操作有效性两个方面。

概念有效性主要涉及概念模型和数学模型，而操作有效性主要涉及仿真结果和目标数据。因此，概念有效性的基本原则是在建模过程中建立的，而操作有效性建立在建模过程。概念有效性往往是由建模者建立，而操作有效性在独立评估者或模型使用者运行时不断完善。具体验证内容见表 15-1。

测量精度的方法可以基于系统的时域或频域特性和模型输出的比较；操作的有效性可以基于人类受试者或从动物实验中获得的目标数据，或通过向临床专家呈现仿真结果。所使用的评价方法很大程度上取决于预期的目的和可用资源。如所有必需的输入和输出变量的含括、基于概念模型和物理定律的模型方程的正确推导、模型方程代码的正确实现等。验证往往以是或不是的形式，给出明确真实的结果。对模型进行确认的目标在于其他更复杂的模型性能方面。例如，体现在概念模型结构中的简化假设对预期目的是否合理。确认中通常会或多或少包括专家的主观意见，是一个渐进的过程。

如果一个模型包含的理论、假设、数据对预期目的来说是合理的，那么它是概念有效的；如果一个模型对预期目的来说其精度是可以接受的，那么它对一组实验条件下是操作有效的。概念有效与操作有效并举仿真才可称为有效。

表 15-1 建模和仿真有效性验证需考虑的问题

验证内容
所需的输入和输出变量是否全部包括在内？
它们是否有适当的单位、范围、分辨率和带宽？
概念模型中是否包含所需的解剖结构和生理过程？
是否验证了模型方程的正确推导和运行？
验证的方法和步长是否充分？可能与一系列参数值相关。
仿真结果是否与已知的分析结果或稳态结果匹配？
模型代码的运行速度对所设想的应用程序来说是否足够快？

续表

概念有效性
关于结构做了什么简化假设？理由是什么？
关于功能做了什么简化假设？理由是什么？
表现细节程度是否与目标相符？
所使用的潜在的规定和规则是否恰当？
得到数学模型时做了哪些假设？理由是什么？
参数估计时做了哪些假设？理由是什么？
参数估计时使用了什么数据？从目标角度来说这些数据合适吗？
产生的参数值从生理角度来看是否合理？
是否向领域内专家请教？他们的意见是什么？
操作有效性
模型需要验证的患者、病理、条件、事件是什么？
人类主体的目标数据在这些情况下是否可用？
如不可用，动物主体的目标数据在这些情况下可用吗？数据可以测量吗？
是否向临床专家请教？他们的想法是什么？
模型的试验条件是否反映目标数据？
精度测量的方法？
从研究目的考虑这些结果是否可以接受？
所建模型中是否考虑了所有列出情况的操作有效性？
是否在可用的目标数据之外对模型行为进行预测？结果是否合理？

15.4 典型示例

以下介绍两类典型的生物系统数学模型仿真的示例，虽不尽全面，但可体现建模与仿真在生命系统中应用的基本思路、方法和应用中的典型处理技术。

15.4.1 示例 1　基于 Hodgkin-Huxley 模型的动作电位仿真

Hodgkin-Huxley 模型，简称 H-H 模型，是著名神经生理学家 Hodgkin 和 Huxley 在 20 世纪 50 年代提出的。

动作电位是神经细胞的基本电活动，其传导使信号得以在神经系统中进行传输，实现神经系统的各项机能，因此动作电位的产生和传导是神经科学的基本科学问题。在动作电位产生过程中神经可兴奋细胞膜电位变化的大量实验结果的基础上，Hodgkin 和 Huxley 建立了描述动作电位产生和传导机制的 H-H 模型，为理解神经系统电活动的基本机制奠定了理论基础，开创了研究离子通道电活动的新里程，也因此获得了 1963 年诺贝尔生理学或医学奖。

H-H 模型的建立主要分为三个部分：①从神经细胞膜电特性电路模型（等效电路图）建立膜的总电流密度和钾和钠等各个离子通道电流密度和膜电容的关系，进而得到膜电位与各个离子通道电位、电导和膜电容的关系，以数学方程组的形式描述动作电位的产生过程；②建立动作电位传导的数学模型；③建立包括动作电位产生和传导的 H-H 模型。其中关于动作电位产生过程的建模是 H-H 模型建立的基础。

1. 概念模型的建立

建模的第一步是建立神经细胞膜的电路模型（图 15-3），即概念模型的建立。神经细胞膜电特性线性部分的电路模型被简化为 RC 并联电路。膜电流（I_m）由两部分组成：膜电容的充放电电流（I_C）和流过离子通道的离子电流。离子电流又可分为钠离子电流 I_{Na}、钾离子电流 I_K 以及较小的漏电流 I_L。离子电流的大小与膜电压和离子通道的通透性有关，并且钠离子通道和钾离子通道的电导（G_{Na} 和 G_K）是时间和膜电压的函数。其他参数，如离子平衡时的 Nernst 电位 E_{Na}、E_K 和 E_L、膜电容 C_m 和漏电导 G_L 等变化不大，可被看作是常数。所以，只要获得随时间和膜电压的变化特性，就可以用数学模型描述细胞膜动作电位的发生过程。根据等效电路，可见膜电流为

$$I_m = I_C + I_{Na} + I_K + I_L \tag{15-1}$$

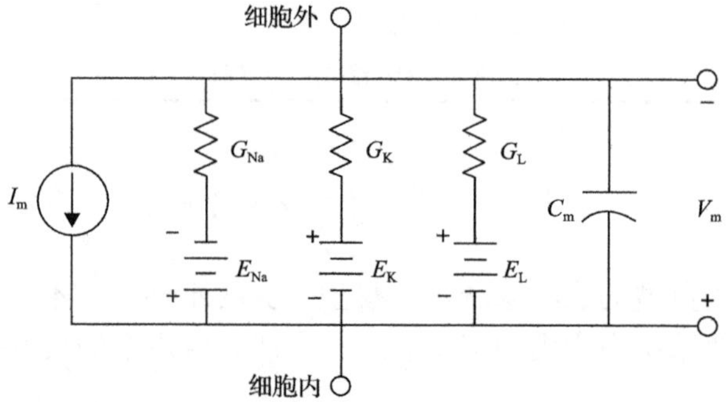

图 15-3 H-H 模型描述膜电位的等效电路图（概念模型）

根据欧姆定律，有

$$I_C = C_m \frac{dV_m}{dt}$$

$$I_{Na} = G_{Na}(V_m - E_{Na})$$

$$I_K = G_K(V_m - E_K) \tag{15-2}$$

$$I_L = G_L(V_m - E_L)$$

将式(15-2)代入式(15-1)，得：

$$I_m = C_m \frac{dV_m}{dt} + G_{Na}(V_m - E_{Na}) + G_K(V_m - E_K) + G_{CL}(V_m - E_L) \qquad (15\text{-}3)$$

2. 离子通道电导

Hodgkin 和 Huxley 的实验研究表明，神经细胞膜各个离子通道的电导都是膜电位和时间的函数，而且在动作电位产生中，起关键作用的是钾离子和钠离子通道的电导与膜电位和时间的关系。测量电导的简单方式是测量某一个时间的膜电位和此时相应的跨膜电流，根据欧姆定律得到相应这个膜电位的电导。为了避免电流中由于电容成分对离子电流的影响，利用电压钳制技术，在实验中应用外部电压源把膜内外电位钳定在一个固定值上，使得 $dV_m/dt=0$，则 $C_m dV_m/dt=0$，使电容性电流为零。

Hodgkin 和 Huxley 通过在乌贼细胞巨大的轴突中插入银丝，应用电压钳技术在膜的较大区域产生恒定的膜电位 V_m。他们选择乌贼轴突进行实验，首先因为乌贼轴突的尺寸大，直径约为 300 μm，实验时可以方便地将银电极从乌贼轴突切口处插入轴突；其次乌贼细胞可在 6.3℃的海水中存活几小时；此外乌贼细胞膜仅有两种电压-时间依赖性通道，而其他种类的神经细胞有多于两个的电压-时间依赖的渗透性通道，使得问题的分析更为困难和复杂。

某些化学物质可以阻断离子通道，如四乙胺(tetraethyl ammonium, TEA)可阻断钾离子通道 ，河豚毒素(tetrotoxin, TTX)可阻断钠离子通道。利用这些阻断剂并结合膜电位钳制技术，可在不同跨膜电位水平下，分别测量钾通道或者钠通道的跨膜电流。根据实验数据拟合钾离子和钠离子通道电导对膜电压和时间的依赖关系，得到这些通道电导和电压、时间关系的一组非线性经验方程。下面分别介绍钾离子通道电导 G_K、钠离子通道电导 G_{Na} 的表达式。

根据实验数据得到的钾离子通道电导 G_K 的拟合方程为

$$G_K = G_{K0} n^4 \qquad (15\text{-}4)$$

当受到刺激时，钾离子通道电导波形上升到峰值。式(15-4)中，G_{K0} 是最大的钾离子电导，为常数，其量纲与单位面积的电导的量纲相同；n 为一个无量纲的时间变量，取值在 0 到 1 之间，服从微分方程

$$\frac{dn}{dt} = \alpha_n(1-n) - \beta_n n \qquad (15\text{-}5)$$

式中，α_n和β_n是与膜电位有关而与时间无关的速率常数，量纲为[时间]$^{-1}$。

根据实验测得在不同钳位电压下的跨膜电流，进行曲线拟合，得出α_n，β_n对膜电压的函数关系式

$$\alpha_n = \frac{0.01(V+10)}{\exp\left(\frac{V+10}{10}\right)-1} \tag{15-6}$$

$$\beta_n = 0.125\exp\left(\frac{V}{80}\right) \tag{15-7}$$

根据实验数据得到的钾离子通道电导G_{Na}的拟合方程为

$$G_{Na} = G_{Na0}m^3h \tag{15-8}$$

钠离子电导的波形上升到峰值，然后下降，式(15-8)中m描述波形的上升阶段，h描述波形的下降阶段，分别服从下列微分方程

$$\frac{dm}{dt} = \alpha_m(1-m) - \beta_m m \tag{15-9}$$

$$\frac{dh}{dt} = \alpha_h(1-h) - \beta_h h \tag{15-10}$$

式中，G_{Na0}为常数，其量纲与单位面积的电导的量纲相同；α_m，β_m，α_h，β_h是与点位有关而与时间无关的速率常数，量纲为[时间]$^{-1}$；m和h是无量纲的时变量，取值在0～1之间。根据实验得出在不同的钳位电压下的跨膜电流，得出的α_m，β_m，α_h，β_h曲线进行曲线拟合，可以得到以下函数关系式：

$$\alpha_m = \frac{0.1(V+25)}{\exp\left(\frac{V+25}{10}\right)-1} \tag{15-11}$$

$$\beta_m = 4\exp\left(\frac{V}{18}\right) \tag{15-12}$$

$$\alpha_h = 0.07\exp\left(\frac{V}{20}\right) \tag{15-13}$$

$$\beta_h = \frac{1}{\exp\left(\frac{V+30}{10}\right)+1} \tag{15-14}$$

式中，电压的单位是 mV，电流的单位为μA/cm^2，电导单位为 mS/cm^2，电容单位为 μF/cm^2，时间单位为 ms，各个 α 和 β 值的单位为 m/s。

3. H-H 动作电位产生模型的仿真

从式(15-3)至式(15-14)所示方程组可知，动作电位产生的数学模型所包括的是非线性微分方程和代数方程，不能得到解析解，必须通过计算机仿真求解。目前有许多用于非线性系统的仿真方法，其中经典的方法是数值积分法。例如求解常微分形式的 H-H 方程，可以应用 3 阶或 4 阶龙格-库塔法进行数值求解；基于系统结构图发展的 MATLAB Simulink 仿真平台，是一种可视化仿真工具。Simulink 提供一个动态系统建模、仿真和综合分析的集成环境。在该环境中，无须大量书写程序，只需要通过直观的鼠标操作就可构造出复杂的系统，实现动态系统建模、仿真和分析，被广泛应用于线性系统、非线性系统、数字控制及数字信号处理的建模和仿真中。

大量实验结果表明，从 H-H 方程仿真的动作电位波形与相应的实验所测波形的吻合度很高。图 15-4 是一个实例，图中上方是从通过计算得到的仿真动作电位波形；下方是从相应条件的实验中记录的动作电位波形。

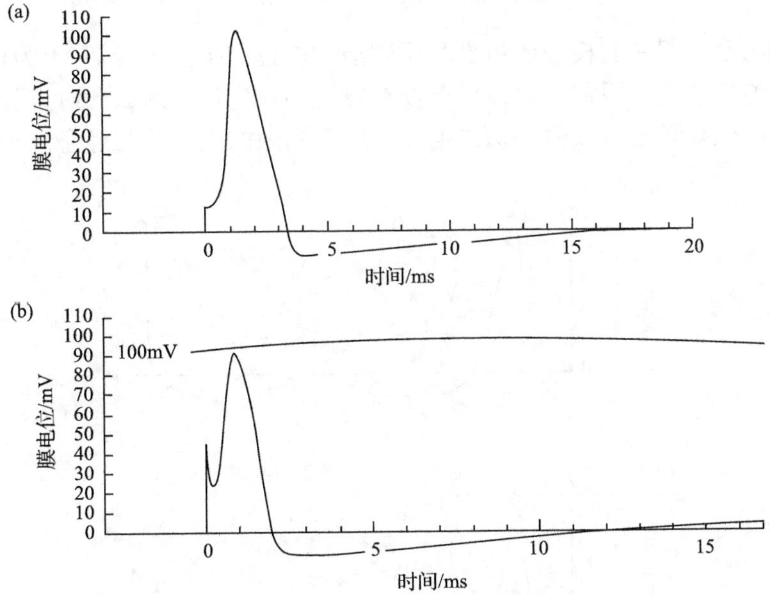

图 15-4　动作电位仿真结果(a)和实验结果(b)

应用 H-H 方程可以预测在不同膜电压作用下产生的膜电流见图 15-5，图中左方为应用 H-H 方程计算得到的对应不同钳位膜电压的膜电流曲线，右方是相应的从实验得到的曲线。

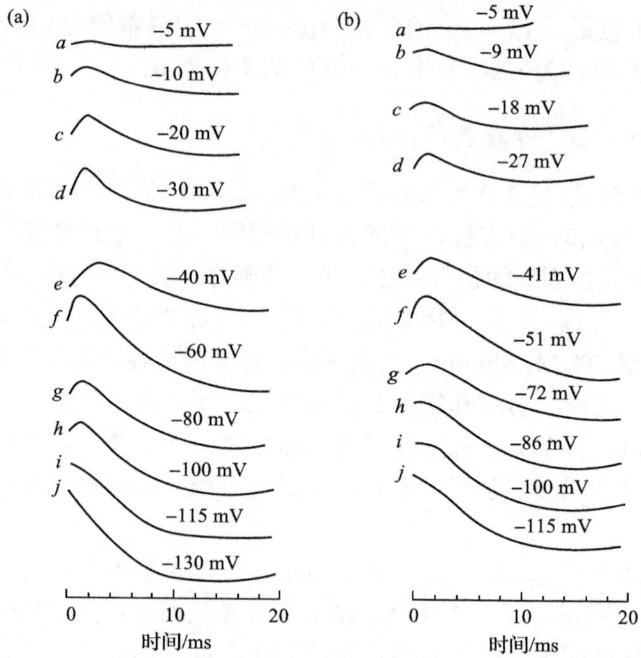

图 15-5　钳位膜电压和膜电流的仿真结果(a)与实验结果(b)

图15-6是应用H-H模型的仿真和预测动作电位产生的不应期，上为仿真结果，下为实验测得结果。假定在 0 点以前没有发生动作电位，那么此时只要施加一个很小的去极化刺激就可以引发动作电位，这个刺激的大小称为静息水平阈值。在

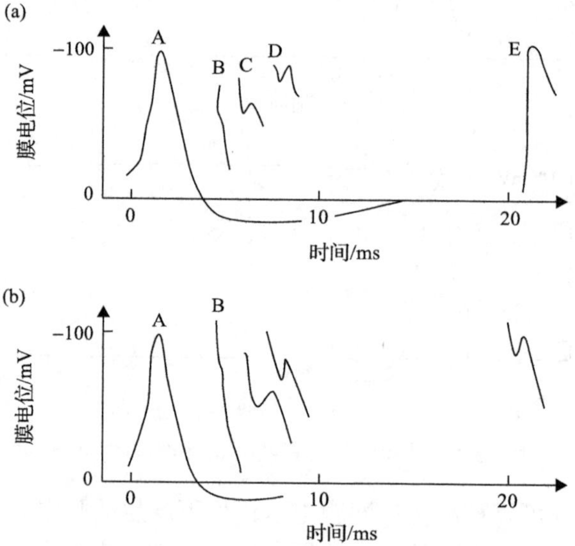

图 15-6　H-H 模型仿真(a)和实验测量(b)的动作电位的不应期

动作电位峰值以后的 1 ms 附近，为绝对不应期，此时(如在 B 点)无论施加多大的刺激，都不能引发动作电位。在过了绝对不应期之后，在动作电位峰值 3 ms 以内的一段时间内施加刺激(如在 C 或 D 点)，此时称为相对不应期。在相对不应期中，如果刺激小于静息水平阈值，不会引起新的动作电位，但是会产生阈下兴奋；如果施加的刺激大于在此时的阈值，可以产生动作电位。过了相对不应期，又到起始点水平(如在 20 ms 后的 E 点)，再度施加静息阈值水平的刺激，则会产生另一个动作电位。产生动作电位的阈值不是常数：绝对不应期时阈值升高到无限大；在相对不应期中不同点上的阈值是不同的，从无限大逐渐降低到静息时的阈值水平，例如 C 点阈值大于 D 点的阈值。比较图中的动作电位不应期的仿真结果和实验测得结果，可见 H-H 模型可以很好地仿真动作电位的不应期和预测阈值和阈下兴奋。

15.4.2　示例 2　房室系统的建模与仿真

房室模型(compartment model)作为生物系统建模与仿真的范例，应用领域很广，应用房室模型可以研究药物、生理物质等物质在体内的分布、转移、吸收、排泄、代谢等的动态规律。

生物系统的房室模型生理意义直观，建模和仿真方法比较成熟，现在有许多药物动力学房室模型仿真的商品软件工具包，为房室模型的广泛应用提供了条件。在生物房室模型中涉及的变量主要是物质的浓度、数量、温度和压力；而与生物体有关的物质是体外输入的药物、示踪物，或是体内的葡萄糖、酶或激素类物质等。

1. 房室的定义

房室系统由有限个数目的子系统组成，其中每一个子系统被称为一个房室。具有以下特点：

每个房室有固定的容量，并且每一时刻的药物浓度都是均匀分布的；

各房室间及各房室与外部环境间均可按照一定的规律进行药物交换；

房室系统中物质的交换服从质量守恒定律，即在任一个时刻，系统中物质的改变等于输入总量和输出总量之差。

定义房室的过程是实际系统的一种简化，也是概念模型形成的过程。在所研究的问题中，究竟把有机体简化为由几个房室联系而成的系统，要根据房室中物质的特性和所研究问题的精度来决定。同一个真实的系统可以有不同的房室模型建模方案，以药物动力学的房室模型为例，如果药物主要在血液中发挥作用，则可把系统简化为只有一个血液房室；如果药物主要通过血管和组织液间相互渗透发挥作用，而且组织液和血液中的药物浓度分布不规律不同，则应把有机体简化为组织液和血液两个房室联系起来的系统；当涉及药物在脑脊液中的浓度分布时，在一般的药效分析中，因为脑脊液中的药物浓度只是血液或组织液中的浓度的几十分之一，可以把脑脊液房室合并到组织液房室；但在研究脑膜炎的治疗方案时，需要着重分析脑脊液中的药物浓度规律，因此必须在原有的房室个数上，增加一个脑脊液房室。

以两房室为例，房室之间物质的流向图如图 15-7 所示，房室可以用图中的方框表示，i 和 j 分别为房室的序号，$x(t)$ 为房室中某一时刻物质的质量，V 为房室的容积，K 为房室间的物质交换速率系数。用房室 i 引出的指向房室 j 的方向线用来表示物质从房室 i 到房室 j 的流向，速率系数 K_{ij} 和 K_{ji} 表示两个房室间的双向流动，房室也可以和环境(用标号为零的房室来表示)进行物质交换。广义上这种物质交换可以是通过生物膜的渗透，也可以是化学反应或能量转运等，只要符合质量(或能量)守恒定律，就可以用速率系数表示其转运关系。

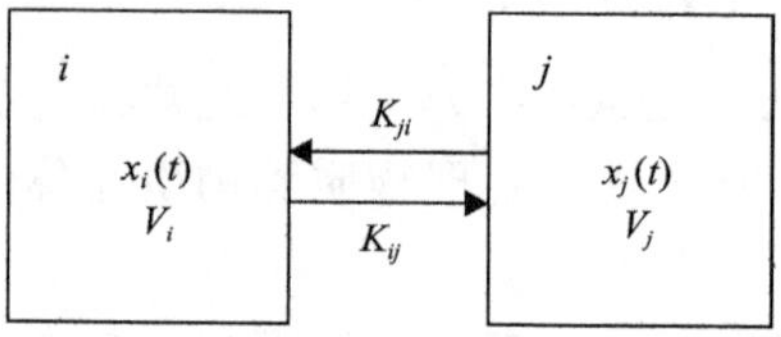

图 15-7　两个房室之间物质的流向图

在房室系统中，不同的系统变量 $x_i(t)$ 和系统参数 k_{ji} 表示系统的不同结构和性质。房室系统通常有下面几种分类。

1) 线性和非线性房室系统

在房室模型中，如果一切物质转运的速率系数 k_{ji} (i=1,2,⋯,n; j=0,1,⋯,n; $i≠j$) (此处的 0 表示外界环境) 都不是任何 x_i (i=1,2,⋯,n) 的函数，则为线性房室系统；如果至少有一个 k_{ji} 是 $x_i(t)$ 的函数，则为非线性房室系统。

例如，在研究药物在体内各不同部分的浓度分布时，对一些与血浆蛋白结合较少的药物，可以看作系统中药物转运的速率系数都不依赖于各个房室的物质量 $x_i(t)$，这个系统可以简化为线性房室系统。但是当系统内各房室间的物质转运通过一些较复杂的化学反应来实现时，如磺胺类药物和血浆蛋白结合的比例很高，这种结合反应使得物质转运速率系数中至少有一个 k_{ji} 是 $x_i(t)$ 的函数，是非线性房室系统，此时研究药物在体内的分布规律，必须应用非线性系统的建模仿真方法进行分析。

2) 时不变和时变房室系统

在房室系统模型中，一切物质转运的速率系数 k_{ji} (i=1,2,⋯,n; j=0,1,⋯,n; $i≠j$) (此处的 0 表示外界环境) 均不是时间 t 的函数，为时不变房室系统；如果至少有一个

k_{ji} 是时间 t 的函数，则为时变房室系统。

如静脉注射青霉素加用增效剂后，青霉素在体内的排除减慢，即排除的速率系数随时间减小，因此房室模型是时变的；对一些生理过程，在接受小刺激量的输入时，物质转运的速率系数可以看作与时间无关，可以简化为时变房室模型。

3) 确定性和随机性的房室系统

在房室模型中，如果系统变量 $x_i(i=1,2,\cdots,n)$ 及速率系数 $k_{ji}(i=1,2,\cdots,n;j=0,1,\cdots,n;i\neq j)$ (此处的 0 表示外界环境) 均为确定性常数或函数，系统则称为确定性房室系统。如果 x_i 或速率系数 k_{ji} 中至少有一个是随机变量，则称为随机性房室系统。随机房室系统的建模和分析在特定条件下是很有用的，但由于理论和实际计算上的困难，尚未在实际中广泛应用。

2. 房室模型的建模思路

房室模型建模的关键在于以下三个方面，实际上就是概念模型的建立过程。

(1) 能否把有机体简化成由若干个房室组成的系统。需要分析清楚房室的生理意义、房室中物质的内容以及此物质是否在每一时刻都均匀分布在房室内，是否遵循质量守恒定律；

(2) 能否确定模型中房室的个数。关键在于根据研究目的合理地简化模型，原则是使模型中的房室个数在能够描述研究对象主要特征的前提下尽可能少。如果有可能出现多种合理的情况，则可对各情况逐个分别研究，最后选择计算的理论结果和实验结果符合得最好的模型；

(3) 能否确定房室间联系方式的性质。要明确房室之间联系的实际背景，然后确定房室 i 和房室 j 之间的物质转移系数 k_{ji} 的含义及性质，如 k_{ji} 是常数，还是时间 t 的函数，还是房室中物质含量 $x_i(t)$ 的函数，才能确定模型的类型及相应的参数辨识方法和模型仿真方法。

以上问题依赖于研究目的和问题求解精度的要求，因此房室模型的建模需要具备有关的生物医学知识基础，分析问题，合理舍去次要因素，突出主要因素，才能建立尽可能简化的有用模型。

房室建模的建模中的困难主要有两个方面：一方面是确定房室的内容和数量；另一方面是识别房室模型的未知参数，要获得与简化模型对应的测量数据有时是困难的，因为很难测量到一些房室的数据(例如组织液房室中的浓度)。而且在建立房室模型以后，检验模型合理性的唯一标准是观察模型的理论计算结果能否与实验结果相吻合，只有理论和实践一致时，对于系统进行仿真才有意义。

3. 药物动力学研究中的两房室线性系统建模

图 15-8 为药物生效流程，从给药到产生药效须经历三个主要过程：药剂学过

程、药物动力学过程和药效动力学过程。研究药物、毒物及其代谢物在体内的吸收、分布、代谢和排泄的动态过程及这些过程与药理反应间的定量规律的学科称为药物动力学。房室模型是药物动力学研究上述动态过程的基本步骤之一。

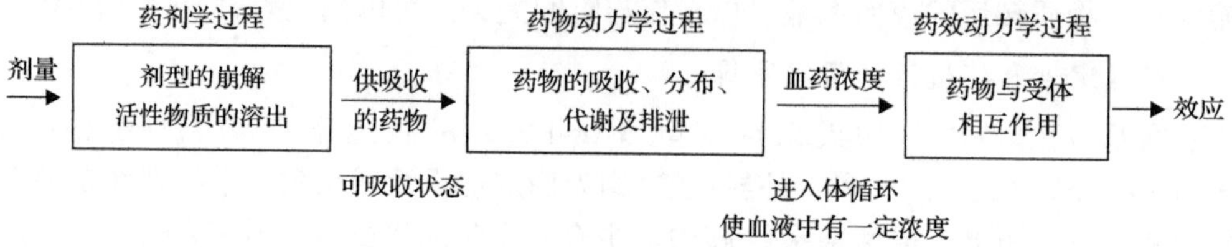

图 15-8　药物生效流程图

将一个机体分为几个房室，需视不同药物的吸收、分布、排泄过程的具体情况以及研究对象所要求的精度而定。最基本的两室(图 15-10)是将机体分为血液较丰富的中心室(包括心、肺、肾等器官)和血液较贫乏的周边室(peripheral compartment)(肌肉组织等)。

模型假设：

(1)两个室的容积(即血液体积或药物分布容积)在过程中保持不变；

(2)药物从一室向另一室的转移速率及向体外的排泄速率与该室的血药浓度成正比；

(3)只有中心室与体外有药物交换，即药物从体外进入中心室，最后又从中心室排出体外；

(4)相对于转移和排泄的数量来说，忽略药物的吸收数量。

图 15-9 中，$x_i(t)$、$C_i(t)$和 V_i 分别表示药量、血药浓度和容积。k_{12} 和 k_{21} 是两室之间的药物转移速率系数，k_{10} 是中心室向体外排泄的速率系数，$f_0(t)$是给药速率。

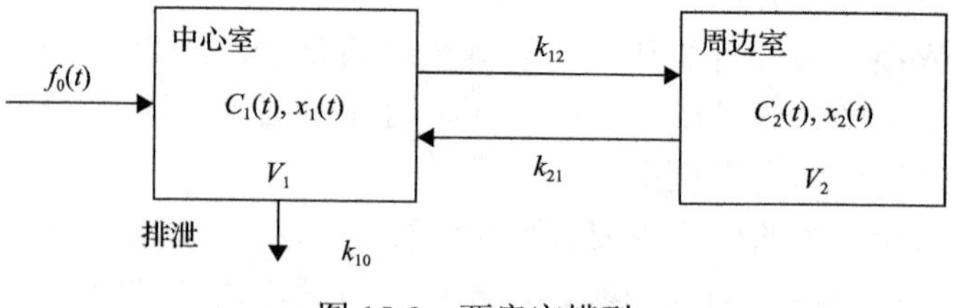

图 15-9　两房室模型

根据质量守恒法则，从 t 到 $t+\Delta t$ 时刻，第 $i(i=1,2)$房室的药量增加量 $\Delta x_i= x_i(t+\Delta t)-x_i(t)$应等于其余各室和环境流入 i 房室的药量之和再减去从第 i 房室流向环境和其余各室的药量之和。因此有

$$x_1(t+\Delta t)-x_1(t)=\Delta t[k_{21}x_2(t)+f_0(t)-k_{12}x_1(t)-k_{10}x_1(t)]$$

$$x_2(t+\Delta t)-x_2(t)=\Delta t[k_{12}x_1(t)-k_{21}x_2(t)] \tag{15-15}$$

令 $\Delta t \to 0$ 可得

$$\frac{dx_1}{dt}=-k_{12}x_1-k_{10}x_1+k_{21}x_2+f_0$$

$$\frac{dx_2}{dt}=k_{12}x_1-k_{21}x_2 \tag{15-16}$$

由于 $x_i(t)=C_i(t)V_i$，所以

$$\frac{dC_1}{dt}=-(k_{12}+k_{10})C_1+\frac{V_2}{V_1}k_{21}C_2+\frac{f_0}{V_1}f_0$$

$$\frac{dC_2}{dt}=\frac{V_1}{V_2}k_{12}C_1-k_{21}C_2 \tag{15-17}$$

这是线性常系数的非齐次微分方程组，通解为

$$C_1(t)=A_1e^{-\alpha t}+B_1e^{-\beta t}$$

$$C_2(t)=A_2e^{-\alpha t}+B_2e^{-\beta t} \tag{15-18}$$

式中，α，β 满足根据给药方式和初始条件，具体给出方程的解。

对于快速静脉注射：理解为在初始时刻快速将剂量 D 的药物注入中央室。初始条件：$f_0(t)=0$, $C_1(0)=D/V$, $C_2(0)=0$,

$$C_1(t)=\frac{D(\alpha-k_{21})}{V_1(\alpha-\beta)}e^{-\alpha t}+\frac{D(\beta-k_{21})}{V_1(\beta-\alpha)}e^{-\beta t}$$

$$C_2(t)=\frac{Dk_{12}}{V_2(\beta-\alpha)}(e^{-\alpha t}-e^{-\beta t}) \tag{15-19}$$

$$\alpha+\beta=k_{12}+k_{21}+k_{10}$$

$$\alpha\beta=k_{21}k_{10} \tag{15-20}$$

参数估计：

房室模型是通过对 $C_1(t)$ 的测量来确定一些对药理学及临床医学最为重要的参数，如转移速率系数，特别是从中心室向体外排出的速率系数 k_{10}，属于系统辨识问题。

从中心室采样并获得血药浓度 $C_1(t_i)$，$i=1,2,\cdots,n$。将参数估计过程分为两步：先计算α、β、A_1、B_1，再确定 k_{12}、k_{21}、k_{10}。

1) 计算 α、β、A_1、B_1

因为 $C_1(t)=A_1\mathrm{e}^{-\alpha t}+B_1\mathrm{e}^{-\beta t}$，不妨设 $\alpha<\beta$，则当 t 充分大时，$C_1(t)$ 可近似为 $A_1\mathrm{e}^{-\alpha t}$，即 $\ln C_1(t)=\ln A_1-\alpha t$，对于适当大的 t_i 和相应的 $C_1(t_i)$，运用最小二乘法估计 α、A_1，然后计算 $C_1'(t)=C_1(t)-A_1\mathrm{e}^{-\alpha t}$，于是 $\ln C_1'(t)=\ln B_1-\beta t$，对于较小的 t_i，仍可用最小二乘法来求得 β_1 和 B_1。

2) 确定 k_{12}、k_{21} 和 k_{10}

当 $t\to\infty$，$C_1(t)$ 和 $C_2(t)$ 均趋于零，即进入中心室的药物全部被排出，所以 $D=k_{10}V_1\int_0^\infty C_1(t)\mathrm{d}t=k_{10}V_1\left(\dfrac{A_1}{\alpha}+\dfrac{B_1}{\beta}\right)$，又 $C_1(0)=D/V_1=A_1+B_1$，

所以将 $k_{10}=\dfrac{\alpha\beta(A+B)}{\alpha B+\beta A}$ 代入式(15-20)，可得

$$k_{21}=\frac{\alpha\beta}{k_{10}}=\frac{\alpha B+\beta A}{A+B}$$

$$k_{12}=\alpha+\beta-k_{10}-k_{21}$$

15.5 小　　结

生命科学的重大挑战之一是将人体分子水平的信息整合起来，其终极目标是理解器官的功能。本章通过两个示例概要介绍了生理系统建模与仿真中建立数学模型的概念和方法。总而言之，一个成功的数学模型能够为新的实验提供指导，由此获得对模型的优化、改进和扩大，并指导进一步的新的实验(图 15-10)。

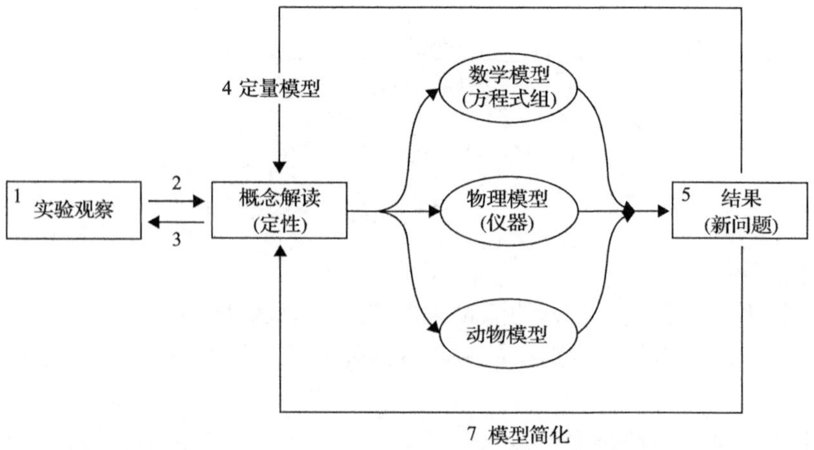

图 15-10　模型与实验之间的相互内在关联示意图

主要参考书目

外文参考书目

1. Saltzman W M. Biomedical Engineering: Bridging Medicine and Technology[M]. 2nd ed. Cambridge University Press, 2015.
2. Badylak S F. Host Response to Biomaterials, the Impact of Host Response on Biomaterial Selection[M]. Academy Press, 2015.
3. Enderle J D, Blanchard S M, Bronzino J D. Introduction to Biomedical Engineering[M]. 2nd ed. Burlington: Elsevier Academic Press, 2005.
4. Williams D, Zhang X. Definitions of Biomaterials for the twenty-first century[M]. Materials Today. Elsevier, 2019.
5. Bronzino J D, Peterson D R. The Biomedical Engineering Handbook[M]. 2nd ed. CRC Press, 2000.
6. Bronzino J D, Peterson D R. The Biomedical Engineering Handbook: Biomedical Engineering Fundamentals[M]. 4th ed. CRC Press, 2015.
7. Wong J Y, Bronzino J D. Biomaterials[M]. CRC Press, 2007.
8. Coelho J. Drug Delivery Systems: Advanced Technologies Potentially Applicable in Personalised Treatment[M]. Springer, 2013.
9. Wang B H, Siahaan T, Soltero R. Drug Delivery: Principles and Applications[M]. 2nd ed. Wiley, 2016.
10. 片岡一則, 医療ナノテクノロジー　最先端医学とナノテクの融合[M]. 株式会社杏林図書, 2007.
11. 田畑泰彦, ドラッグデリバリーシステムDDS技術の新たな展開とその活用法[M]. 株式会社メディカルドゥ, 2003.
12. Mudry K M, Plonesy R, Bronzino J D. Biomedical Imaging[M]. CRC Press, 2003.
13. Toennies K D. Guide to Medical Image Analysis: Methods and Algorithms[M]. Springer, 2012.
14. Dhawan A P. Medical Image Analysis[M]. IEEE Press and John Wiley & Sons. Inc., 2011.
15. Morris P. Biomedical Imaging: Applications and Advances[M]. Woodhead Publishing Ltd., 2014.

16. Van Meurs W. Modeling and Simulation in Biomedical Engineering: Applications in Cardiorespiratory Physiology[M]. New York: McGraw Hill, 2011.
17. Weissleder R, Ross B D, Rehemtulla A, et al. Molecular Imaging, Principles and Practices[M]. Peoples Medical Publishing House—USA, Ltd. Shelton, CT, USA, 2010.
18. Edward H S, James J C. Biomedical Informatics: Computer Applications in Health Care and Biomedicine[M]. Springer, 2014.
19. Pevsner J. Bioinformatics and Functional Genomics[M]. John Wiley & Sons, 2015.
20. Ranganathan S, Nakai K, Schonbach C. Encyclopedia of Bioinformatics and Computational Biology: ABC of Bioinformatics[M]. Elsevier, 2018.
21. Jiang R, Zhang X G, Zhang M Q. Basics of Bioinformatics: Lecture Notes of the Graduate Summer School on Bioinformatics of China[M]. Springer Publishing Company, Inc., 2013.
22. Wei D Q, Ma Y L, Cho W C S, et al. Translational Bioinformatics and Its Application[M]. Springer, 2017.

中文参考书目

1. 安德勒，布龙齐诺. 生物医学工程学概论[M]. 第 3 版. 封洲燕，译. 北京：机械工业出版社，2014.
2. 申保忠. 分子影像学[M]. 第 2 版. 北京：人民卫生出版社，2007.
3. 彭承琳，侯文生，杨军. 生物医学传感器原理与应用[M]. 重庆：重庆大学出版社, 2011.
4. 印纽斯基. 生物医学传感技术[M]. 陈星，刘清君，王平，译. 北京：机械工业出版社, 2014.
5. 王磊. 低成本健康集成技术[M]. 北京：科学出版社, 2014.
6. 王平. 细胞传感器[M]. 北京：科学出版社, 2007.
7. 魏崇卿. 医用电子学简明教程[M]. 北京：北京医科大学，中国协和医科大学，联合出版社, 1994.
8. 贝蒂尔·雅各布森，艾伦·默里. 医疗器械使用与安全[M]. 张松，郑定昌，杨琳，译. 北京：中国科学技术出版社，2017.
9. 王保华. 生物医学测量与仪器[M]. 第 2 版. 上海：复旦大学出版社, 2009.
10. 邓亲凯. 现代医学仪器设计原理[M]. 北京：科学出版社, 2004.
11. 姜远海，彭明辰. 临床医学工程技术[M]. 第 2 版. 北京：科学出版社, 2009.

12. 普鲁特切. 医疗电子仪器的设计与开发——医疗仪器设计、制作和测试的实用技术[M]. 封洲燕，译. 北京: 机械工业出版社, 2011.
13. 姜宗来, 樊瑜波. 生物力学——从基础到前沿[M]. 北京: 科学出版社, 2010.
14. 邝华俊. 医用物理学[M]. 第 3 版. 北京: 人民卫生出版社, 1993.
15. 冯元桢. 生物力学——运动、流动、应力和生长[M]. 邓善熙, 译. 成都: 四川教育出版社, 1993.
16. 姜宗来, 齐颖新. 血管力学生物学[M]. 上海: 上海交通大学出版社, 2017.
17. 秦廷武. 临床生物力学基础[M]. 北京: 军事医学科学出版社, 2014.
18. 龚曙光, 边炳传. 有限元基本理论及应用[M]. 武汉: 华中科技大学出版社, 2013.
19. 樊瑜波, 邓小燕. 生物力学建模仿真与应用[M]. 上海: 上海交通大学出版社, 2017.
20. 钱德兰, 里特杰斯, 尤甘纳坦. 生物流体力学人体循环系统[M]. 第 2 版. 邓小燕, 孙安强, 刘肖, 译. 北京: 机械工业出版社, 2014.
21. 龙勉, 季葆华. 细胞分子生物力学[M]. 上海: 上海交通大学出版社, 2017.
22. 田心. 生物建模仿真[M]. 北京: 清华大学出版社, 2010.
23. 郑筱祥. 定量生理学[M]. 杭州: 浙江大学出版社, 2013.
24. 陈铭. 生物信息学[M]. 北京: 科学出版社, 2015.
25. 李霞，雷健波. 生物信息学[M]. 北京: 人民卫生出版社, 2015.